"十三五"国家重点出版物出版规划项目

名校名家基础学科系列

Textbooks of Base Disciplines from Top Universities and Experts

材料力学
（多学时）

第 2 版

李红云　孙　雁　陶昉敏　编著

U0255051

机 械 工 业 出 版 社

本书是根据国家教育部对材料力学课程的教学基本要求编写而成的，内容包括绪论及基本概念、轴向拉伸与压缩、剪切实用计算、扭转、弯曲内力、弯曲应力、弯曲变形、压杆稳定、应力和应变分析基础、强度理论及其应用、能量法、超静定系统、动载荷和交变应力等13章和有关截面图形的几何性质、历史注释、型钢表及部分习题答案的附录。带有＊号的内容供教师和读者根据需要决定取舍。

本书适用于高等理工科院校船舶及海洋工程、动力工程、机械工程、工程力学、土建工程等各专业，也可供高等学校工程专科、高等职业院校和成人教育学院师生及有关工程技术人员参考。

图书在版编目（CIP）数据

材料力学：多学时/李红云，孙雁，陶昉敏编著. —2版. —北京：机械工业出版社，2020.7（2025.1重印）

"十三五"国家重点出版物出版规划项目　名校名家基础学科系列

ISBN 978-7-111-64890-1

Ⅰ.①材…　Ⅱ.①李…②孙…③陶…　Ⅲ.①材料力学-高等学校-教材
Ⅳ.①TB301

中国版本图书馆 CIP 数据核字（2020）第 035965 号

机械工业出版社（北京市百万庄大街22号　邮政编码100037）
策划编辑：张金奎　责任编辑：张金奎
责任校对：梁　静　封面设计：鞠　杨
责任印制：单爱军
北京虎彩文化传播有限公司印刷
2025 年 1 月第 2 版第 4 次印刷
184mm×260mm · 25.25 印张 · 624 千字
标准书号：ISBN 978-7-111-64890-1
定价：69.80 元

电话服务	网络服务	
客服电话：010-88361066	机 工 官 网：www.cmpbook.com	
010-88379833	机 工 官 博：weibo.com/cmp1952	
010-68326294	金 书 网：www.golden-book.com	
封底无防伪标均为盗版	机工教育服务网：www.cmpedu.com	

第2版前言

近年来，我国在航空航天、深空探测、大跨度桥梁和超高层建筑等方面的理论研究和实践探索都取得了长足进步，在若干方向上已经位于世界前列。这些都离不开力学学科的强大支撑，充分体现了专家、学者近年来在教学科研领域坚持自主创新的巨大成果。作为一门重要的工科专业基础课，材料力学主要研究杆件在外力作用下的变形和破坏规律，虽然它的分析对象和计算方法相对简单，但是遵循着基础科学研究的基本范式：实验观测—力学建模—理论分析—数值计算。见微知著，通过材料力学课程，不仅可以让学生学到变形体力学的基本概念和理论体系，更能让学生掌握科学研究的基本方法，培养学生发现问题、分析问题和解决问题的科学思维方式，为将来解决专业中的力学问题和创新发展研究打下基础。

本书第 1 版自 2015 年出版以来，在多所高校的材料力学课程教学中进行了使用，得到了广大教师和学生的大力支持。根据几年来的教学实践以及读者的反馈意见，编者对本书做了修订，主要修订内容有：

1. 增加了"材料力学的发展"一节，便于学生了解整个材料力学理论体系的形成。

2. 将原来组合变形一章中的"梁的斜弯曲""拉伸与弯曲的组合"和"偏心拉伸"调整到弯曲应力一章；"扭转与弯曲的组合"则调整到强度理论及其应用一章。

3. 重新编写了多个章节，如绪论及基本概念、弯曲内力、弯曲应力、弯曲变形、强度理论及其应用、压杆稳定和能量法。

4. 增加了一些更加偏向实际的例题和习题。

5. 删减了一些不常用的章节，如"剪力对梁正应力计算的影响""梁的塑形弯曲""残余应力的概念""剪力对梁变形的影响""材料的三个弹性常数间的关系"和"莫尔强度理论"等。

6. 对第 1 版的全部内容做了认真校核，对疏漏之处进行了更正。

使用本书第 1 版的教师和学生对于本书的修订提出了很多宝贵的意见，在此谨向他们表示衷心的感谢。

限于编者的水平，本书难免存在欠妥之处，敬请广大教师和读者批评和指正，以便今后修订时改进。

编　者
2020 年 3 月
于上海交通大学

第1版前言

材料力学是理工科高等院校机械、土建、航空、造船、汽车、水利等工程专业必修的技术基础课程，也是固体力学专业中学习结构力学、弹塑性力学的先修课程。材料力学初步提供了分析工程结构和构件强度方面的基本概念、基础理论和计算方法，使工程设计问题逐步迎刃而解。

本书是按照国家教育部高等学校力学基础课程教学指导分委员会最新制定的《材料力学课程教学基本要求》（A 类），在编者多年来积累的教学经验和研究基础上编写而成的。全书内容包括绪论，轴向拉伸与压缩、剪切、扭转、弯曲四种基本变形，应力和应变分析基础，压杆稳定性，强度理论，组合变形的强度计算，变形能法，超静定系统，动载荷和交变应力等 14 章。

在基本内容部分，本书重视材料力学的基本概念、理论和方法，阐述论证力求清晰、简明扼要，并适当采用逐步加深、多次反复的叙述方法，在讲清基本理论的同时，贯彻理论联系实际的原则。本书的最后列举了构筑材料力学学科的一些力学家、工程师和数学家的简要介绍，对于学生了解知识发生的轨迹大有意义。

当前多数专业为材料力学课程安排的教学时数较为紧张，这就要求教师在巩固基础、有利教学、举一反三的原则下，注意精选教学内容，妥善简捷处理。某些扩大深度和广度的内容可供自学研读之用。至于教材的前后次序可按各自的教学经验做适当的调整。

限于编者的水平，本书难免存在疏漏及欠妥之处，敬请广大教师和读者批评和指正，以便今后修订时改进。

编 者
2015 年 1 月
于上海交通大学

目 录

第1章
绪论及基本概念

1.1 材料力学的任务

各种机械或工程结构物在使用时，组成它们的每个构件，都要受到从相邻构件或从其他构件传递来的外力（即载荷）的作用。材料力学（Mechanics of Materials）是一门研究各种构件承载能力的科学，它的主要任务就是从保证所有构件能够正常工作的要求出发，帮助我们合理地选择构件适当的材料和形状，确定所需的尺寸；判断已有的构件是否可以正常使用，并考虑如何改造它们，适应新任务的要求。为了使所有构件在各种实际工作中不致丧失应有的承载能力，这些构件必须具备下列三项基本条件：

（1）具有足够的强度（strength） 能够安全地承受所担负的载荷，不致发生断裂或产生严重的永久变形（塑性变形）。例如，起重机的吊索在起吊重物时不能被拉断（图1-1）；机器传动轴在传动时不容许被扭断。构件受到过大载荷时所发生的变形，在载荷卸除后，有一部分消失，但另一部分则不消失而遗留下来。随外力撤除而消失的变形称为弹性变形；在外力去除后不能消失的变形称为塑性变形，也称残余变形或永久变形。

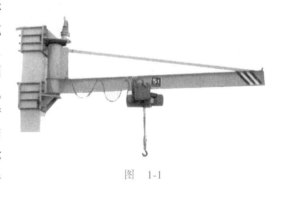

图 1-1

（2）具有足够的刚度（stiffness） 载荷作用下，构件的最大变形不超过实际使用中所能容许的数值。这里的变形主要指的是弹性变形，它随载荷的卸除而消失。构件的容许变形和它的尺寸及任务有关。例如，舰船在海浪的冲击下，弯曲了一个厘米，这样的变形，对于几十米长的舰船来说，非常微小，不会影响到舰上各种机构正常工作，因此是可以容许的。另一方面，车床的主轴在零件切削加工时若产生 0.01cm 的变形，就会影响零件的加工精度。又如，超音速机翼的翼面，由于空气动力而产生某一微量的变形，就会改变飞机飞行的性能，甚至发生颤振的危险，因而超过一定微量的变形是不能容许的。此外，许多精密仪器一般对刚度的要求都比较严格。

（3）具有足够的稳定性（stability） 构件受力时能够保持原有的平衡形式，不致突然偏侧而丧失承载能力。对于承受压缩力的细长直杆，如内燃机中的挺杆（图1-2）、千斤顶中的螺杆（图 1-3）、厂房或矿井里的支柱等，随着压力的增加，会突然弯曲，不再保持原有的直线杆轴的平衡形式，而丧失工作能力，称为**失稳**。

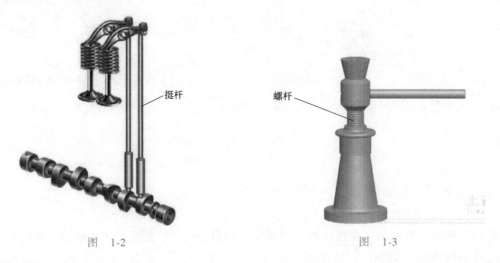

图　1-2　　　　　　　　　　　　　　图　1-3

构件的强度、刚度、稳定性，主要是由所用材料的机械性能、构件的形状尺寸以及所受载荷的方向位置等所决定的。材料力学的任务就是运用基础科学知识，为人们提供有关构件的强度、刚度、稳定性的计算方法，使构件具有足够的承载能力。

就构件设计方面来说，除了要求坚固耐用外，还要求能够经济、轻便及满足种种工作任务。为了保证构件能够安全耐用，应该采用较多的或较好的材料。但为了满足经济和轻便的要求，又必须尽量少用材料或用廉价多产的代用材料。在设法解决这类矛盾和问题中，材料力学可以为我们提供许多原则和方法，还揭示寻求新的材料、新的构件形式和更精确的分析计算的途径。

材料力学的理论研究常以试验为基础，同时，理论公式的正确与否，也需要经受试验的检验。构件材料的机械性能则更需要直接依靠试验来测定。材料力学是一门理论与实验并重的学科。

1.2　材料力学的发展

和其他学科一样，材料力学这门学科也是在人类生产实践中发生、成长和发展的。我国在力学知识的积累上有很长的历史，在世界的力学发展中独具特色。但总的来说，由于力学知识一直停留在应用上，在理论提高上，宋、元以后一直落后于西方。据《周礼·考工记》的文字记载，大约 3500 年前，我们的祖先已经用木结构作骨架来建造房屋，这种构架方法与现代建筑有原则上相同的地方。又如，立柱截面选用圆形，横梁截面很多选用矩形；在横梁和立柱的接头处容易切断，古代建筑师又发明了斗拱（图 1-4），作为立柱与横梁间的过渡结构，这些都合乎现代材料力学的原理。在公元 1100 年，宋朝李诫所著的 36 卷《营造法式》，总结了我国历代房屋建筑的经验，是世界上最早的一部比较完整的建筑规范。在桥梁方面，现在还完整合用的河北赵州石拱桥（图 1-5），是隋代杰出工程师李春的创造，拱的半径 25m，横跨 37m，两端各有附拱，不但使洪水期排水得到很大便利，还减轻了桥重，节省了石材的使用，同时拱桥的形式使石材充分发挥了抗压的性能。我国制造船舶的历史至少也有 3000 年。宋代已经造出四橹九帆的大船，到了明朝郑和出使西洋时，62 艘海船编成的舰队中，有长 44 丈宽 18 丈的大船，如果没有关于材料强度的丰富知识，要建造这样巨大轻便而坚固船只是不可能的。

图　1-4

图　1-5

　　到 14 世纪末开始的欧洲文艺复兴时期，力学达到了空前的繁荣，这一学科甚至成为整个自然科学最活跃的中心。材料力学作为力学的一个分支，在解决大量实际问题中，逐步充实壮大，成为一门独立的学科。1638 年，意大利科学家伽利略（Galileo Galilei）为了解决建造船只和水闸所需要的梁的尺寸，用实验研究的方法，寻求梁的强度（图 1-6），他还进行了一系列关于杆件拉伸强度的试验（图 1-6），并将研究成果写入了《关于两门新科学的对话》一书中，这是世界上第一次提出关于强度计算概念的著作。1678 年，英国科学家胡克（Robert Hooke）总结了大量实验研究结果，提出了著名的胡克定律，给有关刚度的计算奠定了科学的基础。1744 年，著名数学家欧拉（Leonhard Euler）第一次提出了关于弹性体稳定性的问题，并正确求出压杆弹性稳定的计算公式。伯努利（Jacob Bernoulli）首先提出了研究梁的变形时的平面假设。到 19 世纪，有关杆件的计算方法已经趋于完善。法国科学家圣维南（Saint Venant）对弹性理论和材料力学做出

图　1-6

了多方面贡献，得出关于杆件扭转和弯曲问题的精确解答。

　　20 世纪，计算机的产生使力学学科发生了巨大变化。力学学科的研究手段从只有理论、实验，变为理论、实验与计算三种手段。计算机的强大威力淘汰了一些不适应计算机的过时方法，发展了适应计算机特点的新的计算方法。计算力学、有限元的出现推动了大规模科学与工程计算的发展。

　　21 世纪是信息化时代，航空航天、机械、舰船、土木、海洋工程等行业发展迅猛，新材料不断出现，并应用于各个工程领域。这对材料力学提出了新的问题与挑战，同样也成为促进材料力学发展的动力。作为工程技术科学基础的材料力学，一定会同其他科学一起，对

推动社会发展发挥极其重要的作用。

1.3 材料力学的研究对象及其基本假设

1. 构件的基本形式

构件有下列三种基本形式：杆、板、块。

（1）**杆件** 是指长度比高度和宽度大得多的构件，它的几何形状可以用一根轴线（截面形心连线）和垂直于轴线的横截面来表示，如图1-7所示。轴线为直线的杆称为直杆，横截面相同的直杆叫等直杆。轴线为曲线的杆称为曲杆。平行于杆件轴线的平面，称为纵截面。

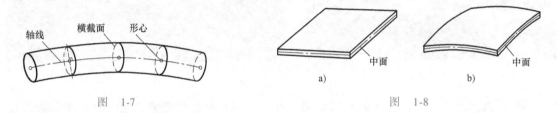

图 1-7　　　　　　　　　　　　　　图 1-8

（2）**板件** 是指厚度比其他两个方向尺寸小得多的构件。平分板件厚度的几何面，称为中面。中面如果是平面，称为板（图1-8a）；中面如果是曲面，称为壳（图1-8b）。

（3）**块件** 是指三个方向尺寸都差不多的构件。块件有时体积较大，如机器底座、房屋基础等。

任何机械或结构物，如果把它的组成部分剖析一下，都可以作为杆、板或块看待。材料力学的研究对象主要是杆件，板件和块件的研究一般在弹性力学中讨论。

2. 材料力学基本假设

在理论力学中，主要研究物体受力时的平衡与运动规律问题，物体受力时所引起的微小变形对其平衡与运动来说影响极小，因此可把物体抽象地作为不变形的刚体，以简化问题的研究。材料力学研究构件的强度与刚度问题时，物体的变形是一个主要因素。因此，刚体的概念在此不适用，它必须把一切构件都看作是可变形固体。变形固体的性质是多方面的。为了简化问题并便于研究，根据其主要性质对变形固体做如下基本假设：

（1）**连续性假设** 物质毫无缝隙地充满了整个物体的几何容积，其结构是密实的。变形固体从物质结构来说虽有不同程度的空隙，微观上并不连续，然而这些空隙与构件的尺寸相比较极其微小，故可忽略不计，这样就可认为物质在整个几何容积内是连续的。

（2）**均匀性假设** 物体内各处的性质均完全相同，不因其在构件的不同部位有所区别。就工程上常用的金属材料而言，组成金属的各个晶粒的机械性质，并不完全相同。但材料力学所研究的构件（或截取的部分）包含着无数的晶粒，且是无规则地错综排列着，其机械性质是所有晶粒性质的统计平均值，所以从宏观上而言可认为构件各部分的性质是均匀的。至于木、石、混凝土等颗粒较大的材料，因为结构物的体积比颗粒还是大得多，仍可以采用这个假设。

（3）**各向同性假设** 物体在各个方向上都有相同的力学性能。具有这种属性的材料，称为各向同性（isotropic）材料。在工程上常用的金属，就其一个单晶粒来说，其机械性质是有方向性的，在不同方向上，其机械性质并不一致，但物体包含有数量极多的晶粒，这些晶粒是无规则地排列着，在各个方向上的性质就接近相同。铸钢、铸铜、玻璃等可认为是各向同性材料。

还有一些材料，在各个方向上具有不同的力学性能，称为**各向异性**（anisotropic）材料，如木材、胶合板、复合材料、纤维织品等。它们的理论和实验研究相当复杂，在复合材料力学中有专门论述。

根据上面的假设，可以把构件看作由无数性质相同、彼此连续、极其微小的正六面体（简称单元体）所组成。分析研究这些单元体的受力和变形，可推测整个构件的承载能力。

（4）小变形假设 工程构件在外力作用下所产生的变形，与构件原始尺寸相比一般总是很微小的。因此，对构件做静力平衡分析或运动分析时，可以不计其变形，而按变形前的原始尺寸来考虑，从而使计算大大简化。例如图 1-9 所示的支架，各杆因受力而变形，引起几何形状和外力作用点 A 位置的变化。但由于 A 的位移 δ_x 与 δ_z 均远小于杆件的原始尺寸，所以在计算各杆的受力时，仍可用支架在受力变形前的几何形状和尺寸（即考虑铰在 A 处的平衡，而不是 A' 处）。

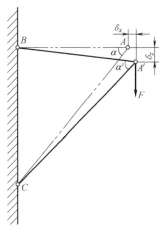

图 1-9

1.4 外力分类与杆件的变形

1. 外力及其分类

作用于构件上的**外力**（external force）包括载荷与支座约束力。载荷是主动作用在构件上的力；支座约束力是支持构件的物体对构件施加的反作用力，是被动的力。如果外力是连续分布在构件体积内的，称为**体积力**，例如构件的自重和加速运动时的惯性力。体积力的单位是 N/m^3。物体间相互作用的力，连续作用在接触表面上，称为**表面力**，例如飞机机翼上所受的气体压力、作用于船体上的水压力等。表面力的单位是 N/m^2。有时载荷分布在一条狭长面积上，例如楼板对梁的压力，我们可以把它看成是连续分布在一条线上，线分布力的单位是 N/m。若外力分布面积远小于构件表面尺寸，则可以把外力当作**集中力**看待，认为集中力作用于一点，使计算简化。集中力的单位是 N。

按照载荷随时间改变的情况，可分为静载荷和动载荷。**静载荷**是缓慢地由零增加到某一数值，它所产生的加速度小到可以忽略不计。若载荷的大小、方向、位置随时在改变，这样的载荷称为**动载荷**。在动载荷作用下，构件各质点通常会产生明显的加速度。工程中有两种动载问题需要做特殊考虑。一种是**冲击载**，载荷虽然很大，但作用时间非常短暂，例如气锤杆在锻压时所受的载荷；一种是**交变载**，载荷随时间做周期性改变，往往反复千百万次，例如车轴上或发动机连杆上的作用力。

在静载荷和动载荷两种情况下，构件的力学性能表现不同，分析方法也有差异。静载荷问题比较简单，而且静载荷作用下的计算方法是解决动载荷问题的基础。

2. 杆件变形的基本形式

杆件在各种不同方式的平衡外力作用下，产生各种各样的变形。杆的变形可归纳为四种基本变形的形式，或是某几种基本变形的组合。四种基本变形的形式如下：

（1）拉伸与压缩（tension and compression）　这类变形由大小相等、方向相反、作用线与杆件轴线重合的一对力引起，变形表现为杆件长度发生伸长或缩短。例如桁架的杆件（图1-10），吊索、柱、千斤顶的螺杆等。

（2）剪切（shear）　这类变形由大小相等、方向相反、作用线垂直于杆的轴线且距离很近的一对横向力引起，变形表现为杆件两部分沿外力作用方向发生相对的错动。例如螺栓、销钉（图1-11）。

（3）扭转（torsion）　这类变形由大小相等、转向相反、两作用面都垂直于轴线的两个力偶引起，变形表现为杆件的任意两截面发生绕轴线的相对转动。例如传动轴、扭杆、汽车方向盘转向轴（图1-12）等。

（4）弯曲（bending）　弯曲变形的构件在机械和建筑物中用得最多，一般称为梁。这类变形是由垂直于杆件的横向力，或由作用于包含杆轴的纵向平面内的一对大小相等、转向相反的力偶引起，变形表现为杆的轴线由直线变为曲线。例如机车轮轴（图1-13）、桥式起重机的大梁、船舶结构中的肋骨等。

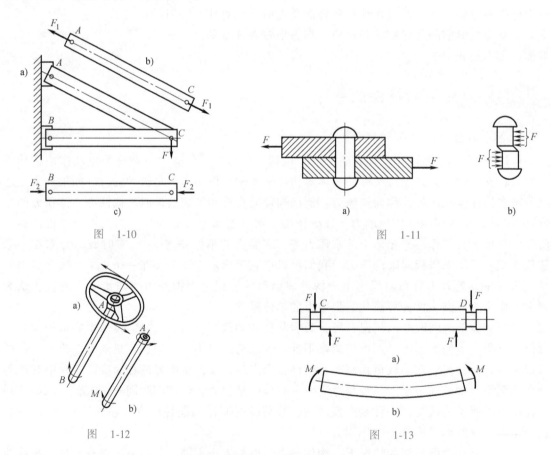

图　1-10　　　　　　　　图　1-11

图　1-12　　　　　　　　图　1-13

本书将按照上列顺序，先分别讨论四种基本变形，再讨论它们的组合变形。

6

1.5 内力与截面法

1. 内力的概念

内力是指构件受外力而变形时，构件内的某一部分与其相邻部分之间相互作用的力。物体不受外力作用时，其内部质点间依然存在着相互作用的内力（分子间的作用力），这些内力使物体各部分紧密相连，保持一定的形状。但在材料力学中的内力是指外力作用下各部分间相互作用力的变化量，也就是物体内部由于外力而引起的附加相互作用力，即所谓附加内力，简称内力（internal forces）。构件的内力随外力的增加而加大，并与外力保持平衡，当到达某一限度时就会引起构件的破坏。因此内力与强度相关联。

2. 内力的求解方法——截面法

为了显示和确定内力，可采用截面法（method of section）。设一杆件在两端受到拉力 F 的作用（图 1-14）。杆件整体是平衡的。用一个假想的横截面 m-n 把杆件截成 I、II 两个部分。任取其中一部分，如取部分 I 为示力对象。由于整个杆件处于平衡状态，因此被截开的任一部分也应该处于平衡状态。所以，从部分 I 处于平衡可以看到，部分 II 对于示力对象 I 的截面 m-n 上必然有内力 F_N 作用，与部分 I 上所受的外力 F 保持平衡。根据示力对象 I 的平衡条件，即可求出内力 F_N，它与外力 F 等值、反向、共线。同理，如果以部分 II 为示力对象，根据它的平衡条件，可以求出它在截面 m-n 上的内力 F'_N。可以看到，F_N 与 F'_N 互为作用力与反作用力，是部分 I、II 间的相互作用力。

这种用一假想截面把杆件截分为两部分，任取其一部分通过建立静力平衡条件确定截面上的内力的方法称为截面法。截面法是材料力学计算内力的基本方法，非常重要。它的过程一般可归纳为下列三个步骤：

1）在杆件需求内力的截面处，假想用一截面把杆件截分为两部分，并弃去其一部分。

2）将弃去部分对保留部分的作用力用截面上的内力来代替。

3）对保留部分建立静力平衡方程式，确定截面上的内力。

上面的分析可以推广到一般受力情况下的杆件，如图 1-15 所示的杆件，要求出截面 m-n

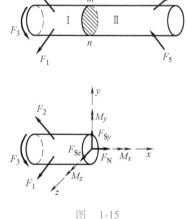

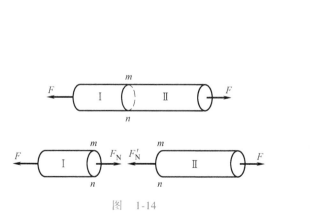

图 1-14　　　　　　　　　　　　　图 1-15

上的内力。运用截面法，取出部分 I 为示力对象。选定 x、y、z 坐标系，一般以轴线方向为 x 轴，y、z 轴取在截面内。示力对象 I 上的外力是空间力系，所以截面 m-n 上的内力也是一个空间力系。空间力系一般有六个平衡方程。由

$$\sum F_x = 0, \sum F_y = 0, \sum F_z = 0$$

可知在截面上必有相应的内力 F_N、F_{Sy}、F_{Sz} 才能保持平衡。F_N 是垂直于截面 m-n 的法向内力。F_{Sy} 和 F_{Sz} 是平行于截面 m-n 的切向内力，是截面上剪力的两个分量。又由于

$$\sum M_x = 0, \sum M_y = 0, \sum M_z = 0$$

在截面上应该有相应的内力偶 M_x、M_y、M_z 作用。M_x 所代表的力偶是扭矩，M_y 和 M_z 代表的力偶是弯矩。在一般受力情况下，杆件的任一截面上有上述六个内力分量，称为六个内力素。图 1-15 所示的杆件的变形属于多种形式的组合变形。

例 1-1　在零件上钻孔时，钻床的心柱 CD（图 1-16a）受到力 $F = 15\text{kN}$ 的作用。作用力 F 至立柱截面形心 O 的偏心距 $e = 40\text{cm}$。试求钻床立柱 AB 在截面 m-n 上的内力。

解　沿 m-n 截面假想把钻床截分为两部分，如取截面 m-n 以上部分作研究对象（图 1-16b），并以立柱截面形心 O 作为原点选取坐标如图所示。

外力 F 将使（I）部分沿 y 轴向移动，并绕 O 点转动，m-n 截面以下的部分（II）必然以内力 F_N 与 M 作用在截面上以保持（I）部分的平衡。

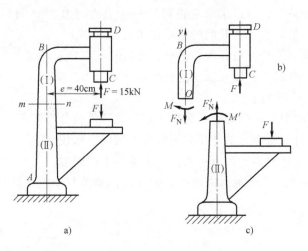

图　1-16

由静力平衡方程式

$$\sum F_y = 0, \qquad F - F_N = 0$$
$$\sum M_O = 0, \qquad Fe - M = 0$$
$$F_N = F = 15\text{kN}, \qquad M = Fe = (15 \times 0.4)\text{kN} \cdot \text{m} = 6\text{kN} \cdot \text{m}$$

F_N 与 M 的方向如图 1-16b 所示。

如取 m-n 截面以下的部分（II）作研究对象（图 1-16c），同理也可求得该截面上的内力 F_N' 与 M'，显然 F_N 与 F_N'、M 与 M' 分别等值反向，互为作用与反作用。

理论力学里解决体系的平衡及运动状态问题时，常把力沿着作用线移动，或用相当力系

来代替某些外力。对于刚体来说，这样做是合理的。材料力学要研究构件的内力与变形，任意移动力的位置，可能造成根本性的错误，所以是不容许的。例如，图1-17a和c所示的两个杆完全相同，所受载荷 F 的大小和方向也相同，但是作用点不同。如果分析截面 m-n 上的内力，可知图a杆在这个截面上存在拉力（图1-17b），图c杆在这个截面上没有内力。从变形看，图a杆是全部受拉，伸长较多，图c杆是部分受拉。所以移动力 F，虽然对整体的平衡和运动状态没有影响，却改变了物体各部分内力及变形的情况。

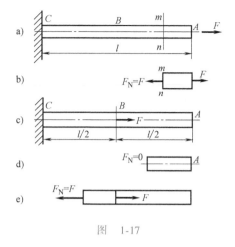

图 1-17

1.6 应力与应变

上述截面法求得的内力是构件截面上分布内力系向截面形心简化后的合力或合力偶，这个合力的大小并不能说明在截面上某一点处承受内力的强弱程度。而今后我们最关心的常常是在构件中承受内力最严重的"危险点"。为了描述截面上各点承受内力的程度，以及内力在截面上的分布情况，引入内力集度（即应力）的概念。

1. 应力

如图1-18a所示，在受力物体内某一截面 m-n 上任取一点 K，围绕 K 点取一微面积 ΔA，设作用在 ΔA 上的内力为 ΔF，则作用于 ΔA 上的内力平均集度为

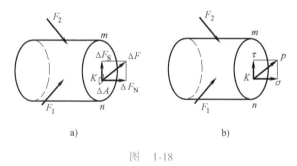

图 1-18

$$p_m = \frac{\Delta F}{\Delta A}$$

p_m 称为作用在 ΔA 上的平均全应力。如果所取微面积 ΔA 越小，则 p_m 就越能准确表示 K 点所受内力的密集程度。当 ΔA 趋于 0 时，其极限值定义为 K 点的全应力（total stress），即

$$p = \lim_{\Delta A \to 0} \frac{\Delta F}{\Delta A} = \frac{dF}{dA}$$

全应力 p 是一个矢量。为了研究问题的方便，总是把全应力 p 分解为垂直于截面 m-n 的分量 σ 和相切与截面 m-n 的分量 τ，如图1-18b所示。垂直于截面的应力分量 σ 称为正应力或法向应力（normal stress），相切于截面的应力分量 τ 称为切应力（shearing stress）⊖。应力的单位是 N/m^2，称为帕斯卡，记作 Pa。应力的常用单位为 MPa，在工程计算中常用的单位是 kgf/cm^2 或 kgf/mm^2。

⊖ 由于材料力学主要研究力、力偶矩等量的大小，所以为简便起见，本书后面在不致引起混淆的情况下不再用矢量符号表示它们。

2. 应变

为了研究构件截面上内力的分布规律，必须研究构件内各点处的变形。设想把构件分割成无数微小的正六面体（单元体），整个构件的变形可以看作是这些单元体变形累积的结果。而单元体的变形只表现为边长的改变和直角的改变。

在构件内 A 点处取出单元体（图 1-19a），设其沿 x 轴方向的棱边 AB 原长为 Δx，变形后长度变为 $(\Delta x+\Delta u)$，Δu 称为线段 AB 的绝对变形（图 1-19b）。由于 Δu 的大小与原长 Δx 的长短有关，它不能完全表明 AB 的变形程度。必须引入相对变形，即线应变（linear strain）的概念，定义

$$\varepsilon = \frac{\Delta u}{\Delta x}$$

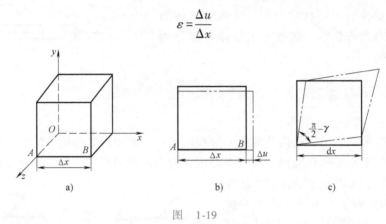

图　1-19

为线段 AB 的平均线应变，即每单位长度的平均伸长或缩短。如果将 AB 边长无限缩短，即 $\Delta x \to 0$，则极限值

$$\varepsilon = \lim_{\Delta x \to 0} \frac{\Delta u}{\Delta x} = \frac{\mathrm{d}u}{\mathrm{d}x}$$

称为 A 点处沿 x 方向的线应变，它表示受力构件上 A 点沿 x 方向的变化程度。

微单元体的变形除了上述边长的改变外，两条相互垂直的棱边所夹直角也发生变化（图 1-19c）。角度的改变量 γ 称为切应变或角应变（shearing strain），γ 通常用弧度来度量。

线应变 ε 和切应变 γ 是度量构件内一点处变形程度的两个基本量。以后可以看到线应变 ε 与正应力 σ、切应变 γ 与切应力 τ 均有密切联系，在确定构件的应力分布规律时，首先要研究 ε 和 γ 的变化规律。

1.7　材料力学的基本方法

材料力学的任务是为各种受力构件建立强度、刚度、稳定性的验算条件，以便在解决具体工程问题中，可根据这些条件进行计算。这些验算条件主要有两方面：1）算出构件在工作载荷下，所产生的最大内力、应力、变形及应变的数值及它们所在的位置；2）根据所用材料的机械性能，以及各种实际情况，确定构件所能够承担的安全载荷、容许发生的应力或变形的限度。然后由此建立验算条件，保证工作时产生的数值必须低于容许值。

在上述问题的分析研究中，材料力学所用的方法主要包括：观察、实验、假设、理论、实践和实验校核等。材料力学往往根据观察和实验，做出表达问题主要方面的假设，使问题

得到适当简化，然后用数学方法进行理论推导，最后把所得结论通过实践和实验验证。

材料力学对受力构件进行强度、刚度、稳定性的理论分析时，常考虑下列三方面：

（1）力的平衡　运用平衡方程，确定支座约束力，建立外力和内力间的关系等。

（2）几何变形　材料力学的研究对象是可变形的构件，因而必须研究物体的变形，用几何的形式加以描述。

（3）材料物理性质　从材料试验中确定力和变形之间的关系，从而把变形条件和构件的内力联系起来。

掌握材料力学的基本方法非常重要，在今后的学习中，应经常注意这些方法，并切实进行应用，使概念进一步明确，这是掌握这门学科的关键。

习　题

1-1　求题 1-1 图所示杆在各截面（Ⅰ）、（Ⅱ）、（Ⅲ）上的内力，并说明它的性质。

1-2　已知 F、M_0、l、a，分别求出题 1-2 图所示各杆指定截面（Ⅰ）、（Ⅱ）上的内力。题 1-2 图 b 中截面（Ⅱ）无限接近力 F 作用点，图 c 中截面（Ⅱ）无限接近 M_0。

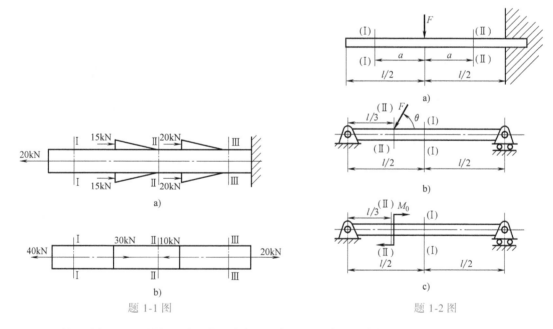

题 1-1 图　　　　　　　　　　　　　　　题 1-2 图

1-3　题 1-3 图所示 AB 梁的左端固定在墙内，试求：（1）支座约束力；（2）1-1、2-2、3-3 各横截面上的内力（1-1、2-2 截面无限接近集中力偶作用点）。

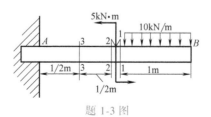

题 1-3 图

1-4 求题 1-4 图所示挂钩 *AB* 在截面 1-1、2-2 上的内力。

1-5 题 1-5 所示，水平横梁 *AB* 在 *A* 端为固定铰支座，*B* 端用拉杆约束住，求拉杆的内力和在梁 1-1 截面上的内力。

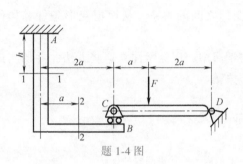
题 1-4 图

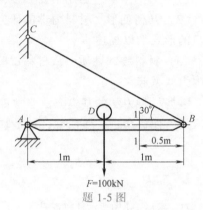
题 1-5 图

1-6 一重物 *F* = 10kN 由均质杆 *AB* 及绳索 *CD* 支承，如题 1-6 图所示，杆的自重不计。求绳索 *CD* 的拉力及 *AB* 杆在截面 1-1 上的内力。

1-7 杆 *AC* 及 *BD* 铰接于 *A*、*B*、*D* 三处，如题 1-7 图所示。在 *C* 端作用一铅直载荷 *F*，*AB* = *BC* = *BD* = *a*。试求截面 Ⅰ-Ⅰ 和 Ⅱ-Ⅱ 上的内力。

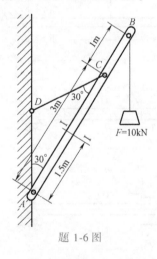
题 1-6 图

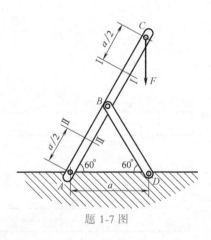
题 1-7 图

1-8 题 1-8 图所示为一端固定的圆弧形杆，在自由端承受 *F* 力。试求各横截面 1-1、2-2、3-3 上的内力。

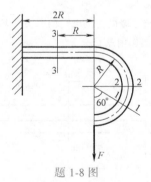
题 1-8 图

1-9　铰接梁的尺寸及载荷如题 1-9 图所示，*D* 为中间铰。试求：（1）支座约束力；（2）中间铰两侧截面上的内力。

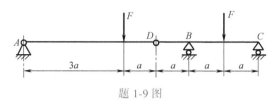

题 1-9 图

2 第2章
轴向拉伸与压缩

2.1 概述

  工程实践中承受拉伸或压缩的杆件很多：内燃机的连杆在做功行程中受压（图 2-1b），同时连接气缸盖与气缸的螺栓则受到拉伸（图 2-1c）；船舶上的起货杆在起吊重物时杆承受压缩，起重钢索则受到拉伸（图 2-2）。尽管这些受拉或受压杆件的结构型式和加载方式都

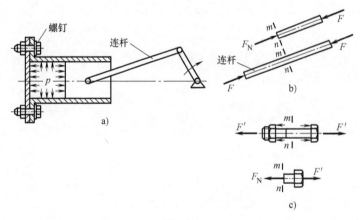

图　2-1

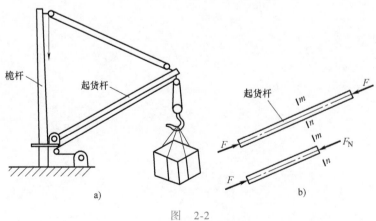

图　2-2

有所差异，但若把杆件形状和受力情况进行简化，都可以表示成如图 2-3a、b 所示的受力简图。对于直杆，作用外力或外力系的合力作用线与杆件的轴线相重合，杆件沿轴线方向产生伸长或缩短变形，即称为轴向拉伸或轴向压缩（axial tension or compression），这类杆件通常也称为拉（压）杆。图 2-3 中的实线和双点画线分别表示变形前后杆件的外形。

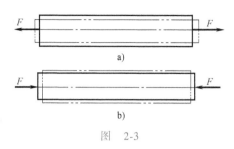

图 2-3

2.2 拉压杆横截面上的应力分析

为了研究拉压杆横截面上的应力，首先要搞清楚横截面上的内力。应用截面法，假想沿横截面 m-n 把杆件截开（图 2-4a），杆件的左右两段在横截面 m-n 上的内力是一分布力系，其合力记为 F_N（图 2-4b、c）。由平衡条件

$$\sum F_x = 0, \quad F_N - F = 0, \quad F_N = F$$

合力 F_N 的作用线与杆的轴线重合，称为轴力（axial force）。工程上一般根据杆件的变形规定轴力的符号——拉伸时的轴力规定为正值，压缩时的轴力规定为负值。

由于轴力 F_N 垂直于横截面 m-n，因此应由横截面上每一点的正应力 σ 合成，即

$$F_N = \int_A \sigma dA \tag{2-1}$$

因为 σ 在横截面上分布规律还未知，仅由式（2-1）不能确立 F_N 与 σ 之间的明确关系，σ 的分布相当于一个超静定问题，需要从杆件的变形入手，确定其分布规律。

取一横截面面积为 A 的等截面直杆，在杆上画 ab、cd 两横向线代表横截面的周界，它们之间的距离为 l（图 2-5a）。然后在杆两端作用轴向拉力 F（图 2-5b）。作用拉力后杆件伸长，周界线 ab、cd 分别平移至 a'b'、c'd'，但仍保持为直线，其间距增大至 l+Δl。由此可进行平截面假设（plane cross-section assumption）：在杆件中原为平面的横截面在拉伸（压缩）变形后仍保持为平面。

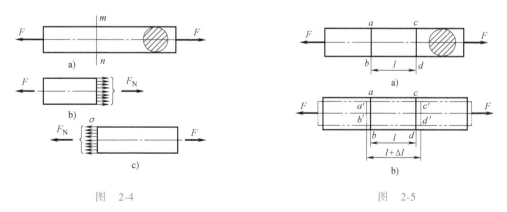

图 2-4 　　　　　图 2-5

进一步设想此段杆件由无数纵向纤维所组成，则由平截面假设可推断此段杆内各纤维的伸长相同，又因为材料是均质的，因而各纵向纤维的受力一样，即横截面上各点的正应力分布是均匀的，σ 为一常量，由式（2-1）可得

$$F_N = \sigma \int_A dA = \sigma A$$

则

$$\sigma = \frac{F_N}{A} \tag{2-2}$$

式（2-2）也可应用于直杆受压情况（只要不是细长易被压失稳的杆件）。σ 的符号规定与轴力相同，拉应力为正，压应力为负。

通常外力是通过夹具、销钉、铆钉或焊接等连接方式传递给杆件的，在外力作用点附近的应力分布较为复杂，其分布方式因外力作用方式不同而不同，因此严格地说式（2-2）对于外力作用点附近的区域并不适用。但是作用在弹性体上某局部区域内的外力系，一般可用等效力系来代替，这种替换仅对原力系作用区域附近的应力分布有影响，但对于距离较远处的应力分布没有影响。为此，法国力学家圣维南（Barre de Saint-Venant）曾提出圣维南原理（Saint-Venant's Principle）：外力作用于杆端方式的不同，只会对距离杆端不大于杆的横向尺寸范围内的区域应力分布有影响。圣维南原理已被试验所证实。因此，只要作用力系的合力作用线与杆的轴线重合，在通常轴向拉伸（压缩）计算中可运用式（2-2）计算横截面的正应力。

圣维南原理

当杆件受几个轴向外力作用时，由截面法可求得其最大轴力 F_{Nmax}，如对等直杆，杆内的最大正应力为

$$\sigma_{max} = \frac{F_{Nmax}}{A}$$

最大轴力所在的横截面称为危险截面（critical section），由上式算得的正应力即是最大工作应力。

例2-1 一横截面为正方形的立柱分上下两段，上段横截面边长 240mm，下段横截面边长 370mm，其受力情况及各段长度如图 2-6a 所示。已知 $F = 50$kN，试求载荷引起的最大工作应力。

解 用截面法分别求出 AB、BC 段横截面上的轴力

$$F_{N1} = -F = -50\text{kN}, \quad F_{N2} = -3F = -150\text{kN}$$

选用适当比例尺绘制柱的轴力图，如图 2-6b 所示。

Ⅰ段的横截面面积

$$A_1 = (24 \times 24)\,\text{cm}^2 = (24 \times 24 \times 10^{-4})\,\text{m}^2$$

Ⅱ段的横截面面积

$$A_2 = (37 \times 37)\,\text{cm}^2 = (37 \times 37 \times 10^{-4})\,\text{m}^2$$

分别用式（2-2）计算各段的应力

$$\sigma_1 = \frac{F_{N1}}{A_1} = \frac{-50}{24 \times 24 \times 10^{-4}}\,\text{kN/m}^2 = -0.87 \times 10^6\,\text{N/m}^2 = -0.87\text{MPa}$$

$$\sigma_2 = \frac{F_{N2}}{A_2} = \frac{-150}{37 \times 37 \times 10^{-4}}\,\text{kN/m}^2 = -1.1 \times 10^6\,\text{N/m}^2 = -1.1\text{MPa}$$

绘制柱的应力图，如图 2-6c 所示。最大工作应力在Ⅱ段，$\sigma_{max} = -1.1$MPa。

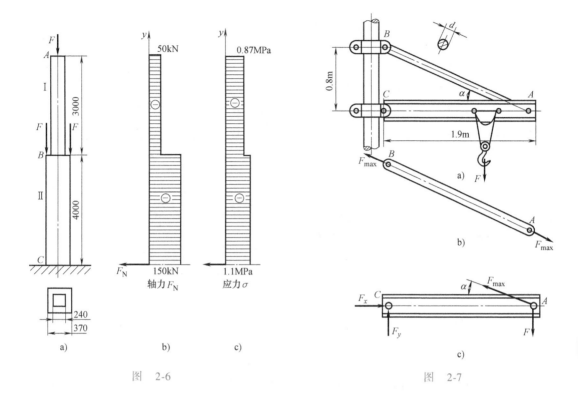

图 2-6

图 2-7

例 2-2 图 2-7a 为一悬臂起重机梁的简图，斜杆 AB 为直径 $d = 2\text{cm}$ 的钢杆，载荷 $F = 15\text{kN}$，当 F 移至 A 点时，求斜杆 AB 横截面上的正应力。

解 当载荷 F 移到 A 点时，斜杆 AB 受到的拉力最大，设其值为 $F_{\max}$，根据横梁 AC 的平衡条件（图 2-7c）有

$$\sum M_C = 0, \quad F_{\max}\sin\alpha \cdot \overline{AC} - F \cdot \overline{AC} = 0$$

$$F_{\max} = \frac{F}{\sin\alpha}$$

又

$$\sin\alpha = \frac{\overline{BC}}{\overline{AB}} = \frac{0.8}{\sqrt{0.8^2 + 1.9^2}} = 0.388$$

则

$$F_{\max} = \frac{F}{\sin\alpha} = \frac{15}{0.388}\text{kN} = 38.7\text{kN}$$

斜杆 AB 的轴力 $\quad F_N = F_{\max} = 38.7\text{kN}$

斜杆 AB 横截面上的应力

$$\sigma = \frac{F_N}{A} = \frac{38.7 \times 10^3}{\frac{\pi}{4} \times (2 \times 10^{-2})^2}\text{N/m}^2 = 123 \times 10^6\text{N/m}^2 = 123\text{MPa}$$

2.3 拉压杆斜截面上的应力分析

对于不同材料的试验表明，轴向拉（压）杆的破坏并不都是沿横截面发生的，有时是沿斜截面发生。为了全面分析拉（压）杆的强度，应研究它斜截面上的应力情况。

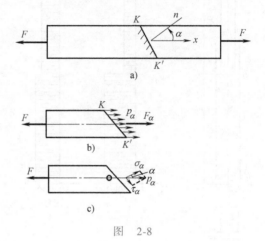

图 2-8

取一轴向受拉力 F 的等直杆，研究杆的任意斜截面 $K\text{-}K'$ 上的应力（图 2-8a）。斜截面的位置，用杆纵轴（x 轴）的正向转到斜截面外法线（n 向）所夹的角度 α 来表示，角 α 称为斜截面的方位角，并规定逆时针方向为正。因此，横截面的倾角 $\alpha = 0°$，纵截面的倾角 $\alpha = 90°$。假设所研究的杆横截面面积为 A，斜截面 $K\text{-}K'$ 的面积为 A_α，显然 $A = A_\alpha \cos\alpha$。

应用截面法将杆沿 $K\text{-}K'$ 斜截面切开，不妨研究左段杆的平衡，由平衡条件可得斜截面 $K\text{-}K'$ 上的内力 F_α：

$$\sum F_x = 0, \quad F_\alpha = F$$

与研究横截面上正应力的分布相仿，同样可证明在斜截面上的应力也为均布，因此斜截面 $K\text{-}K'$ 上的全应力 p_α 为

$$p_\alpha = \frac{F_\alpha}{A_\alpha} = \frac{F}{A/\cos\alpha} = \frac{F}{A}\cos\alpha = \sigma\cos\alpha$$

式中，σ 为横截面上的正应力。

全应力实际上很少用到，通常将其沿斜截面的法线和切线方向分解，得到斜截面上的正应力 σ_α 和切应力 τ_α（图 2-8c）

$$\begin{cases} \sigma_\alpha = p_\alpha\cos\alpha = \sigma\cos^2\alpha = \dfrac{\sigma}{2}(1+\cos2\alpha) \\[2mm] \tau_\alpha = p_\alpha\sin\alpha = \sigma\sin\alpha\cos\alpha = \dfrac{\sigma}{2}\sin2\alpha \end{cases} \qquad (2\text{-}3)$$

按式（2-3），可计算拉杆在各不同方向截面上的正应力 σ_α 与切应力 τ_α，其值各随方位角 α 而变化。正应力的符号以拉应力为正，压应力为负。切应力的符号通常规定以切应力 τ_α 绕研究对象内某一点 C_0 顺时针转向时为正（图 2-9a），逆时针转向则为负（图 2-9b）。

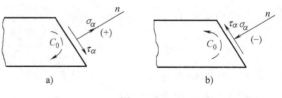

图 2-9

当 $\alpha = 0°$ 时，即为横截面上的应力，$\sigma_{0°} = \sigma$，$\tau_{0°} = 0$。

当 $\alpha = 45°$ 时，$\sigma_{45°} = \dfrac{\sigma}{2}$，$\tau_{45°} = \dfrac{\sigma}{2}$，切应力取极大值。

在拉杆中如截取两个相互垂直的截面 α 和 $\alpha_1 = \alpha + 90°$ （图 2-10），由式 （2-3） 可得

$$\tau_{\alpha 1} = \frac{\sigma}{2}\sin 2\alpha_1 = \frac{\sigma}{2}\sin 2(\alpha_1 + 90°) = -\tau_\alpha \qquad (2-4)$$

上式表明，在这两个截面上，切应力的数值相等，相差一个负号。这是一个有普遍意义的规律，称为切应力互等定理：

受力物体内通过任意一点的微元体，在该微元体两个互相垂直截面上的切应力必成对存在，其数值相等，且两个截面上的切应力均垂直于两个平面的交线，方向则共同指向或背离这一交线。

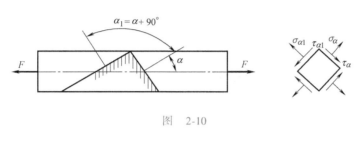

图　2-10

2.4 低碳钢材料拉伸时的力学性能

低碳钢拉伸实验

为了保证工程构件的强度满足正常工作的要求，不仅要计算构件的应力，还应该了解构件材料的力学性能。材料的力学性能 （mechanical property） 是指材料从开始受力直至破坏的全过程中所呈现的受力和变形间的各种特征，它们是材料固有的属性，一般通过试验进行测定。常温 （室温）、静载荷下的拉伸试验是最基本的一种。这里的静载荷 （static load） 是指加载速度平稳、载荷缓慢逐渐增减。

低碳钢 （如 Q235 钢） 是工程上使用较为广泛的一种材料，同时它在拉伸试验中所表现出的力学性能具有典型性，因此以低碳钢材料为例研究其拉伸时的力学性能。

1. 低碳钢静拉伸实验

为了便于对不同材料的试验结果进行比较，规定将材料做成标准尺寸的试件，如图 2-11 所示。在试件中间等直部分取一段长度 l，称为标距；对圆截面标准试件规定标距 l 与横截面直径 d 的比例为

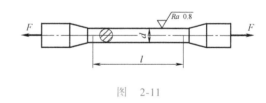

图　2-11

$$l = 10d \quad \text{或} \quad l = 5d$$

前者称为 10 倍试件，后者称为 5 倍试件。对矩形截面的平板试件，10 倍与 5 倍试件分别为

$$l = 11.3\sqrt{A}, \quad l = 5.65\sqrt{A}$$

式中，A 为试件横截面的面积。

测量试件的标距 l 和横截面直径 d 后，把试件夹持在材料试验机的夹具中，通过加载机构缓慢地开始施加拉力 F，使试件产生拉伸变形，安装在试件上的引伸仪可以测量出标距 l 受拉后的变形 Δl。（关于材料试验机及引伸仪可参考相关参考书）

在拉伸过程中，观察试件受力、变形情况及呈现的各种现象。在开始阶段，拉力与变形

成正比。当加载至一定程度后，载荷基本保持不变，或在某一小范围内发生波动，试件出现了拉力不增加而变形较为显著的现象，这种现象称为**屈服**（yield），此时的拉力记为 F_s。过了屈服阶段后，拉力继续增加，变形随同增加，但它们之间已不再满足线性关系。当拉力达到某一极值 F_b 时，在试件某处突然出现明显的局部变细，这种现象称为**缩颈**（necking），接着拉力减小而变形迅速增加，试件很快被拉断。然后关闭机器，取下试件，测量断裂后的标距长度 l_1 及试件最细处的截面直径 d_1。

在试验过程中，记录下施加的载荷 F 与相应的试件标距的伸长 Δl，以 F 为纵坐标、Δl 为横坐标可得到载荷与变形的关系曲线（F-Δl 曲线），称为拉伸图（图 2-12）。

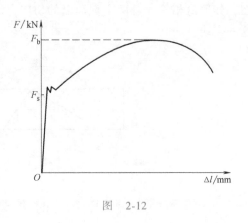

图 2-12

2. **低碳钢拉伸时的力学性能**

低碳钢拉伸图（F-Δl）反映了试件受力过程中的各种现象，由于此图与试件的几何尺寸有关，为了消除试件尺寸的影响，让试验更确切地反映材料的性质，可将拉力 F 除以试件原截面面积 A，即用应力 σ 来衡量材料的受力情况，同时把标距的伸长 Δl 除以原标距 l，即用应变 ε 来衡量材料的变形情况。由此，试件的拉伸图（F-Δl 图）变换为应力-应变图（σ-ε 图）。这样曲线与试件尺寸无关，只要同一材料则试验曲线相同，它代表了材料在拉伸下的力学性能，如图 2-13 所示。由于 σ-ε 曲线是将原来 F-Δl 曲线的纵横坐标各除以常数而得到，其形状显然与图 2-12 相似。

由应力-应变曲线可知拉伸试验的过程分为几个不同阶段，下面分段研究以确定材料的力学性能。

（1）**弹性阶段**（Elastic region）　从受拉开始至屈服前沿 Oa 直线这一段，图形上显示出应力 σ 与应变 ε 成正比关系。此阶段材料有下列特点：

1）在这阶段内如去除拉力，试件仍按 aO 线回到原点，即试件的变形能够完全消失，恢复原状，材料的这种性能称为**弹性**，相应的这种变形称为弹性变形，这个阶段称为弹性阶段。图 2-14a 为在弹性阶段内卸载后的试件，其长度不变。

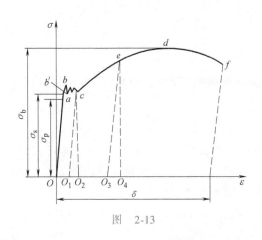

图 2-13

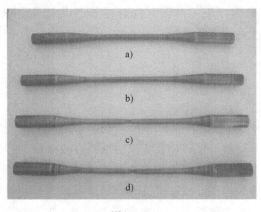

图 2-14

2）在弹性范围内，应力 σ 与应变 ε 成正比关系，对应于 a 点的成正比的最大应力称为比例极限（proportional limit），常以 σ_p 表示。对钢来说，一般可认为比例极限即弹性极限（elastic limit）。

应力 σ 与应变 ε 成正比关系的比例常数取为 E，写为

$$\sigma = E\varepsilon \tag{2-5}$$

E 是取决于材料性质的常数，称为材料的弹性模量（modulus of elasticity），它的单位是 MPa 或 GPa。如低碳钢的 $E = 200 \sim 210\text{GPa}$。材料的弹性模量越大，越不易变形，亦即它在弹性范围内的刚度就越大。所以 E 是衡量材料抵抗弹性变形能力的一个指标。式（2-5）反映在弹性范围内材料的应力与应变成正比，称为拉压胡克定律（tensile Hook's law）。

（2）**屈服阶段**（Yield region）　在拉伸图或应力-应变曲线上呈水平或上下发生微抖动的一段曲线 bc 可代表这一阶段（图 2-13）。在屈服阶段材料有下列特点：

1）此时材料的应变 ε 迅速增加，而应力 σ 则做窄幅波动，说明材料暂时失去了抵抗变形的能力，这种现象称为材料的**屈服**或**流动**。在光滑试件的表面还可看到有与轴线约成 45° 方向的斜线称为**滑移线**（slip line）出现，这是由于材料内部晶粒间相互滑移的结果。由式（2-3）知，在 45° 斜截面上存在着最大切应力 $\tau_{\max}$，这是产生滑移的根本原因。在屈服阶段，对应于 b 点的应力称为上屈服点，对应于 b' 点的应力称为下屈服点，工程上通常取下屈服点作为材料的**屈服点**（yield point）或**屈服极限**（yield limit），以 σ_s 表示：

$$\sigma_s = \frac{F_s}{A} \tag{2-6}$$

式中，F_s 为试件在下屈服点时的拉力；A 为试件的横截面面积。

材料的屈服极限 σ_s 是表示材料力学性能的一项重要数据。如 Q235 钢的屈服极限 $\sigma_s = 235\text{MPa}$。

2）拉力超过弹性范围后，如果在屈服阶段的 c 点撤除拉力，则试件将沿平行于 Oa 的 cO_1 线退回至横坐标轴（图 2-13）。显然 O_1O_2 这一段应变是在卸载过程中恢复了的弹性应变。OO_1 这段应变不能恢复，残留在试件内，这种不能恢复的应变称为**残余应变**（residual strain）或**塑性应变**（plastic strain），材料的这种性能称为塑性。图 2-14b 所示为加力超过了屈服阶段然后撤除的试件，与 2-14a 相比产生了明显的残余变形。工程上一般认为构件如发生较大的塑性变形就失去了承载能力。因此设计中对低碳钢一类材料常取屈服极限作为材料的强度指标之一。

（3）**强化阶段**（Strain hardening region）　超过屈服阶段，应力-应变曲线又向上升直至最高点，这一阶段称为材料的强化阶段，如图 2-13 上的 cd 段曲线。在此阶段内其特征有：

1）应力继续增加同时应变也相应增加，材料又恢复了对变形的抵抗能力，这种现象称为材料强化现象。在这一阶段应力 σ 与应变 ε 呈非线性关系，胡克定律不再适用。

2）在曲线达到最高点 d 时，试件局部变细，产生缩颈现象。这时试件所承受的最大拉力记为 F_b，对应于 d 点的应力称为抗拉强度极限（tensile ultimate stress/ strength），以 σ_b 表示：

$$\sigma_b = \frac{F_b}{A} \tag{2-7}$$

材料的抗拉强度极限是表示材料力学性能的另一重要数据。如 Q235 钢的抗拉强度极限 $\sigma_b = 400\text{MPa}$。

3）试件在强化阶段中，若到达 e 点时去除拉力，则试件的应力-应变关系将沿平行于 Oa 的 eO_3 线退至横坐标轴，其中 O_3O_4 是在卸载过程中恢复的弹性应变，OO_3 是不能恢复的塑性应变。

如果卸载后再重新施加载荷，则应力与应变间基本上遵循着卸载时同一直线 O_3e 关系，直至开始卸载时的应力为止。再往后仍依原 edf 曲线关系变化直至拉断。比较 $Oabcdef$ 和 O_3edf 两曲线可看出，卸载后再加载，材料的比例极限 σ_p 和屈服点 σ_s 都提高了，而材料的塑性变形则减小，即减低了材料的部分塑性性能，这一现象称为材料的**冷作硬化**（work hardening）。工程上常利用冷作硬化来提高某些构件（如钢筋、钢索等）在弹性阶段内所能承受的最大应力，但有时根据需要也可通过热处理消除冷作硬化。

（4）**缩颈阶段**（Necking region）　从开始缩颈至试件被拉断这一阶段，即图 2-13 曲线上 df 段。由于试件产生缩颈，缩颈处横截面面积迅速减小（图 2-14c），所施加的拉力随之减小，而图 2-13 中曲线的纵坐标应力 σ 仍以拉力除以原截面面积 A 而得，故曲线向下变化直至断裂点（fracture point）f，此时试件在缩颈处断裂（图 2-14d）。

在断裂后将试件接合起来，测得试件的标距长度为 l_1，缩颈处的最细直径为 d_1。试件断裂后的残余变形值（l_1-l）代表试件拉断后塑性变形的程度，通常用百分率表达，以符号 δ 表示，称为材料的**伸长率**（percent elongation），即

$$\delta = \frac{l_1-l}{l} \times 100\% \tag{2-8}$$

伸长率 δ 是衡量材料塑性的一个重要指标，一般将 $\delta \geqslant 5\%$ 的材料称为塑性材料或延性材料；而 $\delta < 5\%$ 的材料称为脆性材料。

衡量材料塑性的另一指标为**断面收缩率**（percent reduction），可表示为

$$\psi = \frac{A-A_1}{A} \times 100\% \tag{2-9}$$

式中，$A_1 = \dfrac{\pi}{4} d_1^2$，是缩颈处最小横截面的面积。

如 Q235 钢，$\delta = 20\% \sim 30\%$，$\psi = 60\%$ 左右，所以它是一种塑性材料。

2.5　其他材料拉伸时的力学性能

除低碳钢外，工程上常用的材料还有合金钢、铸铁、球墨铸铁、铝、钢等，现分别做简单介绍如下：

1. 其他塑性材料

Q345 钢是常用低合金钢中的一种典型钢材，拉伸时的应力-应变曲线如图 2-15 所示，同时绘出了低碳钢 Q235 钢的应力-应变曲线，可以看到 Q345 钢在拉伸时的应力-应变关系与 Q235 钢的相似，其弹性模量 E 几乎相同，但它的屈服极限 σ_s 及抗拉强度极限 σ_b 都比 Q235 钢显著提高，伸长率 δ 略小，它的力学性能指标为

$$\sigma_s = 280 \sim 350\text{MPa}$$

$$\sigma_b = 480 \sim 520 \text{MPa}$$

$$\delta_5 = 21\% \sim 29\% \text{（下标数字 5 表示用 5 倍试件做试验的结果）}$$

$$\psi = 45\% \sim 60\%$$

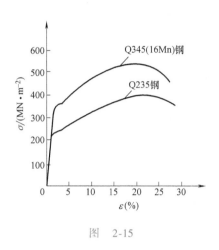

图　2-15

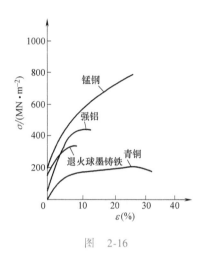

图　2-16

图 2-16 给出了另外几种典型金属材料在拉伸时的应力-应变曲线。将这些曲线与低碳钢的曲线比较可看出，有些材料如强铝、青铜和退火球墨铸铁没有明显屈服阶段，但其他三个阶段比较明显；有些材料如锰钢，仅有弹性及强化阶段，而没有屈服阶段和缩颈断裂阶段，这些材料的特点是伸长率均较大，故也为塑性材料，它们的力学性能可查有关材料手册。

对于没有明显屈服阶段的材料，不存在明显的屈服点 σ_s，我国标准规定：取对应于试件卸载后产生 0.2% 的残余线应变时的应力值作为材料的屈服强度或名义屈服极限（offset yield stress or proof stress），以 $\sigma_{0.2}$ 表示（图 2-17）。获得材料的 σ-ε 曲线后，在横坐标轴 ε 上取 $OC = 0.2\%$，经过 C 点作平行于直线部分的平行虚线与 σ-ε 曲线交于 D 点，D 点的纵坐标即为 $\sigma_{0.2}$，它与屈服极限 σ_s 一样，是衡量材料强度的一项指标。

2. 脆性材料

铸铁是工程上广泛应用的金属材料之一，图 2-18 是灰铸铁和玻璃钢材料拉伸时的应力-应变曲线。这类材料的特点是伸长率很小，一般 $\delta < 5\%$，所以是脆性材料。

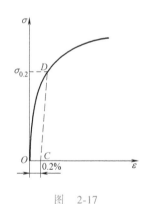

图　2-17

灰铸铁拉伸时的应力-应变曲线的特点是图形没有明显的直线部分，但是直至拉断时试件的变形都非常小，所以可用一条割线来代替曲线，如图 2-18 中虚线所示，从而确定其弹性模量，材料近似地适用胡克定律。灰铸铁在拉伸过程中没有屈服现象，不存在屈服点，最后沿横截面方向拉断（图 2-19）。断裂时最大载荷记为 F_b，则抗拉强度极限 σ_b 为

$$\sigma_b = \frac{F_b}{A} \tag{2-10}$$

脆性材料断裂时变形很小，它的横截面面积几乎没有变化，故抗拉强度极限可看作试件拉断时的真正应力大小。

铸铁拉伸实验

23

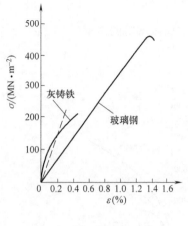

图 2-18

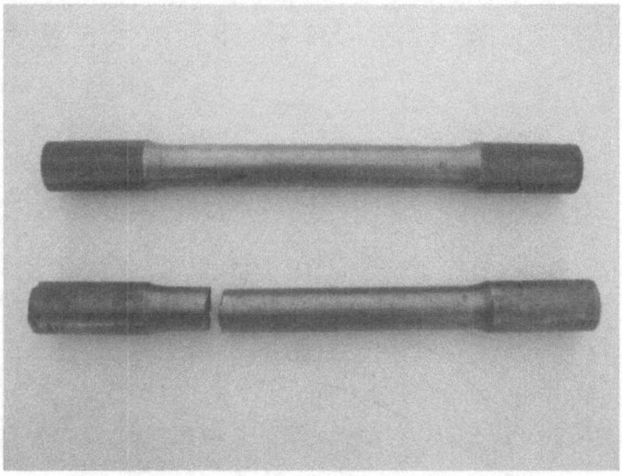

图 2-19

玻璃钢的应力-应变曲线（图 2-18）的特点是几乎到试件拉断时都是直线，也就是弹性阶段一直延续到接近于断裂。拉断时的最大应力记为抗拉强度极限 σ_b。试验结果指出脆性材料在拉伸时只有抗拉强度极限 σ_b 一个指标。

最后必须指出，习惯上所说的塑性材料或脆性材料是根据材料在常温、静载荷下由拉伸试验所得的伸长率 δ 来区分的。实际上材料的脆性或塑性并非固定不变，温度、变形速度、应力情况和热处理工艺都会改变材料的强度及伸长率，从而改变材料的性质。

2.6 压缩时材料的力学性能

材料在压缩时的力学性能也是通过试验测得的。压缩试验常把材料加工成短柱状试件，一般金属材料的压缩试件其长度 l 与直径 d 之比在 1.0~3.0 之间（若 l 与 d 之比太大，试件在破坏前易压弯失稳）。在万能试验机或压力机上进行压缩试验，绘图仪上记录下的压缩力 F 和缩短变形 Δl 的关系曲线（F-Δl 曲线）称为压缩图。与拉伸图类似，为了清除试件尺寸的影响，把纵坐标换算成压应力 σ，横坐标换算成压应变 ε，得到压缩时的应力-应变曲线。

将材料压缩时的应力-应变曲线和拉伸时的应力-应变曲线绘在一起进行比较，来了解材料在压缩时的力学性能。

低碳钢压缩实验

1. 塑性材料（以低碳钢为例）

图 2-20 中实线代表低碳钢压缩时的应力-应变曲线，虚线则为拉伸时的应力-应变曲线。比较两曲线得：

1）在弹性阶段内两条曲线基本重合，说明材料在拉伸和压缩时弹性模量的数值相同。在这阶段内，应力 σ 和应变 ε 成正比，故拉伸时的胡克定律式（2-5）同样适用于压缩，只是压缩时对应的是压应力和压应变而已。

2）低碳钢材料压缩时也有屈服现象，但屈服阶段比较短暂。压缩屈服点的数值与拉伸时的数值基本上相同。

3）超过屈服阶段，材料进入强化阶段，拉伸时低碳钢材料产生缩颈最后断裂，可得到

抗拉强度极限 σ_b。但压缩时低碳钢试件横截面面积越压越大，甚至压成薄块，但并不破裂（图 2-21），因此无法得到塑性材料的抗压强度极限。

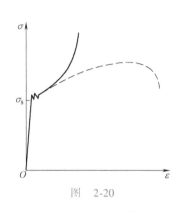

图　2-20

图　2-21

2. 脆性材料（以灰铸铁为例）

图 2-22 中实线代表灰铸铁被压缩时的应力-应变曲线，虚线则为在拉伸时的应力-应变曲线。比较两曲线得：

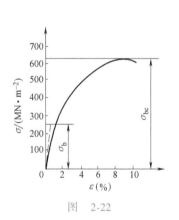

图　2-22

图　2-23

铸铁压缩实验

1）灰铸铁在拉伸及压缩时的应力-应变曲线其直线部分均不明显，拉伸与压缩时均不存在屈服点。

2）压缩时试件有显著变形，随着压力增加试件渐呈鼓状，最后灰铸铁试件沿 45°~55° 斜截面破裂（图 2-23），因在这些截面上存在着最大切应力 τ_{max}。破裂时的最大应力称为抗压强度极限，以 σ_{bc} 表示。灰铸铁的抗压强度比抗拉强度 σ_b 高得多，为抗拉强度的 2~4 倍。因此，如灰铸铁一类脆性材料多用于做承压构件，如机器基座等。

表 2-1 中给出几种工程上常用材料在拉伸和压缩时的主要力学性能。

表 2-1　几种工程常用材料在拉伸和压缩时的主要力学性能（常温、静载）

材料名称	牌号	屈服点 σ_s /MPa	抗拉强度 σ_b /MPa	抗压强度 σ_{bc} /MPa	伸长率 δ_5 （%）	用　　途
普通碳素结构钢	Q235	235	370~500		21~26	金属构件、普通零件
	Q275	275	410~540		17~22	

（续）

材料名称	牌号	屈服点 σ_s /MPa	抗拉强度 σ_b /MPa	抗压强度 σ_{bc} /MPa	伸长率 δ_5 （%）	用　途
优质碳素结构钢	30	295	490		21	转轴、销轴、螺钉、连杆等
	45	355	600		16	
低合金高强度结构钢	Q355	275～355	450～630		21～22	建筑结构、起重设备、容器、船体结构等
	Q390	300～390	470～650		19～20	起重机、容器、车架等
合金结构钢	40Cr	785	980		9	连杆、重要齿轮、轴等
	35MnB	735	930		10	
球墨铸铁	QT450-10	310	450		10	曲轴、齿轮、凸轮、活塞等
	QT600-3	370	600		3	
灰铸铁	HT150	98～165	150～250	600	0.3～0.8	承盖、基座、飞轮等
	HT200	130～195	200～300	720		
铝合金	2A11	215	370		12	航空结构件、铆钉等

注：表中的 δ_5 是指 $l=5d$ 的标准试件的伸长率。

2.7　安全因数及许用应力

上文讨论了构件在拉伸（压缩）时的应力计算及材料在拉伸（压缩）时的力学性能。构件要正常工作运转，必须保证构件由载荷引起的工作应力小于构件材料所能承受的极限应力（stress limit）或危险应力（dangerous stress），以符号 σ^0 表示。

危险应力是根据材料在拉伸或压缩时的力学性能确定的。对于用低碳钢、低合金钢等塑性材料制成的构件，当应力达到屈服点 σ_s 时，产生显著的塑性变形，影响其正常工作，所以通常以屈服极限（或屈服强度 $\sigma_{0.2}$）作为它的危险应力。对于用铸铁等脆性材料制成的构件，由于它破坏时无明显的塑性变形，构件断裂即丧失工作能力，所以取材料的强度极限 σ_b（抗拉或拉压）作为它的危险应力。

为了保证构件具备足够的强度，它的工作应力必须低于所用材料的危险应力。如果再考虑到其他的几个影响因素，如材料性质实际上未必均匀，载荷估计难以准确，以及计算方法的近似性等，因此必须给构件强度以必要的储备，在工作期间留有余地以保证安全，故构件工作应力的最大容许值只能是材料极限应力 σ^0 的若干分之一。此最大容许值称为材料的许用应力（allowable stress），用 $[\sigma]$ 表示，即

$$[\sigma] = \frac{\sigma^0}{n} \tag{2-11}$$

式中，n 是一个大于 1 的系数，称为安全因数（factor of safety）。

危险应力 σ^0 的依据不同，所取的安全因数也不同。如以材料的屈服极限作为危险应力，即 $\sigma^0 = \sigma_s$，安全因数相应以 n_s 表示，称为屈服安全因数。许用应力表达为

$$[\sigma] = \frac{\sigma^0}{n} = \frac{\sigma_s}{n_s} \tag{2-12}$$

如以材料的强度极限 σ_b 作为危险应力，即 $\sigma^0 = \sigma_b$，安全因数相应表示为 n_b，称为断裂安全因数，许用应力表达为

$$[\sigma] = \frac{\sigma^0}{n} = \frac{\sigma_b}{n_b} \qquad (2\text{-}13)$$

在确定构件的安全因数时，通常考虑下列几方面因素：

1）构件材料的素质，包括材料组成的均匀程度、材质的好坏、材料的塑性性能（即属于塑性材料或脆性材料等）。

2）承受载荷的情况，对载荷的估计是否准确，是静载荷还是动载荷，有否超载等。

3）实际工程构件和计算模型之间的差异，计算方法的精确程度等。

4）构件在整个设备中的重要性、工作条件、若一旦损坏后造成事故的严重程度、加工制造与维修保养的难易程度等。

由此可见，在确定安全因数时，要考虑到多方面的因素，对具体情况要具体分析。很难对某一种材料定一个不变的安全因数而不问零件的具体情况；或是对同类零件规定一个统一的安全因数而不问所用材料的素质和工作条件。

选择安全因数，关系到正确处理安全与经济之间的矛盾。如仅从保证安全的角度来考虑，应加大安全因数，降低许用应力，这就要多消耗材料，提高成本，有损经济。另一方面如片面地从经济上着眼，势必减小安全因数，提高许用应力。这样虽可节约材料，减轻自重，但往往不能保证安全，容易产生事故。在设计工作中，应权衡安全与经济两方面的要求，合理地选取安全因数，力求设计出来的构件满足既安全又经济的要求。

随着对客观事物规律的认识逐步深入与完善、材料性能的提高，以及制造工艺和设计方法的不断改进，安全因数的选取必将日趋合理化。

许用应力和安全因数的具体数据，有关业务部门有一些规范可供选用，目前一般机械制造中，在静载荷下，对塑性材料可取 $n_s = 1.5 \sim 2.5$；对脆性材料，由于一般材质不均，且构件如突然破坏有更大危险性，所以应稍大些，一般取 $n_b = 2.0 \sim 3.5$。

2.8 拉伸（压缩）构件的强度计算

上节已提及要保证构件在载荷作用下正常工作，构件内的最大应力 σ_{max} 不能超过材料在拉（压）时的许用应力 $[\sigma]$，即满足下列拉（压）时的**强度条件**（strength criterion）：

$$\sigma_{max} \leqslant [\sigma] \qquad (2\text{-}14)$$

通过等截面拉（压）杆某一点应力分析（2.3 节）可知，以横截面方位上的正应力（$\sigma = F_N/A$）为最大。如轴向同时有几个外力作用，应该先对横截面上的轴力进行分析，找出最大轴力 F_{Nmax} 所在的截面（称为**危险截面**），则等截面杆的强度条件可写为

$$\sigma_{max} = \frac{F_{Nmax}}{A} \leqslant [\sigma] \qquad (2\text{-}15)$$

对于截面变化的拉（压）杆件（如阶梯形杆），最大应力需综合考虑轴力和横截面面积两个方面的影响，不仅应考虑到轴力为最大值的截面，还应考虑横截面面积最小的截面。

强度条件式（2-15）可解决工程中有关构件强度的三个方面的问题：

1. 强度校核

已知构件的尺寸、材料及承受载荷情况（即已知 A、$[\sigma]$ 及 F_i），可检查构件的强度是否足够，即工作时是否安全。如计算出构件内的最大工作应力满足式（2-15），即说明它有足够的强度，符合要求。

2. 选择截面

已知构件所受载荷及所用材料（即已知 $[\sigma]$ 及 F_i），可将强度条件变换成

$$A \geqslant \frac{F_{Nmax}}{[\sigma]} \qquad (2\text{-}16)$$

以确定构件需要的截面面积。如选用标准构件时，可根据计算得到的截面面积查型钢表（见附录 C）或标准件表选取。若没有与计算所得面积相等的型号，可选大一些的型号。一般设计规范中规定，只要截面内最大应力值不超过材料许用应力值的 5%，采用较小的型号仍是许可的。

3. 确定许用载荷

若已知构件的材料及尺寸（即已知 A 与 $[\sigma]$），可将强度条件写成

$$F_{Nmax} \leqslant [\sigma] A \qquad (2\text{-}17)$$

由此确定构件所能承担的最大轴力 F_{Nmax}，再由 F_{Nmax} 确定构件承担的载荷 F_i。

下面举例说明强度条件的具体应用。

例 2-3 如图 2-24a 所示双杠杆夹紧机构，需产生 20kN 的夹紧力。若杆 AB、BC 和 BD 均为圆钢杆，三杆的直径相同，$d = 20\text{mm}$，杆材料的许用应力 $[\sigma] = 100\text{MPa}$，试校核各杆的强度。

解 （1）各杆的轴力 由节点 B 的平衡条件（图 2-24b）

$$\sum F_x = 0, \quad F_N - 2F_{N1}\sin30° = 0$$

得

$$F_N = F_{N1}$$

考虑杠杆 CEF（图 2-24c）：

$$\sum M_E = 0, \quad 20\text{kN} \times l - (F_{N1}\cos30°) l = 0$$

$$F_N = F_{N1} = 23.1\text{kN}$$

（2）各杆的轴力、直径均相同，故工作应力也相同

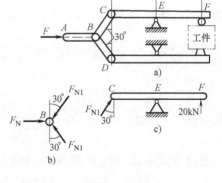

图 2-24

$$A = \frac{\pi}{4} \times d^2 = \frac{\pi}{4} \times (20 \times 10^{-3})^2 \text{m}^2 = 3.14 \times 10^{-4}\text{m}^2$$

$$\sigma = \frac{F_N}{A} = \frac{23.1 \times 10^3}{3.14 \times 10^{-4}}\text{Pa} = 73.67\text{MPa} < [\sigma]$$

所以三杆均满足强度要求。

例 2-4 一简单三角支架由水平杆①（AC）和斜杆②（BC）组成（图 2-25a）。杆①是钢制的，圆截面，许用应力 $[\sigma_1] = 160\text{MPa}$；杆②是木制的，正方形截面，许用应力 $[\sigma_2] = 4.0\text{MPa}$。在节点 C 处承受载荷 $F = 60\text{kN}$，试确定两杆的截面尺寸。

解 （1）各杆的轴力

$$AC = 3\text{m}, \quad AB = 2\text{m}, \quad BC = \sqrt{13}\text{m} = 3.61\text{m}$$

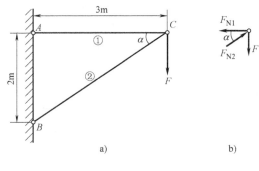

图 2-25

$$\sin\alpha = \frac{2}{3.61} = 0.554, \quad \cos\alpha = \frac{3}{3.61} = 0.831$$

由节点 C 的平衡条件（图 2-25b）：

$$\sum F_y = 0, \quad F_{N2}\sin\alpha - F = 0$$
$$F_{N2} = 108.3\text{kN} \qquad (-)$$
$$\sum F_x = 0, \quad F_{N2}\cos\alpha - F_{N1} = 0$$
$$F_{N1} = 90.0\text{kN} \qquad (+)$$

杆① （AC）承受拉伸变形，杆② （BC）承受压缩变形。

（2）各杆的截面面积，根据式（2-16）计算

$$A_1 = \frac{F_{N1}}{[\sigma_1]} = \frac{90 \times 10^3}{160 \times 10^6}\text{m}^2 = 5.62 \times 10^{-4}\text{m}^2 = 5.62\text{cm}^2$$

AC 杆为圆截面，其直径

$$d = \sqrt{\frac{4A_1}{\pi}} = 2.68\text{cm}$$

BC 杆的截面面积

$$A_2 = \frac{F_{N2}}{[\sigma_2]} = \frac{108.3 \times 10^3}{4 \times 10^6}\text{m}^2 = 271 \times 10^{-4}\text{m}^2 = 271\text{cm}^2$$

BC 杆截面为正方形，截面边长

$$b = \sqrt{271}\text{cm} = 16.46\text{cm}$$

例 2-5 图 2-26a 所示，等直杆受自重及集中力 F 作用，杆的长度为 l，横截面面积为 A，材料单位体积的重量为 γ，许用应力为 $[\sigma]$。试分析杆自重对强度的影响。

解 距杆下端为 x 的横截面 m-n 上，其轴力 （图 2-26b）记为 $F_N(x)$，则有

$$\sum F_x = 0, \quad F_N(x) - F - \gamma A x = 0$$
$$F_N(x) = F + \gamma A x$$

所以

当 $x = 0$ 时， $F_{N0} = F$

当 $x = l$ 时， $F_{Nl} = F + \gamma A l$

绘出杆的轴力图如图 2-26d 所示，杆的危险截面在它顶端：

$$F_{Nmax} = F_{Nl} = F + \gamma Al$$

杆在任一横截面 $m\text{-}n$ 上的应力为

$$\sigma(x) = \frac{F_N(x)}{A} = \frac{F}{A} + \gamma x$$

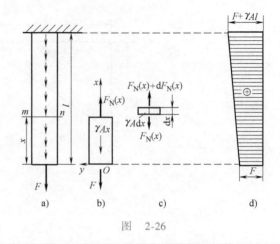

所以，有　　$\sigma_{max} = \dfrac{F}{A} + \gamma l \leqslant [\sigma]$

得

$$A \geqslant \frac{F}{[\sigma] - \gamma l}$$

由此式可见，若杆的 γl 与材料的 $[\sigma]$
相比很小，则杆的自重影响可忽略不计。

图　2-26

2.9　拉伸（压缩）构件的变形

直杆在轴向拉力作用下，其纵向尺寸将伸长，横向尺寸将缩短。如图 2-27 所示，杆原
长为 L，直径为 d，截面面积为 A。在拉力作用下，杆长由 L 变为 $L+\Delta L$，则杆件伸长了 ΔL。
由于轴向拉伸时，杆的纵向变形沿轴线均匀分布，所以纵向线应变为

$$\varepsilon = \frac{\Delta L}{L}$$

实验表明，在弹性范围内，杆件的伸长 ΔL 与其所加的拉力 F 及杆长 L 成正比，而与杆
件的横截面面积 A 和弹性模量 E 成反比，即

$$\Delta L = \frac{FL}{EA} \tag{2-18}$$

式（2-18）是胡克定律的另一种表达形式，用以计算拉压时的绝对变形。从此式可知，
如 EA 越大，则变形 ΔL 越小，故 EA 称为杆件截面的**抗拉（压）刚度**（axial stiffness）。

试件纵向伸长时，其横向尺寸缩小为 $d-\Delta d$
（图 2-27），故横向应变 ε' 为

$$\varepsilon' = -\frac{\Delta d}{d} \tag{2-19}$$

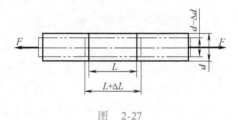

图　2-27

ε' 是一个量纲为一的量，在拉伸时为负值，压缩
时为正值。

试验结果指出，在弹性范围内材料的横向线
应变和纵向线应变之比的绝对值为一常数，此常数称为横向变形系数或**泊松比**（Poisson's
ratio），通常用 μ 表示：

$$\mu = \left| \frac{\varepsilon'}{\varepsilon} \right| \tag{2-20}$$

或写为

$$\varepsilon' = -\mu\varepsilon \tag{2-21}$$

泊松比 μ 是量纲为一的量，各种材料 μ 的数值都由试验进行测定。弹性模量 E 和泊松比 μ 都是表示材料力学性能的重要常数。表 2-2 给出了一些常用材料的弹性模量 E 和泊松比 μ 的值。

表 2-2　弹性模量及泊松比的值

材料名称	弹性模量 $E/\times10^5$ MPa	泊松比 μ
碳素结构钢	2.0～2.1	0.25～0.33
低合金高强度结构钢	2.0～2.2	0.25～0.33
合金结构钢	1.9～2.2	0.24～0.33
灰铸铁、白口铸铁	1.15～1.6	0.23～0.27
可锻铸铁	1.55	
硬铝合金	0.71	0.33
铜及其合金	0.74～1.30	0.31～0.42
铅	0.17	0.42
混凝土	0.146～0.36	0.16～0.18
木材(顺纹)	0.10～0.12	
橡胶	0.0008	0.47

例 2-6　求例 2-4 中，节点 C 的位移，如图 2-28 所示。已知①杆为圆截面，$A_1 = 5.62\text{cm}^2$，弹性模量 $E_1 = 200\text{GPa}$；②杆为正方形截面，$A_2 = 271\text{cm}^2$，弹性模量 $E_2 = 10\text{GPa}$。

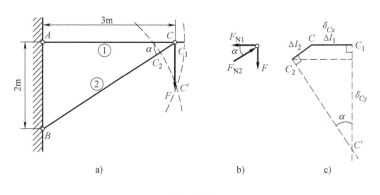

图　2-28

解　节点 C 的位移是由于杆①和杆②的变形所引起的。杆①承受拉伸，它的伸长量根据胡克定律式（2-18）计算

$$\Delta l_1 = \frac{F_{N1}l_1}{E_1A_1} = \frac{90\times10^3\times3}{200\times10^9\times5.62\times10^{-4}}\text{m} = 24\times10^{-4}\text{m} = 0.24\text{cm} = \overline{CC_1}$$

杆②承受压缩，它的缩短量为

$$\Delta l_2 = \frac{F_{N2}l_2}{E_2A_2} = \frac{-108.3\times10^3\times3.61}{10\times10^9\times271\times10^{-4}}\text{m} = -14.4\times10^{-4}\text{m} = -0.144\text{cm} = \overline{CC_2}$$

杆①和杆②在节点 C 铰接，受载后，各杆虽有变形但仍铰接在一起。节点 C 位移后的新位置可以 A 点和 B 点为圆心，分别以 AC_1 和 BC_2 为半径作圆弧（图 2-28a），两圆弧的交点 C' 即为节点 C 的新位置。

从小变形的近似几何关系来考虑，Δl_1 和 Δl_2 分别与原长 l_1 和 l_2 相比很微小，不到原杆长的千分之一，圆弧 $C'C_1$ 和 $C'C_2$ 很短，这样可用切线代替圆弧，因此过 C_1 和 C_2 分别作 AC_1 和 BC_2 的垂线（图 2-28c），它们的交点 C' 可近似地作为节点 C 的新位置，故 C 点的水平向与铅垂向位移可分别计算出（图 2-28c）：

$$\delta_{Cx} = \Delta l_1 = 0.24\text{cm}$$
$$\delta_{Cy} = \Delta l_2 \sin\alpha + (\Delta l_1 + \Delta l_2 \cos\alpha)\cot\alpha$$
$$= [0.14 \times 0.554 + (0.24 + 0.14 \times 0.831) \times 1.5]\text{cm}$$
$$= 0.62\text{cm}$$

例 2-7 设水平刚性杆 AB 的变形可忽略不计，此杆在 A 端铰接，在 D 处用直径 2cm 的斜杆拉住，B 端作用有铅垂载荷 F（图 2-29a）。已知 CD 杆的弹性模量 $E = 200$GPa，许用应力 $[\sigma] = 160$MPa。求最大许用载荷 $[F]$ 和 B 端的铅垂位移。

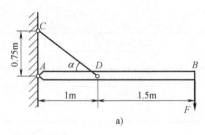

a)

解 $l_{CD} = \sqrt{1.0^2 + 0.75^2}\text{m} = 1.25\text{m}$，$\quad \sin\alpha = 0.6$，$\cos\alpha = 0.8$。

（1）求许用载荷 $[F]$　CD 杆的横截面面积

$$A_1 = \frac{\pi}{4}d^2 = \frac{\pi}{4} \times 2^2 \text{cm}^2 = 3.14\text{cm}^2$$

CD 杆的允许轴力

$$[F_{NCD}] = [\sigma]A_1 = (160 \times 10^6 \times 3.14 \times 10^{-4})\text{N} = 50.3\text{kN}$$

以 AB 杆为研究对象，由平衡方程

$$\sum M_A = 0, \quad [F] \times 2.5 - [F_{NCD}] \times \sin\alpha \times 1 = 0$$

得最大许用载荷 $[F] = 12.1$kN。

（2）求 B 端的铅垂位移　CD 杆的伸长

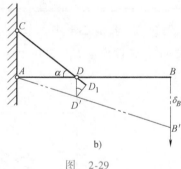

b)

图　2-29

$$\Delta l_{CD} = \frac{F_{NCD}l_{CD}}{EA_1} = \frac{50.3 \times 10^3 \times 1.25}{200 \times 10^9 \times 3.14 \times 10^{-4}}\text{m} = 0.10\text{cm}$$

A 处为一固定铰，CD 杆受力后伸长至 D_1；因假设 ADB 为不变形的刚性杆，故 AD 间的距离不变，以 C 为圆心、CD_1 为半径画圆弧，再以 A 为圆心、AD 作半径画圆弧，两圆弧的交点 D' 即 D 点的新位置。因是小变形，故可用切线替代圆弧，从 D_1 和 D 分别作 CD_1 和 AD 的垂线，两垂线的交点 D' 即可作为 D 的新位置（图 2-29b）。

由几何关系 $\angle DD'D_1 = \alpha$，$\Delta l_{CD} = \overline{DD_1} = 0.10\text{cm}$，所以

$$\overline{DD'} = \overline{DD_1}/\sin\alpha = 0.167\text{cm}$$

得 B 端的铅垂位移

$$\delta_B = \overline{BB'} = \overline{DD'} \times \frac{\overline{AB}}{\overline{AD}} = \left(0.167 \times \frac{2.5}{1.0}\right)\text{cm} = 0.417\text{cm}$$

2.10　应力集中的概念

等截面构件在轴向拉（压）时，横截面上的应力是均布的。但工程上由于结构形状或工作需要，在构件上常开有孔、槽或制成凸肩、阶梯形状等，*小孔的应力集中* 该处横截面面积产生突然改变，由试验证明在截面突变部分，其应力不再是均布的。在孔、缺口、槽、凸肩附近的局部范围内应力显著增大，而离它们稍远处的应力逐渐趋于均布，这种现象称为**应力集中**（stress concentration）。图 2-30b 为开小孔拉杆的应力分布图，图 2-30c 所示为具有圆孔的薄板拉伸的应力分布情况。可看到在孔附近的应力值明显较大，具有应力集中现象；而在离开圆孔一定距离的地方，应力趋于均匀。

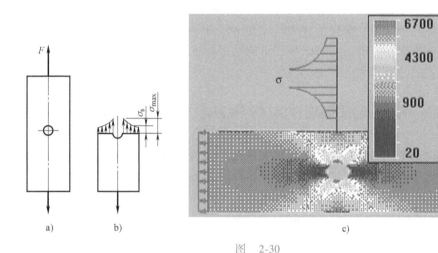

图　2-30

令 σ_0 为杆件削弱了的截面上的平均应力。截面上局部最大应力 σ_{max} 与平均应力 σ_0 之比称为**应力集中系数**（stress concentration factor），它反映应力集中的程度，以 K 表示，即

$$K = \frac{\sigma_{max}}{\sigma_0} \tag{2-22}$$

对于考虑应力集中的拉（压）杆进行强度计算时，其强度条件应写成为

$$\sigma_{max} = K\sigma_0 \leqslant [\sigma] \tag{2-23}$$

工程上对截面有突然改变的常用杆件，可由实验测定其应力集中系数 K，并绘成图或制成表格供查用。图 2-31 给出了具有圆孔、半圆槽和变截面拉杆的应力集中系数曲线（以 K 为纵坐标、r/d 为横坐标）。从这些曲线可看出，K 随 r/d 的减小而增大，即孔越小，填角越尖，应力集中情况越严重。因此在机械零件、容器、船体上开孔，开槽大都采用圆形、椭圆或带圆角，避免或禁开方形及带尖角的

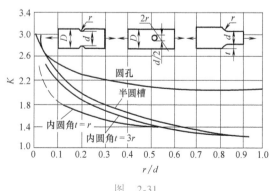

图　2-31

孔槽。在截面改变处尽量采用光滑连接，阶梯轴截面变化处采用圆角过渡，铸件连接处也采用圆角等，都是利用增加 r/d 来减少应力集中影响的例子。但也有些地方利用应力集中以达到较易断裂的目的，如在冲击试验中，把试件做成一定的缺口使其产生应力集中，便于冲断，以了解材料对缺口的敏感性。

不同材料与受力情况对应力集中的敏感程度也不同。对于用塑性材料制成的构件在静荷下工作时，可较少考虑应力集中的问题，这是因为构件的应力集中只发生在构件很小的局部区域，当该区域的最大应力达到材料的屈服极限后，构件只在此局部产生塑性变形，截面上其余部分应力仍处于弹性范围，最大局部应力不再随载荷增加而继续提高，这时整个构件仍能正常工作。然后随着载荷的增加，截面上各点的应力逐渐达到材料的屈服极限，即趋于均匀。而脆性材料的构件因不存在屈服阶段，在截面突变产生应力集中处的最大应力一直领先，首先达到破坏应力，致使构件在该处开始破裂，所以应当考虑应力集中的影响。

但应注意，在具有周期性变化的外力（交变载荷）作用下，有应力集中的构件，如有螺纹的活塞杆，开了键槽、销孔的转轴等，不论是塑性材料或脆性材料制的，应力集中都将影响构件的强度，故必须考虑应力集中。

*2.11 温度、时间和加载速度对材料力学性能的影响

2.4~2.6 节讨论了材料在常温、静载荷下的力学性能。但机械中有不少零件不在常温、静载荷下工作，例如汽轮机、锅炉、内燃机等均在高温下运转，液态氢、氮的容器则在低温下工作，此外如汽锤的锤杆、内燃机的零件等均在冲击载荷下工作，其受载方式也与静载荷有较大差异。现在简略地介绍温度、时间和加载速度对材料力学性能的影响。

1. 短期静荷下，温度对材料力学性能的影响

为了确定金属材料在高温下的力学性能，把试件处于各种不同温度下，做短期的静拉伸试验（在几分钟内把试件拉断的试验方式）。图 2-32 表示在高温短期静载下低碳钢的 σ_s、σ_b、E、δ、ψ 随温度变化的情况。从图中可看出，总的趋向是 σ_s、σ_b、E 随温度的增高而降低；δ 和 ψ 则随温度的增大而提高，只是在 300℃ 以前的情况不同，其数值是随温度升高而降低的。

在低温的情况下，碳钢的弹性极限 σ_e 和强度极限 σ_b 均有所提高，但伸长率 δ 则相应降低。这表明在低温下材料的强度提高而塑性降低，趋向于脆性断裂。图 2-33 是中碳钢在三种不同温度下的拉伸曲线。

2. 高温、长期静载荷下材料的力学性能

高温和载荷长期作用下，材料的力学性能也将受影响。试验指出，如低于一定温度（例如对碳素钢而言，温度在 300~350℃ 以下），虽载荷长期作用，对材料的力学性能并无明显影响。但如高于一定温度（对碳钢 300~350℃ 以上，对合金钢 350~400℃ 以上），而且应力超过某一限度，则材料在某一固定应力 σ_1 和不变温度 T_1 下随着时间的增长，变形缓慢加大，这种现象称为蠕变（creep）。蠕变变形是塑性变形，卸载后它不能消失。在高温下运转的零件往往因蠕变而引起事故，例如汽轮机的叶片因蠕变而发生的塑性变形，可能与轮壳相碰而打碎轮壳或毁坏叶片造成事故。图 2-34 是某金属材料在一定应力和一定高温下的蠕变曲线。图中 A 点所对应的应变是载荷作用瞬时即得到的弹性应变（$\varepsilon = \sigma/E$），从 A 到 B 蠕

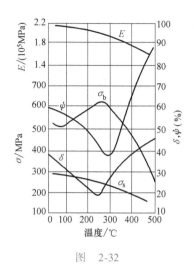

图 2-32

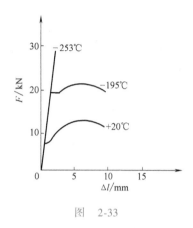

图 2-33

变速度 $\dfrac{\mathrm{d}\varepsilon}{\mathrm{d}t}$（即曲线的斜率）不断降低，是不稳定蠕变阶段。从 B 到 C 点蠕变速度最小，且接近于常量，是稳定蠕变阶段。从 C 点开始蠕变速度又逐渐增加，是蠕变的加速阶段。过 D 点后，蠕变速度急剧加大以至断裂。

在一定温度下，提高应力 σ，可得另一蠕变曲线，如图 2-35 所示（$\sigma_3 > \sigma_2 > \sigma_1$），应力越大，稳定阶段的蠕变速度越大，且稳定阶段越短。

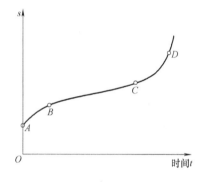

图 2-34

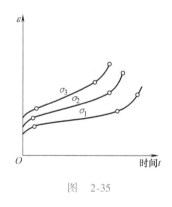

图 2-35

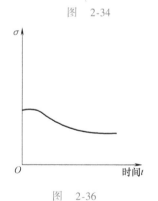

图 2-36

在高温下工作的零件，发生弹性变形后，如保持其变形总量不变，随着时间的增长，因蠕变而逐渐发展的塑性变形将逐步代替原来的弹性变形，从而使零件内的应力逐渐降低，这种现象称为松弛（relaxation），如图 2-36 所示。如气缸盖螺栓长期在高温下工作，由于应力松弛，使联接的紧密程度逐渐降低，引起气缸的漏气，必需定期进行拧紧。

3. 加载速度对材料力学性能的影响

在同一温度下，以不同的加载速度进行试验所得结果不同。高温下加载速度的影响就更为显著。如果加载时使试件的应变速度 $\dfrac{\mathrm{d}\varepsilon}{\mathrm{d}t}$ 大于 $3\mathrm{min}^{-1}$，通常这样的载荷作为动载荷。

图 2-37 中的曲线①和②分别表示低碳钢在常温静载和动载荷下的拉伸 σ-ε 曲线。由曲线可看出，在动载荷下低碳钢的屈服阶段不明显，与静载荷相比，动载荷强度极限提高，在曲线上 σ_b 点向左移动，且屈服极限也有提高，塑性性能一般减低。其他塑性材料也有类似现象。

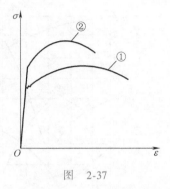

图　2-37

2.12 拉伸与压缩的超静定问题

1. 超静定问题及其解法

在前面所讨论的问题中，杆件或杆系的约束力以及内力只要通过静力平衡方程就能把它们解出（图 2-38），这类问题称为 静定问题（statically determinate）。但在工程实践中由于某些要求，增多杆件的约束或增加杆件的数目，它们的约束力或内力，仅凭静力平衡方程式不能求得，未知约束力的数目超过了所能列出的独立静力平衡方程式的数目（图 2-39），这类问题称为 超静定问题（statically indeterminate）。图 2-39a 所示的拉杆，上端 A 固定，下端 B 也固定，A 端与 B 端各有约束力 F_{Ay} 与 F_{By}，但我们只能列出一个静力平衡方程式（$\sum F_y = 0$），仅凭这一个静力平衡方程式，不能解出这两个约束力。未知约束力的数目超过独立平衡方程式的数目一个，这是一个一次超静定问题。再如图 2-39b，AB、AC、AD 三杆铰接于 A，铅垂外力 F 作用于 A 铰。考虑 A 铰的平衡，这是一个平面共点力系，可列出两个平衡方

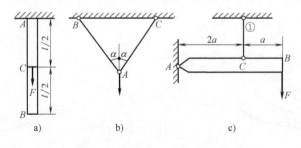

图　2-38

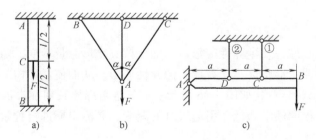

图　2-39

程式（$\sum F_x = 0$，$\sum F_y = 0$），而未知内力（轴力）有三个（F_{NAB}、F_{NAC}、F_{NAD}），故也为一次超静定问题。图 2-39c 所示水平杆 AB 假设为变形可忽略的粗刚杆，A 端为铰支，此杆由拉杆①和拉杆②约束住，这也是一次超静定问题，读者可自行试着分析之。

要求得超静定问题的所有未知约束力，除了要利用静力平衡方程式之外，还需要通过对杆件或杆系变形几何关系的研究来建立足够数目的补充方程式。由于杆件或杆系各部分的变形均与其约束相适应，因此在它们的变形之间必存在着一定的制约条件，这种条件一般称为 变形协调条件（compatibility condition of deformation）。对于超静定杆件或杆系即以这种条件作为依据来建立补充方程式。如图 2-39a 所示上下两端均受到固定约束的杆，由于两端面不可能有相对线位移，因此此杆在受轴向外力变形后，它的总长度不变（$\Delta l_{AB} = 0$），这就是 AB 杆与其约束相适应的变形协调条件，其表达式可称为 变形几何方程式。

另一方面，杆件材料在弹性范围内，力与变形之间存在一定的物理关系，材料服从胡克定律，力与变形呈线性关系，即式（2-5）或式（2-18）。利用这一关系可将上述的变形几何方程式转写为所需的补充方程式。将补充方程式与静力平衡方程式联立求解，即可求得全部未知约束力。

材料力学处理问题总是从 变形几何方程式、力与变形的 物理关系和 静力平衡条件这三个方面来考虑，列出足够的方程式把问题解出。其关键在于根据杆件或杆系的变形协调条件建立变形几何方程式，这种变形几何方程式在小变形的前提下将随各种具体问题而有不同的形式，本节以一次拉压超静定问题为主，通过下面的例题说明如何建立变形几何方程式。

例 2-8　等直杆 AB 上下两端均固定于刚性支座，杆的尺寸如图 2-40 所示，在中间截面 C 上作用有轴向外力 F，杆的抗拉（压）刚度为 EA_1，试求 A 与 B 两端的约束力。

解　设未知约束力 F_{Ay} 与 F_{By} 的方向如图示，静力平衡方程式

$$\sum F_y = 0, \quad F_{Ay} + F_{By} = F \tag{a}$$

由于两端为刚性支座，无相对位移，故 AB 杆的总伸长 $\Delta l_{AB} = 0$，其变形几何方程式为

$$\Delta l_{AC} + \Delta l_{CB} = 0 \tag{b}$$

AC 段内力　　　$F_{NAC} = F_{Ay}$　　（拉）

BC 段内力　　　$F_{NBC} = -F_{By}$　　（压）

物理关系

$$\Delta l_{AC} = \frac{F_{NAC}a}{EA_1} = \frac{F_{Ay}a}{EA_1}$$

$$\Delta l_{BC} = \frac{F_{NBC}b}{EA_1} = \frac{-F_{By}b}{EA_1} \tag{c}$$

将式（c）代入式（b），得补充方程式

$$\frac{F_{Ay}a}{EA_1} - \frac{F_{By}b}{EA_1} = 0 \tag{d}$$

联立解式（a）与式（d）可得

$$F_{Ay} = \frac{b}{a+b}F = \frac{b}{l}F$$

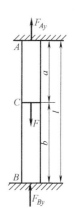

图　2-40

$$F_{By} = \frac{a}{a+b}F = \frac{a}{l}F$$

例 2-9 设①、②、③杆用铰连接如图 2-41a 所示，已知①、②杆的长度、横截面面积及材料均相同，即 $l_1=l_2=l$，$A_1=A_2$，$E_1=E_2$；第③杆的横截面面积为 A_3，其材料的弹性模量 E_3。在 A 铰上作用铅直力 F，试求各杆的轴力。

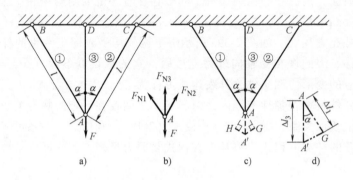

图 2-41

解 作 A 铰的受力图，如图 2-41b 所示，静力平衡方程式

$$\sum F_x = 0, \quad F_{N1}\sin\alpha - F_{N2}\sin\alpha = 0, \quad F_{N1}=F_{N2} \Bigg\} \tag{a}$$
$$\sum F_y = 0, \quad 2F_{N1}\cos\alpha + F_{N3} = F$$

根据变形协调条件建立变形几何方程式。由于①、②、③三杆铰接于 A，它们受力变形后仍应连接在一点 A'（图 2-41c）。因这个结构在几何、物理与受力情况都是对称的，可见 A 点应沿铅垂方向下移，此时三杆的变形均为伸长，分别是 Δl_1、Δl_2、Δl_3，且 $\Delta l_1 = \Delta l_2$。延长 BA 至 G，令 $AG=\Delta l_1$，以 B 为圆心、BG 为半径作圆弧；类似地，再以 C 为圆心、CH 为半径（$AH=\Delta l_2$）作圆弧；以 D 为圆心、DA' 为半径（$AA'=\Delta l_3$）作圆弧；此三圆弧应交于 A' 点，A' 点即为杆系受力变形后 A 铰的新位置。根据小变形概念，可以切线代替圆弧，即过 G 点作 BG 的垂线，它与 DA 延长线的交点即是 A' 点，从 $\triangle AGA'$ 中（图 2-41d）可得

$$\Delta l_3 \cos\alpha = \Delta l_1 \tag{b}$$

上式即为各杆变形之间的变形几何方程式，根据胡克定律，写出变形与轴力的物理关系式

$$\Delta l_1 = \frac{F_{N1}l}{E_1 A_1} \tag{c}$$

$$\Delta l_3 = \frac{F_{N3}l\cos\alpha}{E_3 A_3} \tag{d}$$

将式（c）、式（d）代入式（b），可得补充方程式

$$F_{N1} = F_{N3}\frac{E_1 A_1}{E_3 A_3}\cos^2\alpha \tag{e}$$

联立并解式（a）与式（e），整理后可得

$$F_{N1} = F_{N2} = \frac{F}{2\cos\alpha + \dfrac{E_3 A_3}{E_1 A_1 \cos^2\alpha}}$$

$$F_{N3} = \frac{F}{1 + 2\dfrac{E_1 A_1}{E_3 A_3}\cos^3\alpha}$$

所得结果均为正值，说明与原来假定三杆轴力均为拉力相符合。杆的轴力与其抗拉（压）刚度 EA 有关。

例 2-10 AB、AC 和 AD 三杆系由同一材料制成，假设它们的横截面面积 A_1 相同，铰接于 A，如图 2-42a 所示。AC 杆与 AB 杆相互垂直，承受载荷 $F = 20$ kN，材料的弹性模量 $E = 200$ GPa，若材料的许用应力 $[\sigma] = 120$ MPa，试选择各杆的截面面积。

解 变形几何关系：假定①、②、③杆全部受拉，受力变形后，节点 A 位移至 A' 的位置。自 A 点分别延长①、②、③杆的轴线，自 A' 点分别作三杆轴线延长线的垂线，如图 2-42a 所示。在小变形概念下，可得各杆的伸长变形，$AG = \Delta l_1$，$AK = \Delta l_2$，$AH = \Delta l_3$，如图 2-42c 所示。根据图示，可得变形几何关系

$$\begin{cases} \overline{GA'} = \overline{AH} = \overline{AM} + \overline{MH} \\ \Delta l_3 = \Delta l_2/\cos 30° + \Delta l_1 \tan 30° \end{cases} \tag{a}$$

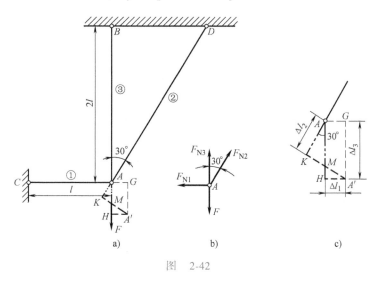

图　2-42

根据物理关系——胡克定律

$$\begin{cases} \Delta l_3 = \dfrac{F_{N3} \cdot 2l}{EA} \\[3mm] \Delta l_2 = \dfrac{F_{N2} \cdot \dfrac{2l}{\cos 30°}}{EA} \\[3mm] \Delta l_1 = \dfrac{F_{N1} l}{EA} \end{cases} \tag{b}$$

以式（b）代入式（a），化简可得补充方程式

$$2F_{N3} = \frac{8}{3}F_{N2} + \frac{F_{N1}}{\sqrt{3}} \tag{c}$$

考虑节点 A 的平衡（图 2-42b），静力平衡方程式为

$$\sum F_x = 0, \quad F_{N2}\sin 30° - F_{N1} = 0 \qquad (d)$$

$$\sum F_y = 0, \quad F_{N3} + F_{N2}\cos 30° - F = 0 \qquad (e)$$

联立解式（c）、式（d）与式（e）得

$$F_{N1} = 4267\text{N}$$

$$F_{N2} = 8534\text{N}$$

$$F_{N3} = 12610\text{N}$$

③ 杆的横截面面积为

$$A_3 = \frac{F_{N3}}{[\sigma]} = \frac{12610}{120 \times 10^6}\text{m}^2 = 1.05\text{cm}^2$$

因原假设三杆横截面面积相同，故

$$A = A_1 = A_2 = A_3 = 1.05\text{cm}^2$$

显然杆①与杆②的工作应力 σ_1 与 σ_2 均小于许用应力 $[\sigma]$，此两杆有多余强度储备。

2. 装配应力

杆件制成后，其尺寸有微小误差是难免的。在静定问题中，这种误差仅使结构在装配好后，它的几何形状有微小的改变，而不会在杆内引起内力。如图 2-43 所示的结构，若 AB 杆做得比原来所设计的长度稍短了一些，则在装配好后，将成三角形 $BA'C$，与原所设计的三角形 BAC 稍有差异，在未受载荷时（不计杆的自重）各杆内就没有应力。但在超静定杆系中，情况就不同，某些杆件的制造不准确，必须采取强制方法将其拉长或压短才能将它们装

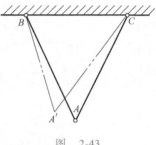

图 2-43

配在一起。这样，在未受载荷时杆内即已存在应力，由于杆件制造不准确，在结构装配好后不受外力即已存在的应力称为**装配应力**（setting stress）。可通过下面的例题进行说明。

例 2-11 在例 2-9 所示的三杆结构中，若中间杆③的长度 l 较原长短了微量 δ，如图 2-44a 所示，在装配时就需拉长杆③，同时压短杆①和②，这样才能把这三杆铰接在一起，如图 2-44b 中双点画线 A_1B 与 A_1C 所示。因此装配好后，即使结构未受外力作用，各杆内也有应力，试求各杆的装配应力。

解 由图可知

$$AD = l, \quad A_0D = l-\delta, \quad E_1 = E_2, \quad A_1 = A_2, \quad AB = AC = l/\cos\alpha$$

分析变形几何关系：装配时需拉长杆③与压短杆①和杆②，装配好后 A 铰的位置在 A_1，杆①与杆②如图 2-44b 中双点画线所示。杆③的伸长 $\Delta l_3 = \overline{A_0A_1}$，由小变形概念，从 A_1 分别作 AB 和 AC 的垂线 A_1G 和 A_1F，则 $\overline{GA} = \Delta l_1$，$\overline{FA} = \Delta l_2$，从图中的几何关系可得

$$\overline{A_0A_1} + \overline{A_1A} = \delta$$

$$\overline{A_1A} = \Delta l_1/\cos\alpha$$

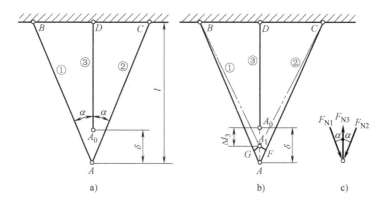

图　2-44

$$\overline{A_0A_1} = \Delta l_3 \tag{a}$$

即

$$\Delta l_3 + \Delta l_1 / \cos\alpha = \delta$$

物理关系

$$\begin{cases} \Delta l_1 = \dfrac{F_{N1} l / \cos\alpha}{E_1 A_1} \\[4mm] \Delta l_3 = \dfrac{F_{N3}(l-\delta)}{E_3 A_3} \approx \dfrac{F_{N3} l}{E_3 A_3} \end{cases} \tag{b}$$

分析静力平衡方程式：考虑装配后铰 A_1 的受力（图 2-44c），杆③承受拉伸，F_{N3} 为拉力；杆①与杆②承受压缩，F_{N1} 与 F_{N2} 均为压力，故有

$$\begin{cases} \sum F_x = 0, \quad F_{N1}\sin\alpha - F_{N2}\sin\alpha = 0, \quad F_{N1} = F_{N2} \\[2mm] \sum F_y = 0, \quad F_{N3} - 2F_{N1}\cos\alpha = 0 \end{cases} \tag{c}$$

由式（a）与式（b）可得

$$\frac{F_{N3} l}{E_3 A_3} + \frac{F_{N1} l}{E_1 A_1 \cos^2\alpha} = \delta \tag{d}$$

联立并解式（c）与式（d）得

$$F_{N1} = F_{N2} = \frac{E_3 A_3 \delta}{2l\cos\alpha\left(1 + \dfrac{E_3 A_3}{2E_1 A_1 \cos^3\alpha}\right)}$$

$$F_{N3} = \frac{E_3 A_3 \delta}{l\left(1 + \dfrac{E_3 A_3}{2E_1 A_1 \cos^3\alpha}\right)}$$

由此可计算出各杆的装配应力

$$\sigma_1 = \sigma_2 = \frac{F_{N1}}{A_1} = \frac{E_3 A_3 \delta}{2l\cos\alpha\left(A_1 + \dfrac{E_3 A_3}{2E_1 \cos^3\alpha}\right)}$$

$$\sigma_3 = \frac{E_3\delta}{l\left(1+\dfrac{E_3A_3}{2E_1A_1\cos^3\alpha}\right)}$$

可见，在超静定杆系的杆件制造中如尺寸有很小误差，也会在各杆内产生相当可观的装配应力。这种装配应力有可能带来不利影响，也可能带来有利影响。在工程实践上可对由于装配应力所造成的有利影响加以利用，如预应力混凝土构件，就是用装配应力（初应力）来提高构件的承载能力。

3. 温度应力

杆件因温度的升降而产生伸缩，在均匀温度场中，静定杆件或杆系由温度引起的变形伸缩自由，一般不会在杆中产生内力。但在超静定问题中，由于有了多余约束杆，由温度变化所引起的变形将受到限制，从而在杆内产生内力及与之相应的应力，这种应力称为温度应力或热应力（thermal stress）。计算温度应力的关键也是根据杆件或杆系的变形协调条件及物理关系列出变形补充方程式。杆件的变形包括两部分，即由温度变化所引起的变形，以及与温度内力相应引起的弹性变形。

例 2-12　图 2-45a 所示的等直杆 AB 长 l，它的两端分别与刚性支承连接。设两支承间的距离为 l，杆的横截面面积为 A，杆材料的弹性模量为 E，线膨胀系数为 α_1，试求温度升高 Δt 时杆内所产生的温度应力。

解　如杆仅在左端 A 固定，温度升高，杆将自由伸长，如图 2-45b 所示，但现因后端 B 也为刚性支承阻挡而不能伸长，这就相当于在杆的两端施加压力。从静力平衡方程式仅得杆两端所受的约束力应相等（$F_A = F_B$）。本题为一次超静定，应建立一个补充方程式。

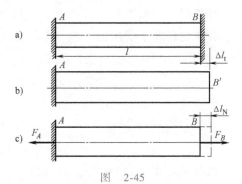

图　2-45

因两端均为刚性支承，杆的长度不变，即

$$\Delta l = 0$$

杆的变形包括由温度升高引起的变形 Δl_t 与由轴向压力 F_B 产生的弹性变形 Δl_N 两部分，有

$$\Delta l = \Delta l_t + \Delta l_N = 0 \tag{a}$$

物理关系为

$$\Delta l_t = \alpha_1 \Delta t l$$

$$\Delta l_N = \frac{F_N l}{EA} = \frac{F_B l}{EA} \tag{b}$$

将式（b）代入式（a），即得温度内力为

$$F_B = F_N = -\alpha_1 EA\Delta t \tag{c}$$

由此得温度应力为

$$\sigma_t = F_N / A = -\alpha_1 E\Delta t \tag{d}$$

如温度升高，Δt 为正值，轴力为负值，表示压力，σ 也为负值，表示压应力。

若此杆为钢杆，$\alpha_1 = 1.2 \times 10^{-5} \, \text{K}^{-1}$，$E = 210\text{GPa}$，当温度升高 $\Delta t = 40℃$，即 40K 时，杆内温度应力由式（d）可计算得到

$$\sigma_t = -\alpha_1 E \Delta t = (-1.2 \times 10^{-5} \times 210 \times 10^3 \times 40)\text{MPa}$$
$$= -100.8\text{MPa}$$

可见当温差较大时，σ_t 的数值便相当可观。在工程实践上，输气管道中为了避免过高的温度应力，在管道中有时增加伸缩节（图 2-46）；在钢轨各段之间留有伸缩缝，这样削弱对膨胀的约束，以减低温度应力。

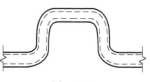

图　2-46

例 2-13　若在例 2-9 中①、②、③杆在装配好后，未加任何外力，而温度升高 $\Delta t = 20℃$。杆①与杆②由铜制成，$E_1 = E_2 = 100\text{GPa}$，$\alpha_1 = \alpha_2 = 16.5 \times 10^{-6}\text{K}^{-1}$，$A_1 = A_2 = 2.0\text{cm}^2$；杆③长 $l = 1\text{m}$，由钢制成，$E_S = 200\text{GPa}$，$A_S = 1.0\text{cm}^2$，$\alpha_3 = 12.5 \times 10^{-6}\text{K}^{-1}$，求各杆的温度应力（$\varphi = 30°$）。

解　设 F_{N1}、F_{N2}、F_{N3} 分别代表三杆因温度升高所产生的内力，假设均为拉力，考虑 A 铰的平衡（图 2-47b）。

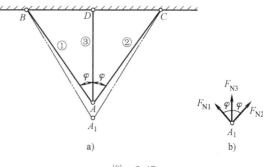

图　2-47

静力平衡方程式

$$\begin{cases} \sum F_x = 0, & F_{N1}\sin\varphi - F_{N2}\sin\varphi = 0, & F_{N1} = F_{N2} \\ \sum F_y = 0, & F_{N3} + 2F_{N1}\cos\varphi = 0 \end{cases} \quad (\text{a})$$

变形几何关系

$$\Delta l_1 = \Delta l_3 \cos\varphi \quad (\text{b})$$

物理关系（包括温度变形与内力弹性变形）

$$\begin{cases} \Delta l_1 = \alpha_1 \Delta t \dfrac{l}{\cos\varphi} + \dfrac{F_{N1} \dfrac{l}{\cos\varphi}}{E_1 A_1} \\ \Delta l_3 = \alpha_3 \Delta t l + \dfrac{F_{N3} l}{E_3 A_3} \end{cases} \quad (\text{c})$$

将式（c）代入式（b）得

$$\alpha_1 \Delta t \frac{l}{\cos\varphi} + \frac{F_{N1} l}{E_1 A_1 \cos\varphi} = \left(\alpha_3 \Delta t l + \frac{F_{N3} l}{E_3 A_3}\right)\cos\varphi \quad (\text{d})$$

联立解式（a）与式（d），得各杆轴力

$$F_{N3} = \frac{\Delta t \left(\dfrac{\alpha_1}{\cos^2\varphi} - \alpha_3\right) E_3 A_3}{\left(1 + \dfrac{1}{2\cos^3\varphi} \cdot \dfrac{E_3 A_3}{E_1 A_1}\right)}$$

$$=\frac{20\left(\frac{16.5\times10^{-6}}{\cos^2 30°}-12.5\times10^{-6}\right)\times200\times10^9\times1.0\times10^{-4}}{\left(1+\frac{1}{2\cos^3 30°}\times\frac{200\times10^9\times1.0\times10^{-4}}{100\times10^9\times2.0\times10^{-4}}\right)}N=2147N$$

$$F_{N1}=F_{N2}=-\frac{F_{N3}}{2\cos30°}=-\frac{2147}{2\times0.866}N=-1240N$$

杆①与杆②承受的是压力，杆③承受的是拉力，各杆的温度应力

$$\sigma_1=\sigma_2=F_{N1}/A_1=-\frac{1240}{2\times10^{-4}}Pa=-6.2\times10^6Pa=-6.2MPa$$

$$\sigma_3=F_{N3}/A_3=\frac{2147}{1\times10^{-4}}Pa=21.47\times10^6Pa=21.47MPa$$

*2.13 应力-应变曲线

各种材料的应力-应变曲线可通过拉伸试验的测试来获得。不同材料往往具有完全不同的应力-应变关系。从工程实践中知道，除了玻璃等极少数材料以外，任何一种材料都无法用一个简单的数学方程式来表达整个应力-应变曲线。在工程应用上，希望材料的 σ-ε 关系式既符合真实的物理关系又尽可能简单，因此把一些材料的 σ-ε 曲线理想化为几种可用简单方程描述的形式，也就是在任何给定问题中，材料的性质用一个理想的 σ-ε 曲线来表示，而这个理想的 σ-ε 曲线强调了在该特定问题中最重要方面的性质。下面描述几种常用材料性质的理想化模型。

1）线弹性材料。如图 2-48a 所示，这种材料自开始受力至断裂为止，应力 σ 与应变 ε 成正比，即服从胡克定律 $\sigma=E\varepsilon$，如玻璃钢、某些脆性材料等。材料力学问题中所涉及的材料大体上属于线弹性材料。

2）线弹性与理想塑性的材料。如图 2-48b 所示，在开始受力至屈服之前（$\varepsilon\leqslant\varepsilon_p$），应力 σ 与应变 ε 符合线性关系，即 $\sigma=E\varepsilon$；超过屈服点之后（$\varepsilon>\varepsilon_p$），应变增加而应力保持常值，即 $\sigma=$const。常用的低碳钢材料可简化为这种材料。

3）刚塑性材料。如图 2-48c 所示，有些塑性材料在压力加工的过程中，产生很大的塑性应变，而其弹性应变极为微小，可略去，这种情况可简化为刚塑性材料。

4）线弹性具有应变硬化的塑性材料。如图 2-48d 所示，在弹性阶段（$\sigma\leqslant\sigma_p$），$\sigma=E\varepsilon$；超出弹性阶段后（$\sigma>\sigma_p$），有应变硬化产生，$\sigma-\sigma_p=E_t(\varepsilon-\varepsilon_p)$，$E_t$ 为应变硬化时的弹性模量。铝合金 2024-T 可简化为此种材料。

5）当弹性应变极微小时，可略去，则线弹性具有应变硬化的塑性材料可简化为图 2-49e 所示的有应变硬化的刚塑性模型。

6）材料在开始受力时，应力 σ 与应变 ε 呈线性关系，$\sigma=E\varepsilon$，当应力达某一值后，应力 σ 与应变 ε 呈非线性关系，如图 2-48f 所示，某些铝合金有此性质：

$$\varepsilon=\frac{\sigma}{E}+K\left(\frac{\sigma}{E}\right)^n \tag{2-24}$$

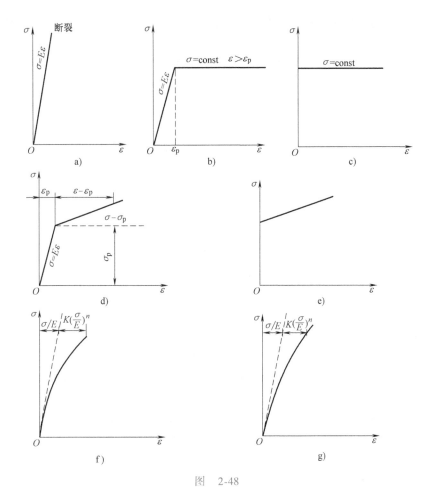

图　2-48

7）材料在开始受力时，应力 σ 与应变 ε 即呈非线性关系，如图 2-48g 所示，如铸铁、混凝土等，其关系也可用下式表示：

$$\varepsilon = \frac{\sigma}{E} + K\left(\frac{\sigma}{E}\right)^{n} \qquad (2\text{-}25)$$

式中，E、K、n 是反映材料力学性能的三个参数。

在 σ-ε 曲线上，将某点切线的斜率定义为切线模量（tangent modulus）E_{t}。当 $\sigma \leqslant \sigma_{p}$ 时，切线模量等于弹性模量 E；当 $\sigma > \sigma_{p}$ 时，它是一个变量，一般表示为

$$E_{t} = \lim_{\Delta\varepsilon \to 0} \frac{\Delta\sigma}{\Delta\varepsilon} = \frac{\mathrm{d}\sigma}{\mathrm{d}\varepsilon} \qquad (2\text{-}26)$$

*2.14　真应力和真应变

在 2.4 节计算绘制 σ-ε 图时，以试件变形前的原截面积 A_{0} 和原标距长度 l_{0} 作为基准，即

$$\sigma_{\text{eng}} = \frac{F}{A_{0}}, \qquad \varepsilon_{\text{eng}} = \frac{l_{i} - l_{0}}{l_{0}} \qquad (2\text{-}27)$$

式中，F 为瞬时载荷；l_i 为此时的长度。有时把上述应力称为工程应力，这样的应变称为工程应变。

承受载荷后，试件的实际横截面积逐渐减小，如 A_i 为试件的瞬时面积，则每单位实际面积的载荷集度为

$$\sigma_{\text{true}} = \frac{F}{A_i} \tag{2-28}$$

式中，σ_{true} 为真应力（true stress），这个应力描述了实际承受的载荷集度。真应力大于工程应力，在弹性范围内，两者相差很小。当试件出现大量塑性变形后，从试验得知试件的体积基本上保持不变，即

$$A_0 l_0 = A_i l_i$$

$$A_i = \frac{A_0 l_0}{l_i} = \frac{A}{1+\varepsilon}$$

故真应力

$$\sigma_{\text{true}} = \frac{F}{A_i} = \frac{F}{A_0}(1+\varepsilon) \tag{2-29}$$

由上式可见，对于与1相比很小的应变，截面积的相对减小甚微，因而真应力与工程应力实际上可认为是相等的，如当 $\varepsilon = 0.05$ 时，$\sigma_{\text{true}} = 1.05\sigma_{\text{eng}}$。当试件继续伸长，截面开始局部缩小进而出现缩颈现象时，ε 沿试件长度不是均匀分布的。在出现大变形后，用应变增量的方法描述应变即能反映其实际情况。把总应变看成是若干应变增量的总和，因而

$$\varepsilon = \sum \Delta \varepsilon = \sum \frac{\Delta l}{l} \tag{2-30}$$

式中，l 为发生伸长增量 Δl 时试件的瞬时长度。若试件原长为 l_0，相应于长度 l_1 的应变由下列积分给出（当 $\Delta l \to 0$）：

$$\varepsilon = \int_{l_0}^{l_1} \frac{\mathrm{d}l}{l} = \ln \frac{l_1}{l_0} \tag{2-31}$$

这个由若干个瞬时尺寸的应变增量相加而得的应变，称为真应变（true strain），由式（2-31）知，真应变有时称为对数应变。

对于与1相比为很小的应变，工程应变与真应变的数值实质上是相等的。如工程应变为0.05时，其真应变为0.0488，差别仅约2%。应注意到，即使在总应变与1相比很小时，其塑性应变可大于弹性应变好多倍。因此，即使应变很小，仍假定其体积不变性，则式（2-31）可以变为

$$\varepsilon = \ln \frac{l_1}{l_0} = \ln \frac{A_0}{A_1} = 2\ln \frac{D_0}{D_1}$$

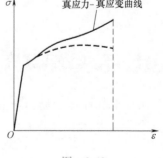

式中，D_0 为试件原有直径；D_1 为与 ε 相应的直径。只要测得试件在最小截面处的直径，即可按上式算出缩颈区的真应变。

低碳钢试件的真应力-真应变图如图2-49所示。

图 2-49

2-1　一木柱受力如题 2-1 图所示，柱的横截面为边长 20cm 的正方形，材料服从胡克定律，其弹性模量 $E = 10$GPa。如不计柱自重，试求：（1）作轴力图；（2）各段柱横截面上的应力；（3）各段柱的纵向线应变；（4）柱的总变形。

2-2　如题 2-2a 图所示铆接件，板件的受力情况如图题 2-2b 所示。已知：$F = 7$kN，$t = 0.15$cm，$b_1 = 0.4$cm，$b_2 = 0.5$cm，$b_3 = 0.6$cm。试绘板件的轴力图，并计算板内的最大拉应力。

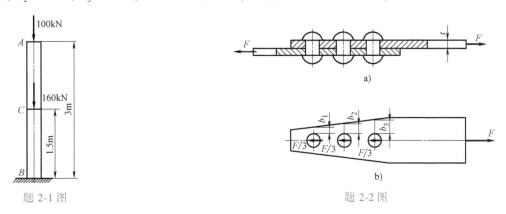

题 2-1 图　　　　　　　　　　　　　　　题 2-2 图

2-3　直径为 1cm 的圆杆，在拉力 $F = 10$kN 的作用下，试求杆内最大切应力，以及与横截面夹角为 $\alpha = 30°$ 的斜截面上的正应力与切应力。

2-4　如题 2-4 图所示结构中 ABC 与 CD 均为刚性梁，C 与 D 均为铰接，铅垂力 $F = 20$kN 作用在 C 铰，若杆①的直径 $d_1 = 1$cm，杆②的直径 $d_2 = 2$cm，两杆的材料相同，$E = 200$GPa，其他尺寸如图所示，试求：（1）两杆的应力；（2）C 点的位移。

2-5　某铣床工作台进给油缸如题 2-5 图所示，缸内工作油压 $p = 2$MPa，油缸内径 $D = 7.5$cm，活塞杆直径 $d = 1.8$cm，已知活塞杆材料的许用应力 $[\sigma] = 50$MPa。试校核活塞杆的强度。

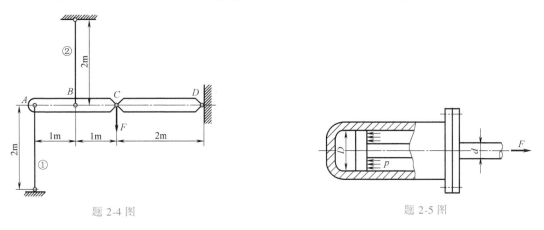

题 2-4 图　　　　　　　　　　　　　　　题 2-5 图

2-6　如题 2-6 图所示，钢拉杆受轴向拉力 $F = 40$kN，杆材料的许用应力 $[\sigma] = 100$MPa，杆的横截面为矩形，并且 $b = 2a$，试确定 a 与 b 的尺寸。

2-7　大功率低速柴油机的气缸盖螺栓如题 2-7 图所示，螺栓承受预紧力 $F = 390$kN，材料的弹性模量 $E = 210$GPa，求螺栓的伸长变形。

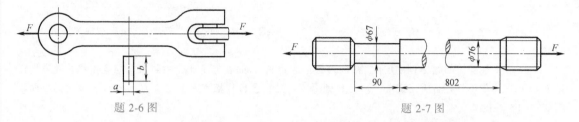

题 2-6 图   题 2-7 图

2-8　常用仓库搁架前后面用两根圆钢杆 AB 支持，其平面投影图如题 2-8 图所示，估计搁架上的最大载重量为 F = 10kN，假定合力 F 作用在搁板 BC 的中线上。已知 α = 45°，杆材料的许用应力 [σ] = 160MPa，试求所需圆钢杆的直径。

2-9　题 2-9 图所示吊钩的上端为 T110x2 梯形螺纹，它的外径 d = 110mm，内径 d_1 = 97mm，其材料为 20 钢，许用应力 [σ] = 50MPa。试根据吊钩的直杆部分确定吊钩所容许的最大起吊重量 F。

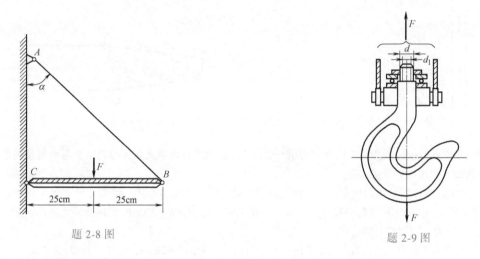

题 2-8 图   题 2-9 图

2-10　吊架结构的尺寸及受力情况如题 2-10 图所示。水平梁 AB 为变形可忽略的粗刚梁，CA 是钢杆，长 l_1 = 2m，横截面面积 A_1 = 2cm²，弹性模量 E_1 = 200GPa；DB 是钢杆，长 l_2 = 1m，横截面面积 A_2 = 8cm²，弹性模量 E_2 = 100GPa，试求：（1）使刚性梁 AB 仍保持水平时，载荷 F 离 DB 杆的距离 x；（2）如使水平梁的竖向位移不超过 0.2cm，则最大的力 F 应为多少？

2-11　铰接的正方形结构如题 2-11 图所示，各杆材料皆为铸铁，许用拉应力 [$σ_+$] = 40MPa，许用压应力 [$σ_-$] = 60MPa，各杆的截面积均等于 25cm²。试求结构的许用载荷 F。

题 2-10 图   题 2-11 图

2-12　题 2-12 图所示拉杆沿斜截面 m-n 由两部分胶合而成，设在胶合面上许用拉应力 [σ] = 100MPa，许用切应力 [τ] = 50MPa，胶合面的强度控制杆件的拉力。若规定 α ≤ 60°，为使杆件承受最大拉力 F，α 应为多少？若横截面面积为 4cm²，试确定许可载荷 F。

2-13　油缸盖与缸体采用 6 个螺栓联接，如题 2-13 图所示。已知油缸内径 $D = 350\text{mm}$，油压 $p = 1\text{MPa}$。若螺栓材料的许用应力 $[\sigma] = 40\text{MPa}$，求螺栓的内径 d。

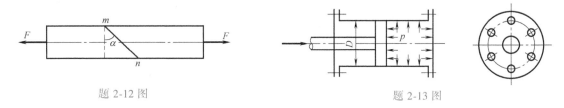

题 2-12 图　　　　　　　　　　　　　　　　题 2-13 图

2-14　题 2-14 图所示为轧钢机示意图。试确定轧钢机承压装置安全螺栓的直径 d，当 $F = 6000\text{kN}$ 时，螺径即行断裂，其材料的强度极限 $\sigma_b = 600\text{MPa}$。各接触面间的摩擦力可不计。

2-15　木材试件（立方体 2cm×2cm×2cm）在手压机内进行压缩。作用力 $F = 400\text{N}$，其方向垂直于杠杆 OA，此杠杆可绕固定心轴 O 转动，如题 2-15 图所示。在某一时刻，拉杆 BC 垂直于 OB 且平分 ECD 角，$\angle CED = \arctan 0.2 = 11°20'$。杠杆长度 $OA = 1\text{m}$，$OB = 5\text{cm}$，拉杆 BC 的直径 $d_1 = 1.0\text{cm}$，CE 杆与 CD 杆的直径相同，均为 $d_2 = 2.0\text{cm}$。试求：（1）此时拉杆 BC，以及杆 CD 与 CE 内的应力；（2）木材的弹性模量 $E = 10\text{GPa}$，计算被压试件的缩短变形。

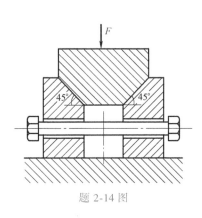

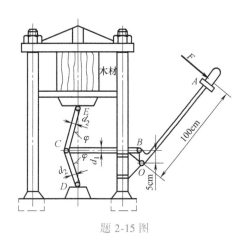

题 2-14 图　　　　　　　　　　　　　　　　题 2-15 图

2-16　设水平刚性杆 AB 不变形，拉杆 CD 的直径 $d = 2\text{cm}$，许用应力 $[\sigma] = 160\text{MPa}$，材料的弹性模量 $E = 200\text{GPa}$，在 B 端作用载荷 $F = 12\text{kN}$，如题 2-16 图所示。试校核 CD 杆的强度并计算 B 点的位移。

2-17　设压入机体中的钢销子所受的连接力是沿着它的长度 l 平均分布的，为了拔出这个销子，在它的一端施加 $F = 20\text{kN}$ 的力，如题 2-17 图所示。已知销子截面积 $A = 2\text{cm}^2$，长度 $l = 40\text{cm}$，$a = 15\text{cm}$，$E = 200\text{GPa}$，试绘出杆的应力图和计算杆的伸长。

2-18　试求题 2-18 图所示各简单结构中节点 A 的位移，设各杆的抗拉（压）刚度均为 EA。

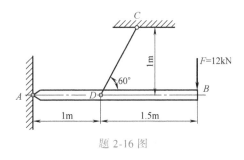

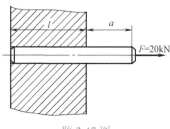

题 2-16 图　　　　　　　　　　　　　　　　题 2-17 图

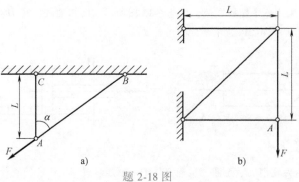

题 2-18 图

2-19 水平刚性梁 *ABCD* 在 *B*、*D* 两点用钢丝绳悬挂，尺寸及悬挂方式如题 2-19 图所示，*E*、*G* 两处均为无摩阻力的小滑轮。若已知钢丝绳的横截面面积 $A = 1.0\text{cm}^2$，弹性模量 $E = 200\text{GPa}$，铅垂载荷 $F = 20\text{kN}$ 作用于 *C* 点，试求 *C* 点的铅垂向位移。

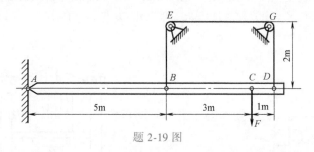

题 2-19 图

2-20 变宽度梯形平板的厚度为 *t*，受力及尺寸如题 2-20 图所示，板材料的弹性模量为 *E*。试求板的伸长变形 Δl。

2-21 如题 2-21 图所示，竖直悬挂的圆截面锥形直杆上端固定，下端自由，自由端直径为 *d*，固定端直径为 $3d$，材料的比重为 γ。试求：（1）由于自重，截面 *y* 上的轴力 $F_N = f_1(y)$；（2）*y* 截面上的应力 $\sigma = f_2(y)$；（3）最大轴力 $F_{N\max}$，最大应力 $\sigma_{\max}$。

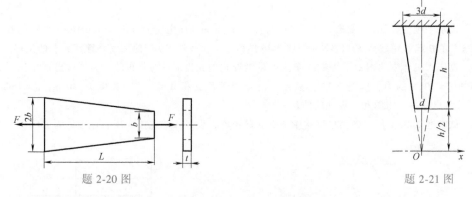

题 2-20 图　　　　　　　　　　　　　　　题 2-21 图

2-22 支架由 *AB* 和 *BC* 两杆组成，承受铅直载荷如题 2-22 图所示。这两杆由同一材料制成，若水平杆 *BC* 的长度保持常数 *L*，θ 角随 *A* 点沿竖直方向移动而变化，*AB* 杆的长度随 *A* 点的位置而定。设材料的拉伸许用应力与压缩许用应力相等，当这两杆受力均完全达到许用应力时，该结构具有最小重量，试求此时的 θ。

2-23 题 2-23 图所示铰接正方形结构，各杆的横截面面积均为 A_1，材料的弹性模量均为 *E*，试计算当

载荷 F 作用时节点 B、D 间的相对位移。

2-24 电子秤的传感器是一空心圆筒，受轴向拉伸或压缩如题 2-24 图所示，已知圆筒的外径 $D=$ 80mm，筒壁厚 $t=9$mm，在秤某一重物 W 时，测得筒壁产生的轴向应变 $\varepsilon=-476\times10^{-6}$，圆筒材料的弹性模量 $E=210$GPa，问此物体 W 为多少。并计算此传感器每产生 23.8×10^{-6} 应变所代表的重量。

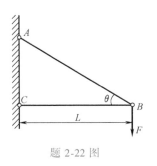
题 2-22 图

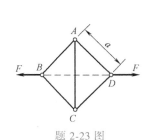
题 2-23 图

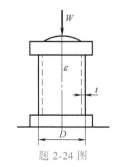
题 2-24 图

2-25 试求上题中薄圆筒在秤重物时的周向应变 ε_θ 和径向应变 ε_r，已知材料的 $\mu=0.3$。

2-26 水平刚梁 AB 用四根抗拉（压）刚度均为 EA 的杆吊住，如题 2-26 图所示，尺寸 l、a、θ 均为已知，在梁的中点 C 作用一力偶 M，试求：（1）各杆的内力；（2）刚梁 AB 的位移。

2-27 BC 与 DF 为两相平行的粗刚杆，用杆①和杆②以铰相连接如题 2-27 图所示，两杆的材料相同，弹性模量为 E，杆①的横截面为 A，杆②的横截面 $2A$，一对力 F 从 $x=0$ 移动至 $x=a$。试求两 F 力作用点之间的相对位移随 x 的变化规律。

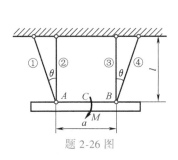
题 2-26 图

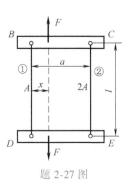
题 2-27 图

2-28 两端固定的等直杆件，受力及尺寸如题 2-28 图所示。试计算其约束力，并画杆的轴力图。

2-29 题 2-29 图所示钢杆，其横截面面积 $A_1=25$cm^2，弹性模量 $E=210$GPa。加载前，杆与右壁的间隙 $\delta=0.33$mm，当 $F=200$kN 时，试求杆在左、右端的约束力。

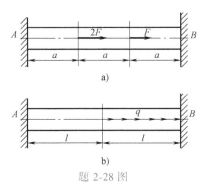
a)

b)
题 2-28 图

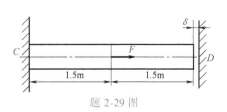
题 2-29 图

2-30 如题 2-30 图所示两根材料不同但截面尺寸相同的杆件，同时固定连接于两端的刚性板上，且 E_1 $>E_2$，若使两杆都为均匀拉伸，试求拉力 F 的偏心距 e。

2-31 题 2-31 图所示①与②两杆为同材料、等截面、等长度的钢杆，若取许用应力 $[\sigma]=150\text{MPa}$，略去水平粗刚梁 AB 的变形，$F=50\text{kN}$，试求两杆的截面积。

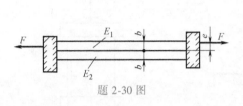

题 2-30 图

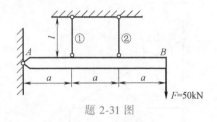

题 2-31 图

2-32 两杆结构其支承如题 2-32 图所示，各杆的抗拉（压）刚度 EA 相同，试求各杆的轴力。

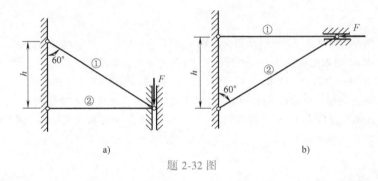

a)　　　　　　　　　　b)

题 2-32 图

2-33 题 2-33 图所示杆①与杆②的抗拉（压）刚度 EA 相同，水平刚梁 AB 的变形略去不计，试求两杆的内力。

2-34 两刚性铸件，用螺栓①与②联接，相距 20cm，如题 2-34 图所示。现欲移开两铸件，以便将长度为 20.02cm、截面积 $A=6\text{cm}^2$ 的铜杆③自由地安装在图示位置。已知 $E_1=E_2=200\text{GPa}$，试求：（1）所需的拉力 F；（2）力 F 去掉后，各杆的应力及长度。

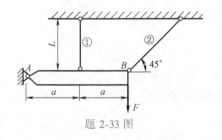

题 2-33 图

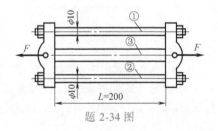

题 2-34 图

2-35 题 2-35 图所示三杆结构中，杆①是铸铁的，$E_1=120\text{GPa}$，$[\sigma_1]=80\text{MPa}$；杆②是铜的，$E_2=100\text{GPa}$，$[\sigma_2]=60\text{MPa}$；杆③是钢的，$E_3=200\text{GPa}$，$[\sigma_3]=120\text{MPa}$。载荷 $F=160\text{kN}$，设 $A_1:A_2:A_3=2:2:1$，试确定各杆的截面积。

2-36 题 2-36 图所示结构由钢杆组成，各杆的截面面积相等，$[\sigma]=160\text{MPa}$，当 $F=100\text{kN}$ 时，试求各杆的截面面积。

2-37 题 2-37 图所示刚性横梁由钢杆①、②、③支承，它们的面积相同为 $A=2\text{cm}^2$，长度 $L=1\text{m}$，弹性模量 $E=200\text{GPa}$，若在制造时杆③比 L 短了 $\delta=0.08\text{cm}$，试计算安装后杆①、②、③中的内力各为多少？

2-38 题 2-38 图所示结构中的三角形板可视为刚性板。杆①材料为钢，$A_1=10\text{cm}^2$，$E_1=200\text{GPa}$，温度膨胀系数 $\alpha_1=12.5\times10^{-6}\text{K}^{-1}$；杆②材料为铜，$A_2=20\text{cm}^2$，$E_2=100\text{GPa}$，$\alpha_2=16.5\times10^{-6}\text{K}^{-1}$。当 $F=200\text{kN}$，

且温度升高 20℃时，试求杆①、②的内力。

2-39　某结构如题 2-39 图所示，其中横梁 ABC 可看作刚体，由钢杆①、②支承，杆①的长度做短了 $\delta = \dfrac{l}{3 \times 10^3}$，两杆的截面积均为 $A = 2\text{cm}^2$，弹性模量 $E = 200\text{GPa}$，线膨胀系数 $\alpha = 12.5 \times 10^{-6}\text{K}^{-1}$，试求：（1）装配后各杆横截面上的应力；（2）装配后温度需要改变多少才能消除初应力。

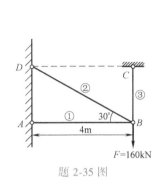

题 2-35 图

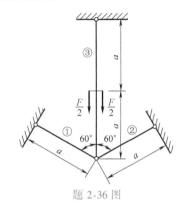

题 2-36 图

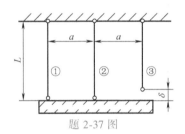

题 2-37 图

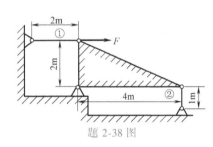

题 2-38 图

2-40　题 2-40 图所示为一个套有铜管的钢螺栓，已知螺栓的截面积 $A_1 = 6\text{cm}^2$，弹性模量 $E_1 = 200\text{GPa}$；铜套管的截面积 $A_2 = 12\text{cm}^2$，弹性模量 $E_2 = 100\text{GPa}$。螺栓的螺距 $\delta = 3\text{mm}$，长度 $l = 75\text{cm}$，试求：（1）当螺母拧紧 $\dfrac{1}{4}$ 转时，螺栓和铜管的轴力 F_{N1} 和 F_{N2}；（2）螺母拧紧 $\dfrac{1}{4}$ 转，再在两端加拉力 $F = 80\text{kN}$，此时的轴力 F'_{N1} 和 F'_{N2}；（3）在温度未变化前二者刚好接触不受力，然后温度上升 $\Delta t = 50^{\circ}\text{C}$，此时的轴力 F''_{N1} 和 F''_{N2}。已知钢和铜的线膨胀系数分别为 $\alpha_1 = 12.5 \times 10^{-6}\text{K}^{-1}$，$\alpha_2 = 16.5 \times 10^{-6}\text{K}^{-1}$。

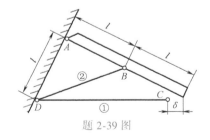

题 2-39 图

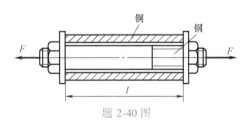

题 2-40 图

2-41　刚性梁 AB 如题 2-41 图所示，CD 为钢圆杆，直径 $d = 2\text{cm}$，$E = 210\text{GPa}$。刚性梁 B 端支持在弹簧上，弹簧刚度 K（引起单位变形所需的力）为 40kN/cm，$l = 1\text{m}$，$F = 10\text{kN}$，试求 CD 杆的内力和 B 端支承弹簧的约束力。

2-42　题 2-42 图所示桁架，BC 杆比设计原长 l 短了 δ，使杆 B 端与节点 G 强制地装配在一起，试计算各杆的轴力及节点 C 的位移，设各杆的抗拉（压）刚度均为 EA。

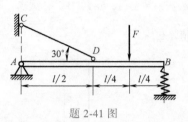

题 2-41 图

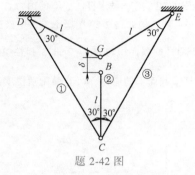

题 2-42 图

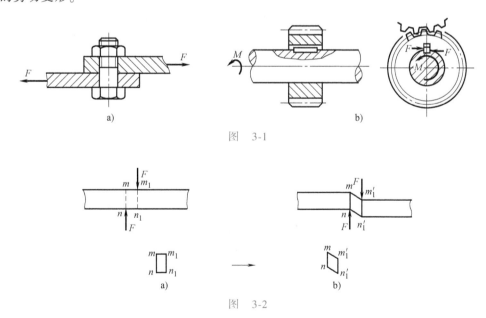

第3章
剪切实用计算

3.1 剪切的概念及实用计算

工程实践中构件之间的连接件，如铆接中的铆钉（图 3-1a）、连接齿轮与传动轴的键（图 3-1b）等，在受力时的变形主要是剪切。这类以剪切变形为主的构件其受力和变形的特点可用剪断钢筋的示意图（图 3-2a、b）来说明。作用在钢筋两侧的横向外力 F 大小相等，方向相反，作用线相距很近，并将各自推着所作用的部分沿着与力 F 平行的受剪面 m-n 错动，构件在两力 F 之间所夹持的部分起始是矩形 mnn_1m_1，增大力 F，此部分逐渐倾斜成平行四边形 $mnn'_1m'_1$，相邻横截面间发生相对错动，直至最后被剪断，这种变形即属于绪论中所述的剪切变形。

图　3-1

图　3-2

机器中的连接件如螺栓、销钉、铆钉、键等及木结构中的榫接都是承受剪切的零件。分析剪切时的内力仍用截面法，如沿截面 m-n 把杆件截开（图 3-3a），并取其左侧部分为研究对象（图 3-3b），由这一部分的平衡条件可知，在截面 m-n 上的内力系的合力必然是一个平行于 F 的力 F_S，故平衡方程式为

$$\sum F_y = 0, \quad F - F_S = 0$$
$$F_S = F$$

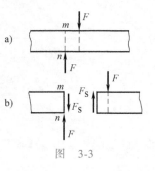

图 3-3

力 F_S 与截面相切，称为截面上的**剪力**（shear force）。

与轴向拉伸时的分析过程相似，求得剪力后要进一步确定剪切面上应力的分布情况。由于以受剪为主的连接件，一般不是细长杆件，其变形及受力情况比较复杂，难以简化成简单的计算模型。用理论方法计算各种情况下的应力，往往相当困难，也不实用。因此，根据工程实践上的经验，采用近似的实用方法或采用被称为"假定计算"的方法，假设受剪面上各点处的切应力相等，即切应力在截面上作均匀分布考虑，按此假设算出的应力称为"**名义切应力**"（nominal shearing stress），它实质上是截面上的平均切应力，故

$$\tau = \frac{F_S}{A} \tag{3-1}$$

式中，A 为剪切面的面积；τ 为名义切应力，简称切应力。

在剪切实用计算中，确定许用切应力所用的试验方法是使试件受力条件尽可能类似于实际零件的受力情况，以求得破坏时的载荷。一般的剪断试验是把材料制成试件，放在剪切夹具中（图 3-4a），在拉力试验机上加载荷 F，试件则承受横向均布力（图 3-4b），它的中部所承受的剪切是双剪（因为有两剪切面），如图 3-4c 所示。继续加载至试件剪断，记下此时的载荷 F_b（图 3-4d）。此时截面上的剪力为

$$F_S = \frac{F_b}{2}$$

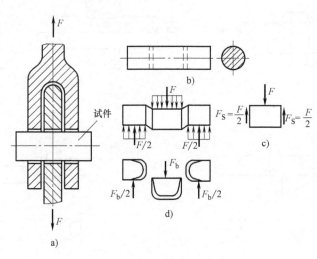

图 3-4

如试件的横截面面积为 A，则名义剪切强度极限为

$$\tau_b = \frac{F_S}{A} = \frac{F_b}{2A}$$

再考虑适当的安全系数 n，可得名义许用切应力

$$[\tau] = \frac{\tau_b}{n}$$

据此建立剪切实用计算的强度条件为

$$\tau = \frac{F_S}{A} \leqslant [\tau] \tag{3-2}$$

运用式（3-2）的强度条件，可解决强度核核、截面选择、确定许用载荷等不同类型的问题。

名义许用切应力 $[\tau]$ 可从有关设计手册资料中查到。一般工程设计中，对名义许用切应力 $[\tau]$ 与拉伸许用应力 $[\sigma]$ 之间的关系可表示如下：

$$\begin{cases} [\tau] = (0.6 \sim 0.8)[\sigma] & \text{塑性材料} \\ [\tau] = (0.8 \sim 1.0)[\sigma] & \text{脆性材料} \end{cases} \tag{3-3}$$

3.2 挤压的概念及实用计算

螺栓、键、销钉、铆钉等连接件除承受剪切外，在连接件与被连接件的接触面上必然相互压紧，在承受压力的侧面上发生局部受压现象，该局部受压处的压缩力称为挤压力，由挤压力引起的应力称为挤压应力（bearing pressure），一般记为 σ_{bs}。例如图 3-1b 所表示的键连接中，键在左侧上半部分与轮毂键槽接触并相互挤压，而在它的右侧下半部分与轴键槽接触压紧，如图 3-5 所示。由此可见，连接件除了可能发生剪切破坏外，也可能因为挤压而破坏。用铆钉连接的钢板（图 3-6a），钢板上的铆钉孔如果挤压应力过大，易出现被挤压成长圆孔的情况，如图 3-6b 所示。故对连接件还应做挤压的强度校核。

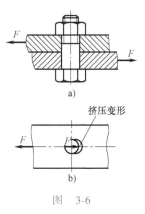

a)

b)

挤压变形

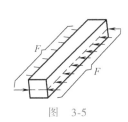

图　3-5　　　　　　　　　　　　　　　图　3-6

挤压应力与轴向压缩中的压应力（compressive stress）不同。轴向压缩中的压应力遍及整个受压杆的内部，并且在横截面上压应力是均匀分布的；而挤压应力只限于接触面的附近区域，且挤压应力在接触面上的分布比较复杂。与上节剪切实用计算一样，对挤压也采用实用计算方法分析，假定挤压应力在受挤面上是均匀分布的。如以 F 表示挤压面上的作用力，A_{bs} 是受挤面的有效面积，则

$$\sigma_{bs} = \frac{F}{A_{bs}}$$

于是挤压的强度条件为

$$\sigma_{bs} = \frac{F}{A_{bs}} \leqslant [\sigma_{bs}] \tag{3-4}$$

式中，$[\sigma_{bs}]$ 为材料的挤压许用应力，可在有关设计手册中查到。对于钢材一般可取

$$[\sigma_{bs}] = (1.7 \sim 2.0)[\sigma] \tag{3-5}$$

式中，$[\sigma]$ 为材料的许用拉伸应力。

关于受挤压面的有效面积 A_{bs} 的计算，要根据接触面的曲率情况而定。如键连接中，其接触面是平面，就以相互接触的面积作为受挤压的有效面积，如图 3-7 中键右下侧的面积（以阴影点表示）为受挤面，$A_{bs} = \frac{h}{2} \cdot l$，$l$ 是键的长度，h 是它的高度。

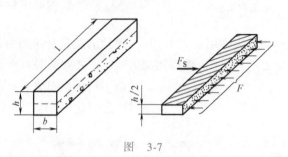

图 3-7

又如螺栓、销钉、铆钉等和被它们所连接的零件，其接触面是半圆柱面，根据前面的假设，在接触面上板与钉孔之间挤压应力的分布应该如图 3-8a 所示，此时受挤压面的有效面积应该是接触面在垂直于挤压力方向的投影面积（图 3-8b 中画阴影线的面积），即 $A_{bs} = dt$。而实际的挤压应力分布如图 3-8c 所示，对称于 x 轴，最大应力发生在圆柱形接触面的中点 C 处。按照有效挤压面积所得的应力 $\sigma_{bs} = \frac{F}{dt}$ 与接触面上的实际最大应力 σ_{bs} 大致相等。

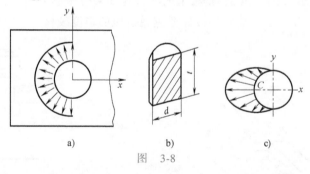

a)   b)   c)

图 3-8

例 3-1 图 3-1b 中的齿轮和轴通过如图 3-7 所示的方键进行传动。已知键的尺寸 $b \times h \times l = 5mm \times 5mm \times 25mm$。材料为 45 钢，许用切应力 $[\tau] = 100MPa$，许用挤压应力 $[\sigma_{bs}] = 150MPa$，并已知由于转矩所引起的传动力 $F = 5kN$，试校核键的强度。

解 键的剪力

$$F_S = F = 5kN$$

承剪面面积

$$A = bl = (0.5 \times 2.5)\,cm^2 = 1.25\,cm^2 = 1.25 \times 10^{-4}\,m^2$$

根据式（3-2）进行剪切强度校核：

$$\tau = \frac{F_S}{A} = \frac{5 \times 10^3}{1.25 \times 10^{-4}}\,Pa = 40MPa < [\tau]$$

承挤压面面积
$$A_{bs} = hl/2 = (0.5 \times 2.5/2) \, cm^2 = 6.25 \times 10^{-5} \, m^2$$

根据式（3-4）进行挤压强度校核：
$$\sigma_{bs} = \frac{F}{A_{bs}} = \frac{5 \times 10^3}{6.25 \times 10^{-5}} Pa = 80MPa < [\sigma_{bs}]$$

所以该键在强度上是安全的。

例3-2 拖车挂钩靠插销来连接，如图3-9a所示。已知挂钩上下部分的钢板厚度均为$t = 8mm$。销子的材料为20钢，其许用切应力 $[\tau] = 60MPa$，许用挤压应力 $[\sigma_{bs}] = 100MPa$。拖力 $F = 15kN$。试选择插销的直径 d。

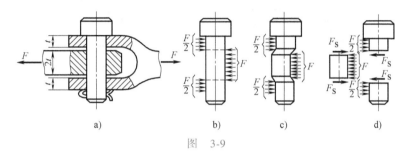

图 3-9

解 用截面法沿插销剪切面切开，如图3-9d所示，由平衡条件得
$$F_S = F/2 = \frac{15}{2} kN = 7.5kN$$

$$A = \frac{\pi d^2}{4}$$

式中，d 为插销的直径。运用式（3-2）有
$$\tau = \frac{F_S}{\frac{\pi d^2}{4}} \leqslant [\tau]$$

$$d \geqslant \sqrt{\frac{4F}{\pi[\tau]}} = \sqrt{\frac{4 \times 7.5 \times 1000}{3.14 \times 60 \times 100}} cm = 1.26cm$$

选取插销直径 $d = 1.3cm$。

校核挤压应力：
$$\sigma_{bs} = \frac{F}{A_{bs}} = \frac{F}{2td} = \frac{15000}{2 \times 0.8 \times 1.3 \times 10^{-4}} Pa = 72.1MPa < [\sigma_{bs}]$$

从挤压强度来看也是安全的。

例3-3 为了使某压力机在超过最大压力160kN时重要机件不发生破坏，在压力机冲头内装有保险器，如图3-10a、b所示。它的材料采用HT20-40铸铁，其剪切强度极限 $\tau_b = 360MPa$，试设计保险器尺寸 δ。

解 压力超过160 kN时，保险器的圆环面 $\pi D\delta$（$D = 50mm$）就产生剪切破坏，如图3-10c所示。破坏时的受力分析如图3-10d所示，F 为最大压力的合力，则
$$F_{Smax} = F = 160kN, \quad A = \pi D\delta$$

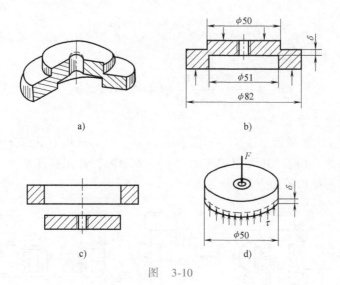

图 3-10

破坏时

$$\tau = \frac{F_{Smax}}{A} = \frac{F_{Smax}}{\pi D\delta} = \tau_b$$

解上式得 $\delta = 0.28\text{cm}$

例 3-4 设计图 3-11 所示钢销的尺寸 h 和 δ，并校核拉杆的强度。已知钢拉杆及销子材料的许用应力 $[\sigma]=100\text{MPa}$，$[\tau]=80\text{MPa}$，$[\sigma_{bs}]=150\text{MPa}$，杆的直径 $d=5\text{cm}$，承受载荷 $F=100\text{kN}$。

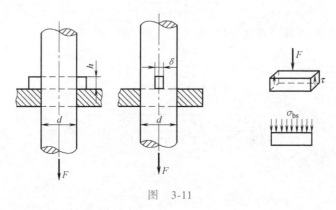

图 3-11

解 （1）由于杆的直径 d 已知，可按挤压强度设计销子的宽度 δ 挤压面积

$$A_{bs} = \delta d$$

根据式 （3-4），有

$$\sigma_{bs} = \frac{F}{A_{bs}} = \frac{100\times10^3\,\text{N}}{\delta\times0.05\,\text{m}} \leqslant 150\times10^6\,\text{Pa}$$

得 $\delta \geqslant 1.33\text{cm}$，通常取 $\delta = 1.5\text{cm}$。

（2）按剪切强度条件来设计销子高度 h 根据式 （3-2），剪力 $F_S = F/2$，承剪面积 $A_j = \delta h$，则

$$\tau = \frac{F_S}{A_j} = \frac{100 \times 10^3\,\mathrm{N}}{2 \times 0.015\mathrm{m} \times h} \leqslant 80 \times 10^6\,\mathrm{Pa}$$

得 $h \geqslant 4.16\mathrm{cm}$，通常取 $h = 4.5\mathrm{cm}$。

（3）校核拉杆开孔后的强度　假定拉杆在它削弱的截面上应力均匀分布（不考虑应力集中影响），则

$$\sigma = \frac{F}{A} = \frac{100 \times 10^3\,\mathrm{N}}{\left(\frac{\pi}{4} \times 0.05^2 - 0.05 \times 0.015\right)\mathrm{m}^2} = 82.3 \times 10^6\,\mathrm{Pa} = 82.3\mathrm{MPa} < [\sigma]$$

所以从杆的抗拉强度来看，也是安全的。

从例 3-4 可知，某些连接件与被连接件需从剪切、挤压及抗拉强度方面进行全面校核。

3.3　纯剪切

铆钉、键、销等连接件在剪切变形的同时还有挤压、弯曲等变形，因此剪切面上不仅有切应力还有正应力，在剪切面附近的变形较为复杂。为了研究纯剪切的变形规律与材料在剪切下的力学性能，通常以薄壁圆筒的纯扭转近似地作为纯剪切来研究，如图 3-12 所示。受扭转的薄壁圆筒的横截面上只有与圆周相切的切应力，而没有正应力 σ。假设用相邻的两横截面与两径向截面从圆筒截割出单元体 $abcd$（$\mathrm{d}x \cdot \mathrm{d}y \cdot \delta$），如图 3-12b、c 所示，$\delta$ 为筒的壁厚。由于壁厚 δ 很小，故切应力 τ 可认为沿壁厚 δ 均布。从切应力互等定理可知，纵向（径向）截面上的切应力 τ' 与横截面上的 τ 在数值上相等，方向相反。

在上述单元体的上下左右四个面上，只有切应力而无正应力，这种情况称为纯剪切（pure shear）。（由于壁厚 δ 很小，τ 做均布考虑，也可以说这是一个近似纯剪切状态。）

单元体在纯剪切状态变形时，侧面 dc 相对于侧面 ab 有微小错动，如图 3-13a 所示，使互成直角的线段 ab 与 ad 之间改变一个微小角度 γ，即为切应变。从薄壁圆筒扭转试验的结果得到：当切应力不超过材料的剪切比例极限 τ_p 时，切应力 τ 与切应变 γ 成正比，如图 3-13b 所示。这就是材料的剪切胡克定律，可写为

$$\tau = G\gamma \tag{3-6}$$

式中，比例常数 G 称为材料的切变模量（shear modulus）。由于 γ 是一个量纲为一的量，故 G 的量纲与应力相同，常用单位是 GPa，钢的 G 值约为 80GPa。

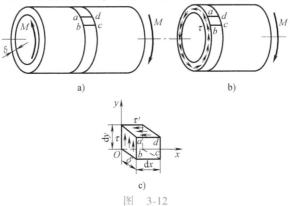

图　3-12

61

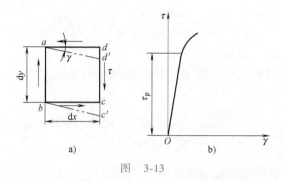

图 3-13

在第 2 章中曾提到材料的两个弹性常数：弹性模量 E 和泊松比 μ，现又引进材料的另一个弹性常数——切变模量 G，几种常用金属材料的 G 值见表 3-1。对于各向同性材料，可证明 E、μ、G 三个弹性常数不是相互独立的，存在下列关系：

$$G = \frac{E}{2(1+\mu)} \tag{3-7}$$

表 3-1 几种常用金属材料的 G 值

材料	$G/10^4\,\mathrm{MPa}$	材料	$G/10^4\,\mathrm{MPa}$
碳钢	8.0~5.1	铜	4.0~4.6
铸铁	4.5	铝	2.6~2.7
球墨铸铁	6.2~6.4	铅	0.7
镍铬钢	8.1		

3-1 夹剪的尺寸如题 3-1 图所示，销子 C 的直径 $d = 0.5\,\mathrm{cm}$，作用力 $F = 200\,\mathrm{N}$，在夹剪直径与销子直径相同的铜丝 A 时，若 $a = 2\,\mathrm{cm}$，$b = 15\,\mathrm{cm}$，试求铜丝与销子横截面上的平均切应力 τ。

3-2 如题 3-2 图所示摇臂，试确定其轴销 B 的直径 d。已知材料的许用应力 $[\tau] = 100\,\mathrm{MPa}$，$[\sigma_{bs}] = 240\,\mathrm{MPa}$。

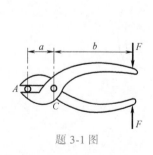

题 3-1 图

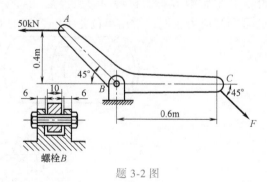

题 3-2 图

3-3 题 3-3 图所示直径为 d 的拉杆，其端头的直径为 D，高度为 h，试建立 D、h 与 d 的合理比值（从强度考虑）。已知：$[\sigma] = 120\,\mathrm{MPa}$，$[\tau] = 90\,\mathrm{MPa}$，$[\sigma_{bs}] = 240\,\mathrm{MPa}$。

3-4　题 3-4 图所示两根矩形截面木杆，用两块钢板连接在一起，受轴向载荷 $F = 45 \text{kN}$ 作用。已知截面宽度 $b = 25 \text{cm}$，沿材的顺纹方向，许用拉应力 $[\sigma] = 6 \text{MPa}$，许用挤压应力 $[\sigma_{bs}] = 10 \text{MPa}$，许用切应力 $[\tau] = 1 \text{MPa}$，试确定接头的尺寸 δ、l 和 h。

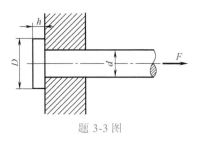
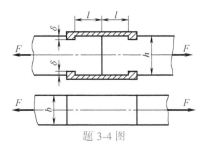

题 3-3 图　　　　　　　　　　　　　　　　题 3-4 图

3-5　题 3-5 图所示货轮的传动轴和艉轴系利用轴端凸缘法兰上的 12 只螺栓相连接，螺栓直径 $d = 75 \text{mm}$，螺栓中心圆的直径 $D = 650 \text{mm}$，已知传递的扭矩 $M_x = 600 \text{kN} \cdot \text{m}$，螺栓和轴的材料均为 35 钢，其许用应力 $[\tau] = 80 \text{MPa}$，$[\sigma_{bs}] = 120 \text{MPa}$，试校核螺栓的剪切和挤压强度。

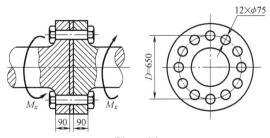

题 3-5 图

3-6　题 3-6 图所示轴的直径 $d = 80 \text{mm}$，键的尺寸 $b = 24 \text{mm}$，$h = 14 \text{mm}$，键的许用切应力 $[\tau] = 40 \text{MPa}$，许用挤压应力 $[\sigma_{bs}] = 90 \text{MPa}$。若通过键所传递的扭矩为 $3200 \text{N} \cdot \text{m}$，试确定键的长度 l。

3-7　销钉式安全联轴器如题 3-7 图所示，允许传递扭矩 $M_x = 300 \text{N} \cdot \text{m}$。销钉材料的剪切强度极限 $\tau_b = 360 \text{MPa}$，轴的直径 $D = 30 \text{mm}$。试确定销钉的直径 d。

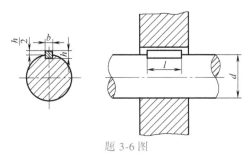
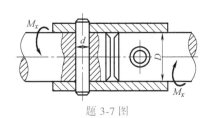

题 3-6 图　　　　　　　　　　　　　　　　题 3-7 图

3-8　题 3-8 图所示冲床的最大冲击力为 400kN，冲头材料的许用应力 $[\sigma] = 440 \text{MPa}$，被冲钢板的剪切强度极限 $\tau_b = 360 \text{MPa}$。求在最大冲力作用下所能冲剪的圆孔的最小直径 d 和最大厚度 t。

3-9　如题 3-9 图所示，以楔 C 把钩杆 AB 固定连接于平板 D 的孔中。试求楔的宽度 δ、高度 h 以及钩杆的尾长 x。设挤压许用应力 $[\sigma_{bs}] = 320 \text{MPa}$，剪切许用应力 $[\tau] = 100 \text{MPa}$，F 力可由钩杆中的抗拉许用应力 $[\sigma] = 160 \text{MPa}$ 来求得。

3-10　厚度为 $t = 20 \text{mm}$ 的钢板，上下用两块厚度均为 $t_1 = 10 \text{mm}$ 的盖板和直径 $d = 26 \text{mm}$ 的铆钉连接，每边铆钉数 $n = 3$，如题 3-10 图所示。若钢的许用应力 $[\tau] = 100 \text{MPa}$，$[\sigma_{bs}] = 280 \text{MPa}$，$[\sigma] = 160 \text{MPa}$。试求这个接头所能承受的许可拉力。

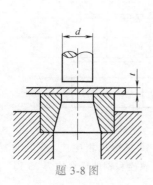

题 3-8 图

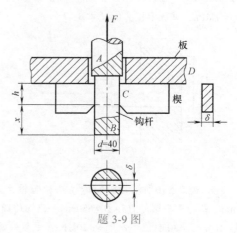

题 3-9 图

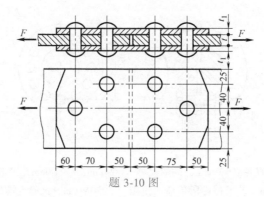

题 3-10 图

第 4 章

扭转

4.1 扭转的概念与实例

上一章曾讲到薄壁圆筒的扭转。一般来说，杆件受到在垂直于轴线的平面内的力偶作用时，就会产生扭转变形。杆件扭转的现象，在工程实际中有许多，如图 4-1 中的汽车方向盘的操纵杆和汽车主传动轴。船舶推进轴如图 4-2 所示，当主机发动时，带动推进轴转动，使螺旋桨旋转，这时主机给传动轴作用一转动力矩，而螺旋桨由于水的阻力作用给轴一反力矩，使推进轴产生扭转变形。

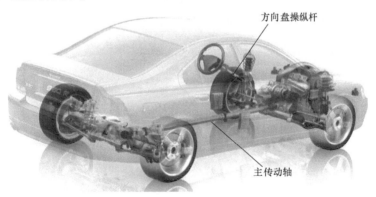

方向盘操纵杆

主传动轴

图　4-1

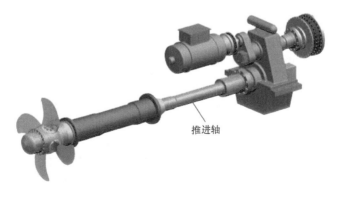

推进轴

图　4-2

工程上应用最多的抗扭杆件是圆截面轴，也只有圆截面轴的扭转可以用材料力学的方法解决。本章以圆轴扭转的分析为主，对于非圆截面的扭转仅做简单介绍。

4.2 外力偶矩 扭矩和扭矩图

1. 外力偶矩

若传动轴以等角速转动（图4-3），那么轴上所受的外力偶是相互平衡的。在平衡的外力偶系作用下，传动轴产生扭转，并保持一定的扭矩继续转动。工程中，常常不是直接给出轴所传递的力偶矩，而是给出轴所传递的功率和转速。根据功率和转速可换算出作用在轴上的外力偶矩。

外力在单位时间内所做的功称为功率 P，它等于外力偶矩 M_e 和角速度 ω 的乘积，即

$$P = M_e \omega$$

故

$$M_e = \frac{P}{\omega} \tag{a}$$

图 4-3

轴的转速常用每分钟 n 转（r/min）表示，化为角速度 ω（单位：rad/s）可表示如下：

$$\omega = 2\pi n/60$$

若功率以 kW 计，由于 $1\mathrm{kW} = 1000\mathrm{N} \cdot \mathrm{m/s}$，则由式（a）得

$$\{M_e\}_{\mathrm{N \cdot m}} = 9549 \frac{\{P\}_{\mathrm{kW}}}{\{n\}_{\mathrm{r/min}}} \tag{4-1}$$

若功率以马力计，由于 $1\mathrm{hp} = 735.5\mathrm{N} \cdot \mathrm{m/s}$，则有

$$\{M_e\}_{\mathrm{N \cdot m}} = 7024 \frac{\{P\}_{\mathrm{hp}}}{\{n\}_{\mathrm{r/min}}} \tag{4-2}$$

2. 扭矩和扭矩图

只要确定了作用于轴上的平衡的外力偶系，就可用截面法计算轴某一横截面上的内力偶矩——扭矩（torsional moment）。以图4-4所示的圆轴为例，如以截面 m-n 将圆轴截分为两部分，并取部分Ⅰ作为研究对象，见图4-4b。由于整个轴是平衡的，所以部分Ⅰ也处于平衡状态。由部分Ⅰ的平衡条件 $\sum M_x = 0$，得

$$M_x - M_e = 0$$

$$M_x = M_e$$

扭矩 M_x 是轴Ⅰ、Ⅱ两部分在 m-n 截面上相互作用的分布内力系的合力偶矩，扭矩的矢量垂直于横截面 m-n（或沿 x 轴向）。如取部分Ⅱ作研究对象，见图4-4c，可得相同结果，但其转向与考虑部分Ⅰ求出的扭矩相反。为了使无论用部分Ⅰ或部分Ⅱ求出的同一截面上的扭矩不仅数值相等，而且符号也应相同，故把扭矩 M_x 的符号规定如下：按右手螺旋法则把 M_x 表示为矢量，当矢量的方向与截面的外法线方向一致时，扭矩 M_x 为正，反之为负，见图4-5。

若作用在轴上的外力偶有多个时，可求出各截面扭矩并绘出扭矩图，以表示沿轴长的各个横截面上的扭矩变化规律。绘扭矩图的方法与拉压问题中的轴力图完全相似，以横轴表示横截面的位置（x），纵轴表示相应截面上的扭矩（M_x）。参阅例题4-1。

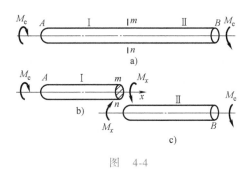

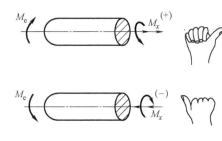

图 4-4

图 4-5

圆轴扭转变形特点

4.3 圆轴扭转的应力和变形

1. 基本假设——平面截面假设

设圆轴的一端固定，另一端自由。在自由端的横截面内施加一个力偶 M_0，使圆轴扭转一定的角度，如图 4-6 所示。为了观察圆轴扭转变形，在轴表面画上一组纵向线和圆周线，形成许多小方格。在小变形前提下，可观察到，各圆周线的形状和大小均不变，仅绕轴线做相对转动，两圆周线之间的距离保持不变。所有正方格变成了相同的菱形，原来的直角都歪斜了相同的角度 γ。圆轴的自由端仍然是一个平面，面上所有直径保持为直线，只是都转过了相同的扭角 φ。

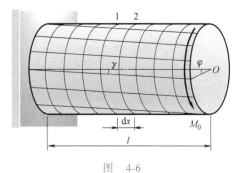

图 4-6

根据以上观察到的现象进行推断，做出圆轴扭转变形时的基本假设：圆轴扭转变形前的横截面在变形后仍保持为平面，其形状和大小不变，且相邻两截面间的距离不变；直径仍保持为直线。也就是说，圆轴扭转时，各横截面如同刚性圆片绕轴线做了相对转动，这就是圆轴扭转的平面截面假设（plane section assumption）。

2. 变形几何关系

用相邻的两截面 1 和 2 从图 4-6 所示的圆轴中截取微段 dx。扭转变形时，截面 2 相对截面 1 转动了一个角度 $d\varphi$，称为扭转角。圆轴表面的正方形 $ABCD$ 扭转成为菱形 $ABC'D'$，如图 4-7a 所示。原为直角的 $\angle DAB$ 的改变量为 γ，即为扭转时圆轴表面的切应变。从微段中切取出一楔形体 O_1ABCDO_2，如图 4-7b 所示。从图示几何关系得

$$\widehat{DD'} = R d\varphi = \gamma dx$$

所以

$$\gamma = R \frac{d\varphi}{dx} \tag{a}$$

同理，在圆轴内部，半径为 ρ 的圆柱面上，由图 4-7b，方格 $abcd$ 的切应变为 γ_ρ，并且

$$dd' = \gamma_\rho dx = \rho d\varphi$$

$$\gamma_\rho = \rho \frac{\mathrm{d}\varphi}{\mathrm{d}x} \tag{b}$$

式中，$\mathrm{d}\varphi/\mathrm{d}x$ 表示扭转角沿轴长的变化率，称为**单位扭转角**（unit twisting angle），可用 θ 表示，对同一截面 $\theta = \mathrm{d}\varphi/\mathrm{d}x$ 是一常量。所以切应变与到中心的距离 ρ 成正比，在相同半径 ρ 的圆周上，切应变 γ_ρ 均相等。

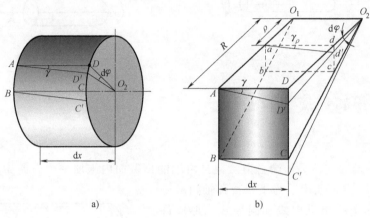

图 4-7

3. 物理关系

在弹性范围内，根据剪切胡克定律可知，切应力与切应变成正比例。因而，横截面上距离圆心为 ρ 的任一点上的切应力 τ_ρ 为

$$\tau_\rho = G\gamma_\rho = G\rho \frac{\mathrm{d}\varphi}{\mathrm{d}x} \tag{c}$$

其方向垂直于该点处的半径。

式（c）说明，横截面上的切应力随半径呈线性变化，在截面圆心处为零，在截面的周边达到最大值，其分布情况如图 4-8 所示。

4. 静力平衡关系

如图 4-8 所示，在距圆心 O 点为 ρ 处取微面积 $\mathrm{d}A$，其上作用有微剪力 $\tau_\rho \mathrm{d}A$，它对圆心 O 的力矩为 $\rho\tau_\rho \mathrm{d}A$。在整个横截面上这些微力矩之和，应该等于该截面扭矩 M_x，即

$$M_x = \int_A \rho\tau_\rho \mathrm{d}A \tag{d}$$

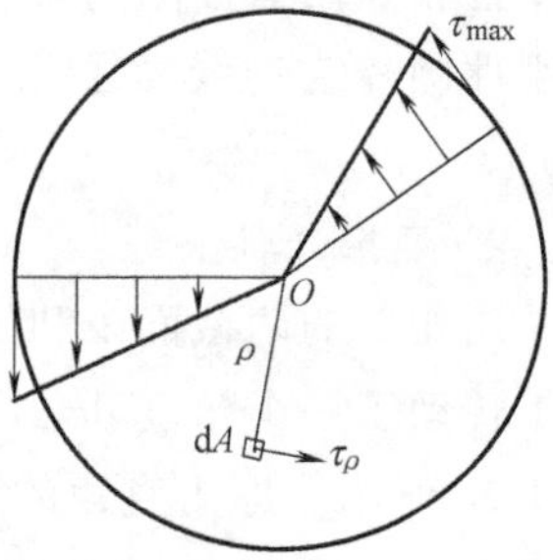

将式（c）代入式（d），得

图 4-8

$$M_x = G\frac{\mathrm{d}\varphi}{\mathrm{d}x}\int_A \rho^2 \mathrm{d}A$$

对于一个横截面来说，G 和 $\mathrm{d}\varphi/\mathrm{d}x$ 是常量，积分 $\int_A \rho^2 \mathrm{d}A$ 是只与圆截面几何因素有关的一个量，通常令

$$I_\mathrm{p} = \int_A \rho^2 \mathrm{d}A \tag{4-3}$$

I_p 称为横截面对 O 点的**极惯性矩**（polar moment of inertia）。于是得到

$$M_x = GI_p \frac{\mathrm{d}\varphi}{\mathrm{d}x} \tag{4-4}$$

所以有

$$\theta = \frac{\mathrm{d}\varphi}{\mathrm{d}x} = \frac{M_x}{GI_p} \tag{4-5}$$

式（4-5）是计算单位扭转角的计算公式，代入式（c），可求得

$$\tau_\rho = \frac{M_x}{I_p} \rho \tag{4-6}$$

这就是圆轴扭转时横截面上任一点的切应力计算公式。在圆轴周边上，切应力将达到最大值为

$$\tau_{\max} = \frac{M_x R}{I_p}$$

若令 $W_p = I_p / R$，则 W_p 也是一个和截面几何因素有关的量，称为**抗扭截面系数**（section modulus in torsion）。上式可以写为

$$\tau_{\max} = \frac{M_x}{W_p} \tag{4-7}$$

5. 圆轴扭转变形的公式

由式（4-5）可知

$$\mathrm{d}\varphi = \frac{M_x}{GI_p} \mathrm{d}x$$

对于长度为 l、扭矩 M_x 不变的一段等截面圆轴，例如图 4-6，在扭转变形时，自由端相对于固定端的**扭转角** φ（angle of twist）为

$$\varphi = \int_0^l \frac{M_x}{GI_p} \mathrm{d}x = \frac{M_x l}{GI_p} \tag{4-8}$$

φ 用弧度表示。若圆轴各段扭矩（内力矩）不同，或直径不同，或材料不同，可以分段计算各段的相对扭转角，然后代数相加。相对扭转角 φ 常用弧度表示，GI_p 反映了截面抵抗扭转变形的能力，称为**截面抗扭刚度**（torsional stiffness of section），GI_p 越大，扭转角 φ 越小。

6. I_p 和 W_p 的计算

为方便起见，引入极坐标。对实心圆截面，如图 4-9 所示，取圆环为微分面积 $\mathrm{d}A = 2\pi\rho\mathrm{d}\rho$，根据式（4-3）有

$$I_p = \int_A \rho^2 \mathrm{d}A = \int_0^{\frac{D}{2}} \rho^2 \cdot 2\pi\rho\mathrm{d}\rho = \frac{\pi D^4}{32}$$

抗扭截面系数

$$W_p = \frac{I_p}{R} = \frac{\pi D^3}{16}$$

空心圆轴见图4-10，其极惯性矩为

$$I_p = \int_A \rho^2 \mathrm{d}A = \int_{\frac{d}{2}}^{\frac{D}{2}} \rho^2 \cdot 2\pi\rho\mathrm{d}\rho = \frac{\pi}{32}(D^4 - d^4) = \frac{\pi D^4}{32}(1 - \alpha^4)$$

式中，$\alpha = d/D$ 为内外径之比。空心圆截面的抗扭截面系数为

$$W_p = \frac{I_p}{D/2} = \frac{\pi D^3}{16}(1 - \alpha^4)$$

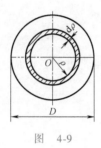

图 4-9

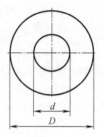

图 4-10

4.4 圆轴扭转时的强度条件与刚度条件

低碳钢扭转实验　　铸铁扭转实验

1. 强度条件

圆轴扭转时，其强度条件是：最大切应力 τ_{max} 不超过材料的许用切应力 $[\tau]$，即

$$\tau_{max} = \frac{(M_x)_{max}}{W_p} \leqslant [\tau] \tag{4-9}$$

上式可对实心或空心圆轴进行强度计算，即校核轴的抗扭强度，选择轴的截面尺寸或计算轴的许用载荷。

试验资料表明，在静载荷作用下，材料在扭转和拉伸时的机械性能有一定的关系：

对于塑性材料　　　　　　　　$[\tau] = (0.5 \sim 0.6)[\sigma]$

对于脆性材料　　　　　　　　$[\tau] = (0.8 \sim 1.0)[\sigma]$

2. 刚度条件

工程机械中的传动轴，除要求满足强度条件外，还必须保证它有足够的刚度。若机械传动轴产生过大的扭转变形，势必影响其正常工作或运转时引起较大的振动。必须要根据各种机械不同的使用要求，对轴的变形加以限制，即轴的单位扭转角 θ 不可超过某一规定的许用值 $[\theta]$。**扭转刚度条件**（criterion for torsional stiffness）为

$$\theta_{max} = \frac{(M_x)_{max}}{GI_p} \leqslant [\theta] \tag{4-10}$$

式中，$[\theta]$ 为许用单位扭转角，单位是 rad/m。工程中 $[\theta]$ 的常用单位是 (°)/m，则上式为

$$\theta_{max} = \frac{(M_x)_{max}}{GI_p} \cdot \frac{180°}{\pi} \leqslant [\theta] \tag{4-11}$$

许用扭转角 [θ] 根据载荷性质、工作条件等因素做出规定，具体数值可查有关设计手册。一般规定：

精密机械的轴　　　　　　　$[\theta] = 0.15 \sim 0.50(°)/m$

一般传动轴　　　　　　　　$[\theta] = 0.50 \sim 1.0(°)/m$

例 4-1　某传动轴如图4-11a 所示，主动轮 B 输入功率 $P_B = 50kW$，从动轮 A、C、D 输出功率分别为 $P_A = P_C = 15kW$，$P_D = 20kW$，轴的转速为 $200r/min$。许用切应力 $[\tau] = 30MPa$，切变模量 $G = 80GPa$，许用单位扭转角 $[\theta] = 0.3 (°)/m$。试绘出轴的扭矩图，按强度条件和刚度条件设计轴的直径 d。

解　（1）计算外力偶矩　按式（4-1）计算出作用在各轮上的外力偶矩

$$M_B = 9549 \frac{P_B}{n} = 9549 \times \frac{50}{200} N \cdot m = 2387 N \cdot m = 2.387 kN \cdot m$$

$$M_A = M_C = 9549 \frac{P_A}{n} = 9549 \times \frac{15}{200} N \cdot m = 716 N \cdot m = 0.716 kN \cdot m$$

$$M_D = 9549 \frac{P_D}{n} = 9549 \times \frac{20}{200} N \cdot m = 954.9 N \cdot m = 0.955 kN \cdot m$$

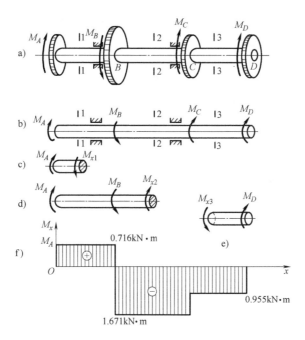

图　4-11

（2）绘制扭矩图　计算简图如图 4-11b 所示。轴在某一截面上的扭矩等于此截面左侧（或右侧）诸外力偶矩的代数和，按以上对扭矩符号的规定来计算。

AB 段内截面 1-1 上的扭矩 M_{x1}，考虑截面的左段轴，见图 4-11c，有

$$M_{x1} = +M_A = +0.716 kN \cdot m$$

BC 段内截面 2-2 上的扭矩 M_{x2}，见图 4-11d，有

$$M_{x2} = M_A - M_B = (0.716 - 2.387) \, \text{kN} \cdot \text{m} = -1.671 \, \text{kN} \cdot \text{m}$$

CD 段内截面 3-3 上的扭矩 M_{x3} 为

$$M_{x3} = +M_A - M_B + M_C = (0.716 - 2.387 + 0.716) \, \text{kN} \cdot \text{m} = -0.955 \, \text{kN} \cdot \text{m}$$

如从右侧考虑，见图 4-11e，有

$$M_{x3} = -M_D = -0.935 \, \text{kN} \cdot \text{m}$$

根据所得数据，把各截面上扭矩沿轴线变化的情况用图 4-11f 表示出来，就是此轴的扭矩图。从图可看出最大扭矩发生在 BC 段内，$|M_x|_{\max} = 1.671 \, \text{kN} \cdot \text{m}$。

（3）按强度条件与刚度条件计算轴径　由强度条件式（4-9）

$$\tau_{\max} = \frac{(M_x)_{\max}}{W_p} = \frac{(M_x)_{\max}}{\dfrac{\pi d^3}{16}} \leqslant [\tau]$$

要求轴直径

$$d \geqslant \sqrt[3]{\frac{16(M_x)_{\max}}{\pi [\tau]}} = \sqrt[3]{\frac{16 \times 1671}{\pi \times 30 \times 10^6}} \, \text{m} = 0.066 \, \text{m} = 6.6 \, \text{cm}$$

由刚度条件式（4-11），有

$$\theta_{\max} = \frac{(M_x)_{\max}}{GI_p} \cdot \frac{180°}{\pi} = \frac{32(M_x)_{\max}}{G\pi d^4} \cdot \frac{180°}{\pi} \leqslant [\theta]$$

$$d \geqslant \sqrt[4]{\frac{32(M_x)_{\max}}{G\pi [\theta]} \cdot \frac{180°}{\pi}} = \sqrt[4]{\frac{32 \times 1671 \times 180}{80 \times 10^9 \times \pi^2 \times 0.3}} \, \text{m} = 0.080 \, \text{m} = 8.0 \, \text{cm}$$

两个直径中应取较大者，取轴径 $d = 8.0 \, \text{cm}$。在本例中，轴径取决于刚度要求。

例 4-2　由无缝钢管制成的汽车传动轴（图 4-1），外径 $D = 90 \, \text{mm}$，壁厚 $t = 2.5 \, \text{mm}$，材料为 45 钢。使用时的最大扭矩为 $M_x = 1.5 \, \text{kN} \cdot \text{m}$，如材料的许用应力 $[\tau] = 60 \, \text{MPa}$，试校核轴的扭转强度。

解　由 AB 轴的截面尺寸计算它的抗扭截面系数：

$$\alpha = d/D = (90 - 2 \times 2.5)/90 = 0.944$$

$$W_p = \frac{\pi D^3}{16}(1 - \alpha^4) = \frac{\pi \times 90^3}{16}(1 - 0.944^4) \, \text{mm}^3 = 29400 \, \text{mm}^3$$

轴的最大切应力

$$\tau_{\max} = \frac{M_x}{W_p} = \frac{1500}{29400 \times 10^{-9}} \, \text{Pa} = 51 \, \text{MPa} < [\tau]$$

所以 AB 轴满足强度条件。

例 4-3　如把上例中的汽车传动轴改为实心轴，要求它和原空心轴强度相同，试确定其直径，并比较实心轴和空心轴的重量。

解　因要求与例 4-2 中的空心轴强度相同，故实心轴的最大切应力为 51MPa，即

$$\tau_{\max} = \frac{M_x}{W_p} = \frac{1500}{\dfrac{\pi}{16}D_1^3} \leqslant 51 \times 10^6 \, \text{Pa}$$

$$D_1 \geqslant \sqrt[3]{\frac{1500 \times 16}{\pi \times 51 \times 10^6}} = 0.0531 \mathrm{m}$$

实心轴横截面面积

$$A_1 = \frac{\pi D_1^2}{4} = \frac{\pi \times 0.0531^2}{4} \mathrm{m}^2 = 22.2 \times 10^{-4} \mathrm{m}^2$$

上例中空心轴的横截面面积为

$$A_2 = \frac{\pi}{4}(D^2 - d^2) = \frac{\pi}{4}(90^2 - 85^2) \times 10^{-4} \mathrm{m}^2 = 6.87 \times 10^{-4} \mathrm{m}^2$$

在两轴长度相等，材料相同的情况下，两轴重量之比等于两轴横截面面积之比，则

$$\frac{A_2}{A_1} = \frac{6.87}{22.2} = 0.31$$

可见在载荷相同的情况下，空心轴的重量只为实心轴的 31%，可减轻重量，节约材料十分明显。这是因横截面上的切应力，沿半径按线性规律分布，见图 4-12a、b，圆心附近的应力很小，材料没有充分发挥作用。若把轴心附近的材料向边缘移置，制成空心轴，就会增大 I_p 和 W_p，提高轴的强度。

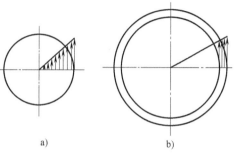

a) b)

图 4-12

例 4-4 图 4-13a 所示等截面圆轴 AB，两端均被固定，在中间截面 C 处受一外力偶矩 M_0 的作用，已知轴的抗扭刚度为 GI_p，试求轴两端的支反力矩。

解 设轴 A、B 端的支反力偶矩分别为 M_A 与 M_B，如图 4-13b 所示，则轴的平衡方程式为

$$\sum M_x = 0, \quad M_A + M_B - M_0 = 0 \quad (\mathrm{a})$$

上述平衡方程有两个未知量，故此轴属于一次扭转超静定问题，需建立一个补充方程式才能解出两个未知量。

从图 4-13b 中可看出，由于轴两端均为固定，横截面 A、B 间的相对扭转角为零，所以轴的变形协调方程为

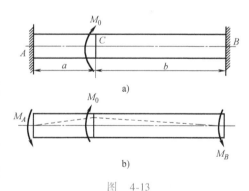

a)

b)

图 4-13

$$\varphi_{CA} + \varphi_{BC} = 0 \quad (\mathrm{b})$$

对于圆截面轴，相对扭转角由式（4-8）得

$$\left. \begin{aligned} \varphi_{CA} &= \frac{(M_{x1})a}{GI_\mathrm{p}} = \frac{-M_A a}{GI_\mathrm{p}} \\ \varphi_{BC} &= \frac{(M_{x2})b}{GI_\mathrm{p}} = \frac{M_B b}{GI_\mathrm{p}} \end{aligned} \right\} \quad (\mathrm{c})$$

将式（c）代入式（b），得

$$-\frac{M_A a}{GI_p}+\frac{M_B b}{GI_p}=0 \tag{d}$$

解方程（a）与（d），可得轴两端的支反力矩各为

$$M_A=\frac{M_0 b}{a+b}$$

$$M_B=\frac{M_0 a}{a+b}$$

4.5 圆轴扭转表层斜截面上的应力　扭转破坏分析

用塑性材料（如低碳钢）和脆性材料（如铸铁）分别制成一根圆轴试件，进行扭转试验。可以发现，它们有不同的破坏形式。铸铁沿着与轴线成 45°的螺旋面破坏，如图 4-14a 所示。低碳钢却沿横截面破坏，如图 4-14b 所示。为什么会出现这样的现象呢？这就需要分析扭转时斜截面上的应力情况。

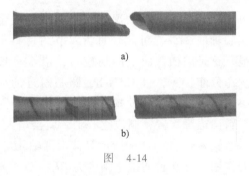

圆轴中的应力分布如图 4-15a 所示。横截面上沿着 OD 的切应力分布是知道的。根据切应力互等定理，纵截面上也有同样分布的切应力存在。取微分单元体 ABCD，如图 4-15b 所示，单元体尺寸

图　4-14

较小，故截面上的切应力可认为是均布的。如单元体左右两侧面上的切应力为 τ，由切应力互等定理，单元体上下两面的切应力 $\tau'=\tau$，此单元体处于近似纯剪切的应力状态下。

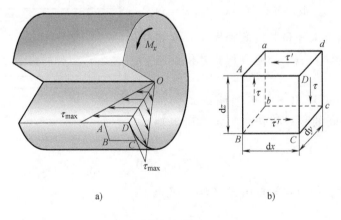

图　4-15

现研究截面外法向与 x 轴夹角为 α 的斜截面上的应力。如图 4-16 所示，运用截面法，沿截面 EF 截开，保留下半部分的三棱柱体 EBF 为示力对象，并设斜截面 EFfe 的面积为 dA，则各面上应力分布如图 4-16c 所示。

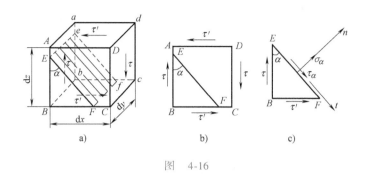

图 4-16

作用在斜截面 $EFfe$ 上有法向力 $\sigma_\alpha \mathrm{d}A$ 和剪力 $\tau_\alpha \mathrm{d}A$，作用在 $EBbe$ 截面上有剪力 $\tau \mathrm{d}A\cos\alpha$，作用在 $BFfb$ 截面上有剪力 $\tau'\mathrm{d}A\sin\alpha$，根据静力平衡条件有

$$\sum F_n = 0, \quad \sigma_\alpha \mathrm{d}A + (\tau'\mathrm{d}A\sin\alpha)\cos\alpha + (\tau \mathrm{d}A\cos\alpha)\sin\alpha = 0$$

$$\sum F_t = 0, \quad \tau_\alpha \mathrm{d}A + (\tau'\mathrm{d}A\sin\alpha)\sin\alpha - (\tau \mathrm{d}A\cos\alpha)\cos\alpha = 0$$

由切应力互等定理 $\qquad\qquad\qquad \tau' = \tau$

经化简后，得

$$\sigma_\alpha = -\tau\sin2\alpha \tag{4-12}$$

$$\tau_\alpha = \tau\cos2\alpha \tag{4-13}$$

上两式表明，σ_α 和 τ_α 均随斜截面的倾角 α 而变化。

当 $\alpha = 45°$ 时，$\sigma_{45°} = \sigma_{\min} = -\tau$，$\tau_{45°} = 0$；当 $\alpha = 135°$ 时，$\sigma_{135°} = \sigma_{\max} = \tau$，$\tau_{135°} = 0$；而当 $\alpha = 0°$ 或 $90°$ 时，τ_α 达到极值 τ，σ_α 为零，如图 4-17 所示。

从上面分析可知，在倾角为 $135°$（或 $-45°$）的斜截面上，只有法向应力作用，并达到最大值。由于铸铁的抗拉能力比较弱，所以沿最大拉应力作用的截面被拉断，如图 4-18 中的 1-1 面（图 4-14 的断口与图 4-18 的 1-1 面相差 $90°$ 是由于两者的扭矩方向相反所致）。对于低碳钢，其抗剪能力比较弱，故在切应力最大的横截面上被剪断，如图 4-18 的 2-2 截面。对于木材一类材料，因其顺纹方向的抗剪能力最弱，在扭转破坏时常沿纵截面开裂。

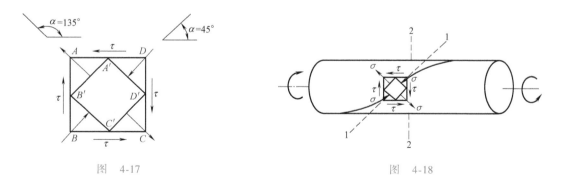

图 4-17   图 4-18

对于塑性材料制成的圆轴，在承受静力扭转情况下，当截面周边的最大切应力达到屈服点 τ_s 时，圆轴并没有断裂的危险，此时截面内层的大部分材料仍处于弹性范围内，还可以进一步发挥潜力，承受更多的扭矩。随着扭矩的继续增加，外层材料的变形进入了塑性范围，τ 与 γ 不再呈线性比例关系。

现假设材料为理想弹塑性材料，切应力 τ 和切应变 γ 的简化曲线如图 4-19 所示，即假设

$$\left.\begin{array}{ll} \gamma \leqslant \gamma_s & \tau = G\gamma \\ \gamma > \gamma_s & \tau = \tau_s \end{array}\right\}$$

当圆轴仅周边材料进入屈服状态时，见图 4-20a，有

$$\tau_{max} = \frac{M_S}{W_p} = \frac{16M_S}{\pi d^3} = \tau_s$$

$$M_x = M_S = \frac{\pi}{16}d^3\tau_s$$

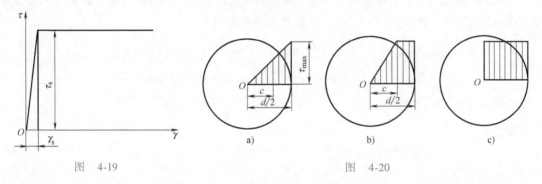

图 4-19   图 4-20

若加大扭矩 M_x，圆轴外层材料（$R \geqslant \rho \geqslant c$）都进入塑性状态，在这个区域内各点的切应力都保持 τ_s。在截面内部 ($\rho < c$) 保持弹性状态。则轴截面处于弹-塑性状态（elastic-plastic state），见图 4-20b。

继续增加扭矩 M_x，塑性区域将继续扩大。最后几乎整个截面的材料都达到屈服，圆轴所能承受的扭矩趋向于一个极限值 M_p，即是该圆轴的**极限扭矩**（limit torsional moment）：

$$M_p = \frac{1}{12}\pi d^3 \cdot \tau_s = \frac{4}{3}W_p\tau_s$$

它比材料开始屈服时的扭矩 M_S 的值高出 33.3%。

4.6   非圆截面杆的扭转

非圆截面的抗扭杆件，在实际工程上也会遇到。例如内燃机曲轴的曲柄、涡轮机叶片、矩形截面的螺旋弹簧等。

根据试验观察的结果，非圆截面杆受扭转时的变形和圆截面杆的变形是不同的，主要区别在于：非圆截面杆受扭后，各横截面除了转动一个角度以外，还会产生翘曲，横截面不再保持为平面，如图 4-21 所示。因此，利用平面假设所推导的圆截面杆扭转应力变形公式对非圆截面杆不适用。

非圆截面杆件的扭转可分为自由扭转与约束扭转。等直杆在两端受扭转力偶矩作用，且其截面翘曲不受任

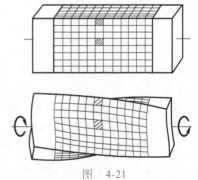

图 4-21

何情况的限制，属于自由扭转或纯扭转。这种情况下杆件各横截面的翘曲程度相同，纵向纤维的长度无变化，故横截面上无正应力而只有切应力。若由于约束条件或受力条件的限制，横截面的翘曲受到限制，属于约束扭转。约束扭转使相邻横截面的翘曲程度不同，这势必引起相邻两横截面间纵向纤维长度的改变。而由约束扭转所引起的正应力，在一般实体截面杆件中通常很小，可忽略不计；但在薄壁杆件中，这一正应力将成为不可忽略的量。

本节只考虑矩形截面杆自由扭转的情况。根据弹性理论的主要结论，切应力在横截面内的分布规律如图 4-22 所示。采用圆轴扭转公式的形式，长边中点 A 切应力最大，计算公式为

$$\tau_{\max} = \frac{M_x}{W_t} = \frac{M_x}{\alpha b^2 h} \qquad (4\text{-}14)$$

$$W_t = \alpha b^2 h$$

短边中点切应力为

$$\tau' = \xi \tau_{\max} \qquad (4\text{-}15)$$

单位长扭转角计算公式为

$$\theta = \frac{M_x}{GI_t} = \frac{M_x}{G\beta b^3 h} \qquad (4\text{-}16)$$

$$I_t = \beta b^3 h$$

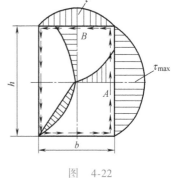

图　4-22

式中，M_x 为杆横截面上的扭矩；G 为材料的切变模量；h、b 为矩形截面的长边及短边的长度；α、β、ξ 为与截面的边长比 h/b 有关的系数，其值可查表 4-1。

表 4-1　系数 α、β、ξ 值

h/b	1.00	1.20	1.50	1.75	2.00	2.50	3.00	10.0	∞
α	0.208	0.219	0.231	0.239	0.246	0.258	0.267	0.313	0.333
β	0.141	0.166	0.196	0.214	0.229	0.249	0.263	0.313	0.333
ξ	1.00	0.93	0.86	0.82	0.80	0.77	0.75	0.74	0.74

由表可知，当 $h/b > 10$ 时，$\alpha = \beta = 1/3$，因此狭长矩形截面的

$$I_t = \frac{1}{3} hb^3 \qquad (4\text{-}17)$$

$$W_t = \frac{1}{3} hb^2 \qquad (4\text{-}18)$$

例 4-5　平均直径为 $D_0 = 60\text{mm}$、壁厚为 $t = 3\text{mm}$ 的开口及闭口薄壁圆管如图 4-23 所示，在相同扭矩作用下，试比较两者的最大切应力和扭转角。

解　计算环形开口薄壁杆件的应力和变形时，可想象把圆环展开，作为宽为 t、高 $h = \pi D_0$ 的狭长矩形看待，于是由式（4-17）、式（4-18）得

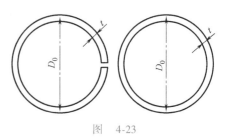

图　4-23

$$I_t = \frac{1}{3}ht^3 = \frac{1}{3}\pi D_0 t^3$$

$$W_t = \frac{1}{3}ht^2 = \frac{1}{3}\pi D_0 t^2$$

对于闭口薄壁圆管来说

$$I_p = \frac{1}{32}\left[(D_0+t)^4 - (D_0-t)^4\right] \approx \frac{1}{4}\pi D_0^3 t$$

$$W_p \approx \frac{I_p}{\dfrac{D_0}{2}} = \frac{1}{2}\pi D_0^2 t$$

在相同扭矩作用下，两管的最大切应力之比为

$$\frac{(\tau_{max})_{开口}}{(\tau_{max})_{闭口}} = \frac{W_p}{W_t} = \frac{\dfrac{1}{2}\pi D_0^2 t}{\dfrac{1}{3}\pi D_0^2 t} = \frac{3}{2}\cdot\frac{D_0}{t} = 30$$

扭转角之比

$$\frac{(\varphi)_{开口}}{(\varphi)_{闭口}} = \frac{I_p}{I_t} = \frac{\dfrac{1}{4}\pi D_0^3 t}{\dfrac{1}{3}\pi D_0 t^3} = \frac{3}{4}\cdot\left(\frac{D_0}{t}\right)^2 = 300$$

可见开口薄壁杆件的应力和变形要远大于同样情况下的闭口薄壁杆件。所以在工程上受扭杆件尽量避免采用开口薄壁截面。

 题

4-1 试绘制题4-1图所示各杆的扭矩图。

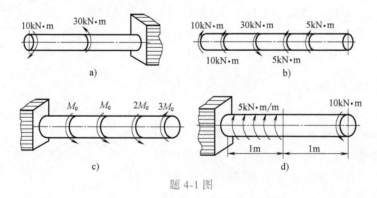

题 4-1 图

4-2 某传动轴如题4-2图所示，转速 $n=200\text{r/m}$，轮1为主动轮，输入功 $P_1 = 50\text{kW}$。轮2、3、4为从动轮，输出功率分别为 $P_2 = 10\text{kW}$，$P_3 = P_4 = 20\text{kW}$。（1）试绘轴的扭矩图；（2）若将轮1和轮2的位置对调，试分析对轴的受力是否有利。

4-3　题 4-3 图所示圆截面轴，直径 $d=5\mathrm{cm}$，扭矩 $M_x=1\mathrm{kN}\cdot\mathrm{m}$。（1）若 $\rho_A=2\mathrm{cm}$，试求的截面 A 点处的扭转切应力；（2）求横截面上的最大扭转切应力 $\tau_{\max}$；（3）作横截面上切应力 τ 的分布图。

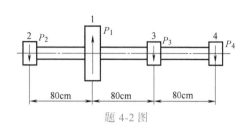

题 4-2 图

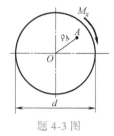

题 4-3 图

4-4　如将题 4-3 图所示轴改为内外径比值 $a=0.5$ 的空心圆轴，试在横截面面积保持不变、受力相同的情况下，计算横截面上的最大扭转切应力。

4-5　发电量为 15000kW 的水轮机主轴如题 4-5 图示。$D=55\mathrm{cm}$，$d=30\mathrm{cm}$，额定转速 $n=250\mathrm{r/m}$，材料的许用切应力 $[\tau]=50\mathrm{MPa}$，试校核水轮机主轴的强度。

4-6　如题 4-6 图所示，实心轴和空心轴通过牙嵌式离合器连接在一起。已知轴的转速 $n=100\mathrm{r/min}$，传递的功率 $P=7.5\mathrm{kW}$，材料的许用切应力 $[\tau]=40\mathrm{MPa}$。试选择实心轴直径 D_1 和内外径比值 $\alpha=1/2$ 的空心轴外径 D_2。

4-7　圆管长 4.6m，平均直径为 15cm，壁厚为 0.25cm。管内壁的切应力等于 56MPa，材料的切变模量 $G=80\mathrm{GPa}$。试求圆管两端此时的相对扭转角。

4-8　某机床车头箱主轴简化如题 4-8 图所示，外径 $D=10\mathrm{cm}$，内径 $d=5.6\mathrm{cm}$，在加工时受到力矩 $M_e=1325\mathrm{N}\cdot\mathrm{m}$ 作用，材料的切变模量 $G=80\mathrm{GPa}$。试求轴内的最大切应力和 AB 两截面间的相对扭转角。

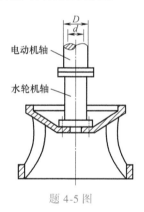

题 4-5 图

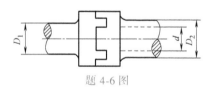

题 4-6 图

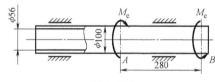

题 4-8 图

4-9　钢制实心轴传递功率 110kW，额定转速 $n=60\mathrm{r/min}$，轴的直径 $D=15\mathrm{cm}$，许用切应力 $[\tau]=50\mathrm{MPa}$，许用单位扭转角 $[\theta]=0.3(°)/\mathrm{m}$，材料的切变模量 $G=80\mathrm{GPa}$，试校核轴的强度与刚度。

4-10　题 4-10 图所示钻探机钻杆的外径 $D=6\mathrm{cm}$，内径 $d=5\mathrm{cm}$，功率 $P=10\mathrm{kW}$，转速 $n=180\mathrm{r/min}$，钻杆入土深度 $a=40\mathrm{m}$，杆长 $l=45\mathrm{m}$，$G=80\mathrm{GPa}$，$[\tau]=40\mathrm{MPa}$。假设土壤对钻杆的阻力沿长度均布，试求：（1）单位长度上土壤对钻杆的阻力矩 m；（2）绘制钻杆的扭矩图，并进行强度校核；（3）A、B 两截面间的相对扭转角 φ_{AB}。

4-11　题 4-11 图所示阶梯形圆杆 AB，长度 $AC=CB=0.5\mathrm{m}$，直径 $d_1=10\mathrm{cm}$，$d_2=8\mathrm{cm}$，材料的切变模量 $G=80\mathrm{GPa}$，欲使在 AB 总长度内的总扭转角不超过 $0.6°$，试求：（1）轴的许用扭矩 $[M_x]$；（2）此时轴内的最大切应力 $\tau_{\max}$ 是多少？作用在哪一段？

4-12　如题 4-12 图所示，有一外径 $D=10\mathrm{cm}$，内径 $d=8\mathrm{cm}$ 的空心圆轴与一直径 $d=8\mathrm{cm}$ 的实心轴用键

联结，键的尺寸为 1cm×1cm×3cm。在轮 A 处由电动机输入功率 $P_1 = 221$kW，在 B 轮和 C 轮输出功率 $P_2 = P_3 = 110.5$kW。轴的转速 $n = 300$r/m。材料的切变模量 $G = 80$GPa，轴的许用切应力 $[\tau] = 40$MPa，键的许用切应力 $[\tau] = 100$MPa，键的许用挤压应力为 280MPa。（1）求所需键的数目；（2）校核空心轴与实心轴的强度（不考虑键槽的影响）；（3）三个轮的位置应如何设置较合适？

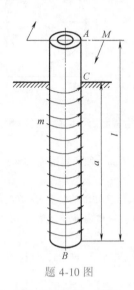

题 4-10 图

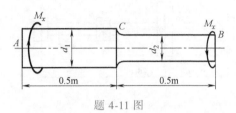

题 4-11 图

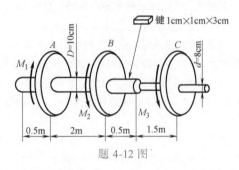

题 4-12 图

4-13 题 4-13 图所示 AB 轴与 CD 轴由齿轮 C 与 B 啮合传动，力矩 M_A 作用在 A 轮上，使 AB 轴产生最大的切应力 $\tau_{max} = 80$MPa，AB 轴的直径 $d_1 = 6$cm，轴材料的切变模量 $G = 80$GPa。试求：（1）CD 轴的直径 d_2，设该轴的许用应力 $[\tau] = 80$MPa；（2）轮 A 对轮 D 的相对扭转角。

4-14 两个长度相等并由同一材料制成的圆轴，一个为实心，一个为空心。空心轴的内外径之比 $\alpha = 0.5$，在扭转变形时两轴产生相等的 τ_{max}。在下列两种情况下：（1）两轴承受相同的扭矩；（2）空心轴所受的扭矩是实心轴的两倍时，试分别计算并比较哪一根轴的扭转角大，为另一根轴的多少倍。

4-15 在题图 4-15 图 a 所示受扭转圆轴内，用横截面 ABC、FED 和径向纵截面 $ADFC$ 切出单元体 $ABC-DFE$（题 4-15 图 b）。（1）试绘单元体各面上的应力分布图；（2）证明该单元体处于平衡状态，满足平衡方程式（$\sum F_x = 0$，$\sum F_y = 0$，$\sum F_z = 0$，$\sum M_x = 0$，$\sum M_y = 0$，$\sum M_z = 0$）；（3）绘制径向纵截面 $ADFC$ 的变形图，该截面是否保持平面。

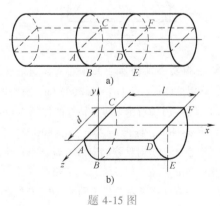

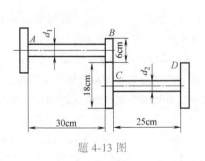

题 4-13 图

题 4-15 图

4-16 题 4-16 图所示为一阶梯轴，已知两段直径比 $D/d = 2$，欲使两段轴内的最大切应力相等，试求外力偶矩之比 M_1/M_2。

4-17　桥式起重机如题 4-17 图所示，已知传动轴的转速 $n = 27\text{r/min}$，传递功率 $P = 3\text{kW}$，$[\tau] = 40\text{MPa}$，$G = 80\text{GPa}$，$[\theta] = 0.1$（°）$/\text{m}$，试计算轴的直径 d。

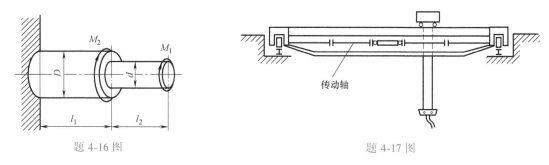

题 4-16 图　　　　　　　　　　　　　　　题 4-17 图

4-18　题 4-18 图所示套筒与两段轴用销钉联接，已知套筒外径 $D = 6\text{cm}$，轴的直径 $d = 4\text{cm}$，销钉直径 $d_1 = 1.30\text{cm}$，轴的许用切应力 $[\tau_1] = 60\text{MPa}$，套筒许用切应力 $[\tau_2] = 45\text{MPa}$，销钉的许用切应力 $[\tau_3] = 90\text{MPa}$，试求该轴可安全传递的扭矩。

4-19　题 4-19 图所示纯剪切应力状态的单元体 $abdc$，已知其切应变为 γ，试证明单元体对角线 ad 的线应变为 $\varepsilon_{ad} = \gamma/2$。

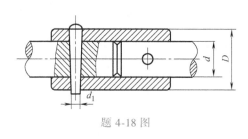　　　　　　　　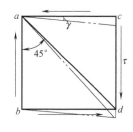

题 4-18 图　　　　　　　　　　　　　题 4-19 图

4-20　题 4-20 图所示用应变片 K 测得传动轴表面与轴线成 45°方向的线应变 $\varepsilon_{45°} = 425 \times 10^{-6}$。已知轴的外径 $D = 40\text{cm}$，内径 $d = 24\text{cm}$，转速 $n = 120\text{r/min}$，$G = 80\text{GPa}$。求轴传递的功率为多少？

4-21　题 4-21 图所示一厚度为 t 的薄板卷成薄壁圆筒，其平均半径为 r_0，长度为 l，板边用 n 个铆钉铆接，在扭转力偶矩 M_e 作用下，试求每个铆钉所受的剪力。

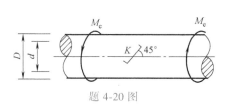　　　　　　　　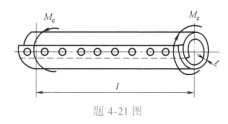

题 4-20 图　　　　　　　　　　　　题 4-21 图

4-22　题 4-22 所示圆轴 ABC 长为 $2l$，直径为 d，材料的切变模量为 G。其 A 端固定，另一端 C 自由，在 AB 段上作用有均布外力偶 m（$\text{N} \cdot \text{m/m}$），试：（1）绘制轴的扭矩图（$M_x\text{-}x$ 图）；（2）计算 x 截面处的相对扭转角，并绘制全轴的 $\varphi\text{-}x$ 图。

4-23　题 4-23 图中的圆轴 A 与 C 两端均固定，其他条件与题 4-22 相同，试求 A 与 C 两端的约束力偶矩。

4-24　题 4-24 图所示两个长度相等的钢管松套在一起，左端固定，右端用刚性板固结，在此板上作用一扭转力矩 $M_e = 20\text{kN} \cdot \text{m}$，已知外管外径 $D = 10\text{cm}$，壁厚 $t = 0.5\text{cm}$；内管的外径 $d = 9\text{cm}$，壁厚 $t = 0.5\text{cm}$。

$G=80\text{GPa}$。试求：（1）两管各承受的扭矩；（2）两管中的切应力；（3）单位长度的扭转角（可作薄壁圆筒考虑）。

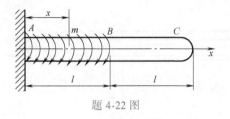
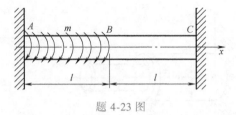

题 4-22 图　　　　　　　　　　　　　　题 4-23 图

4-25　如题 4-25 图所示两管数据与上题相同，设管长 $l=1\text{m}$，开始时右端自由，外管承受一扭转力矩 $M_e=20\text{kN}\cdot\text{m}$ 后，用刚性板将两管焊接在一起，然后除去外力偶矩 M_e，试求：（1）两管中的切应力；（2）画出它们的切应力分布图。

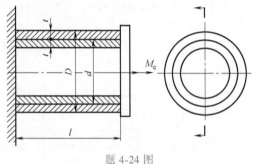
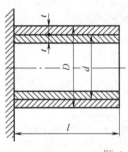

题 4-24 图　　　　　　　　　　　　　　题 4-25 图

4-26　两轴端通过凸缘用螺栓联接。四个螺栓对称分布在 $D=15\text{cm}$ 的圆周上，螺栓直径 $d=2.5\text{cm}$。轴所传递的转矩 $M_e=2.5\text{kN}\cdot\text{m}$，如题 4-26 图所示。今发现有一个螺栓松脱掉落，试求其余各螺栓所受的切应力。

4-27　两端固定的圆轴 AB，受力情况如题 4-27 图所示，直径 $d=6\text{cm}$，$a=50\text{cm}$，轴材料的许用切应力 $[\tau]=60\text{MPa}$，试求外力偶矩 M_e 的最大许可值。

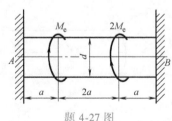

题 4-26 图　　　　　　　　　　　　　　题 4-27 图

4-28　新 195 型柴油机曲柄的曲柄截面 1-1 可简化为矩形，如题 4-28 所示，$b=23\text{mm}$，$h=102\text{mm}$，曲柄所受扭矩 $M_e=277\text{N}\cdot\text{m}$，试求 1-1 截面上的最大切应力。

4-29　横截面面积、杆长和材料均相同的三根轴，截面形状分别为圆形、正方形和 $h/b=2$ 的矩形，试比较它们的抗扭刚度。

4-30　直径 $d=10\text{mm}$ 的钢筋弯成如题 4-30 所示平面圆弧，其半径 $R=10\text{cm}$，在 O 点受到垂直于圆弧平面力 $F=100\text{N}$ 的作用，材料的 $G=82\text{GPa}$，设 OA 段为刚性杆，试求 O 点的铅垂位移。

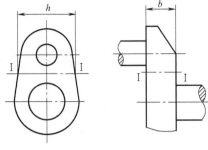

题 4-28 图

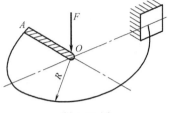

题 4-30 图

5

第5章
弯曲内力

当直杆受到垂直于杆轴的横向力或受到纵截面内的力偶作用时，就会产生弯曲变形。以弯曲变形为主的杆件称为梁。梁是各种机械和结构物里用得最多的构件形式。例如，车辆中支持车身重量的车轴（图5-1a、b），房屋中支持楼板重量的大梁，飞机机翼里的翼梁（图5-1c），桥式吊车的横梁（图5-1d）等。

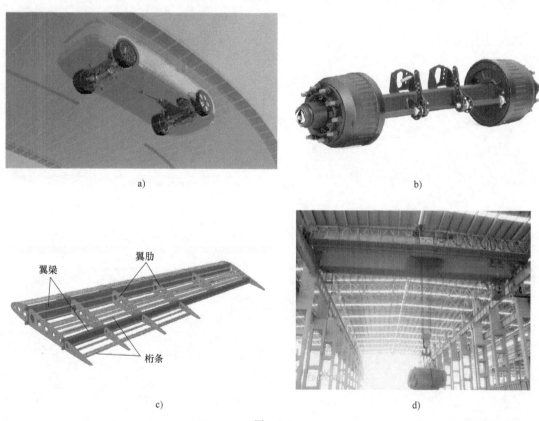

图 5-1

本章只研究下述范围内的弯曲问题：梁的横截面至少有一个对称轴（图5-2a）；所有的外力、外力偶、包括支座约束力都作用在梁的纵向对称面（有时称为力平面）里（图5-2b），构成平面力系。由于对称关系，梁的轴线在变形后保持于力平面内，弯成一根平面曲线。这样的弯曲现象称为平面弯曲（plane bending）。它是比较简单，也是实用中最常见的情况。

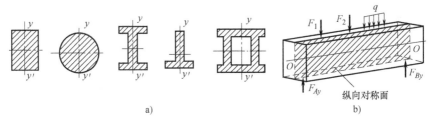

图　5-2

分析弯曲问题的程序，一般是：1）得出作用在梁上的所有外力（包括载荷及支座约束力），计算任一横截面上的内力；2）分析梁内各点的应力，并根据危险点的应力状态进行梁的强度计算；3）分析梁的变形，并进行梁的刚度计算；4）当支座约束力或内力不能从平衡条件直接求得时（即超静定梁），应通过变形协调条件，列出补充方程来求解。

5.1 **梁的外力——载荷及支座约束力**

梁的外力，包括作用在梁上的所有载荷和支座约束力。

1. 载荷的分类

作用在梁上的载荷，通常可分为三种类型。

（1）分布载荷　此种载荷连续作用于一段长度内，如梁的自重、水土压力等。分布在单位长度内的力的大小，称为载荷的集度，如图 5-2 中的 q，其常用单位为 N/m。

（2）集中载荷　此种载荷作用于梁的表面很小的面积内，其常用单位为 N，如图 5-2 中的 F，但这并不应理解为载荷真正作用在梁的一点上。

（3）集中力偶　集中力偶作用于某一截面处，其常用单位为 N·m。

2. 支座的种类

支座通常有下列三种。

（1）固定铰支座　常简称为铰座。用销钉将梁联接于固定的支座上，形成一个铰链（图 5-3a），梁只能绕铰心自由转动而不能作任何方向的移动。支座约束力通过铰的中心，其方向及大小均为未知量，通常将它分解为铅垂和水平的两个分量，所以铰座的支座约束力有两个未知量，通常用图 5-3b 表示。

（2）可动铰支座　常简称为滚座。用铰链将梁连接到支座上，而这支座可以沿某一方向移动（图 5-4a）。梁不仅可以绕铰心转动，还可以沿某一方向移动。支座约束力必须通过铰心，并垂直于可以移动的方向，所以滚座的支座约束力只有一个未知量，通常用图 5-4b 表示。

（3）固定端　梁端嵌入绝对刚硬的基座内，在端部既不能转动，又不能移动（图 5-5a），因而支座约束力除了水平及铅垂两分力外，还有一个约束力偶，以阻止梁端的转动。所以固定端的支座约束力有三个未知量，如图 5-5b 所示。

3. 梁的种类

梁有静定和超静定之分。

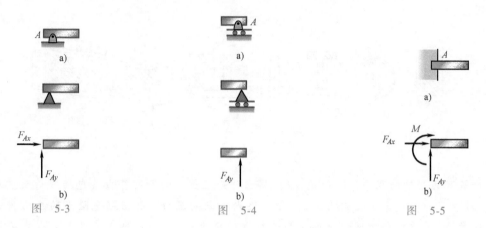

图 5-3　　　　　　　　　　图 5-4　　　　　　　　　　图 5-5

（1）**静定梁**　凡是根据静力平衡条件，就能够确定梁的全部支座约束力，从而可以算出各横截面上的内力素的梁，称为静定梁。

　　对于平面弯曲的梁，所有外力（包括载荷及支座约束力）都作用在同一平面内，可以引用三个静力平衡条件解出梁的支座约束力。因此，静定梁的支座约束力只有三个未知量。梁在支座间的距离，称为梁的跨度，常见的静定梁是单跨的。静定梁主要有下列三种类型。

　　（ⅰ）**简支梁**（simply supported beam）　梁的一端为铰座，另一端为滚座。在这样的约束下，梁对作用于 xy 平面内的任何外力，都能保持平衡（图 5-6a）。

　　（ⅱ）**外伸梁**（overhung beam）　梁的支座也是一个滚座，一个铰座，但是梁的一端或两端伸出于支座的外侧（图 5-6b）。

　　（ⅲ）**悬臂梁**（cantilever beam）　梁的一端固定，另一端自由伸出（图 5-6c）。

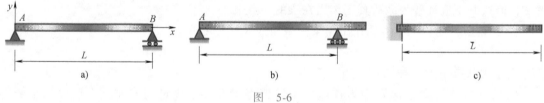

图　5-6

　　（ⅳ）**多跨静定梁**（中间铰梁）　以静定梁作为基本部分，再用中间铰把悬梁连接到基本梁上，可以组合成跨度较多的多跨静定梁。图 5-7 表示这种梁的组合原理。

　　图 5-7a 所示的梁，在横向载荷下支座约束力有 3个，比起用梁 AC 的整体为对象时可列出的 2 个静力平衡方程多出 1 个，但是它有一个中间铰 B，多提供一个平衡条件，可以认为它是图 5-7b 所示的两个单跨梁的组合。AB 是基本梁，BC 是支承在基本梁上的悬梁。计算支座约束力时，可在中间铰处把梁拆开，认为悬梁 BC 是两端铰支的简支梁，先求出悬梁在中间铰 B 处的约束力。把中间铰上这个约束力用相反方向传递给基

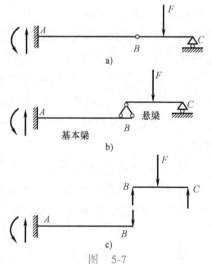

图　5-7

本梁，即可进而决定基本梁 AB 的各个支座约束力。所以整个梁的支座约束力仍能全部由静力学平衡条件来确定。

采用多跨静定梁，一般比采用一串简支梁在使用材料上更经济；由于它可以分段制造，因而在装配式建筑结构中得到广泛的应用。学会多跨静定梁的求解，在以后计算梁的变形时也有用处。

（2）超静定梁　如果对静定梁添加约束，就成为超静定梁，如图 5-8a 所表示的一端固定、一端简支的单跨梁，图 5-8b 所示的具有几个跨度的连续梁。它们的支座约束力的个数超过了静力平衡条件的个数，因而支座约束力不能从静力学平衡条件直接解出。我们在第 7 章中将讨论超静定梁的解法。

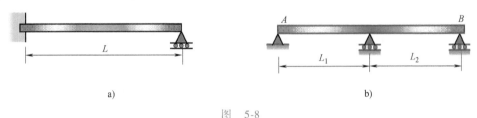

图　5-8

4. 静定梁支座约束力的计算

梁上所受的载荷，一般有集中载、分布载与集中力偶。在求梁的支座约束力时，因为梁的实际变形很小，可以把梁看作刚体，不计由于弯曲变形所引起的外力相互位置的变化。

（1）集中载　静定梁在集中载作用下的支座约束力，只要用 $\sum F_y = 0$ 及 $\sum M = 0$ 的平衡条件就可求得。

（2）分布载　分布载是沿梁的全长或梁上某段连续分布的，如果它分布不均匀，可在梁上任一点附近取长为 Δx 的一小段。若以 ΔF 表示作用于这段的总载荷，那么这段梁上分布载的平均集度是 $q_m = \dfrac{\Delta F}{\Delta x}$；取 $\Delta x \to 0$ 的极限，就得到梁上某点的分布载集度 q 为

$$q = \lim_{\Delta x \to 0} \frac{\Delta F}{\Delta x} = \frac{\mathrm{d}F}{\mathrm{d}x}$$

q 的单位为 N/m。如果在梁上各点处将该点的 $q(x)$ 值按比例尺画成纵坐标，就可以用图形来表示载荷集度沿梁长度变化的情形，这样的图称为载荷图，如图 5-9 所示。利用载荷图，容易计算梁的全长上或其任意一段 CD 上的载荷。在任意微分长度 $\mathrm{d}x$ 上的微分载荷为

$$\mathrm{d}F = q(x)\,\mathrm{d}x$$

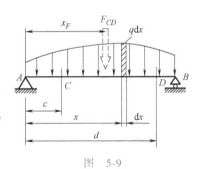

图　5-9

$q(x)\mathrm{d}x$ 可用载荷图中的微分面积 $\mathrm{d}A$ 表示。这些微分载荷组成一个平行力系，它们在 CD 段梁上的合力是

$$F_{CD} = \int_c^d q(x)\,\mathrm{d}x = \int_c^d \mathrm{d}A = A_{CD}$$

所以，任一段梁上分布的载荷合力，等于该段内载荷图的面积。

设合力 F_{CD} 对原点 A 的距离为 x_F。根据平行力系的性质，合力对某点的力矩，等于所有各分力对该点力矩的总和，可知

$$F_{CD} \cdot x_F = \int_c^d q(x)\,dx \cdot x = \int_c^d x\,dA = \bar{x} \cdot A_{CD}$$

式中，$\bar{x}$ 表示 CD 段的载荷图的形心到原点 A 的水平距离，于是

$$x_F = \bar{x}$$

所以，任一段梁上分布的载荷合力，通过该段的载荷图的形心。

求静定梁在分布载作用下的支座约束力时，可按照上面所得结论，先从载荷图确定分布载的合力、大小与作用位置，然后通过平衡关系，算出所需支座约束力。

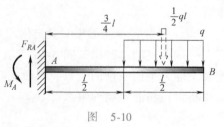

图 5-10

图 5-10 表示一个算例。先求出合力 $F = \dfrac{1}{2}ql$，则支座约束力为

$$F_{RA} = \frac{1}{2}ql \uparrow$$

$$M_A = \frac{1}{2}ql \times \frac{3}{4}l = \frac{3}{8}ql^2$$

（3）集中力偶 如图 5-11a、b 所示的情形，就会使梁在 C 点处受到一个集中力偶的作用。图 5-11a 的情形，可在梁上装设悬臂式起重吊架时遇到；图 5-11b 的情形，可在轴上利用锥齿轮传动时遇到。在一个集中力偶作用下，梁的两个支座的约束力也应该构成一个同样力矩值的力偶，利用这个关系，就容易算出支座约束力。图 5-11 中示出了支座约束力的求法。

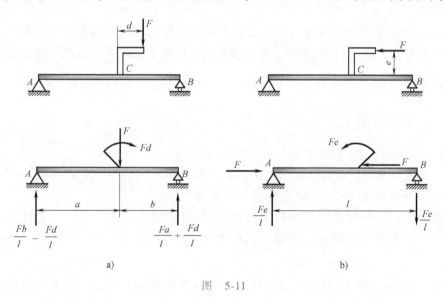

图 5-11

5.2 梁的内力及计算方法

确定了作用在梁上的全部外力以后，可以进一步来研究由于外力作用所引起的内力。下面以简支梁为例，说明梁的内力及其计算方法。

如图 5-12 所示，梁长 l，距左端 a 处受力 F，相应的支座约束力是 $F_{RA} = \dfrac{Fb}{l}$，$F_{RB} = \dfrac{Fa}{l}$。求距左端 x 处的横截面 C 上的内力。横截面 C 把梁分成两段，设取左段梁为示力对象（图 5-12b），考虑其平衡。

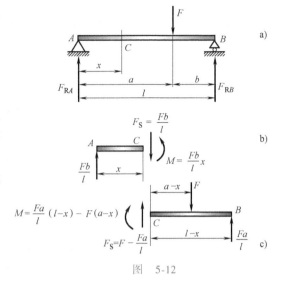

图 5-12

根据平衡条件 $\sum F_y = 0$ 的要求，横截面 C 上必然有一平行于截面的内力 F_S，称为该截面上的**剪力**（shear force）：

$$F_S = \frac{Fb}{l}$$

根据平衡条件 $\sum M_C = 0$，横截面 C 上必然有一内力矩 M，称为该截面上的**弯矩**（bending moment）：

$$M = \frac{Fb}{l}x$$

在梁的横截面内有两种内力素存在——剪力和弯矩。其符号规定如下：

1）剪力绕示力对象顺时针转者为正，反之为负（图 5-13a、b）；

2）弯矩在表示力矩的箭头指到示力对象的横截面上半部者为正，指到下半部者为负（图 5-13c、d）。

由图 5-13c、d 又可知，梁在受到正弯矩而弯曲时，它向下凸，因而使梁的横截面的上半部受压，下半部受拉。在受到负弯矩时，情形恰好相反。所以根据梁的轴线在弯曲时的凹凸情形，也可以判定横截面内弯矩为正或为负。

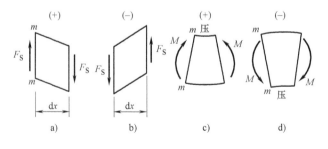

图 5-13

图 5-12b 的截面 C 上的剪力和弯矩都是正值。

若取右段梁 CB 为示力对象（图 5-12c），并考虑其平衡，可分别计算力 F 与约束力 $\dfrac{Fa}{l}$ 在截面 C 内产生的内力，并引用上面规定的符号规则，可知：由 F 产生正剪力，$\dfrac{Fa}{l}$ 产生负剪力，因而

$$F_S = F - \frac{Fa}{l} = \frac{F(l-a)}{l} = \frac{Fb}{l}$$

在截面上由 F 产生负弯矩 $F(a-x)$，由 $\frac{Fa}{l}$ 产生正弯矩 $\frac{Fa}{l}(l-x)$，因而

$$M = -F(a-x) + \frac{Fa}{l}(l-x) = Fx\frac{l-a}{l} = \frac{Fb}{l}x$$

由此可见，同一截面上的剪力和弯矩的数值（大小及方向），由梁的左段或右段计算出来的结果完全相同。还可看到，横截面上的剪力数值，等于此截面左方（或右方）的一段梁上所有外力的铅垂分量的代数和；横截面上的弯矩数值，等于此截面左方（或右方）的一段梁上所有外力对于该截面的力矩的代数和。

例 5-1 试求图5-14a 所示外伸梁 AB 在截面 1-1（支座 C 左侧）、截面 2-2（支座 C 右侧）、截面 3-3（支座 D 左侧）、截面 4-4（支座 D 右侧）处的剪力和弯矩，设 q、a 均为已知。

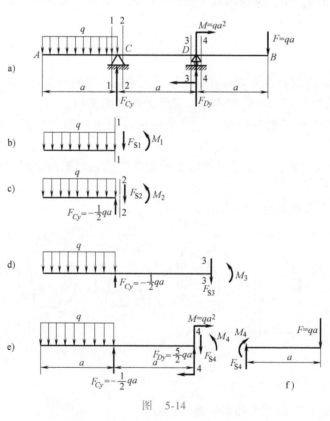

图 5-14

解 先求支座约束力

$$\sum M_D = 0, \quad F_{Cy}a + qa^2 + qa \cdot a - qa \cdot \frac{3}{2}a = 0$$

$$F_{Cy} = -\frac{1}{2}qa$$

$$\sum F_y = 0, \quad -qa-qa+F_{Cy}+F_{Dy}=0$$

$$F_{Dy} = \frac{5}{2}qa$$

截面 1-1 考虑左侧外力，见图 5-14b：

剪力 $\qquad\qquad\qquad\qquad F_{S1} = -qa$

弯矩 $\qquad\qquad\qquad\qquad M_1 = -qa \cdot \frac{a}{2} = -\frac{1}{2}qa^2$

(AC 段上均布载荷 q，可用其合力 qa 代替，作用点在 AC 段中点。)

截面 2-2，见图 5-14c：

剪力 $\qquad\qquad F_{S2} = -qa+F_{Cy} = -qa-\frac{1}{2}qa = -\frac{3}{2}qa$

弯矩 $\qquad\qquad M_2 = -\frac{1}{2}qa^2$

截面 3-3，见图 5-14d：

剪力 $\qquad\qquad F_{S3} = -qa+F_{Cy} = -\frac{3}{2}qa$

弯矩 $\qquad\qquad M_3 = -qa \cdot \frac{3}{2}a+F_{Cy}a = -\frac{3}{2}qa^2-\frac{1}{2}qa^2 = -2qa^2$

截面 4-4，见图 5-14e：

剪力 $\qquad\qquad F_{S4} = -qa+F_{Cy}+F_{Dy} = -qa-\frac{1}{2}qa+\frac{5}{2}qa = qa$

弯矩 $\qquad\qquad M_4 = -qa \cdot \frac{3}{2}a+F_{Cy}a+M = -\frac{3}{2}qa^2-\frac{1}{2}qa^2+qa^2 = -qa^2$

如从截面 4-4 的右侧考虑，见图 5-14f，只在 B 端有向下的力 F，故

$$F_{S4} = F = qa$$

$$M_4 = -Fa = -qa \cdot a = -qa^2$$

5.3 梁的剪力图和弯矩图

为了进行强度计算，就需要找出内力最大的一些危险截面。找危险截面的简便办法，就是绘制内力图。内力图是表明横截面上内力沿梁长变化规律的图形。梁的内力图有剪力图 (shear force diagram) 和弯矩图 (bending moment diagram) 两种。

利用截面法，根据示力对象的平衡条件，可以求出任意截面上的内力沿梁长变化的内力方程：

$$F_S = F_S(x), \quad M = M(x)$$

再根据数学上用图线表示方程式的原理，算出与某些 x 值相应的内力 F_S 和 M，按一定的比

例尺就可以绘出相应的内力图。具体的作图法通过下列例题来说明。

例5-2 图5-15所示简支梁在 C 点受到集中力 F 作用，试求内力方程，并绘出剪力图和弯矩图。

解 解题时需要将梁分成 AC、BC 两段来考虑。

第一段 AC，$0 \leqslant x_1 \leqslant a$。对于距 A 端为 x_1 的任意横截面，取截面以左的一段为示力对象，并采用上述符号规则得到内力方程为

$$F_S = \frac{Fb}{l}, \quad M = \frac{Fb}{l} x_1$$

在 AC 这段梁内，剪力 F_S 是常量 $\frac{Fb}{l}$。若以纵坐标表示各截面上的剪力时，绘出的 F_S 图是水平线；弯矩 M 等于 $\frac{Fb}{l} x_1$，是 x_1 的一次式，表示 M 的图线是斜直线（图5-15d、e）。

第二段 CB，$a \leqslant x_2 \leqslant l$。为了计算简便起见，可以取截面右方的一段为示力对象。由向上的力 $\frac{Fa}{l}$，在截面内产生负剪力和正弯矩，所以内力方程是

$$F_S = -\frac{Fa}{l}, \quad M = \frac{Fa}{l}(l - x_2)$$

在 CB 段内，F_S 图仍是水平直线，M 的图线仍是斜直线（图5-15d、e）。

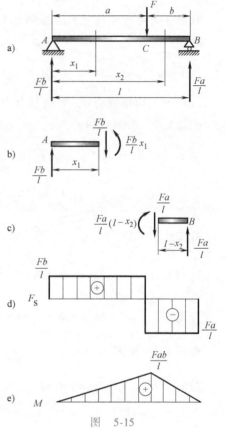

图 5-15

从 F_S 图可以看出，由于集中力 F 作用，使 F_S 图在集中力作用点处发生突变，突变量为 $-F$；力 F 是向下的，所以 F_S 图从左到右时在 C 点向下突变。从 M 图上看出，在集中力作用时，左、右两段在集中力作用点处的 M 值相同，图线有转折。由此得到绘制内力图常用的结论（Ⅰ）：在集中力 F 处，F_S 图突变，M 图转折。

例5-3 试求图5-16所示简支梁的内力方程，并绘制内力图。

解 （1）AC 段，$0 \leqslant x_1 < a$

$$F_S = -\frac{M_0}{l}, \quad M = -\frac{M_0}{l} x_1$$

在 A 点，$\qquad\qquad x_1 = 0, \ M = 0$

在 C 点，$\qquad\qquad x_1 = a, \ M = -\frac{M_0 a}{l}$

这一段内的 F_S 图为水平直线，M 图为斜直线（图5-16d、e）。

（2）CB 段，$a \leqslant x_2 \leqslant l$

$$F_S = -\frac{M_0}{l}, \quad M = \frac{M_0}{l}(l - x_2)$$

在 C 点，$\qquad\qquad\qquad\qquad x_2 = a$, $\quad M = \dfrac{M_0 b}{l}$

在 B 点，$\qquad\qquad\qquad\qquad x_2 = l$, $\quad M = 0$

这一段内的 F_S 图就是 AC 段内的水平线的延长线，M 图是与 AC 段内的 M 图相平行的斜直线。

从 M 图上看出：由于集中力偶 M_0 的作用，使弯矩图在集中力偶作用点处产生突变，突变的数值等于 $\dfrac{M_0 b}{l} - \left(-\dfrac{M_0 a}{l}\right) = M_0$。从图 5-16e 可以看到，当截面从外力偶 M_0 的左方移到右方时，截面内将增加一个箭头指向截面上半部的正弯矩 M_0，所以本题内的 M 图从左向右在集中力偶处将发生一个向上的突变。从 F_S 图可以看出，集中力偶 M_0 对于 F_S 图既不产生突变，也不产生转折，由此得到绘制内力图常用的结论（Ⅱ）：集中力偶 M_0 处，M 图突变，F_S 图不变。

例 5-4　试求图5-17 所示悬臂梁的内力方程，并绘内力图。

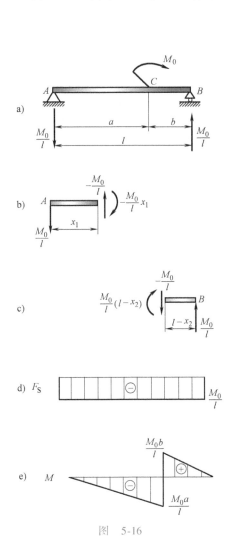

图　5-16

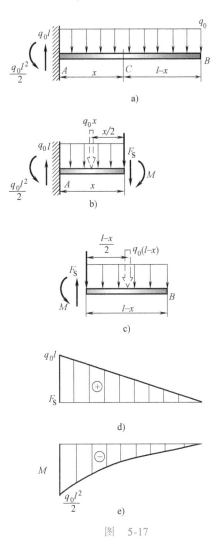

图　5-17

解 悬臂梁的全长承受均布载 q_0 时，支座约束力为 q_0l，支座约束力偶为 $-\dfrac{q_0l^2}{2}$。

取距离固定端 A 为 x 的任一截面，并以截面左方的一段为示力对象，如图 5-17a 所示。取出的示力对象上的均布载，用其合力 q_0x 代替，再由平衡条件，求得梁的内力方程为

$$F_S = q_0l - q_0x = q_0(l-x)$$

$$M = -\frac{q_0l^2}{2} + q_0lx - q_0x \cdot \frac{x}{2} = -\frac{q_0}{2}(l-x)^2$$

若取截面右方的一段为示力对象，并将均布载用相当的合力代替，更容易求得横截面的内力方程：

$$F_S = q_0(l-x)$$

$$M = -q_0(l-x) \cdot \frac{(l-x)}{2} = -\frac{q_0}{2}(l-x)^2$$

由此可知，求悬臂梁的内力时，若取有自由端的一段梁为示力对象来分析，可不必求出支座约束力，比较简单。

上面求得的内力方程对全梁通用。F_S 是 x 的一次方程，F_S 图应该是直线，如图 5-17d 所示。

在固定端 $x=0$，$F_S = q_0l$；在自由端 $x=l$，$F_S=0$。M 是 x 的二次方程，M 图是二次抛物线，可以算出图线上若干点的坐标，再用光滑曲线连接起来，如图 5-17e 所示。

在固定端 $x=0$，$M = -\dfrac{q_0l^2}{2}$；在自由端 $x=l$，$M=0$；在跨度中点 $x=\dfrac{l}{2}$，$M=-\dfrac{q_0l^2}{8}$。

5.4 载荷集度 q、剪力 F_S、弯矩 M 间的关系

由例题 5-4 的结果，可以导出

$$M = -\frac{q_0}{2}(l-x)^2$$

$$\frac{\mathrm{d}M}{\mathrm{d}x} = -q_0(l-x)(-1) = q_0(l-x) = F_S$$

$$\frac{\mathrm{d}F_S}{\mathrm{d}x} = -q_0 = q$$

分布载荷 q 的符号以向上者为正值，向下者为负值。例题 5-4 的分布载荷是向下的，所以 $q=-q_0$，式中的 q_0 为分布载荷的绝对值。

这里的 $F_S = \dfrac{\mathrm{d}M}{\mathrm{d}x}$，$q = \dfrac{\mathrm{d}F_S}{\mathrm{d}x}$ 的微分关系，对于梁的内力来说是普遍存在的。利用这种关系，对绘制梁的内力图有很大帮助，下面先就普遍情况推导这个关系。

在受任意力的梁上（图 5-18），距原点（A 端）x 处取截面 m-m，假设截面上的剪力为 F_S，弯矩为 M；再在距截面 m-m 为微分长度 $\mathrm{d}x$ 处，取另一截面 n-n，这个截面上的内力将

有微分增量 dF_S 及 dM，即内力成为 F_S+dF_S 及 $M+dM$；在微分长度 dx 的一段内，q 可看成常量。

以截面 m-m 及 n-n 间的微分长度 dx 的一段梁作为示力对象，作用在微段上的 M、F_S、q 都假设为正值，如图 5-18b 所示。

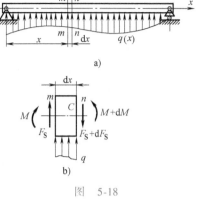

图　5-18

由 $\sum F_y=0$，得

$$F_S+qdx-(F_S+dF_S)=0$$

$$\frac{dF_S}{dx}=q \qquad (5\text{-}1)$$

由 $\sum M_C=0$，得

$$M+F_Sdx+qdx\frac{dx}{2}-(M+dM)=0$$

略去二阶微量，得

$$\frac{dM}{dx}=F_S \qquad (5\text{-}2)$$

这里得出绘制内力图常用的结论（Ⅲ）：梁上任一截面处分布载荷的集度 q，等于该截面处 F_S 图的斜率；任一截面上的剪力 F_S，等于该截面处 M 图的斜率。

这里的导数关系在一般材料力学教材中均称为 M、F_S、q 之间的微分关系。反之，q、F_S、M 也存在积分关系。

从这里的微分关系，可得到下列一些推论。

1）以绝对值而论，若 q 越大，则 F_S 图的切线与水平轴的夹角越大。同理，若 F_S 越大，则 M 图的切线与水平轴的夹角也越大。

2）在分布载向上（即 q 为正值）的一段梁内，F_S 是递增的；在分布载向下的一段梁内，F_S 是递减的。同理，若 F_S 为正值，即 M 图上增；若 F_S 为负值，则 M 图下减。

3）在 $q=0$ 处，即 $\frac{dF_S}{dx}=0$ 处，F_S 达到极值，F_S 图的切线成为水平。同理，在 $F_S=0$ 处，即 $\frac{dM}{dx}=0$ 处，M 达到极值，M 图的切线成为水平。

4）将式（5-2）再对 x 微分一次，得

$$\frac{d^2M}{dx^2}=\frac{dF_S}{dx}=q \qquad (5\text{-}3)$$

因此，若载荷 q 向上，则 $q=\frac{d^2M}{dx^2}>0$，因而 M 图向下凸（∪）。若载荷 q 向下，则 $q=\frac{d^2M}{dx^2}<0$，M 图向上凸（∩）。

5）若在梁的某段内没有分布载，即 $q=0$，亦即 $\frac{dF_S}{dx}=0$，则 F_S 为常量，F_S 图是一条水平线。此时 $\frac{dM}{dx}=F_S=$ 常量，M 图的斜率不变，因而 M 图为一斜直线。

若在梁的某段内有均布载，$q = \dfrac{\mathrm{d}F_S}{\mathrm{d}x} =$ 常量，则 F_S 为 x 的一次函数，F_S 图为斜直线。此时 $\dfrac{\mathrm{d}M}{\mathrm{d}x} = F_S$，为 x 的一次函数，因而 M 是 x 的二次函数，M 图为二次抛物线。

例 5-5 曲柄连杆机构的曲柄以等角速 ω 转动，当连杆与曲柄垂直时，连杆内将产生由于惯性力造成的弯矩值达最大的情况，此时连杆上的惯性力近似于三角形的分布载，在曲柄销 A 处惯性力集度 $q_0 = \dfrac{A\gamma}{g}\omega^2 r$（$A$ 为连杆横截面积，γ 为连杆材料单位体积的重量，g 为重力加速度，r 为曲柄臂长），在 B 处惯性力集度为零（图 5-19），试求连杆内的最大弯矩。

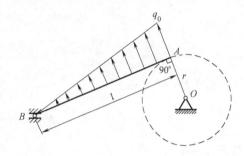

解 连杆可以作为简支梁看待。

支座约束力：全梁的分布载以其合力代替，再求支座约束力，可知

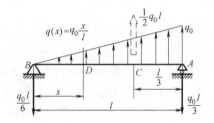

$$F_{RA} = \frac{2}{3} \cdot \frac{1}{2}q_0 l = \frac{1}{3}q_0 l$$

$$F_{RB} = \frac{1}{3} \cdot \frac{1}{2}q_0 l = \frac{1}{6}q_0 l$$

在 B 端的横截面内：

$$F_{SB} = -\frac{q_0 l}{6}, \quad M_B = 0$$

在距 B 端 x 的任一截面 D 处，分布载集度为

$$q(x) = q_0 \frac{x}{l}$$

F_S 图为二次曲线，在 B 端的 $F_{SB} = -\dfrac{q_0 l}{6}$，因 $q_B = 0$，F_S 图的切线应为水平。

在任一截面 D 处，有

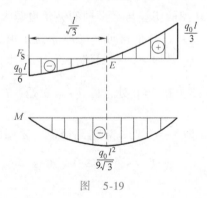

图 5-19

$$F_{SD} = F_{SB} + \frac{1}{2}\frac{q_0}{l}x \cdot x = -\frac{q_0 l}{6} + \frac{x^2}{2l}q_0 \tag{a}$$

在截面 A 处，由于 BA 段 q 图的面积为 $\dfrac{1}{2}q_0 l$，得

$$F_{SA} = F_{SB} + \frac{1}{2}q_0 l = -\frac{q_0 l}{6} + \frac{1}{2}q_0 l = \frac{1}{3}q_0 l$$

设截面 E 处的 $F_{SE} = 0$，则由式（a）可求得截面 E 的位置为

$$-\frac{1}{6}q_0 l + \frac{x_E^2}{2l}q_0 = 0, \quad x_E = \frac{l}{\sqrt{3}}$$

M 图为三次曲线，在任一截面 D 处，有

$$M_D = F_{SB}x - \frac{1}{2}\frac{q_0}{l}x \cdot x \cdot \frac{x}{3} = -\frac{q_0 l}{6}x + \frac{q_0 x^3}{6l}$$

在 $x_E = \dfrac{l}{\sqrt{3}}$ 的截面 E，有 $|M|_{max}$，以 $x_E = \dfrac{l}{\sqrt{3}}$ 代入上式，得

$$|M|_{max} = -\frac{q_0 l^2}{6\sqrt{3}} + \frac{q_0 l^3}{6 \times 3\sqrt{3}\,l} = -\frac{q_0 l^2}{9\sqrt{3}}$$

以题中所给数据 $q_0 = \dfrac{A\gamma}{g}\omega^2 r$ 代入，求得

$$|M|_{max} = \frac{S\gamma\omega^2 r l^2}{9\sqrt{3}\,g}$$

求梁的内力方程及绘制内力图时，先要了解应该将梁分为几段来进行。在集中力的左方和右方，F_S 的方程不相同，F_S 图上有突变；M 的方程也不相同，M 图上有转折。在集中力偶的左方和右方，F_S 的方程不变，但 M 方程不相同，M 图上有突变。所以集中力和集中力偶的作用点是梁的分段点。在 $q(x)$ 的方程不变的一段中，F_S 和 M 的方程不变；但 $q(x)$ 的方程有改变的地方，就要作为分段点。

解题时，一般从左到右进行。当取横截面以左的一段梁为示力对象时，可以看到，向上的集中力或分布载将造成截面内的正剪力及正弯矩，向下的集中力或分布载将造成截面内的负剪力及负弯矩。

绘内力图时，梁的第一段前端的 F_S、M 值，可由载荷或支座约束力来定出。根据 q、F_S、M 的积分关系，利用 q 图、F_S 图的面积，可以定出第一段后端的 F_S、M 值。在 F_S、M 图上先绘出表示本段前后的 F_S、M 数值的纵坐标，再按 M、F_S、q 的微分关系来考虑 F_S、M 图线的形状，并用图线连接已绘出的这段梁前后端纵坐标的端点。利用在 $q = 0$ 的截面，F_S 达极值；在 $F_S = 0$ 的截面，M 达极值。若是用集中力或几种力偶的作用点分界的，要按照结论（Ⅰ）、（Ⅱ），考虑内力图上的突变量，以定出梁的第二段前端的 F_S、M 值。依照上述步骤，数段进行绘图，到梁的末端为止。最后可按梁末端的支座约束力及载荷，校对末端的 F_S、M 值是否正确。

例 5-6　外伸梁 $CADB$ 的尺寸及所受载荷如图5-20a 所示。试绘制它的剪力图与弯矩图。

解　先求出梁的支座约束力：

$$\sum M_B = 0, \quad F_{Ay} = 3kN$$

$$\sum F_y = 0, \quad F_{By} = 2kN$$

按照外力分布情况，梁分为 CA、AD 与 DB 三段。

（1）由微分关系判断各段 F_S、M 图的形状，见表 5-1。

表 5-1　例题 5-6 用表

	CA 段	AD 段	DB 段
载荷	$q=0$	$q=0$	$q=C<0$
F_S 图	水平线（-）	水平线（+）	斜直线（\）
M 图	斜直线（\）	斜直线（/）	上凸抛物线（⌒）

（2）分段描点作 F_S 图

CA 段：
$$F_{S1} = -F = -2\text{kN}$$
$$F_{S2} = F_{S1} = -2\text{kN}$$

AD 段：
$$F_{S3} = F_{S2} + F_{Ay} = (-2+3)\,\text{kN} = 1\text{kN}$$
$$F_{S4} = F_{S3} = 1\text{kN}$$

DB 段：
$$F_{S5} = F_{S4} = 1\text{kN}$$
$$F_{S6} = F_{S5} - q \times 3 = (1-1\times3)\,\text{kN} = -2\text{kN}$$

根据以上所得各 F_S 值绘出 F_S 图，如图 5-20b 所示。

（3）分段描点作 M 图

CA 段：需定两个坐标点，计算截面 1 与 2
$$M_1 = 0, \quad M_2 = -2\times2\text{kN}\cdot\text{m} = -4\text{kN}\cdot\text{m}$$
此段 M 图为向右下斜直线。

AD 段：　　$M_3 = M_2 = -4\text{kN}\cdot\text{m}$
$$M_4 = -F\times5\text{m} + F_{Ay}\times3\text{m} = (-2\times5+3\times3)\,\text{kN}\cdot\text{m} = -1\text{kN}\cdot\text{m}$$
此段 M 图为向右上斜直线。

DB 段：M 图为上凸抛物线，且在 $F_S = 0$ 处有极值
$$M_5 = M_4 + M = (-1+2.5)\,\text{kN}\cdot\text{m} = 1.5\text{kN}\cdot\text{m}$$
$$M_6 = 0$$
当 $F_S = 1\text{kN} - q(x-5\text{m}) = 0$，即在 E 处，$x = 6\text{m}$，此时
$$M_E = \left[-2\times6 + 3(6-2) + 2.5 - 1\times(6-5)\times\frac{(6-5)}{2} \right]\text{kN}\cdot\text{m} = 2\text{kN}\cdot\text{m}$$

根据以上所得 M 值可描绘出 M 图如图 5-20c 所示。

由图可见，最大弯矩在截面 2，其值 $M_{\max} = |M_2| = 4\text{kN}\cdot\text{m}$，最大剪力在 CA 段或截面 6 处，$F_{S\max} = |F_{S1}| = |F_{S2}| = |F_{S3}| = 2\text{kN}$。在集中力 F_{Ay} 处，F_S 图有突变，其突变值即为 3kN；在集中力偶 M 作用处，M 图有突变，其突变值即为 2.5kN·m。

在集中载荷处，内力会产生不确定的突变现象，这是由于我们把集中载荷看成作用在一

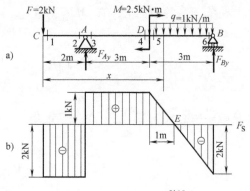

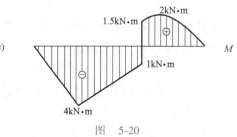

图　5-20

个几何点上所致。如图 5-21a 中集中力 F 实际上是分布在一极微小段梁上的均布载荷 q，因此 F_S 图是如 5-21b 图中实线 1-2-3-4 所示，从 2-3 其剪力 F_S 是渐变的。只有当 q 的作用范围缩小趋近于零，变成集中力时，F_S 图才产生突变如图中虚线 2'-3' 所示。但这种突变现象并不影响我们求找最大内力的目的。

例 5-7　试作图 5-22a 所示多跨静定梁 $ADCB$ 的剪力图和弯矩图。其中 C 为一中间铰。

解　若把 ADC 段移去，CB 段就会坍下。所以 CB 是悬梁，ADC 段是基本梁。

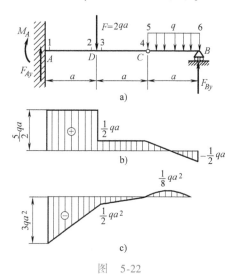

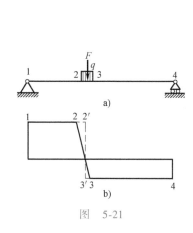

图　5-21　　　　　　　　图　5-22

（1）求支座约束力　在铰 C 处拆开，先算出悬梁 CB 的支座约束力（作为两端简支的梁看待）。

$$\sum M_C = 0, \quad F_{By}a - qa \cdot \frac{a}{2} = 0, \quad F_{By} = \frac{qa}{2}$$

再考虑基本梁 ADC 的平衡，根据 $\sum F_y = 0$ 和 $\sum M_C = 0$，可求得

$$F_{Ay} = \frac{5}{2}qa, \quad M_A = -3qa^2$$

（2）分段描点作 F_S、M 图　全梁分三段进行作图，作图时先判断形状再描点。

AD 段：F_S 图为水平线

$$F_{S1} = F_{S2} = F_{Ay} = \frac{5}{2}qa$$

M 图为向右上斜直线

$$M_1 = -3qa^2$$

$$M_2 = -3qa^2 + \frac{5}{2}qa \cdot a = -\frac{1}{2}qa^2$$

DC 段：F_S 图为水平线

$$F_{S3} = F_{S4} = \frac{5}{2}qa - F = \frac{5}{2}qa - 2qa = \frac{1}{2}qa$$

M 图为向右上斜直线

$$M_3 = M_2 = -\frac{1}{2}qa^2$$

$$M_4 = 0$$

CB 段：F_S 图为向右下斜直线

$$F_{S5} = F_{S4} = \frac{1}{2}qa$$

$$F_{S6} = -F_{By} = -\frac{1}{2}qa$$

M 图为上凸抛物线

$$M_5 = 0$$

$$M_6 = 0$$

在 CB 段中点 $F_S = 0$，因此 M 图有极值，其值为

$$M_{极} = F_{By}\frac{a}{2} - q \cdot \frac{a}{2} \cdot \frac{a}{4} = \frac{1}{8}qa^2$$

全梁的剪力图、弯矩图如图 5-22b、c 所示。

5.5 叠加法作弯矩图

梁在线弹性前提下，当同时作用几个载荷（F_i、q_i、M_i）时，各个载荷所引起的内力是各自独立的，并不相互影响。这时，各个载荷与它所引起的内力（剪力和弯矩）呈线性关系，叠加各个载荷单独作用时的内力，就得到这些载荷共同作用时的内力。这一原理一般称为叠加原理。

以图 5-23a 所示桥式起重机的大梁为例，其中 F 为起吊物作用在梁上的力。由静力平衡条件求得 A、B 两端的支座约束力后，可计算出 AC 和 CB 两段内的弯矩分别为

AC 段： $$M = \left(\frac{lx}{2} - \frac{x^2}{2}\right)q + \frac{bx}{l}F$$

CB 段： $$M = \left(\frac{lx}{2} - \frac{x^2}{2}\right)q + \frac{a}{l}(l-x)F$$

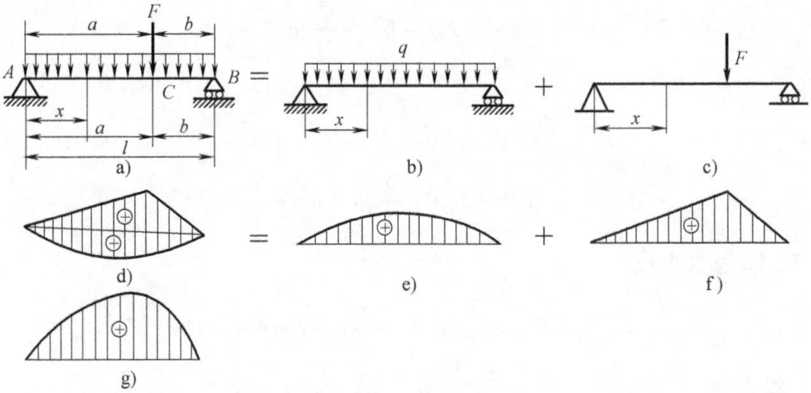

图 5-23

在以上两式的右端，第一项代表均布载荷 q 单独作用时的弯矩，第二项代表集中力单独作用时的弯矩。其弯矩图分别如图 5-23e、f 所示，两者叠加可得到如图 5-23d 所示弯矩图。如通常以水平线为基准线则可改绘成图 5-23g。上述叠加法也适用于剪力图的绘制。

例 5-8 图5-24 所示外伸梁承受载荷 $F_1 = 2kN$，$F_2 = 3.5kN$，试用叠加法作此梁的弯矩图。

解 先分别作 F_2 单独作用下的 M 图（图 5-24c）以及 F_1 单独作用下的 M 图（图 5-24d）。然后由上面两个 M 图相对应的纵坐标代数相加。在叠加时可把负值的 M 图（图 5-24d）向上翻与（图 5-24c）叠加，如图 5-24a 所示（图中空白部分是正值 M 与负值 M 相抵销），此图是以折线 $A_2B_2C_2$ 为基准线。如需以水平线为基准线可重行绘制，如图 5-24b 所示。

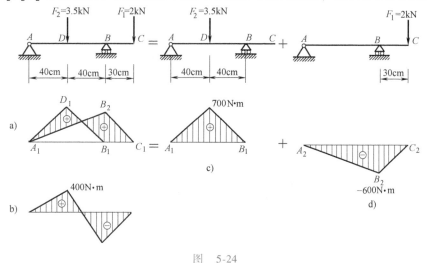

图　5-24

用叠加法作 M 图时，要求对一些简单载荷作用下的 M 图熟悉掌握，可参考表 5-2。

表 5-2　几种简单梁的剪力图和弯矩图

梁及载荷简图	F 作用（a, l）	F 作用（x, l）	q 作用（x, l）
F_S 图	$F_S = 0$	$F_S = -F$	$F_S = -qx$，$\|F_S\|_{max} = ql$
M 图	$M = Fa$，$\|M\|_{max} = Fa$	$M = -Fx$，$\|M\|_{max} = Fl$	$M = -\dfrac{1}{2}qx^2$，$\|M\|_{max} = \dfrac{1}{2}ql^2$

（续）

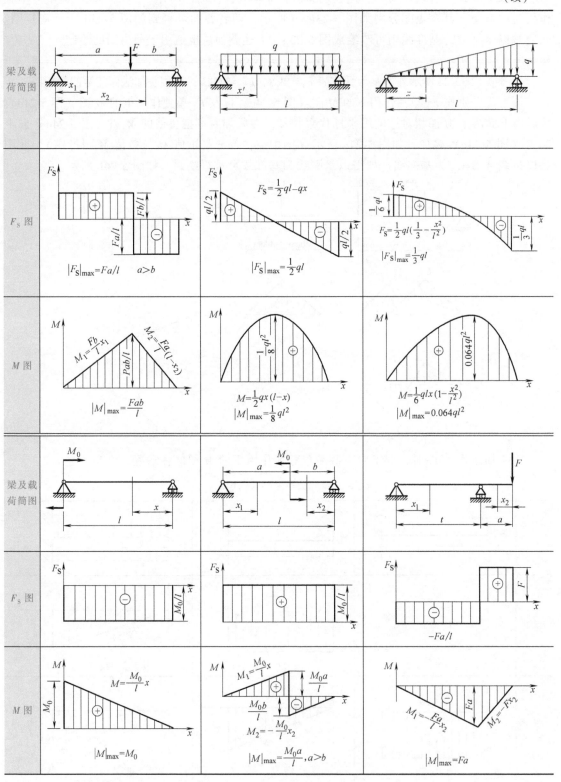

5.6 刚架的内力计算及内力图

刚架是一种折轴杆件，其各段采用刚性固定的连接（图 5-25a、b）。所谓刚性固定的连接，就是能够保证刚架在受力后，各段杆接头处没有相对的角度改变。刚架上的外力可施加于杆件上任何地方。若为平面刚架并受到其平面内作用的外力系时，则杆件的横截面的内力素将有轴力、剪力和弯矩。内力图的符号规则是：轴力以拉为正；剪力以绕示力对象顺时针为正；弯矩不做正负规定，但规定 M 图画在杆件受压的一边（与作梁的 M 图相同）。

下面举例来说明静定平面刚架的内力计算方法和内力图的作法。

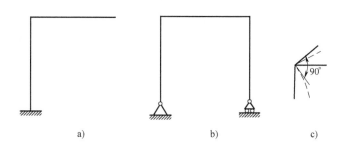

a)　　　　　　　　　　b)　　　　　　　　　　c)

图　5-25

例 5-9　作图 5-26a 所示刚架 ABC 的内力图，A 处为固定铰支座，C 处为滚座。

解　（1）由平衡方程求刚架的支座约束力

$$\sum F_x = 0 \quad F_{Ax} = -qa$$

$$\sum M_A = 0 \quad F_{Cy} = \frac{1}{2}qa$$

（2）分析刚架各杆的内力　BC 杆，如图 5-26b 所示，它的剪力方程与弯矩方程分别为

$$F_{S1} = -F_{Cy} = -\frac{1}{2}qa, \quad 0 < x_1 < a$$

$$M_1 = F_{Cy}x_1 = \frac{qa}{2}x_1, \quad 0 \leqslant x_1 \leqslant a$$

AB 杆，选择截面内的上面部分作研究对象，见图 5-26c。可知，在截面向上存在剪力、弯矩和轴力。AB 杆的轴力、剪力和弯矩方程分别为

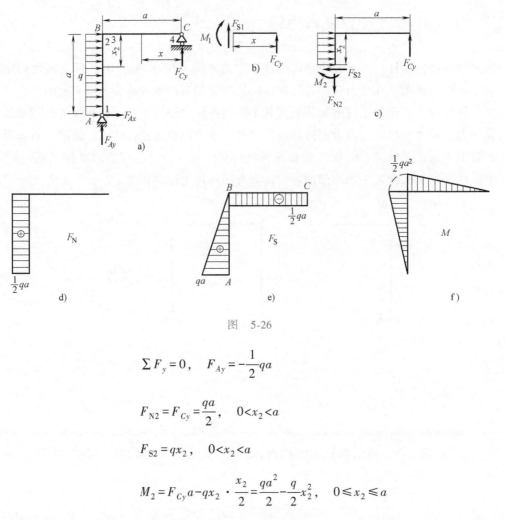

图 5-26

$$\sum F_y = 0, \quad F_{Ay} = -\frac{1}{2}qa$$

$$F_{N2} = F_{Cy} = \frac{qa}{2}, \quad 0 < x_2 < a$$

$$F_{S2} = qx_2, \quad 0 < x_2 < a$$

$$M_2 = F_{Cy}a - qx_2 \cdot \frac{x_2}{2} = \frac{qa^2}{2} - \frac{q}{2}x_2^2, \quad 0 \leqslant x_2 \leqslant a$$

根据上述方程，可画出刚架的轴力图、剪力图与弯矩图，分别如图 5-26d、e、f 所示。

由于刚结点 B 能传递力矩，如该处无外加力矩，B 在水平杆截面的弯矩 M_1 应和铅直杆截面的弯矩 M_2 相等。对结点 B 的平衡进行校核，画出它的示力图如图 5-27 所示，由图可见平衡方程式 $\sum F_y = 0$，$\sum M = 0$ 均能满足。

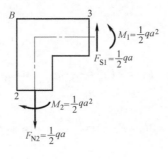

图 5-27

习 题

5-1 试求题 5-1 图所示各梁在指定 1、2、3 截面上的剪力和弯矩值。

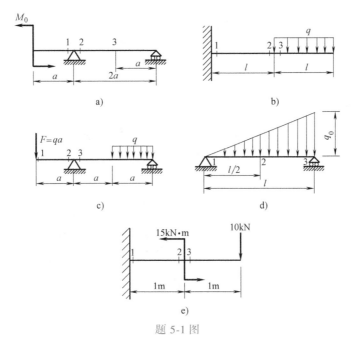

题 5-1 图

5-2 试写出题 5-2 图所示各梁的剪力方程和弯矩方程，并作剪力图和弯矩图，确定 $|F_{max}|$ 和 $|M_{max}|$。

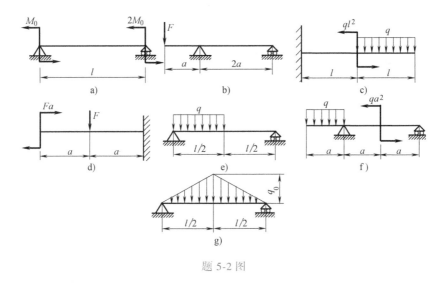

题 5-2 图

5-3 利用 q、F_S、M 的微分关系作题 5-3 图所示各梁的剪力图和弯矩图，并求出 $|F_{Smax}|$ 和 $|M_{max}|$。

5-4 木梁浮在水面上，承受载荷如题 5-4 图所示，试作其剪力图和弯矩图。

5-5 试作题 5-5 图所示各铰接梁的剪力图和弯矩图。

5-6 根据 q、F_S、M 的微分关系，检查并改正题 5-6 图所示各梁的 F_S 图和 M 图的错误。

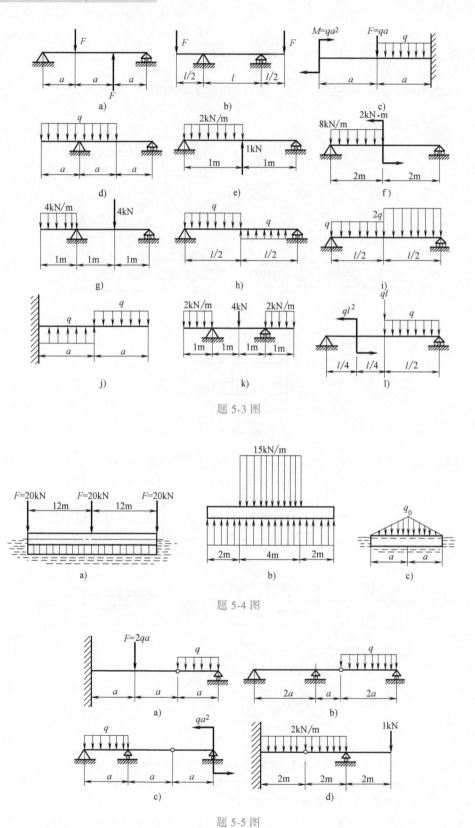

题 5-3 图

题 5-4 图

题 5-5 图

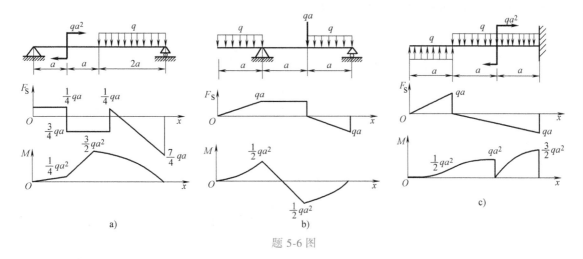

题 5-6 图

5-7 题图 5-7 所示为一根自重为 q（单位：N/m）的等截面钢筋混凝土梁，求吊装时的起吊点位置 x 应为多少才最合理（最不易使杆折断）？

5-8 题 5-8 图所示小车可在梁上移动，它的每个轮子对梁的作用力均为 F。试分析小车处于什么位置时梁内的弯矩最大（以 x 表示梁上小车的位置）。

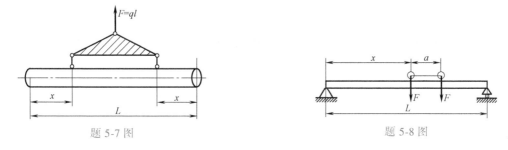

题 5-7 图   题 5-8 图

5-9 作题 5-9 图所示梁 ABC 的剪力图和弯矩图。

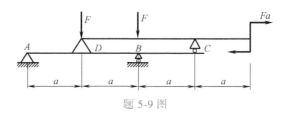

题 5-9 图

5-10 用叠加法作题 5-10 图所示各梁的弯矩图。

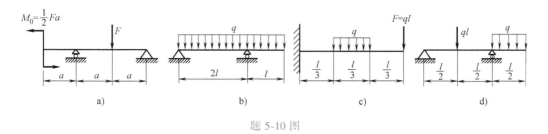

题 5-10 图

5-11 试作题 5-11 图所示平面刚架的内力图。

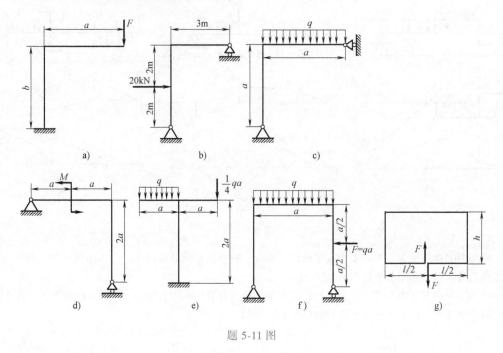

题 5-11 图

5-12 题 5-12 图所示简支梁上的分布载荷按抛物线规律变化，其方程为 $q(x) = \dfrac{4q_0 x}{l}\left(1 - \dfrac{x}{l}\right)$，试作剪力图和弯矩图。

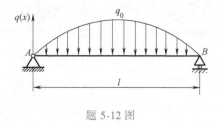

题 5-12 图

5-13 已知梁的剪力图如题 5-13 图所示，试求此梁的载荷并绘制弯矩图（设梁上没有集中力偶作用）。

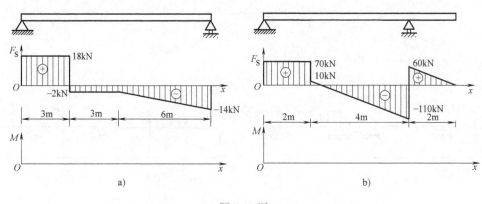

题 5-13 图

5-14 已知梁的弯矩图如题 5-14 图所示，试求此梁的载荷并绘制剪力图。

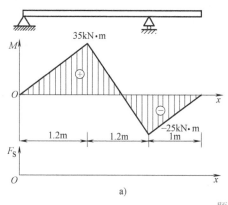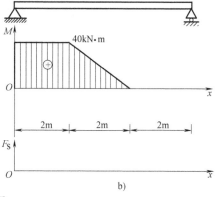

题 5-14 图

5-15 如题 5-15 图所示梁上作用有集度为 $m = m(x)$ 的分布力偶矩，试建立 m、F_S、M 之间的微分关系。

5-16 如题 5-16 图所示悬臂梁上表面受切向分布力 t 作用，t 为单位长度上的力（N/m），已知 t、h、L。试分别作此梁的轴力图、剪力图和弯矩图。

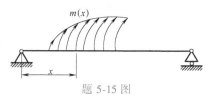

题 5-15 图

5-17 题 5-17 图所示简支梁上作用有 n 个间距相等的集中力，其总载荷为 F，所以每个载荷等于 F/n，梁的跨度为 l，载荷的间距为 $l/(n+1)$。（1）试导出梁中最大弯矩的一般公式；（2）将（1）的答案与承受均布载荷 q 的简支梁的最大弯矩相比较，设 $F = ql$。

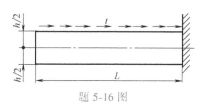

题 5-16 图

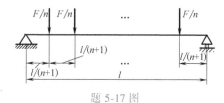

题 5-17 图

第6章
弯曲应力

在上一章研究了如何计算及表示梁的横截面上的内力——弯矩 M 和剪力 F_S。现在就要进一步来研究这些内力在横截面上的分布规律，研究组成这些内力的正应力及切应力如何计算，从而解决梁的强度问题。

截取梁的任一部分为示力对象，设在横截面上的内力为剪力 F_S 及弯矩 M_z（图 6-1b）。在横截面上的任一微分面积 dA 处，分布着正应力 σ 及切应力 τ；弯矩 M_z 是对于 z 轴的力矩；法向内力 σdA 对于 z 轴有力矩，而切向内力 τdA 却没有力矩，所以切应力与弯矩之间没有直接关系。反之，剪力 F_S 作用于横截面内，σdA 并没有平行于截面方向的分力，τdA 是平行于横截面作用的。由此可见，正应力 σ 只能直接与弯矩 M_z 有关，切应力 τ 只能直接与剪力 F_S 有关：

$$\sigma = f_1(M_z), \quad \tau = f_2(F_S)$$

因此，在研究 σ 的分布规律时，可以采用较简单的受力状态，即考虑梁内只有弯矩作用，没有剪力时的情况。这种受力状态称为纯弯曲（pure bending）。如图 6-1a 所示，梁的 CD 段内的剪力为零，弯矩为常量，CD 段成纯弯曲的情况。若梁内 F_S 与 M 同时存在，称为横力弯曲，如图 6-1a 所示的梁的 AC 段或 DB 段。在求得了纯弯曲情况下的 σ 公式后，就可以比较简单地进一步导出横力弯曲时 σ 及 τ 的分布规律。

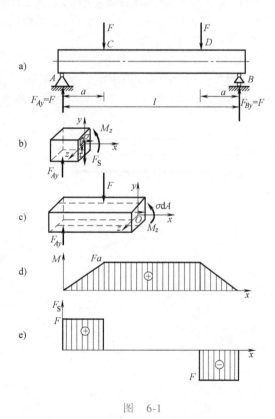

图　6-1

为了掌握问题的主要方面，先限制所研究的梁至少具有一个对称面，而且所有的外力都作用在这一对称面内，这样梁将发生平面弯曲。另外还限制：梁的截面沿梁的全长没有改变；梁的材料服从胡克定律，并且拉伸及压缩时的弹性模量是相等的。

6.1 纯弯曲时横截面上的正应力

根据平衡条件，只知道分布在横截面上的所有单元内力 $\sigma \mathrm{d}A$ 组成一个力偶 M_z，可表示为

$$\int_A \sigma \mathrm{d}A \cdot y = M_z$$

但不能确定任一点 σ 的数值，因而各点 σ 的分布规律问题和研究扭转切应力分布问题相似，属于超静定问题的范畴。只有借助于试验观察，得出了正确的变形补充条件后，问题才可能得到合理解决。

1. 梁在纯弯曲时的试验观察及简化假设

以矩形截面梁为例。当梁两端受力偶作用而弯曲时，可以看到：

1）原来与梁轴垂直的直线 *m-m* 及 *n-n*，变形后仍旧是直线，但互相倾斜而形成夹角 $\Delta\theta$，如图 6-2 所示。

纯弯曲的变形特点

2）在凹边的纵向纤维缩短，在凸边的纵向纤维伸长。由于从伸长到缩短的过程是连续的，因而梁内总有一层纤维既不伸长也不缩短，这样的一层称为中性层，它和横截面的交线称为中性轴（neutral axis），如图 6-3 所示。

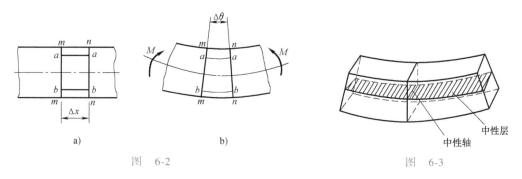

图 6-2

图 6-3

3）纵线虽然弯曲，但仍与横截面 *m-m* 及 *n-n* 相互垂直，表明直角上没有角度变化，也就表明没有切应变。

4）横截面的宽度，在压缩区增加，在拉伸区减少。距离中性轴越远处，增减越多。

根据以上观察结果，可以做出下面两个简化假设：

（1）横截面的平面假设　纯弯曲时，梁的横截面始终保持平面，并与纵向纤维互相垂直，即横截面只是绕着中性轴转过一个角度。

（2）纵向纤维的单向拉压假设　纵向纤维间互不牵挤。

2. 正应力公式的推导

在任一截面处（图6-4），选定右手坐标系，使 xy 平面与力平面重合；同时，以截面的中性轴为 z 轴，与 y 轴相交于 O 点（中性轴的位置尚待确定）。y 轴是力平面与横截面的交线，是横截面的对称轴。

（1）静力平衡关系

$$\sum F_x = 0, \quad \int_A \sigma \mathrm{d}A = 0 \tag{a}$$

$$\sum M_y = 0, \quad \int_A z \cdot \sigma \mathrm{d}A = 0 \tag{b}$$

$$\sum M_z = 0, \quad \int_A y \cdot \sigma \mathrm{d}A + M_z = 0 \tag{c}$$

其他三个平衡方程：$\sum F_y = 0$，$\sum F_z = 0$，$\sum M_x = 0$，都自然得到满足。

（2）**变形几何关系**　如图 6-4 所示，相距为 $\mathrm{d}x$ 的两横截面间的一段微梁，根据假设（1），弯曲后两截面仍为平面，但相交成 $\mathrm{d}\theta$。设从曲率中心到中性层的距离为 ρ。在变形前，距中性层为 y 处的纵向纤维 b_1b_2 与中性层内的纵向纤维 O_1O_2 的原长都是 $\mathrm{d}x$；在变形后，O_1O_2 保持原长，等于 $\rho\mathrm{d}\theta$；b_1b_2 的长度变为 $(\rho+y)\mathrm{d}x$，所以 b_1b_2 的线应变为

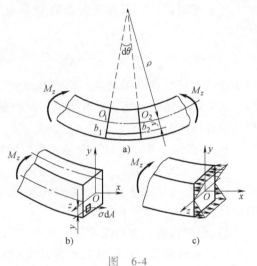

图 6-4

$$\varepsilon = \frac{(\rho+y)\mathrm{d}\theta - \rho\mathrm{d}\theta}{\rho\mathrm{d}\theta} = \frac{y}{\rho}$$

由于 y 轴向上为正，为了使坐标 y 与应变的符号一致，可把上式改写为

$$\varepsilon = -\frac{y}{\rho} \tag{d}$$

从上式可以看出：线应变与纤维到中性轴的距离成正比例。

（3）**应力分布规律**　根据假设（2），纵向纤维间相互并无应力存在，可知纵向纤维只受单向拉压；在弹性范围内，可以引用单向拉压的胡克定律

$$\sigma = E\varepsilon = -\frac{Ey}{\rho} \tag{e}$$

从上式可以看出：应力也与纤维到中性轴的距离成正比。

将式（e）代入式（a），得

$$-\int_A E \frac{y}{\rho} \mathrm{d}A = -\frac{E}{\rho} \int_A y\mathrm{d}A = 0$$

因为 $\dfrac{E}{\rho} \neq 0$，所以

$$\int_A y\mathrm{d}A = S_z = Ay_C = 0 \tag{f}$$

上式要求整个截面对中性轴的静矩为零，由此可见：中性轴必须通过截面的形心。

将式（e）代入式（b），得

$$-\int_A z \frac{Ey}{\rho} \mathrm{d}A = -\frac{E}{\rho} \int_A yz\mathrm{d}A = 0$$

则

$$\int_A yz\mathrm{d}A = I_{yz} = 0 \tag{g}$$

上式要求 y 及 z 轴是一对主惯性轴。在我们研究的情况中，y 轴是横截面的对称轴，因而也满足要求。

将式（e）代入式（c），得

$$-\int_A z \frac{Ey}{\rho} \mathrm{d}A + M_z = 0$$

故

$$M_z = \frac{E}{\rho} \int_A y^2 \mathrm{d}A = \frac{EI_z}{\rho} \qquad (\mathrm{h})$$

式中，$I_z = \int_A y^2 \mathrm{d}A$，表示整个横截面对于中性轴 z 的惯性矩。因此

$$\frac{1}{\rho} = \frac{M_z}{EI_z} \qquad (6\text{-}1)$$

这是计算梁的曲率半径的基本公式，在研究梁的变形时要用到它。式中 EI_z 为截面抗弯刚度（section bending stiffness）；此值越大，则梁在弯曲时的曲率半径 ρ 越大。

将式（6-1）代入式（e），得

$$\sigma = -\frac{M_z y}{I_z} \qquad (6\text{-}2)$$

这就是梁的正应力计算公式。截面上正应力分布情况如图 6-4c 所示，最大拉应力及压应力作用于离中性轴最远纤维上。式（6-2）中的 M_z 是对于中性轴的弯矩，I_z 是整个横截面对于中性轴的惯性矩，y 是从要求应力的点到中性轴的坐标值。应力的符号还可随截面上弯矩的符号来确定。例如弯矩为正值时，截面的上半部分受压应力，下半部分受拉应力。因此式（6-2）有时简写为

$$\sigma = \frac{My}{I}$$

6.2 弯曲正应力的强度条件

式（6-1）及式（6-2）是在平面假设的基础上推导出来的。纯弯曲时，理论和实践都证明了这一假设。可是在横力弯曲时，由于切应力的影响，横截面不再保持平面，因而对上列公式，需要适当修正。但是，根据弹性理论精确计算的结果，证明切应力的存在对细长梁（跨度与高度之比大于 5）正应力的分布规律影响很微。因此，式（6-1）及式（6-2）在横力弯曲中，仍可使用。

若梁不具有对称面，在纯弯曲时，只要外力作用在横截面的形心主惯性轴与梁轴线所组成的平面内（此平面称为主惯面），那么，通过平衡条件和平面假设等步骤，同样可以证明，中性轴仍然是与力平面相垂直的另一形心主惯性轴。此时所推得的正应力公式与式（6-2）完全相同，也同样满足式（g）（即 $I_{yz} = \int_A yz \mathrm{d}A = 0$）的要求。因此，在纯弯曲中，外力如作用在主惯面内，式（6-1）及式（6-2）仍能适用；这时，另一个主惯面与中性层平面重合，所产生的仍是平面弯曲。

必须指出，在横力弯曲时（即当横截面上还有切应力作用时），对于非对称截面的梁，现象较为复杂。只有当力线与通过所谓弯心的主惯性轴相合时，横截面上的 σ 才能按式

（6-2）计算，这将在 6.5 节再详细叙述。

从式（6-2）可知，梁内横截面上的 σ_{max} 发生于最大弯矩 M_{max} 的截面上（即危险面上），并在离中性轴最远距离 y_{max} 的各点处（即危险点处）。通常强度条件建立如下：

$$\sigma_{max} = \frac{M_{max} y_{max}}{I_z} \leqslant [\sigma] \tag{6-3}$$

式中，I_z 与 y_{max} 均取决于横截面的几何性质，因而可改写为

$$\sigma_{max} = \frac{M_{max}}{W_z} \leqslant [\sigma] \tag{6-4}$$

式中，W_z 为抗弯截面系数（section bending modulus）：

$$W_z = \frac{I_z}{y_{max}} \tag{6-5}$$

对于宽 b、高 h 的矩形，有

$$I_z = \frac{bh^3}{12} \qquad y_{max} = \frac{h}{2}$$

所以

$$W_z = \frac{bh^2}{6}$$

对于直径为 d 的圆形，有

$$I_z = \frac{\pi r^4}{4} = \frac{\pi d^4}{64} \qquad y_{max} = \frac{d}{2}$$

因此

$$W_z = \frac{\pi r^3}{4} = \frac{\pi d^3}{32}$$

对于各种型钢的抗弯截面系数，可从附录型钢表中查得。

根据弯曲强度条件，可对梁进行强度校核、截面选择或确定许用载荷。

例 6-1 螺栓压板夹紧装置如图6-5a 所示。已知板长 $3a = 150$mm。压板材料的弯曲许用应力 $[\sigma] = 140$MPa。试计算压板传给工件的最大许用压紧力 F。

解 压板可简化为图 6-5b 所示外伸梁。由梁的外伸部分 BC 可求得截面 B 的弯矩 $M_B = Fa$。此外又知 A、C 两截面上的弯矩等于零，作弯矩图如图 6-5c 所示。最大弯矩在截面 B 上，即

$$M_{max} = M_B = Fa$$

截面 B 对中性轴 z 的惯性矩为

$$I_z = \left(\frac{3 \times 2^3}{12} - \frac{1.4 \times 2^3}{12} \right) \text{cm}^4 = 1.07 \text{cm}^4$$

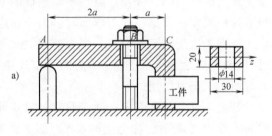

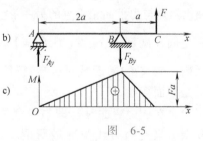

图 6-5

抗弯截面系数

$$W_z = \frac{I_z}{y_{max}} = \frac{1.07}{1}\text{cm}^3 = 1.07\text{cm}^3$$

把强度条件式（6-4）改写成

$$M_{max} \leqslant W_z[\sigma]$$

于是有

$$Fa \leqslant W_z[\sigma]$$

$$F \leqslant \frac{W_z[\sigma]}{a} = \frac{1.07\times(10^{-2})^3\times140\times10^6}{5\times10^{-2}}\text{N} = 3000\text{N} = 3\text{kN}$$

所以根据压板的强度，最大压紧力不应超过 3kN。

例 6-2 图6-6a 所示外伸梁用铸铁制成，它的横截面为槽形，承受均布载荷 q 和集中载荷 F 作用。已知 $q = 10\text{N/mm}$，$F = 20\text{kN}$；截面惯性矩 $I_z = 4.0\times10^7\text{mm}^4$，$y_1 = 140\text{mm}$，$y_2 = 60\text{mm}$，材料的许用拉应力 $[\sigma_+] = 35\text{MPa}$，许用压应力 $[\sigma_-] = 140\text{MPa}$。试校核此梁的强度。

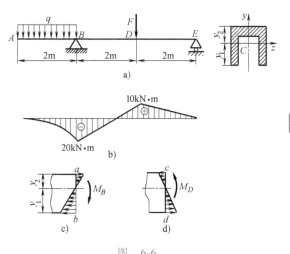

图 6-6

解 （1）梁的内力分析和确定危险截面
作梁的弯矩图如图 6-6b 所示，在截面 D 处，有最大正弯矩 $M_D = 10\text{kN}\cdot\text{m}$，在截面 B 处有最大负弯矩 $M_B = -20\text{kN}\cdot\text{m}$，所以截面 D、B 均为可能的危险截面。

（2）危险点的确定 截面 B 处的正应力
分布如图 6-6c 所示，顶面 a 点受拉，底面 b 点受压。截面 D 处的正应力分布如图 6-6d 所示，顶面 c 点受压，底面 d 点受拉。

由于 $|M_B| > |M_D|$ 与 $|y_b| > |y_a|$，故 $|\sigma_b| > |\sigma_a|$，即梁内最大弯曲压应力在截面 B 的底面 b 点处，至于梁内最大弯曲拉应力是发生在 a 点还是 d 点处，则必须经过计算后才能确定。

（3）强度校核 由式（6-2）分别计算出 a、b、d 三点的应力：

$$\sigma_a = -\frac{M_B y_a}{I_z} = \frac{20\times10^3\times60\times10^{-3}}{4.0\times10^{-5}}\text{Pa} = 30\times10^6\text{Pa} = 30\text{MPa}$$

$$\sigma_b = -\frac{M_B y_b}{I_z} = \frac{-20\times10^3\times140\times10^{-3}}{4.0\times10^{-5}}\text{Pa} = -70\times10^6\text{Pa} = -70\text{MPa}$$

$$\sigma_d = -\frac{M_D y_d}{I_z} = \frac{10\times10^3\times140\times10^{-3}}{4.0\times10^{-5}}\text{Pa} = 35\times10^6\text{Pa} = 35\text{MPa}$$

可见

$$|\sigma_{\max}^-| = |\sigma_b| = 70\text{MPa} < [\sigma_-]$$

$$\sigma_{\max}^+ = \sigma_d = 35\text{MPa} < [\sigma_+]$$

所以，梁强度是安全的。

6.3 等截面梁的截面设计

1. 截面尺寸的选择

梁的截面选择与结构类型（飞机、汽车、桥梁、房屋等）、所用材料、载荷种类以及造价等因素有关。从仅考虑弯曲应力的设计观点来看，所需要的抗弯截面系数可按下列方程求得：

$$W_z = \frac{M_{\max}}{[\sigma]}$$

例 6-3　图6-7 示简支梁截面为工字形，假设 $F = 36\text{kN}$，$a = 1\text{m}$，$[\sigma] = 140\text{MPa}$。根据附录中的型钢表选择工字钢型号。

解　　　$M_{\max} = Fa = 36\text{kN} \cdot \text{m}$

$$W_z = \frac{M_{\max}}{[\sigma]} = \frac{36000}{140}\text{cm}^3 = 257.14\text{cm}^3$$

查附录型钢表，选用 22a 号工字钢，$W_z = 309\text{cm}^3 > 257.14\text{cm}^3$，$A = 42.128\text{cm}^2$，能获得较好的经济效果。

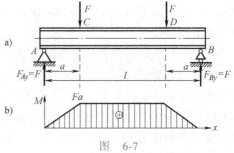

图　6-7

2. 梁截面的合理形状

在选择梁的截面时，希望选用材料少而能担负弯矩大的截面。当 $[\sigma]$ 为定值时，梁所承受的弯矩与截面的 W 成正比；因此对于相同截面积 A，抗弯截面系数 W 越大者越经济合理，即：可以按照各种截面 W/A 进行对比。例如：对于面积 $A = 100\text{cm}^2$ 的截面，相当于：

1）直径 $d = 11.3\text{cm}$ 的圆形，$W = \frac{\pi}{32}d^3 = 0.125Ad = 141\text{cm}^3$，此时 $\frac{W}{A} = 0.125d$。

2）边长 $10\text{cm} \times 10\text{cm}$ 的正方形，$W = \frac{1}{6}bh^2 = 0.167Ah = 167\text{cm}^3$，此时 $\frac{W}{A} = 0.167h$。

3）边长 $5\text{cm} \times 20\text{cm}$ 的矩形，矩形的 $W = 0.167Ah$，此时 $W/A = 0.167h$，所以 h 越大 W 越大。当长边与力线平行时，如图 6-8a 所示，$W = (0.167 \times 100 \times 20)\text{cm}^3 = 334\text{cm}^3$；当短边与力线平行时，如图 6-8b 所示，对强度来说这是抗弯最不利的位置，因为 $W = (0.167 \times 100 \times 5)\text{cm}^3 = 83.5\text{cm}^3$。

4）45a 号工字钢，$W = 1430\text{cm}^3$，此时 $W/A = 0.31h$。

从上面的数据来对比，可以看到选择抗弯截面的形状与其放置位置的重要性。

梁横截面的正应力，在离中性轴越远处数值越大。当最外边缘纤维处的应力达到许用应力 $[\sigma]$ 时，中性轴附近的应力仍很小，在那里的材料也就不能充分发挥抗力，所以中性轴附近聚集

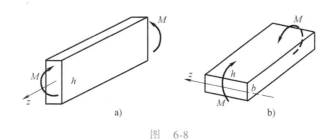

图　6-8

较多材料的梁截面必然不合理。弯曲时的最大正应力，与截面对于中性轴（即形心轴）的惯性矩 I_z 成反比，与截面的上下边缘到中性轴的距离 y_{max} 成正比。一块面积若从离中性轴较近处移置较远处，如图 6-9 所示，设想由矩形截面改造成工字形截面，就可以大大增加截面对于中性轴的惯性矩。根据这些道理，就可以说明为什么作为梁的截面，实心圆形不如空心圆形，正方形不如矩形，矩形又不如工字形。所以作为梁的金属构件，常采用工字形等截面。

由钢、铜、铝等韧性材料制成的梁，弯曲时抗拉及抗压的许用应力 $[\sigma]$，一般采用相同的数值。采用这类材料的梁，制成上述对于中性轴对称的截面是合理的。这样，截面上的最大拉、压应力数值上相等，可以使它们同时到达许用应力。

对于许用拉应力 $[\sigma_+]$ 与许用压应力 $[\sigma_-]$ 不相等的脆性材料，如铸铁等，则应分别按最大拉应力和最大压应力来建立强度条件。这时选用对于中性轴对称的截面是不经济的，应该选用不对称的截面，如 T 字形（图 6-10）。因 $[\sigma_+] < [\sigma_-]$，应使抗拉部分的面积多靠近一些中性轴（形心轴），这时相应的强度条件为

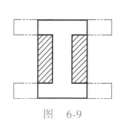

图　6-9

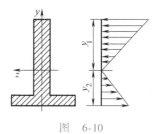

图　6-10

$$(\sigma_+)_{max} = \frac{M}{I_z} y_2 \leqslant [\sigma_+]$$

$$(\sigma_-)_{max} = \frac{M}{I_z} y_1 \leqslant [\sigma_-]$$

根据这两个条件，可以进行合理截面的选择。

决定梁的合理截面形状，要具有全面的观点。一般虽按拉压强度的考虑来选定梁的截面，但是还要考虑梁的抗剪强度、刚度和稳定性的要求，以及制造和使用方面的一些条件。例如制成空心截面要多费人工；高度比宽度大得多的截面有时会突然偏侧而丧失稳定；工字形截面必须考虑切应力的作用；跨度长大的梁应该注意满足刚度的要求等。

例 6-4　设铸铁外伸梁受力如图6-11a 所示，其截面为 T 字形，尺寸如图 6-11b 所示。

（1）材料的许用拉应力为 $[\sigma_+] =40\text{MPa}$，许用压应力为 $[\sigma_-] =120\text{MPa}$，试求安全载荷 F；

（2）若翼缘宽度 b 的尺寸可以变动，其余尺寸不变，试求宽度 b，使截面承受弯曲时上

下边缘可能同时抵达许用应力（合理截面）。

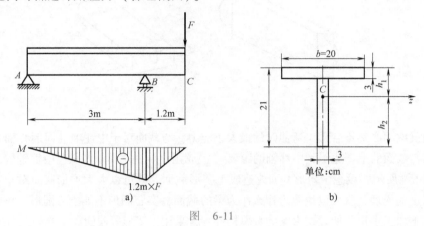

图　6-11

解　（1）截面 B 处的弯矩为 $-1.2\text{m}\times F$，这时使截面的上半部受拉，下半部受压，适合铸铁的特性。

先求 T 字形截面的形心 C 位置：

$$h_1 = \frac{20\times 3\times 1.5 + 18\times 3\times 12}{20\times 3 + 18\times 3}\text{cm} = 6.5\text{cm}$$

$$h_2 = (21 - 6.5)\text{cm} = 14.5\text{cm}$$

整个截面对中性轴（形心轴）的惯性矩为

$$I_z = \left(\frac{1}{12}\times 20\times 3^3 + 20\times 3\times 5^2 + \frac{1}{12}\times 3\times 18^3 + 3\times 18\times 5.5^2\right)\text{cm}^4 = 4640\text{cm}^4$$

抗弯截面系数在受拉和受压的两部分别为

$$W_1 = \frac{I_z}{h_1} = \frac{4640}{6.5}\text{cm}^3 = 713\text{cm}^3, \quad W_2 = \frac{I_z}{h_2} = \frac{4640}{14.5}\text{cm}^3 = 320\text{cm}^3$$

设截面的上边缘达到许用拉应力 $[\sigma_+]$，则截面的许用弯矩为

$$[M]_1 = (40\times 10^6\times 713\times 10^{-6})\text{N}\cdot\text{m} = 2.86\times 10^4\text{N}\cdot\text{m}$$

设截面的下边缘达到许用压应力 $[\sigma_-]$，则截面的许用弯矩为

$$[M]_2 = (120\times 10^6\times 320\times 10^{-6})\text{N}\cdot\text{m} = 3.84\times 10^4\text{N}\cdot\text{m}$$

所以截面的许用弯矩为 $2.86\text{N}\cdot\text{m}$，安全载荷 $[F]$ 为

$$2.86\times 10^4\text{N}\cdot\text{m} = 1.2\text{m}\times[F]$$

即

$$[F] = \frac{2.86\times 10^4}{1.2}\text{N} = 23.8\text{kN}$$

（2）要使截面的上、下边缘可能同时达到许用应力，则

$$\frac{Mh_1}{I_z} = [\sigma_+], \quad \frac{Mh_2}{I_z} = [\sigma_-]$$

所以

$$\frac{h_1}{h_2} = \frac{[\sigma_+]}{[\sigma_-]}$$

即截面形心到上下边缘的距离之比应等于许用应力之比。于是

$$\frac{h_1}{h_2} = \frac{40}{120} = \frac{1}{3}$$

又 $h_1 + h_2 = 21\text{cm}$，所以

$$h_1 = 5.25\text{cm}, \quad h_2 = 15.75\text{cm}$$

欲使形心位置符合这一要求，可由调节翼缘宽度 b 做到。由整个截面对形心轴的面积矩为零，得

$$3b \times (5.25 - 1.5) - 3 \times 18 \times (15.75 - 9) = 0$$

故

$$b = 32.4\text{cm}$$

6.4 弯曲切应力

有时梁内由于剪力所产生的切应力 τ 相当大，可能造成破损，因此还要研究如何校核它，以保证这方面的强度安全。

1. 矩形截面梁的切应力

设在受横力弯曲的梁上某截面处，剪力为 F_S（图 6-12），切应力在横截面的分布规律可以假设为：

1）截面上任一点处切应力 τ 的方向平行于剪力 F_S。

2）作用于离中性轴等距离 y 处各点的切应力 τ_{xy} 数值相等。

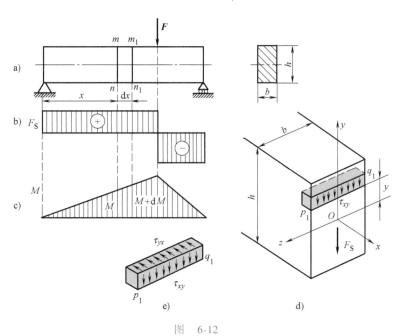

图 6-12

119

切应力的下标常用两个字母来表示，如 τ_{xy}，第一个下标 x 表示切应力所在截面的法线方向，第二个下标表示切应力所沿的方向。

对于高度大于宽度的矩形截面梁，这两个假设与弹性理论里精确计算的结果非常接近，因而可以认为它们是真实的。在这两个假设的基础上，只需根据平衡关系，就可以确定切应力沿梁高度的分布规律。

按假设所述，在距中性轴为 y 的横线 p_1q_1 上，各点的切应力 τ_{xy} 都相等，且都平行于 F_S。再由切应力互等定理可知，在沿 p_1q_1 切出的平行于中性层的纵截面上，也必然有与 τ_{xy} 相等的 τ_{yx} 产生。见图 6-12e。

在梁上以两个截面 m-n 及 m_1-n_1 取相距微分长度 dx 的微段，截面上所受内力及其应力分布情况如图 6-13a 所示。今求距中性轴为 y 的 p_1q_1 处的切应力 τ_{xy}，则从这一微段中截取六面体 mm_1p_1p 部分作示力对象，如图 6-13c 所示。在左边的 mp 面上，因正应力 σ 的作用而得轴向合力 F_{N1}（图 6-13d），设左侧的面积为 A^*，该面上任意点到中性轴的距离为 η（图 6-13e），则

$$F_{N1} = \int_{A^*} \sigma dA = \int_{A^*} \frac{M\eta}{I_z}dA = \frac{M}{I_z}\int_{A^*} \eta dA = \frac{M}{I_z}S_z^*$$

同理，右侧面上有

$$F_{N2} = \int_{A^*} \sigma dA = \int_{A^*} \frac{M + dM}{I_z}\eta dA = \frac{M + dM}{I_z}\int_{A^*} \eta dA = \frac{M + dM}{I_z}S_z^*$$

式中，I_z 为整个横截面对于中性轴的惯性矩；S_z^* 表示在截线 p_1q_1 上方的部分横截面积 A^* 对于中性轴的静矩。

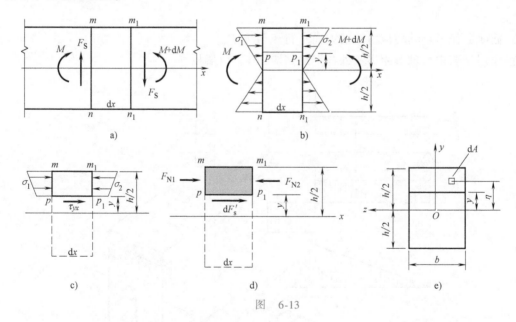

图　6-13

在切出部分的底面 pp_1 上，作用着切应力 τ_{yx}，根据切应力互等定理和假设（2），$\tau_{yx} = \tau_{xy}$，且沿宽度 b 均匀分布，又因 pp_1 为微分长度 dx，可以认为切应力在底面 pp_1 内是均匀分布的，其合力为

$$dF_S' = \tau_{yx} \cdot bdx$$

根据单元体上 $\sum F_x = 0$ 的平衡条件，求得

$$dF'_S = F_{N2} - F_{N1} = \frac{(M+dM)}{I_z}S_z^* - \frac{M}{I_z}S_z^* = \frac{dM}{I_z}S_z^*$$

于是得到

$$\tau_{yx} = \frac{dM\,S_z^*}{dx\,I_z b}$$

由式（5-2）$\dfrac{dM}{dx} = F_S$，所以

$$\tau_{xy} = \tau_{yx} = \tau = \frac{F_S S_z^*}{I_z b} \tag{6-6}$$

这就是矩形截面梁的切应力公式。

若矩形截面的宽度为 b、高度为 h，如图6-14a 所示，则求距中性轴为 y 处的 τ 时，公式中的 S_z^* 是阴影面积对于中性轴的静矩：

$$S_z^* = b\left(\frac{h}{2}-y\right) \cdot \frac{1}{2}\left(\frac{h}{2}+y\right) = \frac{b}{2}\left(\frac{h^2}{4}-y^2\right)$$

代入式（6-6），得

$$\tau = \frac{F_S}{2I_z}\left(\frac{h^2}{4}-y^2\right) \tag{6-7}$$

由此可见，切应力沿矩形截面的高度按抛物线规律分布（图6-14b）。当 $y = \pm\dfrac{h}{2}$ 时，即在上下边缘处，$\tau = 0$；当 $y = 0$ 时，即在中性轴处，τ 达最大值 τ_{max}：

$$\tau_{max} = \frac{F_S h^2}{8I_z} = \frac{F_S h^2}{8}\frac{12}{bh^3} = \frac{3F_S}{2bh} = \frac{3F_S}{2A} \tag{6-8}$$

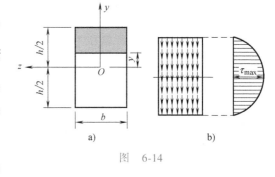

图 6-14

式中，$\dfrac{F_S}{A}$ 是横截面上切应力平均值，所以矩形截面上切应力的最大值等于该截面上切应力平均值的 1.5 倍。

从式（6-7）及剪切胡克定律 $\tau = G\gamma$ 可知，沿梁高度的各个单元体，其切应变 γ 不尽相同。边缘处 $\gamma = 0$，单元体保持直角，从横截面的顶底边缘趋向中性轴，γ 逐渐加大，单元体越趋歪斜，从图6-15上可以看出，在横力弯曲时横截面不再保持平面。由此可见，依据纯弯曲时的平面假设所推导的公式 σ 用于横力弯曲是近似的，以 σ 公式为基础推导的切应力公式也是近似的。

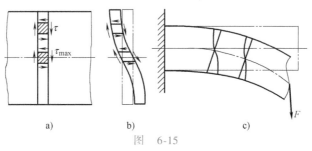

图 6-15

理论和实践研究的结果证明，剪切变形对截面上正应力的分布影响不大，式（6-2）对于一般横力弯曲是足够准确的。1）在梁的无载荷段内任取两个相邻截面，则两截面内的剪力与翘曲情形相同。此时相邻截面间纵向纤维的长度不因翘曲而改变，因此法向应变及应力并不受到剪切变形的影响。2）在分布载荷作用下，两个邻近截面的剪力将相差 $dF_S = qdx$，其翘曲稍有不同，并且纤维间也互有牵挤。经过精确的理论分析证明，若梁的跨度 l 大于其高度 h 五倍时，则截面上的切应力和纤维间的压应力的存在，对于横截面上正应力的分布规律并无显著影响，在实际计算中可不予考虑。3）在集中载的左、右，剪力突变，正应力的分布规律与式（6-2）不同，但在整个梁中这种改变是局部的。在距离力的作用点约为梁高一半以外的横截面内，应力分布实际上与式（6-2）所表示的直线规律没有什么区别。

2. 圆截面梁的切应力

根据切应力互等定理可以推知，截面边缘的切应力必须与周边相切。因而对于圆形的横截面，需要对假设进行适当修正：

（1）关于切应力的方向（代替 τ 平行于 F_S 的假设）　假设：在离中性轴等高的 AB 线上，各点的切应力汇交于 K 点，K 点是 KA 和 KB 两切线的交点（图 6-16）。这一假设对于 A 点、B 点及中点 C 点的切应力来说，是完全正确的；对于线上其他各点的切应力来说，也是切实合理的。

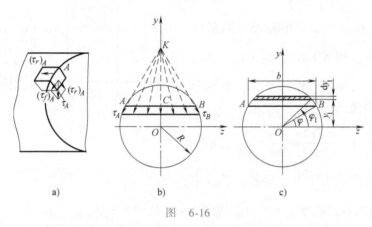

图　6-16

（2）关于切应力的大小（代替 τ 在相同高处等值的假设）　假设：切应力平行于剪力 F_S 方向上的分量 τ_{xy} 沿 AB 均匀分布。

这两个假设的准确性，由弹性理论的精确计算得到了证实。

根据假设（2），即可引用式（6-6）$\tau_{xy} = \dfrac{F_S S_z^*}{I_z b}$ 来计算任意点切应力的竖向分量 τ_{xy}。由图 6-16c，得

$$I_z = \frac{\pi R^4}{4}, \quad b = 2R\cos\varphi, \quad S_z^* = \int_{A_1} y_1 dA$$

式中，A_1 为 AB 以上部分的面积。

在求 A_1 对中性轴 z 的静矩 S_z^* 时，引用一个新的变量 φ_1 较为便利。从图 6-16 可知

$$y_1 = R\sin\varphi_1, \quad dy_1 = R\cos\varphi_1 d\varphi_1$$

$$dA = 2R\cos\varphi_1 \cdot R\cos\varphi_1 d\varphi_1 = 2R^2\cos^2\varphi_1 d\varphi_1$$

所以

$$S_z^* = \int_\varphi^{\frac{\pi}{2}} 2R^3\cos^2\varphi_1\sin\varphi_1 d\varphi_1 = \frac{2R^3\cos^3\varphi}{3}$$

由此得

$$\tau_{xy} = \frac{4F_S}{3\pi R^2}\cos^2\varphi = \frac{4F_S}{3A}\cos^2\varphi$$

式中，A 为整个圆截面的面积。这是在 AB 弦上各点沿铅垂方向的切应力分量，切应力在 A 点或 B 点达最大值，即

$$\tau_A = \frac{\tau_{xy}}{\cos\varphi} = \frac{4F_S}{3A}\cos\varphi \tag{6-9}$$

最大切应力发生在中性轴上，即

$$\tau_{\max} = \frac{4F_S}{3A} \tag{6-10}$$

由此可见，对于圆截面梁，最大切应力为该截面上平均切应力的 1.33 倍（弹性理论得出的精确结果是：$\tau_{\max} = 1.38\dfrac{F_S}{A}$）。

对于图 6-17 所示的薄壁管，求中性轴上的最大切应力：

$$S_z^* = 2R_0^2 t, \quad I_z = \pi R_0^3 t, \quad b = 2t, \quad A = 2\pi R_0 t$$

所以

$$\tau_{\max} = \frac{F_S S_z^*}{I_z b} = \frac{F_S \cdot 2R_0^2 t}{\pi R_0^3 t \cdot 2t} = \frac{2F_S}{2\pi R_0 t} = \frac{2F_S}{A}$$

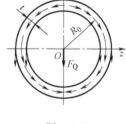

图 6-17

薄壁管截面梁的最大切应力等于该截面上平均切应力的 2 倍。

对于其他对称形状的横截面，如椭圆、等腰三角形及梯形等，都可根据本节的两个假设，进行切应力的近似计算。

3. 工字形截面梁的切应力

工字形、T 字形、槽形等截面可以看成是由若干个矩形组合而成的，因此可以用式（6-6）来计算这类截面梁的切应力。工字形截面由中间腹板（web）和上下两翼缘板（flange）组成，如图 6-18 所示。

（1）腹板上的切应力 τ_{xy} 腹板截面是一个狭长矩形，前述对矩形截面切应力的两个假设仍适用。在距中性轴为 y_1 处，取一水平向截面 ee'，用与分析矩形截面梁相同的方法，可求出横截面在这水平线 ee' 处的切应力，得到形式与前相同的切应力公式

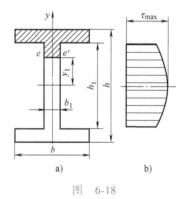

图 6-18

$$\tau_{xy} = \frac{F_S S_z^*}{I_z b_1} \tag{6-11a}$$

式中，F_S 为所求截面上的剪力；I_z 为整个横截面对中性轴的惯性矩；b_1 为腹板宽度；S_z^* 为

图 6-18a 阴影线面积对中性轴的静矩：

$$S_z^* = \frac{b}{2}\left(\frac{h^2}{4} - \frac{h_1^2}{4}\right) + \frac{b_1}{2}\left(\frac{h_1^2}{4} - y_1^2\right)$$

于是

$$\tau_{xy} = \frac{F_S}{2I_z b_1}\left[b\left(\frac{h^2}{4} - \frac{h_1^2}{4}\right) + b_1\left(\frac{h_1^2}{4} - y_1^2\right)\right] \tag{6-11b}$$

由上式可见，腹板内的切应力按抛物线规律变化，如图 6-18b 所示，最大切应力发生在中性轴处。

从腹板过渡到翼缘板处，切应力的分布很复杂，在这里工字形截面的宽度由 b_1 突变到 b，在凹角处形成应力集中。为了减轻应力集中，型钢的腹板与翼缘板相接处采用了内圆角。

至于翼缘板部分，宽度大而高度小，前述的两个假设并不适用，在翼缘板内 τ 的方向并不与 y 轴平行，沿宽度也不是均匀分布。事实上，在翼缘板内的 τ_{xy} 数值很小，可不必去计算。在常用的工字钢截面中，腹板负担了整个截面上 95% ~ 97% 的剪力。

工字梁的翼缘板主要用于抵抗弯曲，腹板却主要用于抵抗剪力。由于腹板宽度很小，τ_{xy} 往往很大，梁可能被破坏，因而工字形等薄壁截面的梁还需满足剪切强度条件

$$\tau_{max} \leqslant [\tau]$$

（2）翼缘板内水平切应力 τ_{xz} 翼缘板内 F_S 方向的切应力虽然很小，但还有水平方向的切应力 τ_{xz}，其数值往往较大。根据平衡关系，同样可以确定 τ_{xz} 的分布规律及算式。

如图 6-19a 所示，从工字梁上取出 dx 微分段；在距翼缘板后侧边缘 z_1 处，以纵向截面 kl 截取单元体（$t \cdot dx \cdot z_1$），如图 6-19b 所示，考虑它沿 x 向的静力平衡。

在单元体的左侧面上的法向力为 F_{N1}，右侧面上法向力为 F_{N2}：

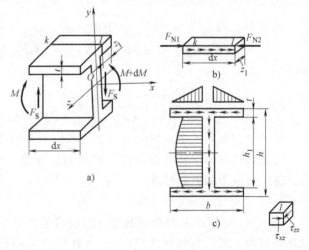

图 6-19

$$F_{N1} = \int_{A_1}\sigma\,dA = \int_{A_1}\frac{My}{I_z}dA = \frac{M}{I_z}\int_{A_1}y\,dA = \frac{MS_z^*}{I_z} \tag{a}$$

$$F_{N2} = \frac{M+dM}{I_z}S_z^* \tag{b}$$

式中，$A_1 = tz_1$；S_z^* 表示面积 A_1 对中性轴的静矩，即

$$S_z^* = \int_{A_1}y\,dA = z_1 t\frac{h-t}{2}$$

在纵向截面 kl 上的剪力 dF_S' 为

$$dF_S' = \tau_{zx}t\,dx \tag{c}$$

$$\sum F_x = 0, \quad F_{N1} - F_{N2} + dF'_S = 0 \qquad\qquad (d)$$

将式（a）~式（c）代入式（d），得

$$\tau_{zx} = \frac{dM}{dx}\frac{S_z}{I_z t} = \frac{F_S S_z}{I_z t}$$

由切应力互等定理，在 l 点处翼缘板横截面上的切应力

$$\tau_{xz} = \tau_{zx} = \frac{F_S(h-t)}{2I_z} z_1 \qquad\qquad (6\text{-}12)$$

对于薄壁截面 $t \ll h$，上式可近似写成

$$\tau_{xz} = \frac{F_S h}{2I_z} z_1 \qquad\qquad (6\text{-}13)$$

从上式知，翼板上的水平向切应力 τ_{xz} 沿 z_1 按线性分布，如图 6-19c 所示。

工字形截面上的切应力形成一剪流（shear flow），如图 6-19c 所示，如在右侧横截面上，上翼缘板的左右两边缘切应力相向，像两股水流，到腹板中汇合后向下，到了下翼缘板又分为左右两支流。这种剪流一般发生在开口薄壁杆件受横力弯曲时的截面上。

上述对工字形截面切应力的计算方法也可应用到其他矩形组合截面，如槽形、T 形、箱形等截面。

例 6-5　一简支梁 AB 长 4m，左半跨度承受均布载荷 $q = 10\text{kN/m}$，其截面为工字形，尺寸如图 6-20a、b 所示。截面惯性矩 $I_z = 1660\text{cm}^4$。试作：（1）最大弯矩 M_{max} 所在截面上的正应力分布图，计算该截面上两翼板所承担弯矩的百分率；（2）最大剪力 F_{Smax} 所在截面上的切应力分布图，计算腹板所承担剪力的百分率。

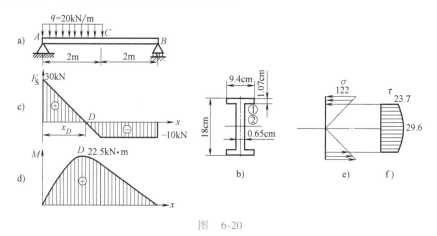

图　6-20

解　（1）梁两端的支座约束力

$$\sum M_B = 0, \quad F_{Ay} = 30\text{kN}$$

$$\sum M_A = 0, \quad F_{By} = 10\text{kN}$$

（2）作剪力图和弯矩图（图 6-20c、d）　最大弯矩 M_{max} 在截面 D 处，此处

$$F_{SD} = 30\text{kN} - 20\text{kN/m} \cdot x_D = 0, \quad x_D = 1.5\text{m}$$

$$M_{max} = \left(30 \times 1.5 - \frac{1}{2} \times 20 \times 1.5^2\right) kN \cdot m = 22.5 kN \cdot m$$

（3）最大正应力

$$\sigma_{max} = \frac{M_{max} \frac{h}{2}}{I_z} = \frac{22.5 \times 10^3 \times 9 \times 10^{-2}}{1660 \times (10^{-2})^4} Pa = 122 \times 10^6 Pa = 122 MPa$$

翼板内侧（1）处

$$\sigma_1 = \frac{M_{max}\left(\frac{h}{2} - 1.07\right)}{I_z} = \frac{22.5 \times 10^3 \times 7.93 \times 10^{-2}}{1660 \times (10^{-2})^4} Pa = 107.5 \times 10^6 Pa = 107.5 MPa$$

作弯曲正应力分布图如图 6-20e 所示。

上下两翼板所承担的弯矩

$$M_1 = \frac{\sigma_{max} + \sigma_1}{2} A_1 \left(\frac{h}{2} - \frac{t_1}{2}\right) \times 2$$

$$= \left(\frac{122 + 107.5}{2} \times 1.07 \times 9.4 \times 10^{-4} \times 8.47 \times 2\right) N \cdot m$$

$$= 19.55 \times 10^3 N \cdot m = 19.55 kN \cdot m$$

上下翼板承担弯矩的百分率为 $\frac{19.56}{22.5} \times 100\% = 87\%$。

（4）最大剪力 $F_{Smax} = 30kN$ 在支座 A 的右侧　腹板上切应力 τ 是按抛物线规律变化的，为了作这一曲线，应求出腹板顶端（1）与中点（2）的切应力，显然（1）点与（2）点的静矩分别为

$$S_1 = (9.4 \times 1.07 \times 8.47) cm^3 = 85.2 cm^3$$

$$S_2 = \left(9.4 \times 1.07 \times 8.47 + 0.65 \times \frac{1}{2} \times 7.93^2\right) cm^3 = 105.6 cm^3$$

$$\tau_1 = \frac{30 \times 10^3 \times 85.2 \times (10^{-2})^3}{0.65 \times 10^{-2} \times 1660 \times (10^{-2})^4} Pa = 23.4 \times 10^6 Pa = 23.4 MPa$$

$$\tau_2 = \frac{30 \times 10^3 \times 105.6 \times (10^{-2})^3}{0.65 \times 10^{-2} \times 1660 \times (10^{-2})^4} Pa = 29.6 \times 10^6 Pa = 29.6 MPa$$

切应力分布图如图 6-20f 所示，最大切应力 $\tau_{max} = \tau_2$，腹板所担负的剪力 F_{S1} 等于腹板切应力分布图面积乘以腹板厚度 b_1，即

$$F_{S1} = \int \tau_{xy} b_1 dy' = b_1 \int \tau_{xy} dy' = b_1 A_1$$

A_1 为切应力分布图的面积，则

$$F_{S1} = \left[23.7 \times 15.86 \times \frac{1}{10^2} + \frac{2}{3} \times 15.86 \times (29.6 - 23.7)\right] \times 0.65 \times \frac{1}{10^2} N$$

$$= 28.48 \times 10^3 N = 28.48 kN$$

于是

$$\frac{28.48}{30.0} = 0.95 = 95\%$$

所以腹板承担了剪力的 95%。

6.5　弯心的概念

过去所研究的梁，都限制它至少有一个对称面，而且要求载荷就作用在对称面内。这样的梁，只产生平面弯曲变形，如图 6-21a 所示槽形杆对称受力的情况。但是，如果载荷作用在非对称轴的主惯面内，如图 6-21b 所示，尽管它也通过截面的形心，可是受力的杆件不仅发生弯曲，而且还要扭转。只有当载荷通过截面的某一特定点 A 时，杆才会只发生弯曲而不发生扭转，如图 6-21c 所示。这样的特定点，称为截面的弯心（或称弯曲中心）。

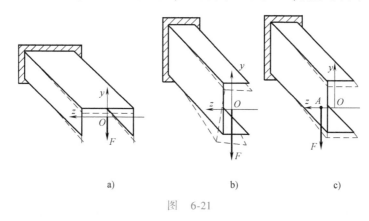

a)　　　　　　　b)　　　　　　　c)

图　6-21

下面说明如何确定开口薄壁杆件的弯心的方法。设有如图 6-22 所示的槽形截面的杆件，截面对于 z 轴是对称的，但对于 y 轴不对称，O 为截面形心。设截面上的点 A 为弯心（其位置待确定）。

上翼板的剪力 F_T（下翼板 F_T'）可应用式（6-13）计算，翼板宽度为 b，厚度为 t（$t \ll h$），$dA = t dz_1$，则翼板剪力为

$$F_T = \int \tau_{xz} t dz_1 = \int_0^b \frac{F_S h}{2 I_z} z_1 t dz_1 = \frac{F_S b^2 t h}{4 I_z}$$

设 A 点至腹板中心线的距离为 e，因 $\sum M_A = 0$，则

$$F_S e = F_T h$$

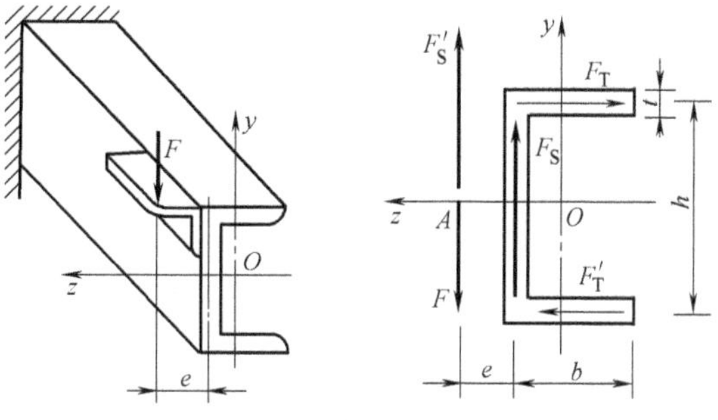

即

$$e = \frac{F_T h}{F_S} = \frac{b^2 h^2 t}{4 I_z} \tag{6-14}$$

图　6-22

另一方面可见槽形截面上三个剪力：腹板剪力 F_S，上下翼板的剪力 F_T 与 F_T'。F_T 与 F_T' 的合力是 F_S'，且 $F_S' = F_S$，F_S' 应经过 A 点，见图 6-22b。换言之，A 点是截面上剪力合力的作用点，故也可称为剪切中心。

对于任意形状的开口薄壁截面，y 轴与 z 轴是它的形心主惯性轴。如 z 轴为对称轴，当

梁在垂直于 z 轴的平面内发生平面弯曲时，横截面上距自由边缘为 ξ 处点 c 的切应力 τ，可应用与上一节相同的方法求得（图 6-23b）：

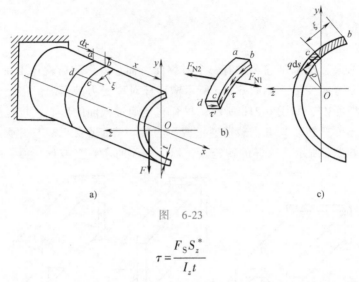

图　6-23

$$\tau = \frac{F_S S_z^*}{I_z t}$$

式中，S_z^* 为 c 处至截面自由边缘部分面积（阴影线部分）对中性轴 z 的静矩；I_z 为整个截面对中性轴的惯性矩；t 为 c 点处的壁厚。故 c 处的剪力流为

$$q = \tau t = \frac{F_S S_z^*}{I_z} \tag{6-15}$$

式中，F_S 为剪力，实际上也就是全截面弯曲剪力流所构成的合力。现研究合力 F_S 的作用位置，见图 6-23c。若以坐标原点 O 为力矩中心，设 F_S 的力臂为 e，微剪力 $q\,\mathrm{d}s$ 的力臂为 ρ，根据合力矩定理：合力 F_S 对 O 点的力矩等于截面上所有微剪力 $q\,\mathrm{d}s$ 对 O 点力矩的代数和，即

$$F_S e = \int_s \rho q \, \mathrm{d}s$$

式中，s 为截面中心线的总长，将式（6-15）代入上式得

$$F_S e = \int_s \rho \frac{F_S S_z^*}{I_z} \mathrm{d}s = \frac{F_S}{I_z} \int_s S_z^* \rho \, \mathrm{d}s$$

由此得

$$e = \frac{\int_s S_z^* \rho \, \mathrm{d}s}{I_z} \tag{6-16}$$

剪切中心的位置即可确定。只有当外力作用线通过截面的剪切中心时，薄壁杆件只弯曲而不扭转。由此可见剪切中心的位置取决于截面的几何形状，而与外力、材料无关，是截面的几何性质之一。开口薄壁杆件的抗扭性能很差，故在弯曲变形时，最好能防止它同时产生扭转变形，以保证其强度和稳定性。

弯心的位置有时可以从弯心的定义直接来确定，对于具有两个对称轴的截面，如矩形、

工字形、圆形等，弯心就是此两对称轴的交点。对于只具有一个对称轴的截面，如槽形、T字形等，弯心必然在这个对称轴上。对于某些不具有对称轴的薄壁截面，如 Z 形、L 形等，根据剪流的分布情况，可以判断弯心 A 的位置。

例 6-6　试确定图6-24a 所示半圆形薄壁梁的剪切中心。圆环截面的平均半径 R_0，壁厚为 t。

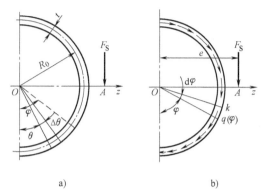

图　6-24

解　z 轴为对称轴，剪切中心在此轴上，设剪力 F_S 经过剪切中心 A，见图6-24a，沿截面中心线任一点处的剪力流为

$$q(\varphi) = \frac{F_S S_z^*(\varphi)}{I_z} \quad (\text{a})$$

由图可知　　$y = R_0\cos\theta, \quad \mathrm{d}A = R_0 t\mathrm{d}\theta$

$$S_z(\varphi) = \int_{A_1} y\mathrm{d}A = \int_0^\varphi R_0\cos\theta \cdot R_0 t\mathrm{d}\theta = R_0^2 t\sin\varphi \quad (\text{b})$$

截面对 z 轴的惯性矩

$$I_z = \frac{\pi R_0^3 t}{2} \quad (\text{c})$$

将式（b）、式（c）代入式（a），得

$$q(\varphi) = \frac{2F_S R_0^2 t\sin\varphi}{\pi R_0^3 t} = \frac{2F_S \sin\varphi}{\pi R_0}$$

若以圆心作为力矩中心，根据力矩原理，有

$$F_S e = \int_0^\pi R_0 q(\varphi) R_0\mathrm{d}\varphi = \int_0^\pi \frac{2F_S R_0 \sin\varphi}{\pi}\mathrm{d}\varphi = \frac{4F_S R_0}{\pi}$$

由此得

$$e = \frac{4R_0}{\pi}$$

6.6　梁的强度校核

在掌握梁的正应力、切应力的计算方法之后，可以对梁的强度计算问题进行较全面的分析。

设计梁的截面时，一般是从某些危险截面上（弯矩值最大）、危险点处（上下边缘）的正应力，建立

$$\sigma_{\max} = \frac{M_{\max}}{W} \leqslant [\sigma]$$

强度条件来进行的。

为了安全耐用，有时需要进行切应力的强度校核。比如木材顺纹理的截面抵抗切应力的性能相当薄弱，一般需要校核切应力。工字形截面一类的梁，由于腹板较薄，切应力较大，也需进行切应力校核，取剪力达到最大正值或负值的截面，在中性轴上的一点的切应力，其强度条件为

$$\tau_{max} = \frac{F_{Smax}S_z^*}{I_z b} \leqslant [\tau]$$

例 6-7 如图6-25所示工字钢梁，已知 $[\sigma] = 160MPa$，$[\tau] = 60MPa$，试按正应力强度条件选择工字钢型号，并校核其切应力强度。

解 求出支座约束力 $F_{RA} = F_{RB} = 40kN$，由 F_S、M 图可得

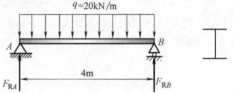

$$F_{Smax} = 40kN$$

$$M_{max} = 40kN \cdot m$$

（1）按正应力强度条件选择工字钢型号

$$W_z = \frac{M_{max}}{[\sigma]} = \frac{40 \times 10^3}{160 \times 10^6} m^3 = 250 \times 10^{-6} m^3 = 250 cm^3$$

查型钢表，取 20b 号工字钢。

（2）校核切应力强度

$$\tau_{max} = \frac{F_{Smax}S_z^*}{I_z b_1} = \frac{40 \times 10^3}{16.9 \times 10^{-2} \times 0.9 \times 10^{-2}} Pa$$

$$= 26.3MPa \leqslant [\tau]$$

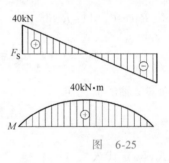

图 6-25

例 6-8 矩形截面的木梁受到图6-26所示的载荷，设截面的 $h = 2b$，$[\sigma] = 10MPa$，顺纹 $[\tau] = 1.5MPa$，试确定截面尺寸。

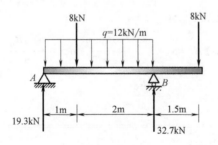

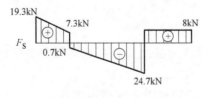

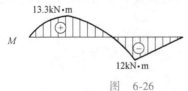

图 6-26

解　先求出内力图，如图 6-26 所示。

按照 M_{max} 设计截面，发生于距 A 端 1m 处，其值为

$$M_{max} = 13.3\text{kN} \cdot \text{m}$$

矩形截面的抗弯截面系数为

$$W = \frac{1}{6}bh^2 = \frac{1}{6}\left(\frac{h}{2}\right)h^2 = \frac{1}{12}h^3$$

根据强度条件，可知

$$W = \frac{1}{12}h^3 \geqslant \frac{M_{max}}{[\sigma]}$$

所以

$$h \geqslant \sqrt[3]{\frac{12 \times 13.3 \times 10^3}{10 \times 10^6}} \times 10^2 \text{cm} = 25.2\text{cm}$$

即选用 $b = 12.6\text{cm}$，$h = 25.2\text{cm}$，其面积 $A = (12.6 \times 25.2)\text{cm}^2 = 318\text{cm}^2$。

本梁的最大切应力必须校核，发生于支座 B 左侧附近的中性层截面内（切应力的方向是顺纹理的）。矩形截面的最大切应力的值为

$$\tau_{max} = \frac{3}{2}\frac{F_{Smax}}{A} = \left(\frac{3}{2} \times \frac{24.7 \times 10^3}{318 \times 10^{-4}}\right)\text{Pa} = 1.16\text{MPa} < [\tau]$$

安全。

6.7 变截面梁、等强度梁的计算

1. 等强度梁

前面着重讨论实用上常见的等截面梁，根据危险截面处的强度条件来确定截面尺寸，因而除了危险截面以外都有着多余的材料。为了节约与减轻重量，工程上往往使梁的截面沿梁轴方向改变，去掉一些多余的材料，改为变截面梁。有时根据弯矩的变化规律来设计各个截面的大小，使每一截面上的最大正应力都等于许用应力。这样的变截面梁，称为等强度梁，这种梁所用材料最为经济。

在等强度梁的任一截面处

$$\sigma_{max} = \frac{M(x)}{W(x)} = [\sigma]$$

式中，$M(x)$ 为任一横截面上的弯矩；$W(x)$ 为该截面的抗弯截面系数，于是

$$W(x) = \frac{M(x)}{[\sigma]} \qquad (6-17)$$

根据算得的 $W(x)$ 确定截面尺寸的变化规律。

例如，悬臂梁在其自由端受到集中力 F 的作用（参见图 6-27），则各截面的弯矩为 $M(x) = -Fx$。

设梁的横截面为矩形，在距离自由端 x 处的截面宽为 b，高为 h，则

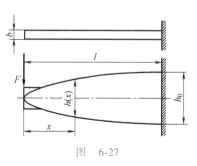

图　6-27

131

$$W(x) = \frac{1}{6}bh^2$$

设固定端处的截面宽为 b_0，高为 h_0，则

$$W_0 = \frac{1}{6}b_0 h_0^2$$

由强度条件：

$$\frac{Fx}{\frac{1}{6}bh^2} = \frac{Fl}{\frac{1}{6}b_0 h_0^2} = [\sigma] \tag{a}$$

得

$$bh^2 = \frac{b_0 h_0^2}{l}x \tag{b}$$

2. 等高等强度梁

若保持梁的高度不变，可以根据式（6-17），确定变截面梁在各个截面上的最小宽度。仍以悬臂梁为例，在式（b）中，$h = h_0$，于是

$$b = \frac{b_0}{l}x \tag{c}$$

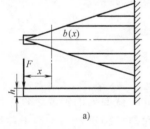
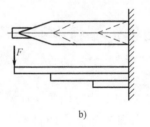

图 6-28

即：等高等强度梁截面的宽度按直线规律变化，其形状呈三角形，如图 6-28a 所示。由式（a）可知

$$b_0 = \frac{6Fl}{h_0^2[\sigma]} \tag{d}$$

所以

$$b = \frac{6F}{h_0^2[\sigma]}x \tag{6-18}$$

当 $x = 0$ 时，宽度 $b = 0$，这里显然不能满足抗剪强度的要求，所以还需要按照抗剪强度条件，计算梁在自由端附近的最小宽度 b_{min}。对于截面是矩形的，剪力 $F_S = F$，由式（6-8），得

$$\tau_{max} = \frac{3}{2}\frac{F_S}{b_{min}h_0} = [\tau], \quad b_{min} = \frac{3}{2}\frac{F}{h_0[\tau]} \tag{e}$$

常用车辆的平板弹簧是三角形的等高等强度梁的一个实例，由于板宽太大，不便使用，通常把它割成多块长条形钢板，再叠置起来，成为图 6-28b 的形状，称为叠板弹簧。叠置的

各板并未胶连为一体，若不计各板之间的摩擦力，在弯曲时，每一块板都独立地分担弯矩，因此叠置后的梁可近似地看成原来设计的三角形等强度梁。图 6-29 表示了实际的迭板弹簧的形状，这相当于在中间固定的两个悬臂梁。在未受载荷时一般制成弧形，载荷的方向是使板条在受弯时变直。

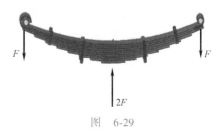

图 6-29

3. 等宽等强度梁

若保持梁的宽度不变，可以从式（6-17）确定任一截面的最小高度。对于前面讨论过的悬臂梁，在式（b）中 $b=b_0$，于是

$$h^2 = \frac{h_0^2}{l} x \tag{f}$$

即：等宽等强度梁的截面高度按抛物线规律变化，其形状如图 6-27 所示。由式（a）可知

$$h_0^2 = \frac{6Fl}{b_0 [\sigma]} \tag{g}$$

所以

$$h = \sqrt{\frac{6F}{b_0 [\sigma]} x} \tag{6-19}$$

在 $x=0$ 处，梁的最小高度必须由抗剪强度条件来确定，即

$$\tau_{max} = \frac{3}{2} \frac{F}{h_{min} b_0} \leqslant [\tau] , \quad h_{min} = \frac{3}{2} \frac{F}{b_0 [\tau]} \tag{h}$$

抛物线形的等宽等强度梁，由于制造上比较困难费工，有时将这种梁制成阶梯形；重型机械上用的梁和轴常常制成阶梯状，就是本着等强度梁的原理设计的。为了制造上简便起见，有时在等截面梁的顶底两面，铆上或焊上几片不同长度的盖板，来分段满足抗弯强度的最低要求。铁路或公路桥梁上与工厂吊车梁所用的板梁常采用这种形式。

*6.8 复合梁的弯曲应力

用一种以上材料制成的梁称为复合梁。例如，用两种不同金属结合在一起制成的双金属梁、钢筋混凝土梁以及夹层梁等。在分析这种梁时，可应用本章第 1 节所述的弯曲理论。

1. 中性轴位置

无论梁是否由一种材料制成，纯弯曲时梁的横截面保持为平面。因此复合梁中从梁顶到梁底的应变变化是线性的，即

$$\varepsilon = -\frac{y}{\rho} \tag{a}$$

式中，ρ 为中性层的曲率。图 6-30a 表示两种不同材料制成的复合梁。图 6-30b 中，y 轴为截面对称轴，z 轴为中性轴，因由两种不同材料组合，z 轴不再过截面形心。假设两种材料的弹性模量分别为 E_1 和 E_2，并且 $E_1 < E_2$。若梁在自由端受正弯矩作用，则图 6-30c 表示复合

梁的应变分布，ε_A 表示顶部压应变，ε_B 表示底部拉应变，ε_C 表示两种材料交界面上的应变。因此应变为 0 处，即为中性轴 z 轴。由此可以得出图 6-30d 所示的应力分布图。在两种材料交界处，正应力发生突变。

在距中性轴任一距离 y 处，对于材料①和材料②的正应力分别为

$$\sigma_{x1} = -E_1 \frac{y}{\rho}, \quad \sigma_{x2} = -E_2 \frac{y}{\rho} \quad (\text{b})$$

中性轴位置可根据作用于截面上轴向力的合力为零来求得。有

$$\int_{A_1} \sigma_{x1} \mathrm{d}A + \int_{A_2} \sigma_{x2} \mathrm{d}A = 0$$

将式（b）代入上式，得到

$$E_1 \int_{A_1} y \mathrm{d}A + E_2 \int_{A_2} y \mathrm{d}A = 0 \quad (6\text{-}20)$$

或者

$$E_1 S_1 + E_2 S_2 = 0$$

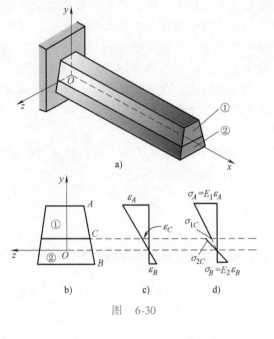

图 6-30

式（6-20）可用来确定图 6-30 所示梁的中性轴位置。显然，对于两种以上材料制成的梁，式（6-20）需要增加一些类似的项次。

2. 复合梁的正应力

利用梁的弯矩与正应力的关系，可得

$$M = -\int_A \sigma y \mathrm{d}A = -\int_{A_1} \sigma_{x1} y \mathrm{d}A - \int_{A_2} \sigma_{x2} y \mathrm{d}A$$

$$= \frac{E_1}{\rho} \int_{A_1} y^2 \mathrm{d}A + \frac{E_2}{\rho} \int_{A_2} y^2 \mathrm{d}A$$

$$= \frac{E_1}{\rho} I_1 + \frac{E_2}{\rho} I_2 \quad (\text{c})$$

式中，I_1 和 I_2 分别是面积①和面积②对中性轴的惯性矩。合并式（b）和式（c），得到应力的表达式

$$\sigma_{x1} = -\frac{ME_1}{E_1 I_1 + E_2 I_2} y, \quad \sigma_{x2} = -\frac{ME_2}{E_1 I_1 + E_2 I_2} y \quad (6\text{-}21)$$

3. 变换截面法

变换截面法提供了又一种分析复合梁的方法。其方法是：将一种以上材料所组成的横截面变换成仅由一种材料组成的等效横截面，然后将这种等效截面（称为变换截面）按单一材料梁的常用方法进行分析。

如果是等效的话，变换截面必须具有与原来梁相同的中性轴和相同的抵抗力矩的能力。

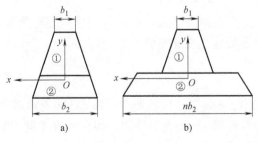

图 6-31

图 6-31 表示两种材料复合梁截面。中性轴由式（6-20）确定：

$$E_1 \int_{A_1} y \mathrm{d}A + E_2 \int_{A_2} y \mathrm{d}A = 0$$

引进参数

$$n = \frac{E_2}{E_1}$$

则有

$$\int_{A_1} y \mathrm{d}A + \int_{A_2} yn \mathrm{d}A = 0 \qquad (6\text{-}22)$$

因式（6-20）与式（6-22）等效，所以式（6-22）表明，如果假想材料 2 中每一单元面积 dA 用系数 n 放大，只要每一单元面积的距离 y 不改变，那么中性轴就没有改变。换句话说，可以认为图 6-31b 所示截面由两部分组成：1）面积 1 处于原来状态；2）面积 2 的宽度增大为 n 倍。这样，得到完全由一种材料组合（即材料 1）成的新的横截面。从式（c）可以看出，变换截面的中性轴（图 6-31a）与原来梁的中性轴（图 6-31b）位于相同位置。

变换截面承受弯矩的能力将与原来截面相同。对于变换截面有

$$
\begin{aligned}
M &= -\int_A \sigma y \mathrm{d}A = -\int_{A_1} \sigma_{x1} y \mathrm{d}A - \int_{A_2} \sigma_{x2} y \mathrm{d}A \\
&= \frac{E_1}{\rho} \int_{A_1} y^2 \mathrm{d}A + \frac{E_1}{\rho} \int_{A_2} y^2 \mathrm{d}A \\
&= \frac{1}{\rho}(E_1 I_1 + E_1 n I_2) = \frac{1}{\rho}(E_1 I_1 + E_2 I_2)
\end{aligned}
$$

此结果与式（c）相同。因此原来梁与变换梁之间，力矩没有变化。

变换截面后，截面相当于只有一种材料，因此正应力将根据图 6-31b，按一种材料计算，有

$$\sigma_{x1} = -\frac{M}{I_\mathrm{T}} y \qquad (6\text{-}23)$$

式中，I_T 是对变换截面中性轴的惯性矩 ($I_\mathrm{T} = I_1 + n I_2$)。式（6-23）与（6-21）一致，因此原来梁中材料 1 的应力与按变换截面梁所得到的相同。

但是原来梁的材料 2 的应力就不同了。将式（6-23）与式（6-21）比较，变换截面梁中材料 2 的应力必须乘以 n，即

$$\sigma_{x2} = -n \frac{M}{I_\mathrm{T}} y \qquad (6\text{-}24)$$

变换截面法可推广到两种以上材料的情况。这里选择将原来梁都变换到材料 1，其实也可以选择变换到材料 2。当然，还可以将梁变换成具有任意 E 值的材料，那时梁的所有部分必须合理变换成所假设的材料。

6.9 斜弯曲

前面着重研究了等截面梁平面弯曲的情况，限制条件是：外力的作用面必须平行于梁的某一形心主惯面，并通过所在横截面的弯心。

在很多情况下，外力作用面虽然通过横截面的弯心，但并不与梁的任一形心主惯面平行或重合（图6-32），这时，不能够用前面推导出的平面弯曲的应力公式。可以根据叠加原理，把外力分解为平行于梁的两个形心主轴的分力，认为梁受到两个主惯面内平面弯曲的复合作用。这时，横截面内的弯矩是对于主轴 y、z 的两个分弯矩 M_y 和 M_z；在分别算出这两个平面弯曲所引起的应力后，

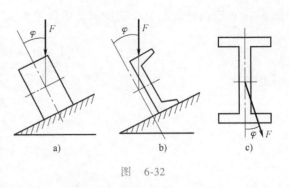

图 6-32

将结果叠加，即可求得总的应力及变形。由两个平面弯曲所组成的复合变形，若变形后梁的轴线不再在外力作用平面内，这种弯曲称为斜弯曲。

1. 内力及应力的计算

为了便于说明斜弯曲应力的计算方法，以矩形截面的悬臂梁为例。设在自由端受一集中载荷 F，力平面与形心主惯面 xOy 的夹角为 φ，如图6-33所示。

将力 F 沿主轴 y、z 分解，得到分力

$$F_y = F\cos\varphi$$

$$F_z = F\sin\varphi$$

它们在截面 m-n 上的弯矩

$$M_z = -F_y(l-x)$$

$$M_y = -F_z(l-x)$$

在截面 m-n 上任一点 C 处正应力由两部分组成。由于 xOy 平面内的弯曲，即由于弯矩 M_z 所产生的正应力为

$$\sigma' = -\frac{M_z y}{I_z}$$

判断 σ' 为拉为压时，也可以同以前平面弯曲一样，根据 M_z 矢量的方向及 C 点所在位置由直接观察决定。第一、二象限中各点受拉，第三、四象限中各点受压，如图6-34a所示。同理，由于 xOz 平面内的弯曲，即由于弯矩 M_y 产生的正应力为

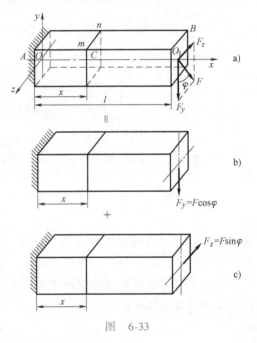

图 6-33

$$\sigma'' = -\frac{M_y z}{I_y}$$

在第一、四象限中各点受拉，第二、三象限中各点受压。若点 $C(y,z)$ 在第一象限，则 C 点的正应力为

$$\sigma = \sigma' + \sigma'' = -\frac{M_z y}{I_z} - \frac{M_y z}{I_y} \tag{6-25}$$

式（6-25）可以用来表示横截面是任意一点的应力，只要把正确的 M_y 与 M_z 的数值与符号，以及所求截面上某点的坐标值代入公式中即可。

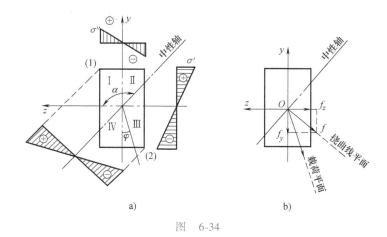

图　6-34

2. 中性轴及截面上危险点的位置

要确定截面上哪一点的正应力最大（即危险点的位置），应先确定截面中性轴的位置。与平面弯曲相同，中性轴是截面上零应力点的迹线，离中性轴最远的点，它的正应力最大。若(y_0, z_0)代表中性轴上的一点，将它的坐标值代入式（6-25），其正应力为零，即得中性轴方程

$$\frac{M_z y_0}{I_z} + \frac{M_y z_0}{I_y} = 0$$

以 $M_z = -F(l-x)\cos\varphi$，$M_y = -F(l-x)\sin\varphi$ 代入，得

$$\frac{y_0}{I_z}\cos\varphi + \frac{z_0}{I_y}\sin\varphi = 0 \tag{6-26}$$

这表示中性轴是通过原点（截面形心）的一条直线，在第二和第四象限中，如图 6-34a 所示。设中性轴与 z 轴的夹角为 α，则

$$\tan\alpha = \frac{y_0}{z_0} = -\frac{I_z}{I_y}\tan\varphi \tag{6-27}$$

上式表示 α 与 φ 之间的关系。一般来说，$I_z \neq I_y$，所以 $180°-\alpha$ 与 φ 不相等，表示中性轴与力平面不相垂直，这是斜弯曲和平面弯曲显著不同的地方。只有当 $I_z = I_y$（例如圆形、正多边形）时，$180°-\alpha$ 与 φ 恒等，因而不论力平面如何倾斜，中性轴始终与力平面垂直。中性轴将横截面分为两部分，一部分受拉，另一部分受压，并且绝对值最大的应力发生于离中性轴最远的各点。从图 6-34a 中可以看出，由于 M_y 和 M_z 共同作用，最大拉应力应该发生在点（1），最大压应力发生在点（2）。根据这个性质，可以确定截面上危险点的位置。

3. 斜弯曲时的强度计算

计算危险应力，最主要的问题是确定危险截面和危险点。当所有载荷作用在同一平面内时，危险截面的位置与平面弯曲时毫无区别，因而可以直接从弯矩图上看出。至于危险点的位置，对于轮廓为多边形的各种截面（如矩形、工字形、槽形等），通常不外乎在角点处。其他形状的截面，在定出中性轴位置后，可平行于中性轴绘截面轮廓的切线，所得切点就是危险点，因为它离中性轴最远。

若引起弯曲的几个外力不在同一平面内，危险截面就不是一下可以确定的了。应该首先

把载荷分解成两个主惯面内的分力，分别绘出弯矩图 M_y 和 M_z，再根据它们加以判断。复合弯矩 $\sqrt{M_y^2+M_z^2}$ 最大的截面不一定就是危险截面，往往要算出几个截面（通常在加力点处）内的最大正应力，才能最后确定危险应力。

确定了危险截面上危险点的位置，即可利用式（6-25）算出危险应力 σ_{max}。在计算中不必过分强调符号规则，因为通过直观判断就可以知道那些危险点是承受拉应力还是压应力。例如图 6-34a 中点（1）受拉，点（2）受压。除了正应力以外，截面上还作用着切应力。计算切应力分量 τ_{xy} 和 τ_{xz} 时，可应用切应力公式，即

$$\tau_{xy}=\frac{F_yS_z}{I_zb_z}, \quad \tau_{xz}=\frac{F_zS_y}{I_yb_y}$$

该点上的总切应力就等于这两个切应力分量的矢量和。对于实心截面，切应力数值较小，一般可以不必考虑。若设图 6-34a 中的点（1）坐标为 (y_1, z_1)，点（2）坐标为 (y_2, z_2)，相应的强度条件是

$$\begin{cases} \sigma_{max}^{(1)}=\left[-\dfrac{M_z}{I_z}y_1-\dfrac{M_y}{I_y}z_1\right]_{max} \leqslant [\sigma] \\[4mm] \sigma_{max}^{(2)}=\left[-\dfrac{M_z}{I_z}y_2-\dfrac{M_y}{I_y}z_2\right]_{max} \leqslant [\sigma] \end{cases} \qquad (6\text{-}28)$$

对于具有凸角的各种常用的对称截面，如矩形、工字形、口字形等，由于

$$|y_1|=|y_2|=y_{max}, \quad |z_1|=|z_2|=z_{max}$$

$$W_y=\frac{I_y}{z_{max}}, \quad W_z=\frac{I_z}{y_{max}}$$

危险点发生在角点处，得到

$$|\sigma|_{max}=\frac{M_y}{W_y}+\frac{M_z}{W_z} \leqslant [\sigma]$$

例 6-9　一长2m 的矩形截面木制悬臂梁，梁上作用有两个集中载荷 $F_1=1.3\text{kN}$ 和 $F_2=2.5\text{kN}$，如图 6-35a 所示，设截面 $b=0.6h$，$[\sigma]=10\text{MPa}$，$[\tau]=2\text{MPa}$。试选择梁的截面尺寸。

解　将自由端的载荷 F_1 分解

$$F_{1y}=F_1\sin15°=0.337\text{kN}$$

$$F_{1z}=F_1\cos15°=1.26\text{kN}$$

此梁的斜弯曲可分解为在 xy 平面及 xz 平面内的两个平面弯曲，如图 6-35b 所示。由图可知，M_y 和 M_z 在固定端的截面上达到最大值，故危险截面上的弯矩

$$M_z=-(2.5\times1+0.337\times2)\text{kN}\cdot\text{m}=-3.17\text{kN}\cdot\text{m}$$

$$M_y=(1.26\times2)\text{kN}\cdot\text{m}=2.52\text{kN}\cdot\text{m}$$

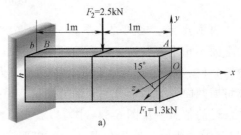

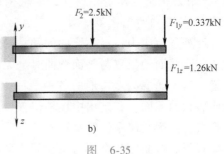

图　6-35

$$W_z = \frac{1}{6}bh^2 = 0.1h^3, \quad W_y = \frac{1}{6}hb^2 = 0.06h^3$$

$$\sigma_{max} = \pm\left(\frac{M_z}{W_z} + \frac{M_y}{W_y}\right) = \pm\left(\frac{3.17\times10^5}{0.1h^3} + \frac{2.52\times10^5}{0.06h^3}\right) = \pm\frac{73.7\times10^5}{h^3} \leqslant [\sigma]$$

式中，M_y 和 M_z 只需取绝对值，故

$$\frac{73.7\times10^5}{h^3} \leqslant 10\times\frac{10^6}{(10^2)^2}$$

$$h \geqslant 19.5\text{cm}$$

可取 $h = 20\text{cm}$，$b = 12\text{cm}$。

切应力校核：矩形截面梁在斜弯曲时，最大切应力 τ_{max} 发生在截面中心处。

梁固定端剪力：

$$F_{Sy} = (2.5+0.337)\text{kN} = 2.84\text{kN}, \quad F_{Sz} = 1.26\text{kN}$$

$$\tau_{xy} = \frac{3}{2}\frac{F_{Sy}}{A} = \frac{3}{2}\times\frac{2.84\times10^3}{0.2\times0.12}\text{Pa} = 0.178\text{MPa}$$

$$\tau_{xz} = \frac{3}{2}\frac{F_{Sz}}{A} = \frac{3}{2}\times\frac{1.26\times10^3}{0.2\times0.12}\text{Pa} = 0.0788\text{MPa}$$

$$\tau_{max} = \sqrt{\tau_{xy}^2 + \tau_{xz}^2} = 0.2\text{MPa}$$

所以，梁在抗剪强度上是安全的。

6.10 弯曲与拉伸（或压缩）的组合

当杆件受到轴向力和横向力同时作用时，如图 6-36a 所示的单臂起重机的横梁，会引起弯曲与拉伸（压缩）的组合变形。图 6-36b 所示的摇臂钻床的主柱在偏心载荷作用下，也会产生弯曲与拉伸的组合变形。

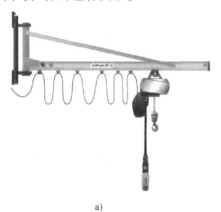

a)

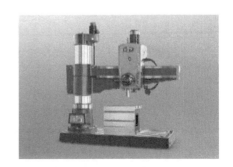

b)

图 6-36

1. 弯拉（压）组合

对于抗弯刚度比较大的杆件，外力所引起的弯曲变形非常微小，轴向力对于这样微弯的轴线所引起的附加弯矩可以忽略不计。因此横截面上的正应力可以运用叠加原理来计算。以杆件横截面上的形心主轴为 y、z 轴。截面上的三种内力素 F_N、M_y、M_z（图 6-37）如果分别作用时，在点 $A(y, z)$ 所引起的正应力为

$$\frac{F_N}{A}, \quad -\frac{M_y z}{I_y}, \quad \frac{M_z y}{I_z}$$

应力的符号可以从示力图上直观地加以判断，拉应力正。由于三种内力的同时作用，A 点的正应力等于上列三值的叠加，即

$$\sigma = \frac{F_N}{A} - \frac{M_y z}{I_y} + \frac{M_z y}{I_z} \tag{6-29}$$

下面以图 6-38 的受力杆件为例说明强度计算方法。通过杆件形心的斜向载荷 F 可以分解为三个分力 F_x、F_y、F_z，它们在任意截面 x 上分别产生下列内力（剪力的作用不计）。

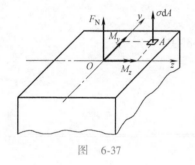

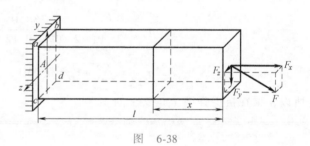

图 6-37 图 6-38

轴力： $\qquad\qquad\qquad F_N = F_x$

弯矩： $\qquad\qquad\qquad M_y(x) = F_z x, \quad M_z(x) = -F_y x$

截面上任一点 $A(y, z)$ 的正应力为

$$\sigma = \frac{F_N}{A} - \frac{M_y}{I_y} z - \frac{M_z}{I_z} y = \frac{F_N}{A} - \frac{F_z x}{I_y} z + \frac{F_y x}{I_z} y$$

最大正应力发生于固定端 b 点，因为三种内力都在 b 点产生拉应力，于是可写出强度条件为

$$\sigma_{max} = \frac{F_N}{A} - \frac{M_y}{I_y} z_b - \frac{M_z}{I_z} y_b \leqslant [\sigma]$$

例 6-10 图 6-39 所示的钢支架，载荷 $F = 45\text{kN}$，支架尺寸如图示。对于 AC 杆，材料的许用应力 $[\sigma] = 160\text{MPa}$，试选择一工字钢截面。

解 因 BD 杆为二力构件，因此只受到沿 DB 方向的轴向力 F_B。作 AC 杆的受力图（图 6-39b），应用静力平衡方程式：

$$\sum M_B = 0, \quad F_{Ay} \times 3\text{m} - 45\text{kN} \times 1\text{m} = 0, \quad F_{Ay} = 15\text{kN}$$

$$\sum F_y = 0, \quad F_{By} - 45\text{kN} - 15\text{kN} = 0, \quad F_{By} = 60\text{kN}, \quad F_{Bx} = F_{By}\cot 30° = 104\text{kN}$$

$$\sum F_x = 0, \quad F_{Ax} = F_{Bx} = 104\text{kN}$$

AC 杆同时受轴向力与横向力的作用，引起拉伸与弯曲的组合变形。如图 6-39c、d 所示，分别绘出轴力图与弯矩图，由两图可确定 AC 杆的危险截面在 B 的左侧，其轴力和弯矩分别为

$$|M_{\max}| = 45\text{kN} \cdot \text{m}$$

$$F_N = 104\text{kN}$$

先不考虑轴力的作用，按弯曲正应力强度条件选择截面：

$$W_z \geq \frac{M_{\max}}{[\sigma]} = \frac{45 \times 10^3}{160 \times 10^6}\text{m}^3 = 2.81 \times 10^{-4}\text{m}^3 = 281\text{cm}^3$$

从型钢表上查出，如选 22a 号工字钢，$W_z = 309\text{cm}^3$，$A = 42.0\text{cm}^2$。选此截面后应再校核危险截面上由弯拉变形所引起的组合应力：

$$\sigma_{\max} = \frac{M_{\max}}{W_z} + \frac{F_N}{A} = \left(\frac{45 \times 10^3}{309 \times 10^{-6}} + \frac{104 \times 10^3}{42 \times 10^{-4}}\right)\text{Pa}$$

$$= 170.3\text{MPa}$$

从而可知用 22a 号工字钢强度还不够，因此必须选用大一号的尺寸。选用 22b 号：$W_z = 325\text{cm}^3$，$A = 46.4\text{cm}^2$，则

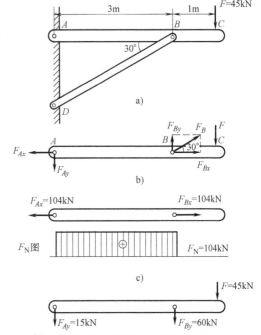

图 6-39

$$\sigma_{\max} = \left(\frac{45 \times 10^3}{325 \times 10^{-6}} + \frac{104 \times 10^3}{46.4 \times 10^{-4}}\right)\text{Pa} = 160.8\text{MPa}$$

$\sigma_{\max}$ 超过许用应力 $[\sigma] = 160\text{MPa}$ 仅 0.5%，因此是可容许的。注意此题中由于 AC 杆的挠度很小，因此没有考虑到轴力 F_{Ax}、F_{Bx} 所引起附加弯矩的影响。

2. 偏心拉伸（或压缩）

当轴向外力与杆的轴线平行，但不通过截面形心时，就形成杆件偏心拉伸（或压缩）的受力情况。它实际上是弯曲与拉伸（或压缩）的组合变形。

图 6-40 表示一个大刚度杆件，顶端受到偏心集中力 F 作用。以截面的形心主惯性轴 y、z 坐标轴，力 F 的偏心距（即着力点 A 的坐标）为 (e_y, e_z)。在任一截面上的内力（图 6-40b）为

轴力：$\qquad\qquad\qquad F_N = F$

弯矩：$\qquad\qquad\qquad M_y = Fe_z, \quad M_z = Fe_y$

这些内力与所取截面的位置 x 无关。杆件除加载点附近外，受力情况与本节 1 所讨论的没有差别。因此在截面上任一点 $B(y, z)$ 处，正应力可用下式计算：

$$\sigma = -\frac{F}{A} - \frac{Fe_y}{I_z}y - \frac{Fe_z}{I_y}z$$

在各个截面上应力的分布情况基本相同（只有在载荷作用点附近集中力的局部影响未予考虑）。

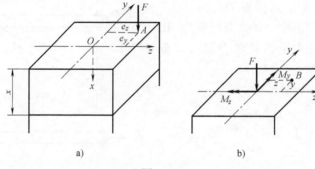

图　6-40

利用惯矩 I_y、I_z 与惯性半径 i_y、i_z 的关系式：

$$I_y = i_y^2 A, \qquad I_z = i_z^2 A$$

得到

$$\sigma = -\frac{F}{A}\left(1 + \frac{e_y}{i_z^2}y + \frac{e_z}{i_y^2}z\right) \tag{6-30}$$

在横截面的中性轴上，正应力等于零，用 (y_0, z_0) 表示中性轴上任一点的坐标，则中性轴方程为

$$1 + \frac{e_y}{i_z^2}y_0 + \frac{e_z}{i_y^2}z_0 = 0 \tag{6-31}$$

从上式可以看出，中性轴是一条不通过形心的直线，它在主惯性轴 y 和 z 上的截距分别等于

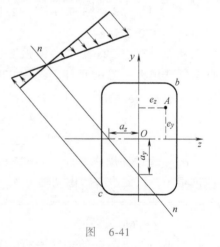

$$a_y = -\frac{i_z^2}{e_y}, \qquad a_z = -\frac{i_y^2}{e_z} \tag{6-32}$$

算出截距 a_y 及 a_z，即可作出中性轴 n-n，如图 6-41 所示。

中性轴把截面分为受压与受拉两部分。在确定截面上的危险点时，可作平行于中性轴的直线，使其与截面

图　6-41

周边相切，受压区与受拉区内离中性轴最远的点，就是压应力与拉应力达最大值的危险点，如图 6-41 中的点 b、c，用式（6-30）求出该点的应力，即可进行杆件的强度计算。

例 6-11　某单臂液压机机架如图6-42 所示，系由厚度 $t_1 = 50$mm 的 Q235 钢板及 $t_2 = 16$mm 的 Q345（16Mn）钢板焊成，AB 截面尺寸如图 6-42b 所示。Q235 钢的许用应力 $[\sigma] = 70$MPa，Q345 钢的许用应力 $[\sigma] = 100$MPa。试对机架 AB 截面进行强度校核。

解　（1）由于 AB 截面不对称于 z 轴，先应求出截面形心位置及各几何性质

面积　　　　　　　　$A = (140\times86 - 133.4\times82.8)\,\mathrm{cm}^2 = 994\,\mathrm{cm}^2$

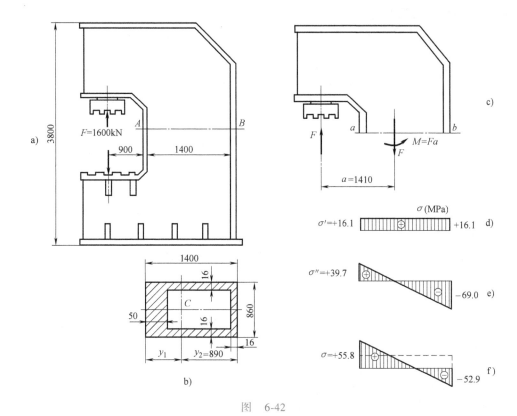

图 6-42

形心位置

$$y_0 = \frac{\sum A_i y_i}{A} = \frac{12040 \times 70 - 11046 \times \left(\frac{133.4}{2} + 1.6\right)}{994} \text{cm} = 89.0 \text{cm}$$

惯性矩

$$I_z = \left[\frac{1}{12} \times 86 \times 140^3 + 12040(89 - 70)^2 - \frac{82.8}{12}(133.4)^3 - 11046(89 - 68.3)^2\right] \text{cm}^4$$

$$= 2.90 \times 10^6 \text{cm}^4$$

抗弯截面系数

$$W_1 = \frac{I_z}{y_1} = \frac{2.90 \times 10^6}{51} \text{cm}^3 = 5.68 \times 10^4 \text{cm}^3$$

$$W_2 = \frac{I_z}{y_2} = \frac{2.90 \times 10^6}{89} \text{cm}^3 = 3.26 \times 10^4 \text{cm}^3$$

（2）内力计算　应用截面法，沿 AB 面切开，考虑上半部作用在截面形心处的内力，见图 6-42b。

轴力：$\qquad F_N = F = 1600 \text{kN}$

弯矩：$\qquad M = Fa = 1600 \times (0.9 + 0.51) \text{kN} \cdot \text{m} = 2256 \text{kN} \cdot \text{m}$

（3）应力计算与强度校核

对 Q235 钢，$[\sigma]=70\text{MPa}$，截面内侧 a 点的应力（最大拉应力）

$$\sigma_a=\frac{F_N}{A}+\frac{M}{W_1}=\left(\frac{1600\times10^3}{994\times10^{-4}}+\frac{2256\times10^3}{5.68\times10^4\times10^{-6}}\right)\text{Pa}=55.8\text{MPa}<[\sigma]$$

对 Q345 钢，$[\sigma]=100\text{MPa}$，截面外侧 b 点的应力（最大压应力）

$$\sigma_b=\frac{F_N}{A}-\frac{M}{W_2}=\left(\frac{1600\times10^3}{994\times10^{-4}}-\frac{2256\times10^3}{3.26\times10^4\times10^{-6}}\right)\text{Pa}=-52.9\text{MPa}<[\sigma]$$

故均安全。

3. 截面核心

前面已推导出偏心距 e_y、e_z 和中性轴的截距 a_y、a_z 的关系式（6-30）

$$a_y=-\frac{i_z^2}{e_y},\quad a_z=-\frac{i_y^2}{e_z}$$

从上式可知，a_y 与 e_y 及 a_z 与 e_z 间始终成反比，若力 F 的作用点离形心越近，则中性轴离形心越远。当力 F 作用在形心时，中性轴在无穷远处，就成为简单压缩（或拉伸）的情况。

有些工程构件抵抗拉伸的能力相对薄弱（如混凝土、砖石等制成的构件），需要使截面只受压缩。要做到这一点，必须限制偏心距的大小，使相应的中性轴全在截面之外，不与周边相割，最多与周边相切。这样就可以保证截面上只有压应力。

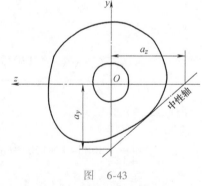

图 6-43

对于每个截面，在它的形心周围都有一个区域，当力 F 的作用点在此区域内时，轴向力只能在整个截面上引起一种应力——拉应力或压应力；反之，当轴向力移到此区域以外时，截面上就同时有拉、压两种应力存在。这样的区域称为截面核心。根据力 F 的作用点与中性轴的关系，容易确定截面核心的界线。沿截面的周边作一系列不与周边相割的切线，把它们看作是中性轴的各个不同位置，并根据式（6-30），求出和它们相应的力的作用点，这些作用点的迹线就是截面核心的界线（图 6-43）。下面的例 6-12 对此进行具体说明。

例 6-12 试分别确定圆截面与矩形截面的截面核心。

解 直径为 D 的圆截面，根据截面几何形状的对称性，它的截面核心亦必为一圆。取坐标轴如图 6-44a 所示，如中性轴与截面圆周相切于 C 点，截距 $a_y=-D/2$，$a_z=\infty$，则

$$e_y=-\frac{i_z^2}{a_y}=\frac{-\dfrac{D^2}{16}}{-\dfrac{D}{2}}=\frac{D}{8},\quad e_z=0$$

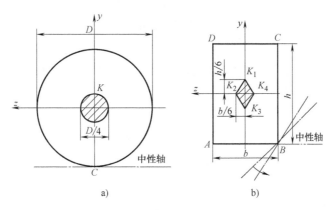

图 6-44

相应的载荷应作用在 $K\left(0, \dfrac{D}{8}\right)$，由于圆截面的中心对称性，截面核心是一半径为 $\dfrac{D}{8}$ 的圆域。

矩形截面高为 h、宽为 b，取坐标轴如图 6-44b 所示。如中性轴与矩形底边 AB 重合，从图可见其截距为

$$a_y = -\frac{h}{2}, \quad a_z = -\infty$$

载荷 F 的作用点 K_1 的坐标，应用式（6-30），可得

$$e_y = -\frac{i_z^2}{a_y} = \frac{-\dfrac{h^2}{12}}{-\dfrac{h}{2}} = \frac{h}{6}, \quad e_z = \frac{i_y^2}{a_z} = 0$$

设想中性轴从位置 AB 绕 B 点转至与 BC 边重合，此时 F 力的作用点移至 K_2 点（如图中箭头所示），K_2 的坐标为

$$e_y = 0, \quad e_z = -\frac{i_y^2}{a_z} = \frac{-\dfrac{b^2}{12}}{-\dfrac{b}{2}} = \frac{b}{6}$$

中性轴的方程式为 $1 + \dfrac{e_z z}{i_y^2} + \dfrac{e_y y}{i_z^2} = 0$，如经过截面右下角 B 点，以 B 的坐标 $\left(-\dfrac{b}{2}, -\dfrac{h}{2}\right)$ 代入上式，必定适合，得

$$1 - \frac{6e_z}{b} - \frac{6e_y}{h} = 0$$

以 e_z 与 e_y 作为变量看待，上式即为直线 $K_1 K_2$ 的方程式。同样，如果中性轴经过 C 点，可求得核心的边界 $K_2 K_3$，中性轴经过 D 点可求得核心边界 $K_3 K_4$，经 A 点可得 $K_4 K_1$。因此矩形截面的截面核心是图示的一个菱形区域。载荷 F 如作用在此区域内，截面上只产生一种应力。

习 题

6-1 求题 6-1 图所示各梁在 $m\text{-}m$ 截面上 A 点的正应力和危险截面上最大正应力。

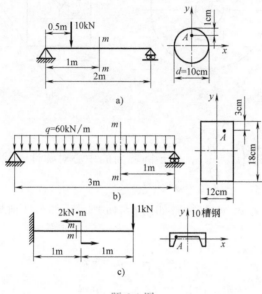

题 6-1 图

6-2 题 6-2 图所示为直径 $D = 6$cm 的圆轴，其外伸段为空心，内径 $d = 4$cm，求轴内最大正应力。

6-3 T 字形截面铸铁梁的尺寸与所受载荷如题 6-3 图示。试求梁内最大拉应力与最大压应力。已知 $I_z = 10170\text{cm}^4$，$h_1 = 9.65\text{cm}$。

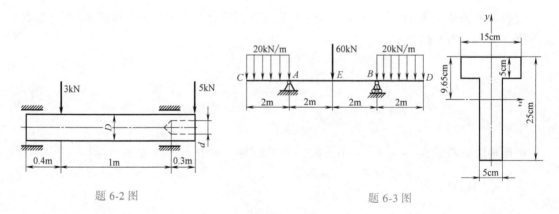

题 6-2 图

题 6-3 图

6-4 一根直径为 d 的钢丝绕于直径为 D 的圆轴上，如题 6-4 图所示。（1）求钢丝由于弯曲而产生的最大弯曲正应力（设钢丝处于弹性状态）；（2）若 $d = 1$mm，材料的屈服极限 $\sigma_s = 700$MPa，弹性模量 $E = 210$GPa，求不使钢丝产生残余变形的轴径 D。

6-5 矩形悬臂梁如题 6-5 图所示。已知 $l = 4$m，$b/h = 2/3$，$q = 10$kN/m，许用应力 $[\sigma] = 10$MPa。试确定此梁横截面尺寸。

6-6 20a 号工字钢梁的支承和受力情况如题 6-6 图所示。若 $[\sigma] = 160$MPa，试求许用载荷 F。

6-7　由两个槽钢组成的梁受力如题 6-7 图所示。已知材料的许用应力 $[\sigma] = 150\text{MPa}$，试选择槽钢型号。

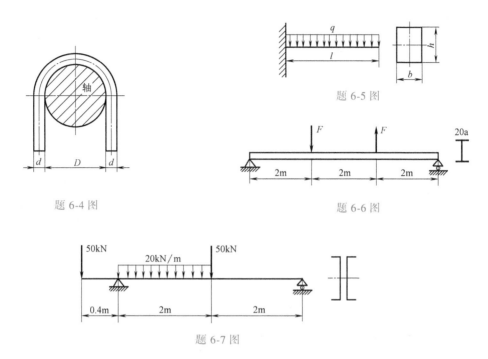

题 6-4 图

题 6-5 图

题 6-6 图

题 6-7 图

6-8　割刀在切割工件时，受到 $F = 1\text{kN}$ 的切削力的作用，割刀尺寸如题 6-8 图所示。试求割刀内最大弯曲应力。

6-9　题 6-9 图所示圆木直径为 D，需要从中切取一矩形截面梁。试问：（1）如要使所切矩形截面的抗弯强度最高，h、b 分别为何值？（2）如要使所切矩形截面的抗弯刚度最高，h、b 又分别为何值？

6-10　T 字形截面的铸铁梁受纯弯曲如题 6-10 图所示，欲使其最大压应力为最大拉应力的 3 倍，试确定其翼板宽度 b 之值。已知 $h = 12\text{cm}$，$t = 3\text{cm}$。

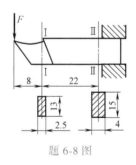

题 6-8 图

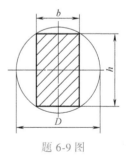

题 6-9 图

6-11　题 6-11 图所示简支梁由 18 号工字钢制成，在外载荷作用下，测得横截面 A 处梁底面的纵向正应变 $\varepsilon = 3.0 \times 10^{-4}$，试计算梁的最大弯曲正应力 $\sigma_{\max}$。已知钢的弹性模量 $E = 200\text{GPa}$，$a = 1\text{m}$。

6-12　试计算题 6-12 图所示矩形截面简支梁的 1-1 面上 a 点和 b 点的正应力和切应力。

6-13　计算在题 6-13 图所示均布载荷 $q = 10\text{kN/m}$ 作用下，圆截面简支梁的最大正应力和最大切应力，并指出它们发生在何处。

6-14　试计算 6-11 题工字钢简支梁在图示载荷下梁内的最大切应力。

6-15　矩形截面木梁所受载荷如题 6-15 图所示，材料的许用应力 $[\sigma] = 10\text{MPa}$。试选择该梁的截面尺寸，设 $h:b = 2:1$。

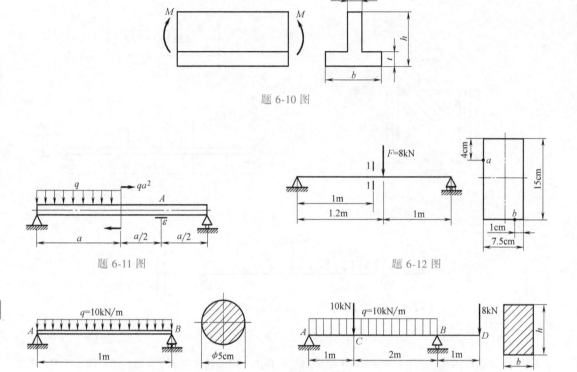

题 6-10 图

题 6-11 图

题 6-12 图

题 6-13 图

题 6-15 图

6-16 试为题 6-16 图所示外伸梁选择一工字形截面，材料的许用应力 $[\sigma] = 160\text{MPa}$，$[\tau] = 80\text{MPa}$。

6-17 题 6-17 图所示起重机安装在两根工字形钢梁上，已知 $l = 10\text{m}$，$a = 4\text{m}$，$d = 2\text{m}$。起重机的重量 $W = 50\text{kN}$，起重机的吊重 $F = 10\text{kN}$，钢梁材料的许用应力 $[\sigma] = 160\text{MPa}$，$[\tau] = 100\text{MPa}$。若不考虑梁的自重，试求起重机在移动时的最危险位置及所采用工字钢的型号。

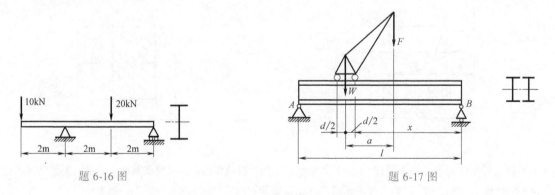

题 6-16 图

题 6-17 图

6-18 如题 6-18 图所示等腰梯形截面梁，其截面高度为 h。用应变仪测得其上边的纵向线应变 $\varepsilon_1 = -42 \times 10^{-6}$，下边的纵向线应变 $\varepsilon_2 = 14 \times 10^{-6}$。试求此截面形心的位置。

6-19 题 6-19 图所示简支梁承受均布载荷 q，截面为矩形 $b \times h$，材料的弹性模量为 E，试求梁最底层纤维的总伸长。

6-20 矩形截面悬臂梁受力如题 6-20 图 a 所示，若假想沿中性层把梁分开为上下两部分：（1）试求中性层截面上切应力沿 x 轴向的变化规律（题 6-20 图 b）；（2）试说明梁被截下的部分是怎样平衡的。

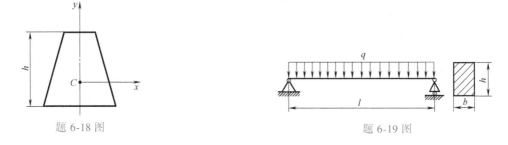

题 6-18 图   题 6-19 图

6-21　正方形截面边长为 a，设水平对角线为中性轴，如题 6-21 图所示。（1）证明切去边长为 $\frac{a}{9}$ 的上下两棱角后，截面的抗弯能力最大；（2）若截面上的弯矩不变，新截面的最大正应力是原截面的几倍？（提示：计算 I_z 时可按图中虚线分三块来处理。）

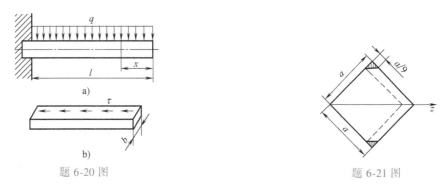

题 6-20 图   题 6-21 图

6-22　悬臂梁 AB 受均布载荷 q 及集中力 F 作用，如题 6-22 图所示。横截面为正方形 $a \times a$，中性轴即正方形的对角线。试计算最大切应力 $\tau_{\max}$ 及其所在位置。

6-23　试绘出题 6-23 图所示各截面的切应力流方向，并指出弯曲中心的大致位置。

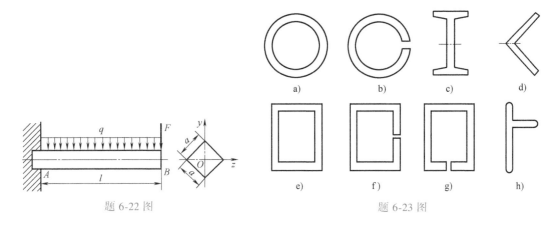

题 6-22 图   题 6-23 图

6-24　试确定题 6-24 图所示开口薄壁圆环截面弯曲中心的位置。设环的平均半径为 R_0、壁厚为 t，并设 t 与 R_0 相比很小。

6-25　试导出题 6-25 图所示不对称工字形截面的弯曲中心位置（当在垂直于对称轴的平面内弯曲时）。假设厚度 t 与其他尺寸相比很小。

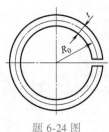

题 6-24 图

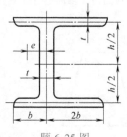

题 6-25 图

6-26　在均布载荷作用下的等强度悬臂梁，其横截面为矩形，宽度 b =常量，试求截面高度沿梁轴线的变化规律。

6-27　题 6-27 图所示变截面梁其自由端受铅垂载荷 F 作用，梁的尺寸 l、b、h 均为已知。试计算梁内的最大弯曲正应力。

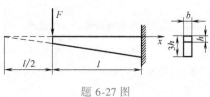

题 6-27 图

6-28　当载荷 F 直接作用在跨长为 l = 6m 的简支梁 AB 的中点时，梁内最大正应力超过容许值 30%。为了消除此过载现象，配置如题 6-28 图所示的辅助梁 CD，试求此梁的最小跨长 a。

6-29　题 6-29 图所示外伸梁由 25a 号工字钢制成，跨长 l = 6m，在全梁上受集度为 q 的均布载荷作用。当支座截面 A、B 处及跨度中央截面 C 的最大正应力 σ 均为 140MPa 时，试问外伸部分的长度及载荷集度 q 等于多少？

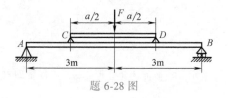

题 6-28 图

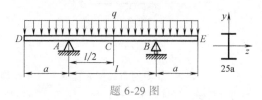

题 6-29 图

6-30　题 6-30 图所示悬臂梁跨长 L = 40cm，集中力 F = 250N，作用在弯曲中心上，梁的截面为等肢角形，尺寸如图，试绘切应力流分布图，并计算 σ_{max} 和 τ_{max} 之值。

6-31　题 6-31 图所示圆锥形变截面悬臂梁其两端直径之比 $d_b : d_a$ = 3:1，在自由端承受集中力 P 作用，试求梁内的最大弯曲正应力，并将此应力与支承处的最大应力比较。

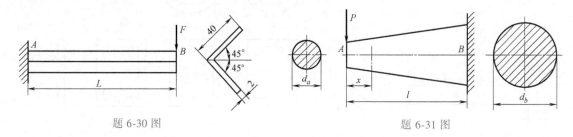

题 6-30 图　　　　　　　　　　　　　　题 6-31 图

6-32　如题 6-32 图所示矩形截面木制简支梁 AB，在跨度中点 C 承受一与垂直方向成 φ = 15° 的集中力 F = 10kN 的作用。已知木材的弹性模量 E = 1.0×10^4 MPa，试确定：（1）截面上中性轴的位置；（2）危险截面上的最大正应力。

6-33　矩形截面木材悬臂梁受力如题 6-33 图示，F_1 = 800N，F_2 = 1600N。材料许用应力 $[\sigma]$ = 10MPa，弹性模量 E = 10GPa，设梁截面的宽度 b 与高度 h 之比为 1:2。试选择梁的截面尺寸。

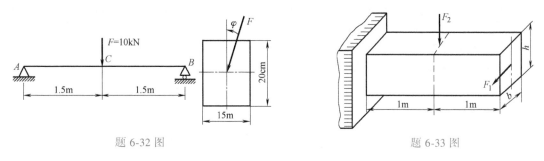

题 6-32 图　　　　　　　　题 6-33 图

6-34　简支梁的受力及横截面尺寸如题 6-34 所示。钢材的许用应力 $[\sigma]=160\mathrm{MPa}$，试确定梁危险截面中性轴的方向，并校核此梁的强度。

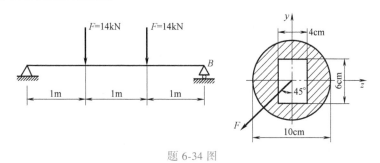

题 6-34 图

6-35　题 6-35 图所示简支梁的截面为 200mm×200mm×20mm 的等边角钢，若 $F=25\mathrm{kN}$，试求最大弯矩截面上 A 点、B 点和 C 点的正应力。

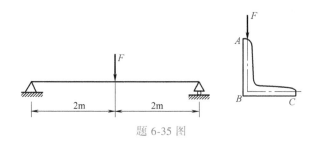

题 6-35 图

6-36　旋臂式吊车梁为 16 号工字钢，尺寸如题 6-36 图所示，允许吊重 $F=10\mathrm{kN}$，材料的 $[\sigma]=160\mathrm{MPa}$。试校核吊车梁的强度。

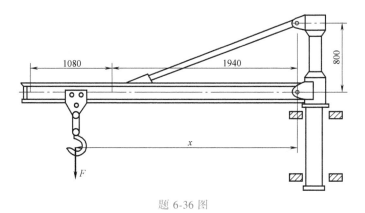

题 6-36 图

6-37 题 6-37 图所示等截面构件的许用应力 $[\sigma]$ = 120MPa，矩形截面尺寸 2.5cm×10cm，试确定许用载荷 $[F]$，并作危险截面上的应力分布图，指出最大应力发生在哪一点。

6-38 如题 6-38 图所示一等直实心圆杆，B 端为铰支承，A 端靠在光滑的竖直墙面上（摩擦力可略去）。已知杆长 L、横截面直径 d、杆的总重 F 及倾角 α。试确定自 A 点至由于杆自重产生最大压应力的横截面的距离 S。

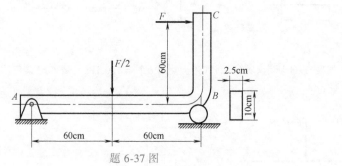

题 6-37 图

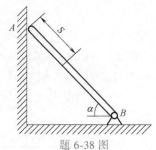

题 6-38 图

6-39 题 6-39 图所示某厂房柱子，受到起重机梁的铅垂轮压 F = 220kN、屋架传给柱顶的水平力 F_x = 8kN 及风载荷 q = 1kN/m 的作用。F 力作用线离柱的轴线距离 e = 0.4m，柱子底部截面为矩形，尺寸为 1m× 0.3m，试计算柱子底部危险点的应力。

6-40 简单夹钳如图题 6-40 图所示。如夹紧力 F = 6kN，材料的许用应力 $[\sigma]$ = 140MPa，试校核其强度。

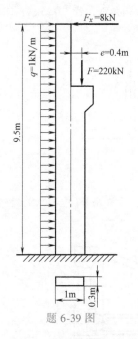

题 6-39 图

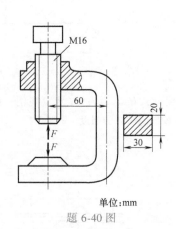

单位:mm

题 6-40 图

6-41 轮船上救生艇的吊杆尺寸及受力情况如题 6-41 图示，图中重量载荷 W 包括救生艇自重及被救人员重量在内。试求固定端 A-A 截面上的最大应力。

6-42 如题 6-42 图所示正方形截面拉杆受拉力 F = 90kN 作用，a = 5cm，在杆的根部挖去 1/4。试求杆内最大拉应力之值。

6-43 承受偏心拉伸的矩形截面杆如题 6-43 图所示，今用电测法测得该杆上、下两侧面的纵向应变 ε_1 和 ε_2。试证明在弹性范围内，偏心距 e 与应变 ε_1、ε_2 满足下列关系式：

$$e = \frac{\varepsilon_1 - \varepsilon_2}{\varepsilon_1 + \varepsilon_2} \cdot \frac{h}{6}$$

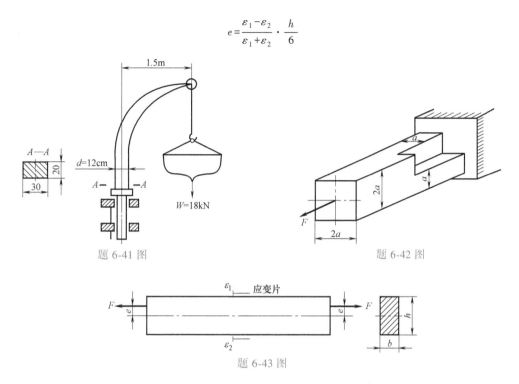

题 6-41 图　　　　　　　　　　　题 6-42 图

题 6-43 图

6-44　如题 6-44 图所示正方形截面折杆，外力 F 通过 A 和 B 截面的形心。若已知 $F = 10\mathrm{kN}$，正方形截面边长 $a = 60\mathrm{mm}$。试求杆内横截面上的最大正应力。

6-45　材料为灰铸铁 HT15-33 的压力机框架如题 6-45 图所示。许用拉应力 $[\sigma_+] = 30\mathrm{MPa}$，许用压应力 $[\sigma_-] = 80\mathrm{MPa}$。试校核框架立柱的强度。

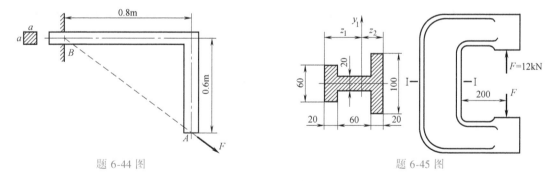

题 6-44 图　　　　　　　　　　　题 6-45 图

第7章
弯曲变形

上一章，在研究梁内的应力分布问题时，我们会注意到梁的变形。本章要详细讨论梁的弯曲变形问题。因为：1）对所设计的梁，不仅要求有足够的强度，而且要求有足够的刚度，及要求它在载荷下的弹性变形不超过容许的限度。特别是在设计弹性元件（如叠板弹簧）、各种精密机械和仪表零件时，变形计算（即刚度计算）往往是最重要的部分；2）变形计算是解决超静定问题所必需的，而实际上常常会遇到梁的种种超静定情况；3）在研究梁的振动和撞击等动载荷问题时，也必须具备计算变形的知识。

7.1 梁的挠曲线的微分方程

1. 挠度与截面的转角

根据弯曲理论的基本假设，梁的横截面在弯曲后仍为平面，且垂直于其挠曲线（elastic curve）（梁在弯曲时的形心轴线）。因此，如果知道梁的挠曲线的形状，那么横截面上任意一点的位移是不难确定的，这样可以集中全部注意力于挠曲线形状的研究。下面着重考虑材料在弹性范围内的弯曲变形。

我们着重考虑等截面梁在平面弯曲下的情况，因而挠曲线形状可以用一根平面曲线来表示，梁的轴线保留于力平面内。选定梁的左端为坐标原点，x 轴沿梁轴的原有方向，y 轴沿载荷作用的方向（图 7-1）。由于梁的变形一般都非常小，可以认为梁轴上各点只有 y 方向的位移（y），不计 x 方向的位移。这样，梁的挠曲线形状，完全可以用下列函数来表示：

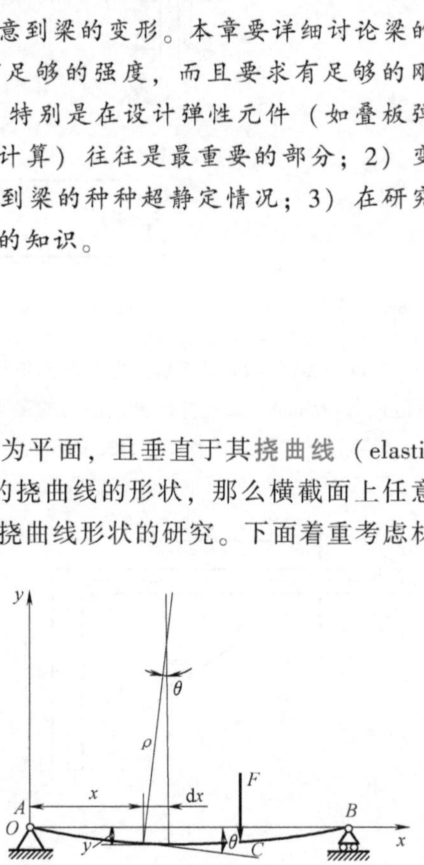

$$y = f(x)$$

图 7-1

把梁轴上任意一点的位移 y，称为截面在 x 处的挠度（deflection）。

由于横截面始终与挠曲线垂直，因而它在 y 处的转角 θ，等于挠曲线在 x 处的倾角，在微小变形的情况下：

$$\theta \approx \tan\theta = \frac{dy}{dx} \tag{7-1}$$

这就是说，截面的转角（slope angle），等于该截面的挠度 y 对 x 的一次导数。在以后的分析里，取坐标系 x 向右为正，y 向上为正，符号规则是：挠度 y 以向上为正，转角 θ 以逆时针转为正。

由于梁变形的连续性，变形以后，任一截面的形心占有一定位置，并且截面有一定的转角，所以梁的挠曲线是连续的曲线，任一点只有一个 y 值，也只有一条切线（一个 θ 值）。

2. 挠曲线的微分方程

在第 6 章里，已建立了曲率、抗弯刚度、弯矩间的基本关系式（6-1）：

$$\frac{1}{\rho} = \frac{M}{EI}$$

尽管它是在纯弯曲情况下得到的，但较精确的研究表明，该式也可以应用于横力弯曲的情况下。

利用微积分课程中关于已知曲线 $y=f(x)$ 的曲率公式：

$$\frac{1}{\rho} = \pm \frac{\dfrac{d^2y}{dx^2}}{\sqrt{\left[1+\left(\dfrac{dy}{dx}\right)^2\right]^3}} \tag{a}$$

可以直接得出挠曲线的微分方程

$$\pm \frac{\dfrac{d^2y}{dx^2}}{\sqrt{\left[1+\left(\dfrac{dy}{dx}\right)^2\right]^3}} = \frac{M}{EI} \tag{7-2}$$

这是一个二阶非线性的常微分方程，其求解比较复杂，因而实际应用起来是有困难的。

但是，在绝大多数的实际问题中，梁的变形非常微小。在式（7-2）的分母中，$\left(\dfrac{dy}{dx}\right)^2$ 比 1 小得多，可以忽略不计，于是式（7-2）就可简化为线性的常微分方程：

$$\pm \frac{d^2y}{dx^2} = \frac{M}{EI} \tag{b}$$

式（b）的符号，需要确定一下。在 y 轴向上为正的坐标系中，如果梁所受的是正弯矩，这时挠曲线的 $\dfrac{d^2y}{dx^2}$ 也为正值，如图 7-2a 所示；如果梁所受的是负弯矩，这时挠曲线的 $\dfrac{d^2y}{dx^2}$ 也为负值，如图 7-2b 所示。

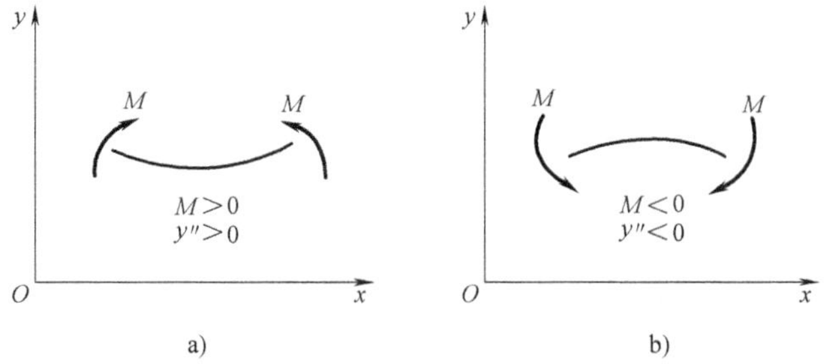

图 7-2

总之，M 与 $\dfrac{d^2y}{dx^2}$ 是同号的，即得

$$\frac{d^2y}{dx^2} = \frac{M}{EI} \tag{7-3}$$

这就是用于梁的变形的挠曲线的近似微分方程。

3. 梁的刚度校核

为了保证梁式构件能够正常工作，除了要求它有足够的强度外，往往还需要对它的弯曲变形加以适当限制，进行必要的刚度校核。例如，如果传动轴的弯曲变形太大，就会使轴颈在轴承上发生偏斜，引起轴承衬的磨损不均及轴承的发热等不利情况；电动机的轴如变形太大，会使旋转部分和固定部分的间隙不合规定等。

在校核梁的刚度时，工程上一般对最大挠度和最大转角加以限制，或某指定截面的挠度和转角不超过某一规定数值。所以梁弯曲的刚度条件为

$$\left.\begin{array}{l} |y_{max}| \leq [y] \\ |\theta_{max}| \leq [\theta] \end{array}\right\} \tag{7-4}$$

例如一般机械的转轴，跨度 l，则

$$[y] = (0.0003 \sim 0.0005)l$$

桥式起重机横梁

$$[y] = \left(\frac{1}{700} \sim \frac{1}{400}\right)l$$

安装齿轮的轴

$$[\theta] = 0.001 \text{rad}$$

滚动轴承（在轴颈处）

$$[\theta] = 0.0016 \sim 0.005 \text{rad}$$

对于一般机械零部件，其挠度和转角的容许量可查阅有关机械设计手册。

7.2 两次积分法

在运用挠曲线微分方程（7-3）计算梁的变形时，首先将弯矩沿 x 改变的函数式 $M(x)$ 代入，进行一次积分，得

$$\theta = \frac{dy}{dx} = \int \frac{M}{EI} dx + C \tag{7-5}$$

即得出梁的转角方程。将上式再一次积分，得

$$y = \int dx \int \frac{M}{EI} dx + Cx + D \tag{7-6}$$

即得出梁的挠度方程。上面两式中的 C 及 D 是积分常数，可以根据梁的边界条件来确定。下面通过例题来说明本方法的具体运用。

例 7-1 设有悬臂梁受集中力如图 7-3 所示，其抗弯刚度为 EI，求挠度和转角的方程及其最大值。

解 距 A 点为 x 处截面内的弯矩为

$$M = -F(l-x)$$

由式（7-3）有 $EI \dfrac{d^2y}{dx^2} = -F(l-x)$

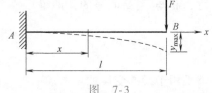

图 7-3

积分：
$$EI\frac{dy}{dx}=-F\left(lx-\frac{x^2}{2}\right)+C \qquad (a)$$

再积分：
$$EIy=-F\left(l\frac{x^2}{2}-\frac{x^3}{6}\right)+Cx+D \qquad (b)$$

在固定端的边界条件是挠度与转角均为零，即

当 $x=0$ 时，$y=0$，代入式（b），得 $D=0$；

当 $x=0$ 时，$\frac{dy}{dx}=0$，代入式（a），得 $C=0$。

所以，转角方程为
$$\theta=\frac{dy}{dx}=-\frac{Fx}{EI}\left(l-\frac{x}{2}\right) \qquad (c)$$

挠度方程为
$$y=-\frac{Fx^2}{2EI}\left(l-\frac{x}{3}\right) \qquad (d)$$

在自由端 B，即 $x=l$ 处，产生最大挠度，其值为
$$y_{max}=y_B=-\frac{Fl^3}{3EI}$$

式中，负号表示最大挠度 y 的方向向下。最大转角也是在 B 端产生，其值为
$$\theta_B=-\frac{Fl^2}{2EI}$$

式中，负号表示 B 端截面沿顺时针方向转过 $|\theta_B|$ 角。

例 7-2　设简支梁受均布载如图7-4所示，其抗弯刚度为 EI，试求梁的挠度和转角方程及其最大值。

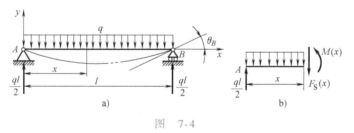

图　7-4

解　距左端 A 为 x 处的截面内的弯矩为
$$M=\frac{ql}{2}x-\frac{1}{2}qx^2$$

即
$$EIy''=\frac{ql}{2}x-\frac{1}{2}qx^2$$

积分有
$$EIy'=\frac{ql}{4}x^2-\frac{1}{6}qx^3+C \qquad (a)$$

$$EIy=\frac{ql}{12}x^3-\frac{1}{24}qx^4+Cx+D \qquad (b)$$

应用边界条件，在 A、B 两端挠度为零。以 $x=0$ 时，$y=0$；及 $x=l$ 时，$y=0$ 代入式

（b），求得

$$D = 0, \quad C = -\frac{ql^3}{24}$$

（由于载荷是对称的，挠曲线也是对称的，利用对称性，在 $x = \frac{l}{2}$ 时，$y' = 0$，以此条件代入式（a），亦可求得 C 值如上。）

转角方程为
$$\theta = y' = -\frac{ql^3}{24EI}\left(1 - 6\frac{x^2}{l^2} + 4\frac{x^3}{l^3}\right) \tag{c}$$

挠度方程为
$$y = -\frac{ql^4}{24EI}\left(\frac{x^4}{l^4} - 2\frac{x^3}{l^3} + \frac{x}{l}\right) \tag{d}$$

最大转角发生于支座处（即 $x = 0$，$x = l$ 处），其值为

$$\theta_A = -\theta_B = -\frac{ql^3}{24EI}$$

由对称性，最大挠度发生于跨度中点，即 $x = \frac{l}{2}$ 处，以 $\frac{x}{l} = \frac{1}{2}$ 代入式（d），得

$$y_{max} = -\frac{5ql^4}{384EI}$$

例 7-3　简支梁 AB 跨度长为 l，承受集中力 F，如图 7-5 所示，梁的抗弯刚度 EI 为常数。试求梁的挠曲线方程、集中力 F 作用处 C 的挠度与梁的最大挠度。

解　以梁的左端 A 为坐标原点，由平衡方程求得支座约束力

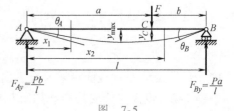

图　7-5

$$F_{Ay} = \frac{Fb}{l}, \quad F_{By} = \frac{Fa}{l}$$

在集中力 F 的左右两侧，弯矩方程不同，所以在确定变形方程时，应分两段来考虑，如表 7-1 所示。

表　7-1

AC 段		CB 段	
$EIy_1'' = M(x_1) = \dfrac{Fb}{l}x_1$	(a)	$EIy_2'' = M(x_2) = \dfrac{Fb}{l}x_2 - F(x_2 - a)$	(a')
$EIy_1' = \dfrac{Fb}{l}\dfrac{x_1^2}{2} + C_1$	(b)	$EIy_2' = \dfrac{Fb}{l}\dfrac{x_2^2}{2} - \dfrac{F(x_2 - a)^2}{2} + C_2$	(b')
$EIy_1 = \dfrac{Fb}{l}\dfrac{x_1^3}{6} + C_1 x_1 + D_1$	(c)	$EIy_2 = \dfrac{Fb}{l}\dfrac{x_2^3}{6} - \dfrac{F(x_2 - a)^3}{6} + C_2 x_2 + D_2$	(c')

先利用两段梁在 C 点处的转角及挠度均应相等的连续条件，得

当 $x_1 = a = x_2$ 时，$y_1' = y_2'$，由式（b）及式（b'），得 $C_1 = C_2 = C$；

当 $x_1 = a = x_2$ 时，$y_1 = y_2$，由式（c）及式（c'），得 $D_1 = D_2 = D$。

可以看到，如梁有两段微分方程，就会产生四个积分常数，但是在积分时若不解开

$(x-a)$ 的括号，最终仍旧只有两个积分常数，因而简化了计算。还可以看到，设梁在坐标原点 A 处的挠度为 y_0，转角 θ_0，以 $x_1=0$ 代入式（b）及式（c），即推知：

$$C=EI\theta_0, \quad D=EIy_0 \tag{d}$$

利用 A 端及 B 端挠度为零的边界条件：

当 $x_1=0$ 时，$y_1=0$，由式（c），得 $D_1=D_2=0$；

当 $x_2=l$ 时，$y_2=0$，由式（c'），得

$$0=\frac{Fb}{6l}l^3-\frac{F}{6}(l-a)^3+C_2l$$

所以

$$C_1=C_2=-\frac{Fb}{6l}(l^2-b^2)$$

由式（d），可知梁在 A 端的转角为

$$\theta_A=\frac{C}{EI}=-\frac{Fb}{6lEI}(l^2-b^2) \tag{e}$$

于是求得第一段梁的转角及挠度方程

$$\theta_1=y_1'=\frac{1}{EI}\left[\frac{Fb}{2l}x_1^2-\frac{Fb}{6l}(l^2-b^2)\right] \tag{f}$$

$$y_1=\frac{1}{EI}\left[\frac{Fb}{6l}x_1^3-\frac{Fb}{6l}x_1(l^2-b^2)\right] \tag{g}$$

第二段梁的转角和挠度方程为

$$\theta_2=y_2'=\frac{1}{EI}\left[\frac{Fb}{2l}x_2^2-\frac{F}{2}(x_2-a)^2-\frac{Fb}{6l}(l^2-b^2)\right] \tag{h}$$

$$y_2=\frac{1}{EI}\left[\frac{Fb}{6l}x_2^3-\frac{F}{6}(x_2-a)^3-\frac{Fb}{6l}x_2(l^2-b^2)\right] \tag{i}$$

以 $x_1=a$ 代入式（g）得 C 点挠度

$$y_C=\frac{Fab}{6lEI}(a^2-l^2+b^2)=-\frac{Fa^2b^2}{3lEI}$$

最大挠度将产生于挠曲线的切线成水平处，若 $a>b$，由 y_1' 的公式分析，在 A 端处

$$y_1'=-\frac{Fb}{6EIl}(l^2-b^2)<0$$

在截面 C 处，即 $x_1=a$ 处

$$y_1'=\frac{Fb}{6EIl}(3a^2-l^2+b^2)=\frac{Fab}{3EIl}(a-b)>0$$

既然 y_1' 在 A、C 间变号，必然经过零点，故产生最大挠度必在 AC 段内。令 $y_1'=0$，即

$$\frac{1}{EI}\left[\frac{Fb}{2l}x_1^2-\frac{Fb}{6l}(l^2-b^2)\right]=0$$

所以最大挠度产生于

$$x_1=\sqrt{\frac{l^2-b^2}{3}}$$

的截面处，以此 x_1 值代入式（g），求得最大挠度为

$$y_{max} = -\frac{Fb\sqrt{(l^2-b^2)^3}}{9\sqrt{3}EIl}$$ (j)

根据上面的结果，可知当力 F 作用在中央时，$b = \frac{l}{2}$，则

$$x_1 = \frac{l}{2} = 0.5l$$

当力 F 趋近于支座 B 时，$b \to 0$，则

$$x_1 \to \frac{l}{\sqrt{3}} = 0.577l$$

可以看出，当力 F 由中央逐渐移向右支座时，最大挠度的位置由 $0.5l$ 逐渐改变到 $0.577l$。因此，当单跨梁受到任何载荷作用时，在实用上往往可近似地把中央截面的挠度作为梁的最大挠度。

若集中力 F 作用于梁的中点，$a = b = \frac{l}{2}$，则由式（i），可求得最大挠度发生于跨度中点，其值为

$$y_{max} = -\frac{Fl^3}{48EI}$$

由式（e），求得两端处的转角为

$$\theta_A = -\theta_B = -\frac{Fl^2}{16EI}$$

7.3 初参数法

上一节计算梁内各截面的变形时，要求将逐段连续的函数加以积分，然后按各段边界条件，确定积分常数。有 n 个非连续段，就有 n 个挠曲线方程和 $2n$ 个积分常数，这样在计算时往往非常繁琐。为了简化计算，各国科学家曾经提出过很多种方法，其中应用最广泛的是初参数法，此方法基本上是运用线性微分方程式的间断积分理论，一次写出整个梁长的挠曲线方程，不管梁的支座形式及受力情况如何复杂，都可将未知的积分常数减至两个或四个，而这几个常数，都与梁的起始端的内力（称为初剪力、初弯矩）和变形（称为初转角、初挠度）有关。采用该方法，可以按照所给梁的支座形式及受力情况，一下写出全梁的剪力、弯矩、转角及挠度的方程，而式中的积分常数可用梁的初参数（即初剪力等）表示，其个数很少，容易根据梁的边界条件来确定其值，所以是相当简捷的方法。下面介绍该方法的原理，并举例说明其用法。

式（7-3）给出了等直梁挠曲线的近似微分方程

$$EIy'' = M(x)$$ (a)

由式（5-1）、式（5-2）梁的弯矩 M、剪力 F_S 和载荷集度 q 之间存在着如下关系：

$$M'(x) = F_S(x)$$ (b)

$$F'_S(x) = q(x)$$ (c)

分布载荷 $q(x)$ 以向上为正值。

将式（a）的两端对 x 求导两次，并由式（b）、式（c）的关系即可得等直梁挠曲线的四阶微分方程

$$EIy^{(4)} = q(x) \tag{7-7}$$

应用上式推导梁的挠曲线方程时，需经过 4 次积分，即

$$EIy''' = M'(x) = F_S(x) = \int q(x)\,\mathrm{d}x + C_1 \tag{d}$$

$$EIy'' = M(x) = \iint q(x)\,\mathrm{d}x\mathrm{d}x + C_1 x + C_2 \tag{e}$$

$$EIy' = EI\theta = \iiint q(x)\,\mathrm{d}x\mathrm{d}x\mathrm{d}x + \frac{1}{2}C_1 x^2 + C_2 x + C_3 \tag{f}$$

$$EIy = \iiint\!\int q(x)\,\mathrm{d}x\mathrm{d}x\mathrm{d}x\mathrm{d}x + \frac{1}{3!}C_1 x^3 + \frac{1}{2!}C_2 x^3 + C_3 x + C_4 \tag{g}$$

当 $x=0$ 时，以 x 为自变量在原点处的上述四式的 4 个定积分 $\int_0^0 q(x)\,\mathrm{d}x$ 等均等于零，所以可求得积分常数为

$$\left.\begin{array}{l} C_1 = F_{S0} \\ C_2 = M_0 \\ C_3 = EI\theta_0 \\ C_4 = EIy_0 \end{array}\right\} \tag{h}$$

式中，F_{S0}、M_0、θ_0 和 y_0 分别为坐标原点处的剪力、弯矩、转角和挠度，称为此梁的初参数。将式（h）分别代入式（f）与式（g），可得

$$EIy' = EI\theta = \iiint q(x)\,\mathrm{d}x\mathrm{d}x\mathrm{d}x + \frac{F_{S0}}{2}x^2 + M_0 x + EI\theta_0 \tag{7-8}$$

$$EIy = \iiint\!\int q(x)\,\mathrm{d}x\mathrm{d}x\mathrm{d}x\mathrm{d}x + \frac{F_{S0}}{3!}x^3 + \frac{M_0}{2!}x^2 + EI\theta_0 x + EIy_0 \tag{7-9}$$

当简支梁或悬臂梁受满布的分布载荷作用时（图 7-6），由式（7-8）及式（7-9）很易得到它的转角方程与挠曲线方程。其中 4 个初参数 F_{S0}、M_0、θ_0 和 y_0 可根据边界条件来确定。当作用在梁上的载荷较复杂时，也可应用这两个方程来解题，现简略介绍其方法如下。

悬臂梁承受载荷 F_1、M_1、q_1，其尺寸如图 7-7a 所示。此梁分为（1）、（2）、（3）、（4）、（5）五段，在应用初参数法计算弯曲变形时应注意下列几项：

1）各梁段截面的横坐标均由同一坐标原点 O 起算，且将原点放在梁的左端。

2）写各段内截面的弯矩方程 $M(x)$ 时，都根据截面同一侧（即左侧）的外力，后一段的弯矩方程中包含前段弯矩方程中各项。

写弯矩方程时，外力偶 M_1 作用于离原点 d_M 处，应写为 $M_1(x-d_M)^0$。

如遇均布载荷 q_1，在（4）段上，应把它向后面各段上延伸，即在（5）段延伸，再在此段上相反方向加 $-q_1$，如图 7-7b 所示。

3）整个梁的弯矩方程 $M(x)$ 可写成一个方程，分各部分表示各段的弯矩，对挠曲线近似微分方程进行积分时，以 $(x-d_F)$ 等作为自变量。

图 7-7 所示梁的弯矩方程可写为

$$M(x) = M_0 + F_{S0}x\,|_{Oa} + F_1(x-d_F)\,|_{ab} + M_1(x-d_M)^0\,|_{bc} + \frac{1}{2}q_1(x-d_{q1})^2\,|_{cd} - \frac{1}{2}q_1(x-d_{q2})^2\,|_{de}$$

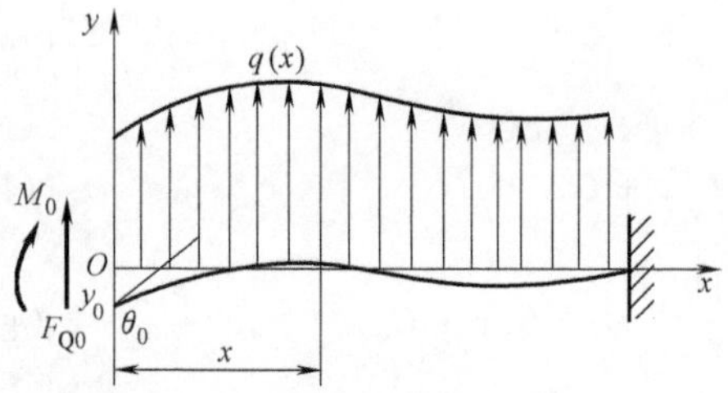

图 7-6 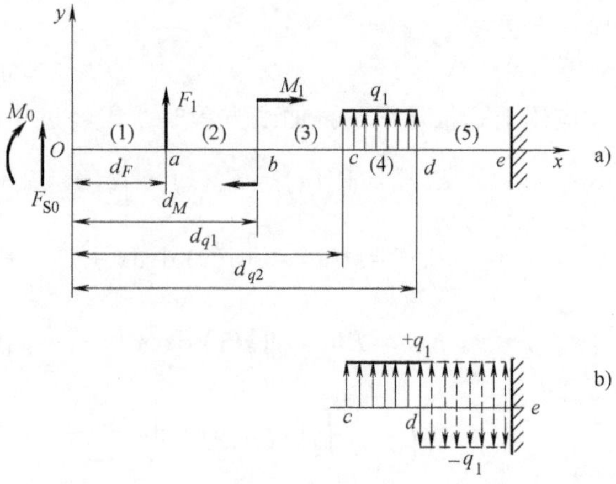　　　　　　　　　　图 7-7

上式等号右侧前两项表示（1）段的弯矩方程式，右侧前三项表示（2）段的弯矩方程，右侧前四项表示（4）段的弯矩方程；余可类推。整个方程表示梁最后一段，即（5）段的弯矩方程（如 $x-d_i$ 出现负值时即弃去）。

将上式代入挠曲线近似微分方程 $EIy'' = M(x)$ 后，对 x 积分一次，由初始边界条件 $x=0$，$\theta=\theta_0$ 可确定积分常数，得转角方程式：

$$EI\theta = EI\theta_0 + M_0 x + \frac{F_{S0}}{2}x^2\,|_{Oa} + \frac{F_1}{2}(x-d_F)^2\,|_{ab} + M_1(x-d_M)\,|_{bc} +$$

$$\frac{1}{3!}q_1(x-d_{q1})^3\,|_{cd} - \frac{1}{3!}q_1(x-d_{q2})^3\,|_{de} \tag{7-10}$$

式（7-10）对 x 再积分一次，当 $x=0$，$y=y_0$，可确定积分常数，得挠曲线方程式：

$$EIy = EIy_0 + EI\theta_0 x + \frac{M_0}{2}x^2 + \frac{F_{S0}}{3!}x^3\,|_{Oa} + \frac{F_1}{3!}(x-d_F)^3\,|_{ab} + \frac{M_1}{2}(x-d_M)^2\,|_{bc} +$$

$$\frac{1}{4!}q_1(x-d_{q1})^4\,|_{cd} - \frac{1}{4!}q_1(x-d_{q2})^4\,|_{de} \tag{7-11}$$

对转角方程（7-10）与挠曲线方程（7-11）与上述弯矩方程同样情况，可依次序取各部分项作为各段的方程，读者可自行推导之。式（7-10）与式（7-11）称为梁的初参数方程或普遍方程。应用初参数方程，不论梁的载荷如何复杂，如分为 n 段，它的积分常数不再是 $2n$ 个，而是简化为 $EI\theta_0$ 与 EIy_0 两个。

例 7-4　用普遍方程求图7-8a所示外伸梁 AD 外伸端 A 的转角 θ_A、挠度 y_A，跨度中心 C 的转角 θ_C、挠度 y_C，梁的抗弯刚度为 EI。

解　由平衡方程式 $\sum M_D = 0$，求得支座约束力 $F_{By} = \frac{5}{4}qa$。

以 A 端作坐标原点，选坐标轴如图 7-8a 所示。将 AB 段上的均布载荷 $-q$ 向右延长至 D 端，并在 BD 之间加 $+q$，如图 7-8b 所示。

（1）弯矩方程式

$$M(x) = -\frac{1}{2}qx^2 + F_{By}(x-a) + \frac{q}{2}(x-a)^2 - F(x-2a)$$

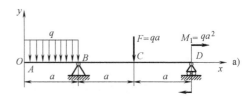

将上式代入式（7-3）积分或应用式（7-10）得

$$EI\theta = EI\theta_0 - \frac{1}{3!}qx^3 + \frac{F_{By}}{2}(x-a)^2 +$$

$$\frac{q}{3!}(x-a)^3 - \frac{F}{2}(x-2a)^2 \qquad （a）$$

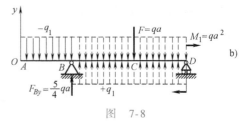

再积分一次或应用式（7-11）得

$$EIy = EIy_0 + EI\theta_0 - \frac{1}{4!}qx^4 + \frac{F_{By}}{3!}(x-a)^3 +$$

图 7-8

$$\frac{q}{4!}(x-a)^4 - \frac{F}{3!}(x-2a)^3 \qquad （b）$$

（因选择左端 A 为原点，右端 D 处外力矩 M_1 及支座约束力 F_{Dy} 不引入方程式中。）

（2）边界条件

支座 B：$x=a$，$y=0$，代入式（b）得

$$0 = EIy_0 + EI\theta_0 \cdot a - \frac{q}{4!}a^4 \qquad （c）$$

支座 D：$x=3a$，$y=0$，代入式（b）得

$$0 = EIy_0 + EI\theta_0 \cdot 3a - \frac{q}{4!}(3a)^4 + \frac{F_{By}}{3!}(2a)^3 + \frac{q}{4!}(2a)^4 - \frac{F}{3!}a^4 \qquad （d）$$

以 $F_{By} = \frac{5}{4}qa$ 代入，并联立解式（c）与式（d）可得

$$EI\theta_0 = \frac{7}{12}qa^3$$

$$EIy_0 = -\frac{13}{24}qa^4$$

（3）梁的普遍方程式

$$EI\theta = \frac{7}{12}qa^3 - \frac{q}{3!}x^3 + \frac{\frac{5}{4}qa}{2}(x-a)^2 + \frac{q}{3!}(x-a)^3 - \frac{qa}{2}(x-2a)^2$$

$$EIy = -\frac{13}{24}qa^4 + \frac{7}{12}qa^3x - \frac{q}{4!}x^4 + \frac{\frac{5}{4}qa}{3!}(x-a)^3 + \frac{q}{4!}(x-a)^4 - \frac{q-a}{3!}(x-2a)^3$$

A 端的挠度和转角

$$x=0, \quad y_A = y_0 = -\frac{13qa^4}{24EI}$$

$$\theta_A = \theta_0 = \frac{7qa^3}{12EI}$$

C 端的挠度和转角

$$x = 2a, \quad y_C = -\frac{5}{24}\frac{qa^4}{EI}$$

$$\theta_C = \frac{1}{24}\frac{qa^3}{EI}$$

例 7-5　铰接梁 $ABCD$，A 为固定端，B 为中间铰，C 为中间支座，D 为外伸端，承受载荷如图 7-9a 所示，试求该梁的普遍方程、铰 B 的挠度，以及自由端 D 的挠度。梁的抗弯刚度为 EI。

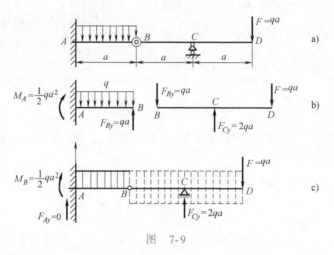

图　7-9

解　先求出梁的支座约束力（图 7-9b）

BD 段　　　　　　　　$\sum M_C = 0$, 　$F_{By} = qa$ （方向如图）

　　　　　　　　　　$\sum F_y = 0$, 　$F_{Cy} = 2qa$

AB 段　　　　　　　　$\sum F_y = 0$, 　$F_{Ay} = 0$

　　　　　　　　　　$\sum M_B = 0$, 　$M_A = \frac{1}{2}qa^2$

应用普遍方程（7-10）与（7-11）确定具有中间铰的联合梁，需加适当修正。在中间铰 B 处，挠曲线是连续的，但其斜率（即转角 θ）有一突变，按式（7-10）确定转角 θ 时，超过中间铰 B，就需另加一常数 $\Delta\theta_B$，$\Delta\theta_B$ 表示挠曲线在 B 处斜率的突变值。在把 $\theta(x)$ 进行积分求 $y(x)$ 的表达式时，为了避免引入新的积分常数，根据在中间铰处挠曲线仍是连续这一条件，可把 $\Delta\theta_B$ 写成 $\Delta\theta_B(x-a)^0$，此后以 $(x-a)$ 作自变量进行积分。根据式（7-10）进行修正，应写为

$$EI\theta(x) = EI\theta_0 + M_A x - q\frac{x^3}{3!} + EI\Delta\theta_B(x-a)^0 + \frac{q(x-a)^3}{3!} + \frac{F_{Cy}}{2!}(x-2a)^2 \qquad (\text{a})$$

$$EIy(x) = EIy_0 + EI\theta_0 x + \frac{M_A x^2}{2} - q\frac{x^4}{4!} + EI\Delta\theta_B(x-a) + \frac{q(x-a)^4}{4!} + \frac{F_{Cy}}{3!}(x-2a)^3 \qquad (\text{b})$$

在固定端 A，当 $x = 0$ 时，$\theta_0 = y_0 = 0$；又 $M_A = \frac{1}{2}qa^2$，$F_{Cy} = 2qa$。在支座 C 处，$x = 2a$，$y_C = 0$，代入式（b）有

$$0 = \frac{\frac{1}{2}qa^2}{2!}(2a)^2 - q\frac{(2a)^4}{4!} + EI\Delta\theta_B(2a-a) + q\frac{(2a-a)^4}{4!}$$

解上式得 $EI\Delta\theta_B = -\frac{3}{8}qa^3$, 代入式（a）与式（b），得此梁的普遍方程式

$$EI\theta(x) = \frac{1}{2}qa^2 \cdot x - \frac{qx^3}{3!} - \frac{3}{8}qa^3(x-a)^0 + \frac{q(x-a)^3}{3!} + \frac{2qa}{2!}(x-2a)^2$$

$$EIy(x) = \frac{1}{4}qa^2x^2 - \frac{qx^4}{4!} - \frac{3}{8}qa^3(x-a) + \frac{q(x-a)^4}{4!} + \frac{2qa}{3!}(x-2a)^3$$

中间铰 B 处（$x=a$）的挠度

$$y_B = \frac{qa^4}{EI}\left(\frac{1}{4} - \frac{1}{24}\right) = \frac{5}{24}\frac{qa^4}{EI}$$

外伸端 D 处（$x=3a$）的挠度

$$y_D = \frac{qa^4}{EI}\left(\frac{9}{4} - \frac{81}{24} - \frac{3}{8}\times 2 + \frac{16}{24} + \frac{2}{6}\right) = -\frac{7}{8}\frac{qa^4}{EI}$$

7.4 叠加法

从上一节计算结果可以看到，按挠曲线近似微分方程求得的转角和挠度都与载荷成正比，所以求梁的变形也可使用叠加原理。

1. 叠加法

由表 7-2 可以查到一系列在简单载荷作用下的简支梁和悬臂梁的挠度和转角公式，更详细的梁的变形表可从各种工程手册中查到。在工程实际计算中，参考梁的变形表，利用叠加法，可以迅捷地算出各种较复杂载荷情况下梁的变形。下面举例来说明这种实用上很便利的方法。

例 7-6 简支梁 AB 受载荷如图7-10 所示，EI 已知。试求 C 点的挠度和 A 点的转角。

解 分别考虑 C 点由 F 单独作用下产生的挠度

$$y_{CF} = -\frac{Fl^3}{48EI}$$

由 M_0 单独作用产生的挠度

$$y_{CM} = -\frac{M_0 l^2}{16EI}$$

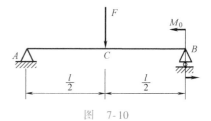

图 7-10

把二者叠加，便可得到 C 点挠度

$$y_C = y_{CF} + y_{CM} = -\frac{Fl^3}{48EI} - \frac{M_0 l^2}{16EI}$$

同理，A 点转角是

$$\theta_A = \theta_{AF} + \theta_{AM} = -\frac{Fl^2}{16EI} - \frac{M_0 l}{6EI}$$

表 7-2 简单载荷作用下梁的挠度和转角

支承和载荷情况	梁端转角	挠曲线方程	最大挠度
	$\theta = -\dfrac{Fl^2}{2EI}$	$y = -\dfrac{Fx^2}{6EI}(3l-x)$	$y_{\max} = -\dfrac{Fl^3}{3EI}$
	$\theta = -\dfrac{Fc^2}{2EI}$	$y = -\dfrac{Fx^2}{6EI}(3c-x),\ 0 \leqslant x \leqslant c$ $y = -\dfrac{Fc^2}{6EI}(3x-c),\ c \leqslant x \leqslant l$	$y_{\max} = -\dfrac{Fc^2}{6EI}(3l-c)$
	$\theta = -\dfrac{ql^3}{6EI}$	$y = -\dfrac{qx^2}{24EI}(x^2+6l^2-4lx)$	$y_{\max} = -\dfrac{ql^4}{8EI}$
	$\theta = -\dfrac{M_0 l}{EI}$	$y = -\dfrac{M_0 x^2}{2EI}$	$y_{\max} = -\dfrac{M_0 l^2}{2EI}$
	$\theta_1 = -\theta_2 = -\dfrac{Fl^2}{16EI}$	$y = -\dfrac{Fx}{48EI}(3l^2-4x^2),\ 0 \leqslant x \leqslant \dfrac{l}{2}$	$y_{\max} = -\dfrac{Fl^3}{48EI}$
	$\theta_1 = -\dfrac{Fab(l+b)}{6lEI}$ $\theta_2 = +\dfrac{Fab(l+a)}{6lEI}$	$y = -\dfrac{Fbx}{6lEI}(l^2-x^2-b^2),\ 0 \leqslant x \leqslant a$ $y = -\dfrac{Fb}{6lEI}\left[(l^2-b^2)x-x^3+\dfrac{l}{b}(x-a)^3\right],\ a \leqslant x \leqslant l$	若 $a>b$, 在 $x=\sqrt{\dfrac{l^2-b^2}{3}}$ 处, $y_{\max} = -\dfrac{Fb}{9\sqrt{3}\,lEI}(l^2-b^2)^{3/2}$ 在 $x=l/2$ 处, $y_{l/2} = -\dfrac{Fb}{48EI}(3l^2-4b^2)$

图示	转角	挠曲线方程	最大挠度
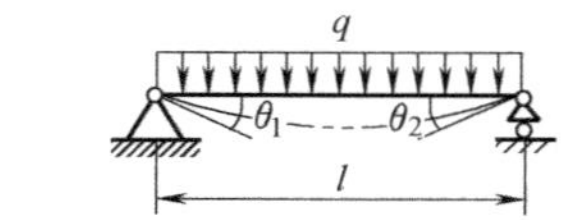	$\theta_1 = -\theta_2 = -\dfrac{ql^3}{24EI}$	$y = -\dfrac{qx}{24EI}(l^3 - 2lx^2 + x^3)$	$y_{\max} = -\dfrac{5ql^4}{384EI}$
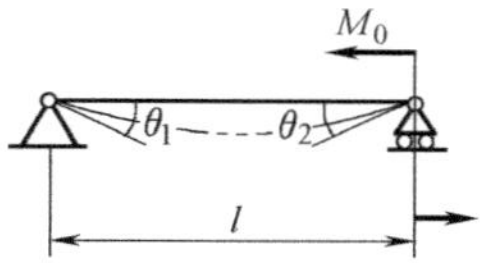	$\theta_1 = -\dfrac{M_0 l}{6EI}$ $\theta_2 = +\dfrac{M_0 l}{3EI}$	$y = -\dfrac{M_0 x}{6lEI}(l^2 - x^2)$	在 $x = l/\sqrt{3}$ 处, $y_{\max} = -\dfrac{M_0 l^2}{9\sqrt{3}EI}$ 在 $x = l/2$ 处, $y_{l/2} = -\dfrac{M_0 l^2}{16EI}$
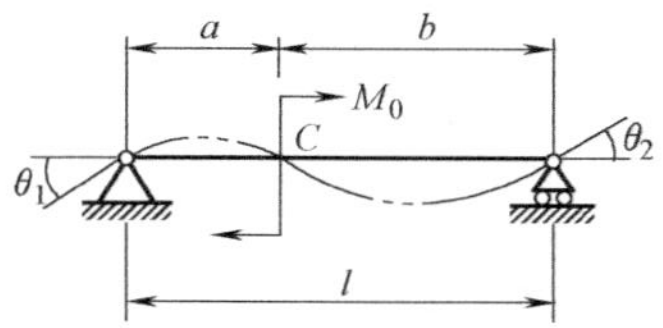	$\theta_1 = +\dfrac{M_0}{6lEI}(l^2 - 3b^2)$ $\theta_2 = +\dfrac{M_0}{6lEI}(l^2 - 3a^2)$ $\theta_C = -\dfrac{M_0}{6lEI}(3a^2 + 3b^2 - l^2)$	$y = \dfrac{M_0 x}{6lEI}(l^2 - 3b^2 - x^2),\ 0 \leq x \leq a$ $y = -\dfrac{M_0(l-x)}{6lEI}[l^2 - 3a^2 - (l-x)^2],\ a \leq x \leq l$	在 $x = \sqrt{\dfrac{l^2 - 3b^2}{3}}$ 处, $y_{1\max} = -\dfrac{M_0(l^2 - 3b^2)^{3/2}}{9\sqrt{3}lEI}$ 在 $x = \sqrt{\dfrac{l^2 - 3a^2}{3}}$ 处, $y_{2\max} = -\dfrac{M(l^2 - 3a^2)^{3/2}}{9\sqrt{3}lEI}$
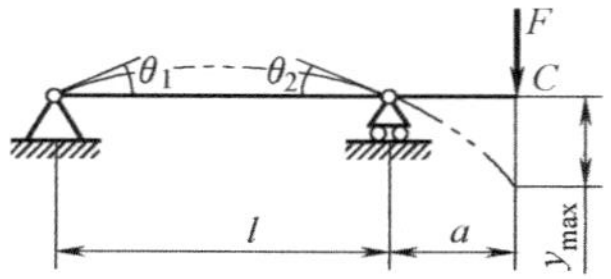	$\theta_1 = \dfrac{Fal}{6EI}$ $\theta_2 = \dfrac{Fal}{3EI}$ $\theta_C = -\dfrac{Fa}{6EI}(2l + 3a)$	$y = \dfrac{Fax}{6lEI}(l^2 - x^2),\ 0 \leq x \leq l$ $y = -\dfrac{F}{6lEI}[al^2 x - ax^3 + (a+l)(x-l)^3],\ l \leq x \leq (l+a)$	在 $x = l+a$ 处, $y_{\max} = -\dfrac{Fa^2}{3EI}(l+a)$ 在 $x = \dfrac{l}{2}$ 处, $y_{l/2} = \dfrac{Fal^2}{16EI}$

例 7-7 已知简支梁的跨度 $l = 4.8$m，全长受有均布载，其集度 $q = 5$kN/m，在跨度中点受有集中力 $F = 30$kN，若许用应力 $[\sigma] = 140$MPa，容许最大挠度 $[y] = \dfrac{1}{600}l$，试按强度及刚度条件设计工字形截面。已知 $E = 210$GPa。

解 由叠加原理，求得最大弯矩

$$M_{max} = \frac{Fl}{4} + \frac{ql^2}{8} = \left(\frac{30 \times 4.8}{4} + \frac{5 \times 4.8^2}{8} \right) \text{kN} \cdot \text{m} = 50.4 \text{kN} \cdot \text{m}$$

由强度条件，所需工字形截面的抗弯截面系数

$$W \geqslant \frac{M_{max}}{[\sigma]} = \frac{50.4 \times 10^3}{140 \times 10^6} \times 10^6 \text{cm}^3 = 360 \text{cm}^3$$

由型钢表查得工 24a 是可以采用的，其 $W = 381 \text{cm}^3$。

由叠加原理，求得最大挠度及相应的刚度条件为

$$\frac{y_{max}}{l} = \frac{Fl^2}{48EI} + \frac{5ql^3}{384EI} = \frac{30000 \times 4.8^2}{48 \times 210 \times 10^9 \times I} + \frac{5 \times 5000 \times 4.8^3}{384 \times 210 \times 10^9 \times I} \leqslant \frac{1}{600}$$

代入已知数据得

$$I \geqslant 6160 \text{cm}^4$$

由型钢表查得工 24a 的 I 只有 4570cm^4，所以应该按照刚度条件来选择截面，采用工 27a，其 $I = 6550 \text{cm}^4$。

2. 逐段刚化法

叠加法虽不是一个独立的解梁变形的方法，但在实际应用上是一个较有用而便利的方法，首先应掌握梁在几种不同简单载荷作用下挠度与转角的计算公式，从多种角度来考虑应用叠加原理，有时要把梁截分为几段，逐步进行计算。

逐段刚化法是将梁分成几段，在计算其中一个梁段的变形时，把其余梁段看作刚体，被刚化的梁段只有刚体位移而无弹性变形。通过下面的例题，对逐段刚化法具体说明。

例 7-8 外伸梁 ABC 在外伸端 C 承受集中力 F，如图 7-11a 所示，梁的抗弯刚度为 EI，尺寸如图，试求外伸端 C 的挠度。

解 把 ABC 梁分为 AB 和 BC 两段。首先考虑梁段 AB 变形，刚化 BC 段。将载荷 F 平移到截面 B，得到作用在 B 截面的集中力 F 和力矩 Fa，如图 7-11b 所示。这样 AB 可看作简支梁，在右端 B 作用有力矩 Fa，B 端产生转角 θ_B（顺时针）。查表 7-2 得

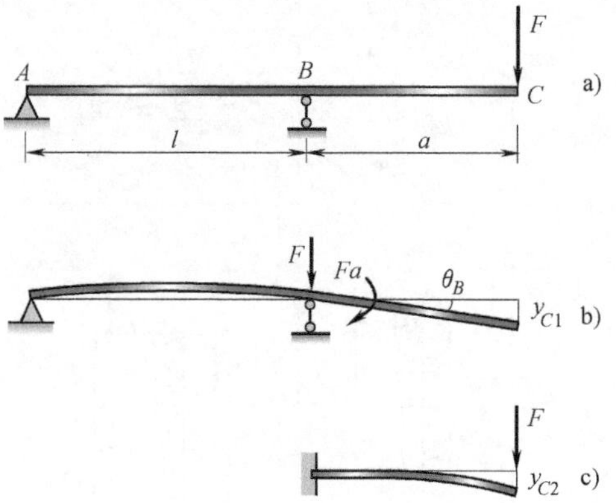

$$\theta_B = \frac{Ml}{3EI} = -\frac{Fal}{3EI}$$

图 7-11

由此 C 点产生挠度

$$y_{C1} = \theta_B a = -\frac{Fa^2 l}{3EI}$$

然后考虑外伸段 BC 变形，刚化 AB 段。则 BC 段可作为悬臂梁看待，如图 7-11c 所示。由于作用在 C 点的外力 F 在 C 点产生挠度

$$y_{C2} = -\frac{Fa^3}{3EI}$$

y_{C1} 与 y_{C2} 相叠加得

$$y_C = y_{C1} + y_{C2} = -\frac{Fa^2}{3EI}(a+l)$$

例 7-9　计算如图7-12 所示的铰接梁在铰 B 处及外伸端 D 的挠度。

解　把此铰接梁分作 AB、BC、CD 三段来考虑，如图 7-12b 所示。AB 段为悬臂梁，全梁受均布载荷 $-q$ 及在 B 端受向上的集中力 $F_{By} = qa$ 作用，B 端挠度由这两种载荷所产生的挠度相叠加而得。

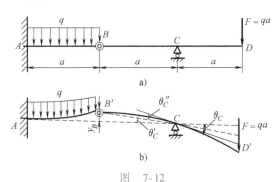

图　7-12

$$y_B = -\frac{qa^4}{8EI} + \frac{F_{By}a^3}{3EI} = \left(\frac{1}{3} - \frac{1}{8}\right)\frac{qa^4}{EI} = \frac{5}{24}\frac{qa^4}{EI}$$

$$\theta_C' = -\frac{y_B}{a} = -\frac{5}{24}\frac{qa^3}{EI}$$

C 处由于作用在 D 点的外力 $F = qa$ 而产生弯矩 $M_C = -qa^2$，引起 θ_C''：

$$\theta_C'' = \frac{M_C a}{3EI} = -\frac{qa^3}{3EI}$$

C 处总的转角

$$\theta_C = \theta_C' + \theta_C'' = -\left(\frac{5}{24} + \frac{1}{3}\right)\frac{qa^3}{EI} = -\frac{13qa^3}{24\,EI}$$

外伸端 D 的挠度 y_D 为

$$y_D = \theta_C a - \frac{Fa^3}{3EI} = -\left(\frac{13}{24} + \frac{1}{3}\right)\frac{qa^4}{EI} = -\frac{7}{8}\frac{qa^4}{EI}$$

7.5　变截面梁的变形

如果梁是变截面的，即 $EI(x)$ 沿梁的长度改变，那么在计算梁的变形时，必须考虑到 $I(x)$ 的影响，把式（7-3）中的 $\dfrac{M}{EI}$ 整个看成 x 的函数来处理。下面通过例题来说明各种方法的具体运用。

例 7-10　设图7-13 圆截面悬臂梁的直径从自由端的 $d_1 = 2\mathrm{cm}$ 均匀递增到固定端的 $d_2 = 5\mathrm{cm}$，（1）若自由端的挠度为 0.3cm，试求力 F 的值；（2）求在此力作用下，杆内的最大正应力。弹性模量 $E = 210\mathrm{GPa}$。

解　（1）在距离自由端 A 为 x 的任一截面

$$M(x) = -Fx$$

$$d(x) = \left(2 + \frac{3}{50}x\right) \text{cm} = (2 + 0.06x) \text{cm}$$

$$I(x) = \frac{\pi}{64}d^4 = \frac{\pi}{64}(2 + 0.06x)^4 \text{cm}^4$$

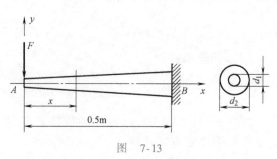

图　7-13

于是　$\dfrac{\mathrm{d}^2 y}{\mathrm{d}x^2} = \dfrac{M(x)}{EI(x)} = \dfrac{-Fx}{E\dfrac{\pi}{64}(2 + 0.06x)^4}$

引用新的变量 $u = 2 + 0.06x$，则

$$x = 16.7u - 33.3, \quad \mathrm{d}x = 16.7\mathrm{d}u$$

$$\frac{\mathrm{d}^2 y}{\mathrm{d}x^2} = \frac{-F(16.7u - 33.3)}{E\dfrac{\pi}{64}u^4} = \frac{-64F}{\pi E}(16.7u^{-3} - 33.3u^{-4})$$

将上式积分两次，得

$$\frac{\mathrm{d}y}{\mathrm{d}x} = \int y'' \mathrm{d}x = \int \frac{-64F}{\pi E}(16.7u^{-3} - 33.3u^{-4}) \times 16.7\mathrm{d}u$$

$$= \frac{64F}{\pi E}\left(16.7\frac{u^{-2}}{2} - 33.3\frac{u^{-3}}{3}\right)16.7 + C \tag{a}$$

$$y = \int y' \mathrm{d}x = \int \left[\frac{64F}{\pi E}\left(16.7\frac{u^{-2}}{2} - 33.3\frac{u^{-3}}{3}\right)16.7 + C\right]16.7\mathrm{d}u$$

$$= \frac{64F}{\pi E}\left(-\frac{16.7}{2}u^{-1} + \frac{33.3}{3 \times 2}u^{-2}\right)279 + C \cdot 16.7u + D \tag{b}$$

上式中常数应由边界条件 $x = 50\text{cm}$ 时，$y' = y = 0$ 来确定；但在 $x = 50\text{cm}$ 时，$u = 2 + 0.06x = 5\text{cm}$。将 $u = 5\text{cm}$ 代入式（a）及式（b），得

$$\frac{64F}{\pi \times 210 \times 10^5}\left(\frac{16.7}{2 \times 25} - \frac{33.3}{3 \times 125}\right)16.7 + C = 0$$

$$\frac{64F}{\pi \times 210 \times 10^5}\left(-\frac{16.7}{2 \times 25} + \frac{33.3}{6 \times 25}\right)279 + C \cdot 16.7 \times 5 + D = 0$$

解得　　　　　　　　　$C = -0.396 \times 10^{-5}F, \quad D = 72 \times 10^{-5}F$

将 C、D 的值代入式（a）、式（b）中，即得转角及挠度方程。

在求自由端的转角及挠度变形时，须将 $x = 0$，$u = 2\text{cm}$ 代入式（a）、式（b）中，得

$$y'_0 = \frac{64F}{\pi \times 210 \times 10^5}\left(\frac{16.7}{2 \times 4} - \frac{33.3}{3 \times 8}\right)16.7 - 0.396 \times 10^{-5}F = 0.732 \times 10^{-5}F$$

$$y_0 = \frac{64F}{\pi \times 210 \times 10^5}\left(-\frac{16.7}{2 \times 2} + \frac{33.3}{6 \times 4}\right)279 - 0.396 \times 10^{-5}F \times 16.7 \times 2 + 72 \times 10^{-5}F$$

$$= -16.7 \times 10^{-5}F$$

由题中所给数据得 $16.7 \times 10^{-5}F = 0.3$ 故 $F = 1800\text{N}$。

（2）在 $F = 1800\text{N}$ 作用下，对于距离自由端 A 为 x 的任一截面：

$$|M(x)| = 1800x, d(x) = (2+0.06x)\,\text{cm}, W = \frac{\pi}{32}d^3 = \frac{3.14}{32}(2+0.06x)^3\,\text{cm}^3$$

此截面上的最大正应力为

$$\sigma_{\max} = \frac{M}{W} = \frac{1800x \times 32}{3.14(2+0.06x)^3} = \frac{18300x}{(2+0.06x)^3}$$

$\sigma_{\max}$ 为 x 的函数，为了求得全梁各截面上的最大应力，需将上式对 x 微分，求出使 $\dfrac{\mathrm{d}(\sigma_{\max})}{\mathrm{d}x} = 0$ 的 x_0，即产生该项应力的截面位置。

$$\frac{\mathrm{d}(\sigma_{\max})}{\mathrm{d}x} = 18300 \times \frac{(2+0.06x_0)^3 - 3(2+0.06x_0)^2 0.06x_0}{(2+0.06x_0)^6} = 0$$

$$(2+0.06x_0)^3 = 3 \times 0.06x_0(2+0.06x_0)^2$$

所以 $x_0 = 16.7\,\text{cm}$。

于是求得

$$M = 180x_0 = 1800 \times 16.7 \times 10^{-2}\,\text{N} \cdot \text{m} = 300\,\text{N} \cdot \text{m}$$

$$W = \frac{3.14}{32}(2+0.06x_0)^3 = \frac{3.14}{32}(3.0)^3\,\text{cm}^3 = 2.65\,\text{cm}^3$$

$$\max(\sigma_{\max}) = \frac{300}{2.65 \times 10^{-6}}\,\text{Pa} = 113.2\,\text{MPa}$$

用两次积分法求梁的变形时，遇到梁的弯矩方程或截面尺寸的方程有改变时，须注意分段积分。

7.6 超静定梁的一般概念与计算方法

1. 超静定梁的概念

由于实际工作的需要（例如安全、经济、稳定、加固、抗震等），常常必须给梁增加额外的约束，如图 7-14 所示的情况。这些约束，从平衡的要求来说是多余的，因而往往成为多余约束，把具有多余约束的梁称为超静定梁。应该看到，从实际目的上，这些额外约束有时是完全必要的。例如图 7-14b 中的梁从简支梁改为两端固定梁，它的最大弯矩由 $\dfrac{ql^2}{8}$ 减至 $\dfrac{ql^2}{12}$，它的最大挠度由 $\dfrac{5ql^4}{384EI}$ 减至 $\dfrac{ql^4}{384EI}$。弯矩的减少可允许我们采取较小的截面，做出更为经济的设计；挠度的减少可让我们增加梁的刚度，提高梁的抗震性与稳定性。

为了对超静定梁进行强度和刚度计算，也与静定梁一样，必须按照一定的程序：求支座约束力，确定内力，绘内力图，找危险面；研究应力分布，定危险点，建立强度条件；求最大挠度，建立刚度条件。所不同的是超静定梁的支座约束力数目超过了平衡条件的数目，因此必须根据变形协调条件的要求，建立补充方程，才能确定支座约束力，这就是解决超静定问题的基本环节。

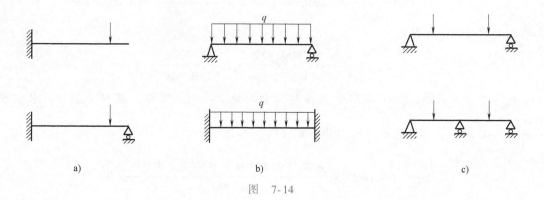

图 7-14

2. 计算方法

现以图 7-15 所示的梁为例，说明解超静定梁的步骤及方法。此梁有四个支座约束力，但平衡条件只有三个：

$$F_{Ax}=0, \quad F_{Ay}+F_{By}=ql, \quad M_A+F_{By}l=\frac{ql^2}{2}$$

因此，它有一个多余支座约束力，是一次超静定梁。

为了找到补充方程，可把多余约束去掉，而用未知支座约束力代替。例如，可以去掉 B 处的滚座，用支座约束力 F_{By} 作为未知力加在梁上（图 7-15b）；也可以去掉 A 处对转角的约束，而用支座约束力偶 M_A 作为未知力偶加在梁上（图 7-15c）。超静定梁去掉多余约束后，成为一个静定体系，称为基本体系。

1）若选取支座约束力 F_{By} 作为多余约束力，则基本体系是一个悬臂梁，梁受有均布载 q 及多余支座约束力 F_{By} 的作用，如图 7-15b 所示。

为了使基本体系的变形与实际情况相符合，它在 B 端的挠度必须等于零，即

$$y_B=0$$

因此，相应所选取的多余约束力，可以找到基本体系必须满足的变形条件。根据前面所讲梁的变形的求法，或利用叠加原理直接查变形表，分别求出 q 及 F_{By} 引起的挠度：

$$y_{Bq}=-\frac{ql^4}{8EI}, \quad y_{BF}=\frac{F_{By}l^3}{3EI}$$

于是

$$y_B=y_{Bq}+y_{BF}=-\frac{ql^4}{8EI}+\frac{F_{By}l^3}{3EI}=0$$

因此

$$F_{By}=\frac{3}{8}ql$$

上式的结果是正号，表示座约束力 F_{By} 的实际方向与假设的方向相同。

再根据悬臂梁的平衡条件，可求得

$$F_{Ay}=\frac{5}{8}ql, \quad M_A=\frac{1}{2}ql^2-\frac{3}{8}ql^2=\frac{1}{8}ql^2$$

这样，梁的外力已经全部确定，就可以画出 F_S 图及 M 图，如图 7-16 所示。

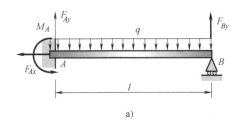

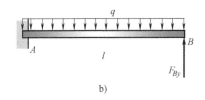

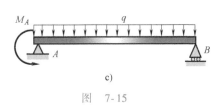

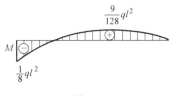

图 7-15   图 7-16

2）若选取支座约束力偶 M_A 为多余约束力，则基本体系是一个简支梁，如图 7-15c 所示。相应于选取的多余约束力 M_A，基本体系在 A 端的转角必须等于零，因而得出变形条件为

$$\theta_A = \theta_{Aq} + \theta_{AM} = 0$$

查变形表，得

$$\theta_{Aq} = -\frac{ql^3}{24EI}, \qquad \theta_{AM} = -\frac{M_A l}{3EI}$$

因此

$$-\frac{ql^3}{24EI} - \frac{M_A l}{3EI} = 0, \quad M_A = -\frac{ql^2}{8}$$

式中，M_A 为负号，表示实际方向与假设的方向相反。梁的 M 图也可从基本体系（简支梁）由于支座约束力偶 M_A 及分布载荷所产生的弯矩图叠加求得。

3）也可以选取支座约束力 F_{RA} 为多余约束力。相应的基本体系在支座 A 处应该容许梁在竖直方向移动，但不容许截面转动及水平移动，这可以由梁端连接一个竖直方向滑动时没有摩擦力的滑块来实现（图 7-17）。采用这样的基本体系，由变形协调条件 $y_A = 0$，也可解出未知力 F_{Ay}。但这种基本体系很不常见，一般不必去选择它。

3. 解题程序

从上述例子，可以概括出解超静定梁的一般程序如下：

1）作示力图——在所给的受力体系上，表示出所有的支座约束力。

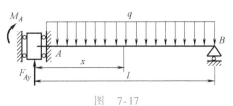

图 7-17

2）列出平衡条件——写出所有的平衡方程。

3）选定基本体系——去掉所有的多余约束，以多余的约束力为作用在基本体系上的未知力。

4）建立变形条件——按照所取多余约束力的约束作用，列出基本体系必须满足的变形条件。

5）算出多余约束力——运用任一计算静定梁变形的方法，以已知外力及多余约束力表示"变形条件"，具体列出补充方程，解方程式，算出多余约束力。

6）进行一般运算——算出所有支座约束力，作内力图，并具体分析梁的强度和刚度。

有时梁支于弹簧或弹性杆件上，这种弹性支座的变形与其所受支座约束力成正比；引起支座发生单位变形的支座约束力，称为弹性支座的刚度系数或弹簧常数。下面举例说明超静定弹性支座梁的解法，其关键仍是建立适当的变形条件。

例 7-11 求图7-18 所示超静定梁的支座约束力 F_{By}，设弹性支座的刚度系数为 C，梁的抗弯刚度为 EI。

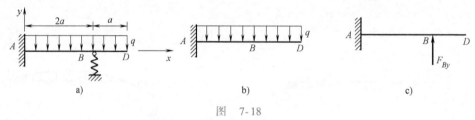

图　7-18

解 设弹性支座的座约束力为 F_{By}，此约束力使支座下沉的量为

$$y_B = -\frac{F_{By}}{C}$$

于是变形条件为

$$y_B = y_{Bq} + y_{BF} = -\frac{F_{By}}{C}$$

由表 7-2，查得悬臂梁全梁受均布载时

$$y = -\frac{ql^4}{24EI}\left(6\frac{x^2}{l^2} - 4\frac{x^3}{l^3} + \frac{x^4}{l^4}\right)$$

以 $l = 3a$，$x/l = 2a/3a = \dfrac{2}{3}$ 代入，得

$$y_{Bq} = -\frac{q(3a)^4}{24EI}\left(6\times\frac{4}{9} - 4\times\frac{8}{27} + \frac{16}{81}\right) = -\frac{17qa^4}{3}\frac{}{EI}$$

由表 7-2，查得

$$y_{BF} = \frac{F_{By}(2a)^3}{3EI} = \frac{8F_{By}a^3}{3EI}$$

故

$$-\frac{17qa^4}{3}\frac{}{EI} + \frac{8}{3}\frac{F_{By}a^3}{EI} = -\frac{F_{By}}{C}$$

因此

$$F_{By} = \frac{\dfrac{17qa^4}{3}\dfrac{}{EI}}{\dfrac{8a^3}{3EI} + \dfrac{1}{C}} = \frac{\dfrac{17}{8}qa}{1 + \dfrac{3EI}{8a^3C}} \qquad\qquad (\text{a})$$

$$M_A = -\frac{1}{2}q(3a)^2 + F_{By} \cdot 2a = -\frac{9}{2}qa^2 + 2F_{By}a$$

从上式可以看到，随着弹性支座的刚度系数 C 的减小，支座约束力 F_{By} 也将减少，而支座 A 处的弯矩 M_A 的绝对值将增加。

若支座 B 是绝对刚性的，则

$$F_{By} = \frac{17}{8}qa, \quad M_A = -\frac{9}{2}qa^2 + \frac{17}{4}qa^2 = -\frac{1}{4}qa^2$$

讨论：图 7-19 表示的结构，可看作本例题的应用，设托梁 $A'B'$ 与主梁 ABD 截面相同，EI 相同。托梁相当于一个弹性支座，在支座约束力 F_{By} 作用下，将产生挠度：

$$y_B' = \frac{F_{By}(2a)^3}{3EI}$$

以它的刚度系数 $\quad C = \dfrac{F_{By}}{y_B'} = \dfrac{3EI}{8a^3}$

代入式（a）可得 $\quad F_{By} = \dfrac{17}{16}qa$

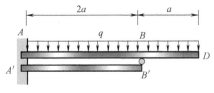

图　7-19

$$M_B = -\frac{9}{2}qa^2 + \frac{17}{16}qa \cdot 2a = -\frac{19}{8}qa^2$$

超静定梁支座位置的不准确性，会使梁在未受外加载荷前就发生弯曲作用，因而引起了装配应力或初应力。

例 7-12　如图 7-20 所示的一端固定、一端简支的梁，若支座 B 的高度下沉 δ_B，则装配后在无外加载时将产生支座约束力 F_{By}，其值就等于移去支座 B，能使基本体系（悬臂梁）的 B 端产生挠度 δ_B 所需的集中力。由梁的变形表可知

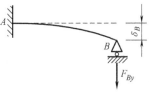

图　7-20

$$\delta_B = \frac{F_{By}l^3}{3EI}, \quad F_{By} = \frac{3EI}{l^3}\delta_B$$

图中 δ_B 的本身为负值，求得 F_{By} 值亦为负，F_{By} 表示力的方向向下。

例 7-13　双跨连续梁上受均布载荷 q 作用（图 7-21a），已知 EI，求支座约束力并绘制 F_S 图、M 图。

解　双跨梁有三个支座（一铰座、两滚座），同在一水平线上，这样的梁有一个多余约束力。

选支座约束力 F_{RC} 为多余约束力，基本体系如图 7-21b 所示，变形条件是：在 C 点由载荷 q 及 F_{RC} 引起的挠度 y_{Cq} 及 y_{CF}，查表 7-2 得

$$y_{Cq} = -\frac{5q(2l)^4}{384EI} = -\frac{5ql^4}{24EI}$$

$$y_{CF} = \frac{F_{RC}(2l)^3}{48EI} = \frac{F_{RC}l^3}{6EI}$$

代入补充方程式，得

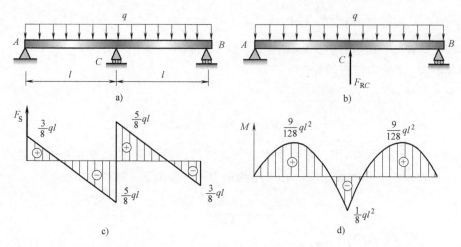

图 7-21

$$y_C = y_{Cq} + y_{CF} = 0$$

$$-\frac{5ql^4}{24EI} + \frac{F_{RC}l^3}{6EI} = 0$$

因此

$$F_{RC} = \frac{5ql}{4}$$

根据基本体系的平衡条件，可求出

$$F_{RA} = F_{RB} = \frac{1}{2}\left(2ql - \frac{5ql}{4}\right) = \frac{3}{8}ql$$

所绘出的剪力图、弯矩图分别如图 7-21c、d 所示。

习 题

7-1 用积分法求题 7-1 图所示悬臂梁自由端的挠度和转角。抗弯刚度 EI 为常量。

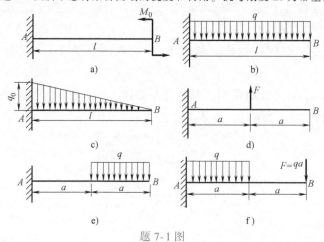

题 7-1 图

7-2　用积分法求题 7-2 图所示各梁的挠曲线方程、端截面转角 θ_A 和 θ_B、跨度中点的挠度和最大挠度，梁的抗弯刚度 EI 为常量。

7-3　已知如题 7-3 图所示各梁的抗弯刚度 EI 为常量，试求各梁的挠曲线方程，并计算 θ_C、y_C 及 θ_D、y_D。

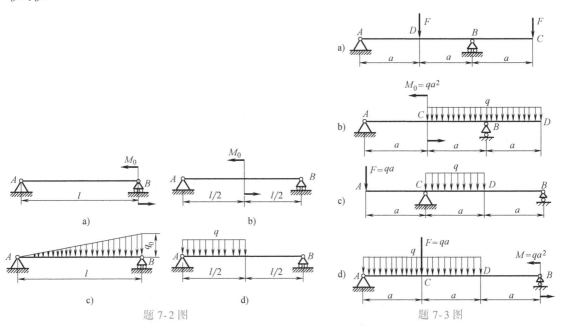

题 7-2 图　　　　　　　　　　　　题 7-3 图

7-4　计算题 7-4 图所示铰接梁在 C 处的挠度，设梁的抗弯刚度 EI 为常量。

7-5　门式起重机横梁由 4 根 36a 号工字钢组成，如题 7-5 图所示，梁的两端均可视为铰支，钢的弹性模量 $E = 210$GPa。试计算当集中载荷 $F = 176$kN 作用在跨中并考虑钢梁自重时，跨中截面 C 的挠度 y_C。

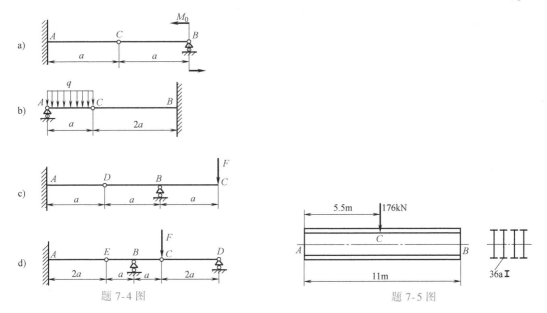

题 7-4 图　　　　　　　　　　　　题 7-5 图

7-6　松木桁条的横截面为圆形，跨长为 $l = 4$m，两端可视为简支，全跨上作用有集度为 $q = 1.8$kN/m 的均布载荷。已知松木的许用应力 $[\sigma] = 10$MPa，弹性模量 $E = 1.0 \times 10^3$MPa。此桁条的容许挠度 $[y] = l/200$，试求此桁条横截面所需的直径。

7-7 试求题 7-7 图所示悬臂梁自由端 B 的 θ_B 和 y_B。

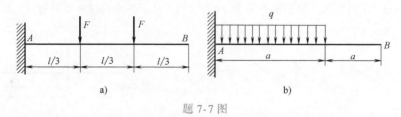

题 7-7 图

7-8 试求题 7-8 图所示简支梁跨中挠度 y_C。

7-9 题 7-9 图所示简支梁中段受均布载荷 q 作用，试用叠加法计算梁跨度中点 C 的挠度 y_C，梁的抗弯刚度 EI 为常量。

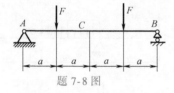

题 7-8 图

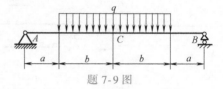

题 7-9 图

7-10 用叠加法求题 7-10 图所示外伸梁外伸端的挠度和转角，设 EI 为常量。

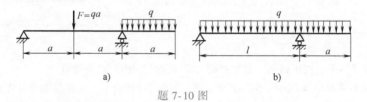

题 7-10 图

7-11 用叠加法求题 7-11 图所示悬臂梁中点处的挠度 y_C 和自由端的挠度 y_B，EI 为常量。

7-12 外伸梁受力及尺寸如题 7-12 图所示，欲使集中力 F 作用点处 D 的挠度为零，试求 F 与 ql 间的关系。

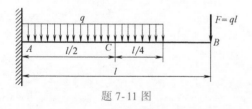

题 7-11 图

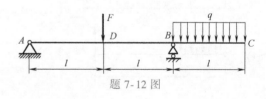

题 7-12 图

7-13 若题 7-13 图所示梁截面 A 的转角 $\theta_A = 0$，试求比值 a/b。

7-14 题 7-14 图所示悬臂梁的固定端为弹性转动约束，该处截面转角 $\theta = kM$，其中 k 为已知常数，M 为该梁面上的弯矩，已知梁的抗弯刚度为 EI。试求梁自由端的挠度和转角。

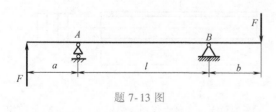

题 7-13 图

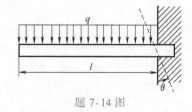

题 7-14 图

7-15 简支梁 AB 承受集中力 F 作用，如题 7-15 图所示，A 端为固定铰支座，B 端为弹性支座，弹簧常

数为 k（N/m），梁的抗弯刚度为 EI，求 C 处的挠度。

7-16　题 7-16 图所示梁的右端为一滑块约束，它可自由上下滑动，但不能转动和左右移动，若 EI 为已知，试求滑块向下的位移。

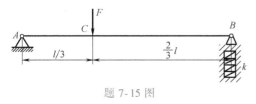

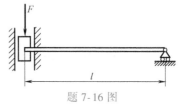

题 7-15 图　　　　　　　　　　　　　　　　　题 7-16 图

7-17　已知梁的挠曲线方程为 $y = \dfrac{q_0 x}{360EIl}\left(3x^4 - 10l^2 x^2 + 7l^4\right)$。试求：（1）梁中间截面 $\left(x = \dfrac{l}{2}\right)$ 上的弯矩值；（2）最大弯矩值；（3）分布载荷的变化规律；（4）梁的支承情况。

7-18　题 7-18 图所示梁的轴线应弯成什么样的曲线，才能使载荷 F 在梁上移动时其左段梁恰好为水平线（写出该曲线方程式）。

7-19　题 7-19 图所示等截面梁的抗弯刚度为 EI。设梁下有一曲面 $y = -Ax^3$，欲使梁变形后恰好与该曲面密合，且曲面不受压力，试问梁上应加什么载荷？并确定载荷的大小和方向。

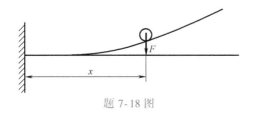

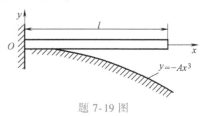

题 7-18 图　　　　　　　　　　　　　　　　题 7-19 图

7-20　重量为 F 的直梁放置在水平刚性平面上，如题 7-20 图所示，当端部受集中力 $F/3$ 后，未提起部分保持与平面密合，试求提起部分的长度 a 等于多少？（提示：应用梁与平面密合处的变形条件）

7-21　简支梁受力如题 7-21 图所示，若 E 为已知，试求 A 点的轴向位移。梁的截面为 $b \times h$ 矩形。

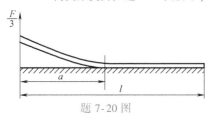

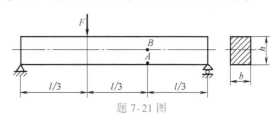

题 7-20 图　　　　　　　　　　　　　　　　题 7-21 图

7-22　悬臂梁受外力偶矩 M 如题 7-22 图所示，（1）若 $l = 3$m，截面为 20a 号工字钢，$\sigma_{\max} = 60$MPa，$E = 210$GPa。试求挠曲线的曲率半径；（2）试分别根据精确结果及小挠度微分方程，判断挠曲线是怎样的几何曲线（不必具体列出曲线方程）？若所得结果不同，试说明为何有这些差别？

7-23　设在梁顶面上受到均布的切向载荷，其集度为 t，梁截面为 $b \times h$ 矩形，如题 7-23 图所示，弹性模量 E 为已知。试求梁自由端 A 点的垂直位移及轴向位移。（提示：将载荷向轴线简化）

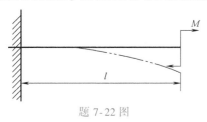

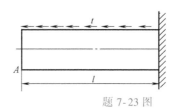

题 7-22 图　　　　　　　　　　　　　　　　题 7-23 图

7-24　简支梁上下两层材料相同，如题 7-24 图所示，若两层间的摩擦力忽略不计，当梁承受均匀载荷 q 作用时，试求两层中最大正应力的比值。（提示：两梁具有相同的挠曲线）

7-25　AB 梁的一端为固定铰支座 A，另一端支承在弹性刚架 BCD 上，AB 梁中点 F 受有集中力 F 作用，如题 7-25 图所示，各杆抗弯刚度均为 EI，试用叠加法求 AB 梁中点 E 的挠度。

7-26　如题 7-26 图所示，试问应将集中力 F 安置在离刚架上的 B 点多远的距离 x 处，才能使 B 点的位移等于零。各杆抗弯刚度均为 EI。

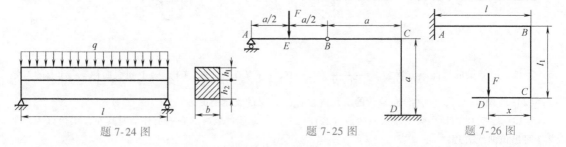

| 题 7-24 图 | 题 7-25 图 | 题 7-26 图 |

7-27　用叠加法求题 7-27 图所示各刚架在指定截面 C 的位移，设各杆截面相同，EI 和 GI_p 均为已知。

7-28　题 7-28 图所示为某扭转试验机的测力装置，其扭矩 M_x 是根据外伸梁 C 点的挠度来测量的。已知：$l=600\mathrm{mm}$，$a=100\mathrm{mm}$，$b=200\mathrm{mm}$，$E=200\mathrm{GPa}$，梁的横截面尺寸为 $35\times10\mathrm{mm}^2$，试求当梁上 C 处的百分表读数增加 $1\mathrm{mm}$ 时轴上所增加的扭转力矩。

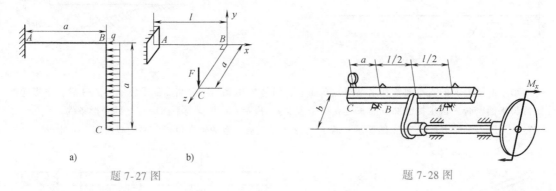

a)　　　　　b)

题 7-27 图　　　　　　　　　　题 7-28 图

7-29　一钢制梁厚度为 h，长为 $2l$，左段宽度为 a，右段成三角形，如题 7-29 图所示；左端固定，右端自由，承受载荷 F，弹性模量 E 为已知。试求自由端 C 的挠度。

7-30　试计算题 7-30 图所示各阶梯形梁的最大挠度。设 $I_2=2I_1$。

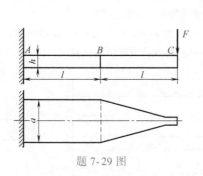

题 7-29 图

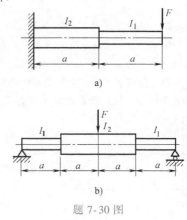

a)

b)

题 7-30 图

7-31 求题 7-31 图所示各超静定梁的支座约束力，*EI* 为已知。

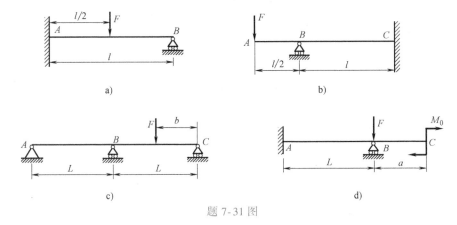

题 7-31 图

7-32 试求题 7-32 图所示各梁的约束力，并画出剪力图与弯矩图。设各梁均为等截面梁，抗弯刚度 *EI* 已知。

7-33 如题 7-33 图所示，直梁 *ABC* 在承受载荷前搁置在支座 *A*、*C* 上，梁与支座 *B* 间有一间隙 Δ。当加上均布载荷后，梁发生变形而在中点处与支座 *B* 接触，因而三个支座都产生约束力。如要使这三个约束力相等，则 Δ 应为多大？

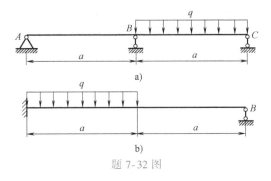

题 7-32 图

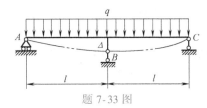

题 7-33 图

第 8 章
压杆稳定

8.1 压杆稳定的基本概念

作为结构组成部分的构件必须具有足够的承载能力，设计构件时，需要满足一定的强度、刚度和稳定性的要求。在前面的章节中，在构件始终处于稳定平衡的假设下，讨论了构件的应力、应变以及强度和刚度的设计问题。但构件除了强度和刚度不足引起失效外，有时由于不能保持其原有的平衡状态而失效，这种失效形式称为丧失稳定性。

这是与强度问题截然不同的另一种破坏形式。例如第二章研究直杆的拉压时，认为杆件的破坏主要取决于强度，当杆件的实际工作应力小于它的许用应力时，杆件便可安全工作。但是，这个结论只有在杆件受拉时才是正确的，对于受压杆件情况并不是这样简单。

当短粗杆受压时（图 8-1a），在压力 F 由小逐渐增大的过程中，杆件始终保持原有的直线平衡形式，直到压力 F 达到屈服强度载荷 F_s（或抗压强度载荷 F_b），杆件发生强度破坏时为止。但是，如果用相同的材料，做一根与图 8-1a 所示的同样粗细而比较长的杆件（图8-1b），当压力 F 比较小时，这一较长的杆件尚能保持直线的平衡形式，但当压力 F 逐渐增大至某一数值 F_{cr} 时，杆件将突然变弯，不再保持原有的直线平衡形式，因而丧失了承载能力。所以材料力学中的"压杆稳定性"问题指的是，在轴向压力作用下细长杆件不易保持直线平衡状态的现象。细长压杆丧失直线平衡状态时的压力值比发生强度破坏时的压力小得多。

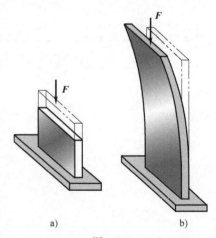

图 8-1

早期人们对这一问题没有深入认识，在工程实际中，结构因其受压杆件失稳导致破坏的例子很多。例如，1907 年在修建加拿大圣劳伦斯河上的魁北克大桥时，悬臂桁架中受压最大的下弦杆失去稳定，致使桥梁在施工过程中突然倒塌。又例如美国横跨阿什特比拉河上同名桥的破坏，建于 1865 年的该桥是双轨路面、跨长37m 的全金属桁架式单跨铁路桥，虽然破坏原因是多方面的，但直接原因是压杆失稳造成的。由于压杆失稳是极短时间内骤然发生的，往往会造成严重的后果。因此，研究压杆的稳定问题对于保证工程结构的安全是非常重要的，尤其是近几十年来，由于高强材料的普遍使用，杆件的截面尺寸越来越小，稳定性问题也就越发显得重要了。

失稳现象并不限于压杆，例如狭长的矩形截面梁，在横向载荷作用下，会出现侧向弯曲和绕轴线的扭转（图 8-2）；受外压作用的圆柱形薄壳，当外压过大时，其形状可能突然变成椭圆（图 8-3）；圆弧形拱受径向均布压力时，也可能产生失稳（图 8-4）。因此弹性体的稳定性是指其保持初始平衡状态的能力，实际上是

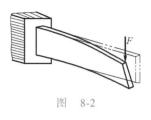

图　8-2

指平衡状态的稳定性。本章将只研究受压杆件的稳定性，其他构件的稳定性问题可参阅有关的专著。

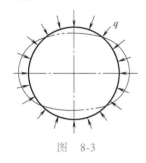

图　8-3

图　8-4

理论力学中曾介绍了刚性小球平衡的稳定性概念，即平衡的三种状态。

第一种状态如图 8-5a 所示，小球在凹面内的 O 点处于平衡状态，在外加干扰力作用下小球偏离原有的平衡位置，然后把干扰力去掉，小球能回到原来的平衡位置。因此，小球原有的平衡状态是稳定平衡。

第二种状态如图 8-5c 所示，小球在凸面上的 O 点处于平衡状态，当在外加干扰力作用下偏离原有的平衡位

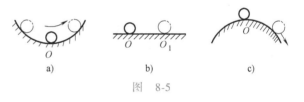

图　8-5

置后，小球将继续下滚，不再回到原来的平衡位置。因此，小球原有的平衡状态是不稳定平衡。

第三种状态如图 8-5b 所示，小球在平面上的 O 点处于平衡状态，当在外加干扰力作用下偏离 O 点的平衡位置后，把干扰力去掉，小球将在新的位置 O_1 再次处于平衡，既没有恢复原来位置的趋势，也没有继续偏离的趋势。因此，称小球原有的平衡状态为随遇平衡。

如何判别承受轴向压力的细长压杆的平衡，即在什么条件下是稳定的，什么条件下是不稳定的，可借助于刚体小球平衡的三种状态并通过以下实验加以理解。

考察一端固定、一段自由的等直杆，自由端作用有沿轴线方向的载荷 F。实验表明，当外力 F 较小时，杆件保持直线形状的平衡，微小的外界扰动将使杆件发生轻微的弯曲，干扰力解除后，压杆将在直线平衡位置左右摆动，最终恢复到原来的直线平衡位置，如图 8-6a、b 所示，即外界的干扰不能改变其原有的铅垂平衡状态，压杆原有的直线平衡是稳定的。当压力值增加到 F_2 且超过某一限度 F_{cr} 时，平衡状态的性质发生了质变，这时，只要有一轻微的横向干扰，压杆就会继续弯曲，即使横向干扰解除也不再恢复原状，如图 8-6d 所示，因此，该杆原有直线平衡状态是不稳定平衡。而介于前二者之间，存在着一种临界状

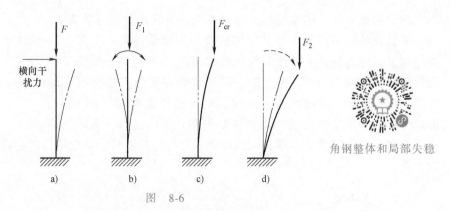

角钢整体和局部失稳

图 8-6

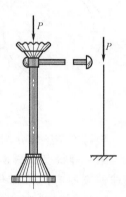

图 8-7

态。当压力值正好等于 F_{cr} 时，微小的外界扰动将使杆件发生轻微的弯曲，一旦去掉横向干扰力，压杆将在微弯状态下达到新的平衡，既不恢复原状，也不再继续弯曲，如图 8-6c 所示。因此，该杆原有直线平衡状态类似于刚性小球的随遇平衡，该状态又称为临界状态。

临界状态是杆件从稳定平衡向不稳定平衡转化的分界点。压杆处于临界状态时的轴向压力称为**临界力**或**临界载荷**，用 F_{cr} 表示。

由上述可知，压杆的原有直线平衡状态是否稳定，与所受轴向压力大小有关。当轴向压力达到临界力时，压杆即向失稳过渡。所以，对于压杆稳定性的研究，关键在于确定压杆的临界力。

工程实际中有许多细长压杆，如螺旋千斤顶的螺杆（图 8-7）、内燃机的连杆（图 8-8a），当活塞顶上受到燃烧压力时，连杆将受到压缩；自卸载重汽车液压装置的活塞杆，当其顶翻车厢时也是受到压缩，如图 8-8b 所示；船舶甲板的支柱当甲板受到舱面载荷时，支柱承受压缩，如图 8-8c 所示；还有桁架结构中的抗压杆、建筑物中的柱等都是压杆。这类构件必须有足够的稳定性才能正常工作。稳定性和强度、刚度一样，也是材料力学所研究的承载能力的一个方面。

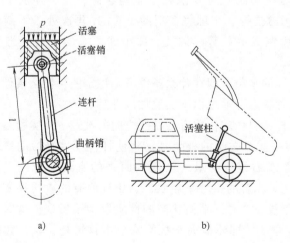

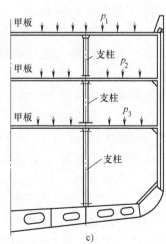

图 8-8

8.2 两端铰支细长压杆的临界载荷

由于不同约束情况下，细长压杆的临界压载荷是不同的，本节先推导两端为球形铰支的细长压杆的临界载荷公式。

设图 8-9a 所示细长压杆的两端为球铰支座，轴线为直线，压力 F 与轴线重合。由 8.1 节可知，当压力达到临界值时，杆件将由稳定的直线平衡状态转变为微弯的曲线平衡状态。因此，可以认为能够保持压杆在微弯状态下平衡的最小轴向压力即为临界压力 F_{cr}。

选取坐标系如图 8-9a 所示，假想沿任意截面将压杆截开，取下半部分为研究对象，如图 8-9b 所示。由平衡条件得

$$M(x) = -Fy \qquad (a)$$

式中，轴向压力 F 取绝对值；在图示的坐标系中弯矩 M 与挠度 y 的符号总相反，故式（a）中加了一个负号。当杆内应力不超过材料比例极限时，根据挠曲线近似微分方程有

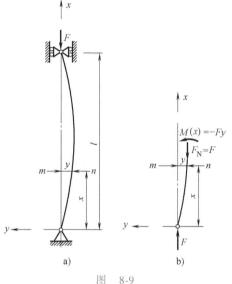

图 8-9

$$EI\frac{\mathrm{d}^2 y}{\mathrm{d}x^2} = M(x) = -Fy \qquad (b)$$

由于两端是球铰支座，它对端截面在任何方向的转角都没有限制。因而，杆件的微小弯曲变形一定发生于抗弯能力最弱的纵向平面内，所以上式中的 I 应该是横截面的最小惯性矩。令

$$\frac{F}{EI} = k^2 \qquad (c)$$

式（b）可改写为

$$\frac{\mathrm{d}^2 y}{\mathrm{d}x^2} + k^2 y = 0 \qquad (d)$$

这是一个二阶线性常系数微分方程，其通解为

$$y = a\sin kx + b\cos kx \qquad (e)$$

式（e）中有 3 个未知量，即积分常数 a、b 及 k（$k = \sqrt{\dfrac{F}{EI}}$，因 F 未知，故 k 待定），需根据杆端边界条件来决定。

1）当 $x = 0$ 时，$y = 0$，代入式（e）后，解得 $b = 0$，于是式（e）简化为

$$y = a\sin kx \qquad (f)$$

2）当 $x = l$ 时，$y = 0$，代入式（f）后，得

$$a\sin kl = 0 \qquad (g)$$

要满足式（g），a 和 $\sin kl$ 至少有一个等于零。若 $a = 0$，则压杆轴线上各点的挠度 y 都等于零，这相当于压杆在直线状态下的平衡，与前面所设的压杆在微弯曲状态下保持平衡的前提

不符。因而只能是

$$\sin kl = 0$$

满足上式的条件应为

$$kl = n\pi, \quad n = 0, 1, 2, \cdots$$

于是

$$k = \frac{n\pi}{l}$$

压杆稳定-分子
动力学模拟

而 $k = \sqrt{\dfrac{F}{EI}}$，故

$$\sqrt{\frac{F}{EI}} = \frac{n\pi}{l}, \quad F = \frac{n^2\pi^2 EI}{l^2} \tag{h}$$

因为 n 可取 $0, 1, 2, \cdots$ 中任一个整数，所以式（h）表明，使压杆保持曲线形态平衡的压力，在理论上是多值的。而这些压力中，使压杆保持微小弯曲的最小压力，才是临界载荷。若取 $n=0$，压杆不受力，没有意义，只能取 $n=1$。于是得两端铰支细长压杆临界力公式为

$$F_{\mathrm{cr}} = \frac{\pi^2 EI}{l^2} \tag{8-1}$$

式中，F_{cr} 为压杆的临界力；E 为压杆材料的弹性模量；I 为压杆横截面的最小惯性矩；l 为压杆的长度。

式（8-1）由欧拉在 1744 年首先导出，故又称为两端铰支压杆的欧拉（Euler）公式。在此临界载荷作用下，用 $k = \dfrac{\pi}{l}$ 代入式（f）可得

$$y = a\sin\frac{\pi}{l}x \tag{i}$$

由此可知，两端铰支压杆的挠曲线是个半波的正弦曲线，式（i）中的常数 a 是压杆跨长中点处的挠度，在式（i）中令 $x = \dfrac{l}{2}$，则有

$$f = y\Big|_{x=\frac{l}{2}} = a\sin\frac{\pi}{l}\cdot\frac{l}{2} = a$$

这里的 a 可以是任意微小位移。a 不是一个确定值，是因为在列出压杆的挠曲线方程（b）时是用近似微分方程式为依据的。

如采用挠曲线的精确微分方程式（7-1）求解，即

$$\frac{M}{EI} = \frac{1}{\rho} = \frac{\mathrm{d}\theta}{\mathrm{d}s} = \frac{y''}{(1+y'^2)^{3/2}}$$

则不存在上述 a 的不定性问题。从精确解中可找到最大挠度 f 与轴向压力 F 之间的理论关系，如图 8-10 的 OAB 曲线。此曲线表明当 $F > F_{\mathrm{cr}}$ 时压杆才开始挠曲，且挠度增长速度极快。在进行压杆的试验研究时，由于载荷位置的偏心不可能避免，杆件本身有初曲率存在，以及材料的不均匀性等，因此从试验中所得到的 $F\text{-}f$ 曲线大体上如曲线 OD

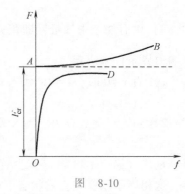

图 8-10

的形状。当载荷远小于临界载荷的理论值时，挠度已经开始发生，但增加较慢，当 F 接近理论临界力时，则挠度急剧增加。

8.3 不同杆端约束细长压杆的临界载荷

压杆临界载荷公式（8-1）是在两端铰支的情况下推导出来的。两端铰支压杆是工程实际中最常见的情况，前面提到的挺杆、活塞杆以及桁架结构中的压杆，一般都可以简化成两端铰支杆。除了两端都为铰支的约束外，还有其他形式的约束情况，例如，千斤顶螺杆（图 8-7）就是一根压杆，其下端可以简化成固定端，而上端因可与顶起的重物一起产生微小的位移，因此可以简化为自由端，千斤顶螺杆就可以简化为一端固定一端自由的压杆。

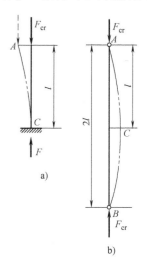

图 8-11

由 8.2 节的推导过程可知，临界载荷与约束有关。约束条件不同，压杆的临界载荷也不相同，即杆端的约束对临界载荷有影响。但是，不论杆端具有怎样的约束条件，都可以仿照两端铰支临界载荷的推导方法求得其相应的临界载荷计算公式，这里不详细讨论，仅用类比的方法导出几种常见约束条件下压杆的临界载荷计算公式。

1. 一端固定一端自由细长压杆的临界载荷

图 8-11 为一端固定一端自由的压杆。当压杆处于临界状态时，它在曲线形式下保持平衡。将挠曲线 AC 对称于固定端 C 向下延长，如图中虚线所示。延长后挠曲线是一条半波正弦曲线，与 8.2 节中两端铰支细长压杆的挠曲线一样。所以，对于一端固定另一端自由且长为 l 的压杆，其临界力等于两端铰支长为 $2l$ 的压杆的临界力，即

$$F_{cr} = \frac{\pi^2 EI}{(2l)^2}$$

2. 两端固定细长压杆的临界载荷

两端均为固定端约束的细长压杆，在轴向压力的作用下，当其丧失稳定后，其挠曲线形状如图 8-12 所示。该曲线的两个拐点 C 和 D 分别在距上、下端为 $\frac{l}{4}$ 处，两个拐点处的弯矩为零，因而可以将这两点看作铰链，于是居于中间的 $\frac{l}{2}$ 长度的部分便可以看作两端铰支的压杆，该部分挠曲线是半波正弦曲线。所以，对于两端固定且长为 l 的压杆，其临界力等于两端铰支长为 $\frac{l}{2}$ 的压杆的临界力，即

$$F_{cr} = \frac{\pi^2 EI}{\left(\dfrac{l}{2}\right)^2}$$

3. 一端固定另一端铰支细长压杆的临界载荷

一端固定一端铰支的压杆在临界力 F_{cr} 作用下，其挠曲线形状如图 8-13 所示。在距铰支端 A 为 $\frac{2}{3}l \approx 0.7l$ 处，该曲线有一个拐点 C，该处的弯矩为零，因而 A、C 两点可以看作是铰链，于是 $0.7l$ 长度的部分便可以看作是两端铰支的压杆，该部分挠曲线是半波正弦曲线。所以，对于一端固定另一端铰支且长为 l 的压杆，其临界力等于两端铰支长为 $0.7l$ 的压杆的临界力，即

$$F_{cr} = \frac{\pi^2 EI}{(0.7l)^2}$$

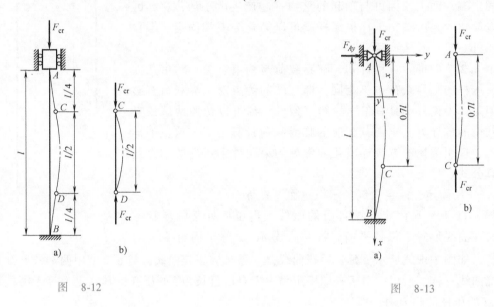

图 8-12   图 8-13

4. 欧拉公式的一般表达式

综上所述，只要引入相当长度的概念，将压杆的实际长度转化为相当长度，便可将任何杆端约束条件的临界力统一写为

$$F_{cr} = \frac{\pi^2 EI}{(\mu l)^2} \tag{8-2}$$

式（8-2）称为欧拉公式的一般形式。由式（8-2）可见，杆端约束对临界力的影响表现在系数 μ 上，称 μ 为**长度系数**，μl 为压杆的**相当长度**，表示把长为 l 的压杆折算成两端铰支压杆后的长度。

几种常见约束情况下的压杆的临界力和长度系数 μ 列于表 8-1 中。

表 8-1 中所列的只是几种典型情况，实际问题中压杆的约束情况可能更复杂，需根据具体情况进行分析，看它与哪种理想情况接近，来决定长度系数。例如，压杆的端部与其他弹性构件固接，由于弹性构件将产生变形，所以压杆的端截面就是介于固定支座和铰支座之间的弹性支座。又例如机床的丝杆（图 8-14），约束情况要根据轴承长度与丝杆直径的比值决定，当轴承长度与丝杆直径的比值在不同范围内变化时，可简化为铰支座、固定端等不同约

表 8-1 压杆的临界力和长度系数

杆端约束情况	两端铰支	两端固定	一端固定 一端自由	一端固定 一端铰支	两端固定 但可横向移动
压杆挠曲线形式					
临界力	$F_{\mathrm{cr}} = \dfrac{\pi^2 EI}{l^2}$	$F_{\mathrm{cr}} = \dfrac{\pi^2 EI}{(0.5l)^2}$	$F_{\mathrm{cr}} = \dfrac{\pi^2 EI}{(2l)^2}$	$F_{\mathrm{cr}} = \dfrac{\pi^2 EI}{(0.7l)^2}$	$F_{\mathrm{cr}} = \dfrac{\pi^2 EI}{l^2}$
长度系数	$\mu = 1.0$	$\mu = 0.5$	$\mu = 2$	$\mu = 0.7$	$\mu = 1.0$

束处理。对各种实际的杆端约束情况,压杆的长度系数可在有关的设计手册或规范中查到,或直接由试验测定。

在实际结构中,常常遇到一种称为柱状铰的约束,如图 8-15 所示。若杆件在垂直于铰轴线(y 轴)的平面(xz 平面)内弯曲时,则应当认为两端是铰支座;而杆件在包括铰轴线的平面(xy 平面)内弯曲时,则两端看作是固定端。

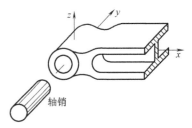

图 8-14

图 8-15

例 8-1 柴油机的挺杆是钢制空心圆管,内、外径分别为 10mm 和 12mm,杆长 $l = 383$mm,钢材的 $E = 210$GPa,可简化为两端铰支的细长压杆,试计算该挺杆的临界压载荷 F_{cr}。

解 挺杆横截面的惯性矩

$$I = \frac{\pi}{64}(D^4 - d^4) = \frac{\pi}{64}\left[(12 \times 10^{-3})^4 - (10 \times 10^{-3})^4\right] \mathrm{m}^4 = 5.27 \times 10^{-10}\,\mathrm{m}^4$$

由式(8-1)即可计算出该挺杆的临界压力为

$$F_{cr} = \frac{\pi^2 EI}{l^2} = \frac{\pi^2 \times 210 \times 10^9 \times 5.27 \times 10^{-10}}{(383 \times 10^{-3})^2} N = 7446N$$

例 8-2 试由压杆挠曲线的微分方程，导出两端固定压杆的临界载荷的欧拉公式。

解 两端固定的压杆失稳后，计算简图如图 8-16 所示，变形关于中点对称，上、下两端的约束力偶矩同为 m，水平约束力（y 方向）都等于零。挠曲线的微分方程是

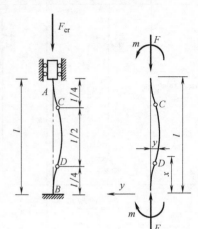

$$\frac{d^2 y}{dx^2} = \frac{M(x)}{EI} = -\frac{Fy}{EI} + \frac{m}{EI}$$

令 $k^2 = \dfrac{F}{EI}$，上式可以写成

$$\frac{d^2 y}{dx^2} + k^2 y = \frac{m}{EI}$$

此方程的通解为

$$y = A\sin kx + B\cos kx + \frac{m}{F} \tag{a}$$

图 8-16

y 的一阶导数为

$$\frac{dy}{dx} = Ak\cos kx - Bk\sin kx \tag{b}$$

两端固定的压杆的边界条件为

$x = 0$ 时 $\qquad\qquad y = 0,\ \dfrac{dy}{dx} = 0$

$x = l$ 时 $\qquad\qquad y = 0,\ \dfrac{dy}{dx} = 0$

将以上边界条件代入式（a）和式（b），得

$$\left.\begin{array}{r} B + \dfrac{m}{F} = 0 \\[2mm] Ak = 0 \\[2mm] A\sin kl + B\cos kl + \dfrac{m}{F} = 0 \\[2mm] Ak\cos kl - Bk\sin kl = 0 \end{array}\right\} \tag{c}$$

由以上四个方程式得出

$$\cos kl - 1 = 0,\quad \sin kl = 0 \tag{d}$$

满足以上两式的根，除 $kl = 0$ 外，最小根是 $kl = 2\pi$ 或 $k = \dfrac{2\pi}{l}$，故

$$F_{cr} = k^2 EI = \frac{4\pi^2 EI}{l^2} = \frac{\pi^2 EI}{(0.5l)^2} \tag{e}$$

由式（a），求得压杆失稳后任意截面上的弯矩是

$$M(x) = EI\frac{d^2 y}{dx^2} = -EIk^2(A\sin kx + B\cos kx)$$

由式（c）的第一和第二式解出 A 和 B，代入上式，并注意到式（d），得

$$M(x) = m\cos\frac{2\pi x}{l}$$

当 $x = \dfrac{l}{4}$ 或 $\dfrac{3l}{4}$ 时，$M(x) = 0$。这就证明了在图 8-16 中，C、D 两点的弯矩等于零。两端固定的细长压杆可折算成长度为 CD 的两端铰支的细长压杆。

例 8-3　图 8-17 所示两端均为固定铰支座的细长压杆，长度为 l，横截面面积为 A，抗弯刚度为 EI。设杆处于变化的均匀温度场中，若材料的线膨胀系数为 α_l，初始温度为 T_0，试求压杆失稳时的临界温度值 T_{cr}。

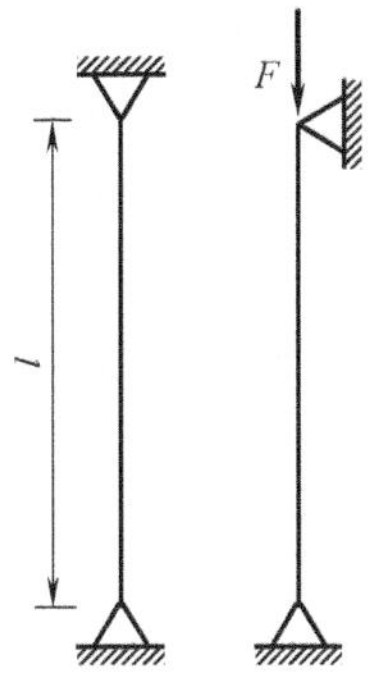

解　图示结构为一次超静定问题。其变形协调条件为

$$\Delta l = \Delta l_T - \Delta l_R = 0$$

压杆的自由热膨胀量　　　$\Delta l_T = \alpha_l(T - T_0)l$

由于约束力 F 产生的变形为　　$\Delta l_R = \dfrac{Fl}{EA}$

故　　　　　　　　　　　$F = EA\alpha_l(T - T_0)$

显然，当轴向压力 F 等于压杆的临界载荷 F_{cr} 时，杆将丧失稳定性。此时对应的温度称为临界温度 T_{cr}。由式（8-2）得

$$F_{cr} = \frac{\pi^2 EI}{(\mu l)^2} = EA\alpha_l(T_{cr} - T_0)$$

$$T_{cr} = T_0 + \frac{\pi^2 I}{\alpha_l A l^2}$$

图　8-17

在超静定结构中，由于温度变化而引起的失稳问题称为**热屈曲**（thermal buckling）。对于轴向压力和热屈曲同时存在的问题，可以采用叠加法求解。

8.4　欧拉公式的适用范围　临界应力总图

1. 压杆的临界应力

当压杆承受的压力为临界值 F_{cr} 时，杆件横截面上的应力称为临界应力，此时，由于杆件仍可处于直线平衡状态，可以认为，杆件横截面上的应力与轴向压缩时一样是均匀分布的，则对于细长压杆，临界应力为

$$\sigma_{cr} = \frac{F_{cr}}{A} = \frac{\pi^2 EI}{(\mu l)^2 A} \tag{a}$$

若把压杆横截面的最小惯矩 I 写成 $I = i^2 A$，其中 i 为压杆横截面的最小惯性半径，式（a）可以写成

$$\sigma_{cr} = \frac{\pi^2 E}{\left(\mu\dfrac{l}{i}\right)^2} \tag{b}$$

引入符号
$$\lambda = \frac{\mu l}{i} \tag{8-3}$$

λ 是一个没有量纲的量，称为**柔度**或**长细比**（slenderness），它集中反应了压杆的长度、约束条件、截面尺寸和形状等因素对临界应力 σ_{cr} 的影响。由于引用了柔度 λ，计算临界应力的公式中式（b）可写成

$$\sigma_{cr} = \frac{\pi^2 E}{\lambda^2} \tag{8-4}$$

上式称为欧拉公式的临界应力形式。

2. 欧拉公式的适用范围

在推导临界压力公式的过程中，应用了微弯曲状态下的挠曲线微分方程，此方程的使用前提是，材料的变形在弹性范围内（即 $\sigma \leqslant \sigma_p$）。因此欧拉公式也只有在临界应力不超过比例极限时（即 $\sigma_{cr} \leqslant \sigma_p$）才适用，故其适用条件为

$$\sigma_{cr} = \frac{\pi^2 E}{\lambda^2} \leqslant \sigma_p \tag{c}$$

从式（8-4）知，弹性模量 E 为常量，压杆的临界应力 σ_{cr} 与柔度 λ 的平方成反比。为了显示 σ_{cr} 与 λ 的关系，可以 λ 为横坐标、σ_{cr} 为纵坐标，绘制曲线 AB 如图 8-18 所示，这是一条双曲线，称为欧拉双曲线。由此曲线可见，λ 越大则 σ_{cr} 越小。设在图 8-18 中的水平线 CD 代表应力等于材料比例极限 σ_p 的直线，则显然欧拉双曲线 ACB 只有比例极限 σ_p 以下的 CB 一段是适用的。

从式（c）可得

$$\lambda \geqslant \sqrt{\frac{\pi^2 E}{\sigma_p}} \tag{d}$$

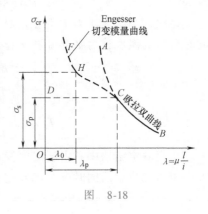

图 8-18

可见，只有当压杆的柔度 λ 大于或等于极限值 $\sqrt{\dfrac{\pi^2 E}{\sigma_p}}$ 时，欧拉公式才适用。用 λ_p 代表此极限值：

$$\lambda_p = \pi \sqrt{\frac{E}{\sigma_p}} \tag{8-5}$$

式（d）可写成
$$\lambda \geqslant \lambda_p \tag{8-6}$$

这就是欧拉公式式（8-2）或式（8-4）的适用范围，超出此范围，欧拉公式就不适用。

从式（8-5）看出，λ_p 与材料的性质有关，不同的材料，λ_p 的数值不同，欧拉公式适用的范围也就不同。以 Q235 钢为例，$E = 200\text{GPa}$，$\sigma_p = 200\text{MPa}$，代入式（8-5），得

$$\lambda_p = \sqrt{\frac{\pi^2 \times 200 \times 10^9}{200 \times 10^6}} \approx 100$$

所以，对于钢制压杆，只有当 $\lambda \geqslant 100$ 时，才可使用欧拉公式。同样计算可知，对于铸铁，$\lambda \geqslant 80$ 时欧拉公式适用；对于松木，$\lambda \geqslant 110$ 时欧拉公式才适用。满足 $\lambda \geqslant \lambda_p$ 条件的压杆，称为**大柔度压杆**，前面常提到的细长压杆就是指大柔度压杆。

3. 临界应力的经验公式

在工程实际中细长的压杆（$\lambda \geq \lambda_p$）并不常遇到，实际上常用的压杆如前面提到的内燃机连杆、液压缸的活塞杆等，它的柔度（长细比）往往小于极限值，即 $\lambda \leq \lambda_p$，因此需要对这种压杆进一步研究。

对于短而粗的承压杆件，如压缩试验中的金属短柱试件，柔度在 0 到 λ_0 之间，这种杆通常称为短杆或小柔度杆。试验证明，小柔度杆在破坏时，杆内应力都已超过了材料的屈服极限（塑性材料）或强度极限（脆性材料），破坏时很难观察到杆有失稳现象，因此这种短杆的破坏主要是强度上的破坏，可不考虑稳定性问题，因此其临界应力可写成

$$\sigma_{cr} = \sigma_s \text{ 或 } \sigma_b \tag{8-7}$$

对于柔度介于 λ_0 与 λ_p 之间的压杆可称为中柔度杆，也是工程上常遇到的压杆。由试验可知，这种压杆在破坏时将丧失直线形状而显著弯曲，可以观察到有明显的临界应力存在，且临界应力高于比例极限并低于屈服极限（塑性材料）或强度极限（脆性材料）。由试验所得的临界应力值要比用欧拉公式计算出来的数值低，故欧拉公式不能适用。

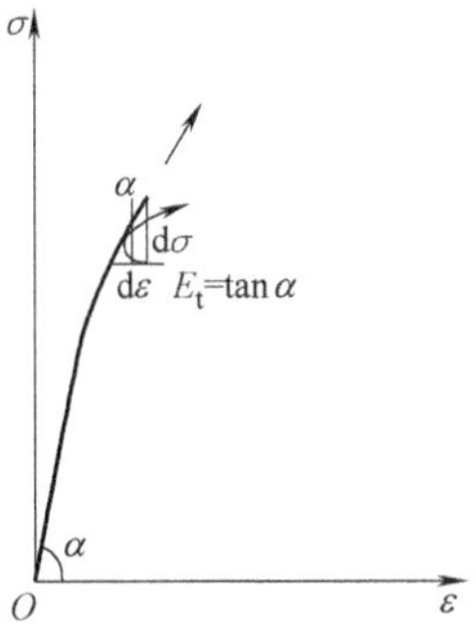

不少学者曾对压杆在超过比例极限时的稳定性问题进行过研究。下面先介绍一种理论分析的方法。由材料的力学性能试验可知，在应力 σ 超过比例极限 σ_p 之后，应力 σ 与应变 ε 之间不再保持正比关系。在这个非线性阶段，$\sigma\text{-}\varepsilon$ 曲线上任一点的斜率（图 8-19）为 $E_t = \tan\alpha = \dfrac{d\sigma}{d\varepsilon}$，$E_t$ 称为切变模量（tangential modulus of elasticity），它是一个变量。恩格塞尔（Engesser）把欧拉公式中的弹性模量 E 换以切变模量 E_t，可用以计算超过比例极限 σ_p 时的临界应力 σ_{cr}，即

图　8-19

当 $\lambda < \lambda_p$ 时，

$$\sigma_{cr} = \frac{\pi^2 E_t}{\lambda^2} \tag{8-8}$$

上式即称为压杆临界应力的切变模量公式，根据此式所得出的曲线，如图 8-18 中的虚线 CHF 所示，此曲线与实验所得数据较为接近，由于曲线关系复杂，在实际设计计算中很少利用这一曲线。

工程上解决这一类压杆稳定问题时，主要使用以试验数据为依据的经验公式。常用的经验公式有下面两种。

（1）直线公式（straight line formula）　直线公式把临界应力 σ_{cr} 与柔度 λ 表示为下列的直线关系：

$$\sigma_{cr} = a - b\lambda \tag{8-9}$$

式中，a、b 是与材料性质有关的常数。在表 8-2 中列入了几种材料的 a 和 b 的数值，例如对 Q235 钢制成的压杆，$a = 304\text{MPa}$，$b = 1.12\text{MPa}$。

上述经验公式也仅适用于杆柔度的一定范围。对于塑性材料制成的压杆，当其临界应力等于材料的屈服极限时，压杆就会发生屈服而应该按强度问题来考虑。因此，应用直线公式时，压杆的临界应力不能超过屈服极限 σ_s，即

$$\sigma_{cr} = a - b\lambda \leq \sigma_s$$

表 8-2　直线公式的系数 a 和 b

材　　料	a/MPa	b/MPa
Q235 钢（$\sigma_b>372\text{MPa},\sigma_s=235\text{MPa}$）	304	1.12
优质碳钢（$\sigma_b>471\text{MPa},\sigma_s=306\text{MPa}$）	461	2.57
硅钢（$\sigma_b>510\text{MPa},\sigma_s=353\text{MPa}$）	578	3.74
铬钼钢	980	5.30
铸铁	332.2	1.45
强铝	373	2.15
松木	28.7	0.19

用柔度来表示，上式可改写成

$$\lambda \geqslant \frac{a-\sigma_s}{b} = \lambda_0 \tag{8-10}$$

λ_0 是适用于直线公式的最小柔度。对于脆性材料，只需将式中的 σ_s 改成 σ_b 即可。

因此，直线经验公式的适用范围为

$$\lambda_0 \leqslant \lambda < \lambda_p \tag{8-11}$$

满足上式的压杆，称为中柔度压杆（中长杆）。λ_0 依材料的不同而不同，可查表或可根据式（8-10）计算。

若压杆的柔度 $\lambda<\lambda_0$，则称为小柔度压杆（粗短杆），它的破坏是由强度不足引起的，应按压缩强度计算。

综上所述，压杆的临界应力的计算与压杆的柔度有关。依上述三种情况，以柔度 λ 为横坐标，以临界应力 σ_{cr} 为纵坐标，作 σ_{cr}-λ 图，称为临界应力总图，用图 8-20 表示。

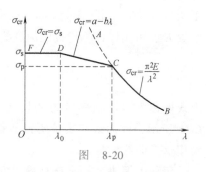

图　8-20

稳定计算中，无论是欧拉公式还是经验公式，都是以杆件的整体变形为基础的。局部削弱（如螺钉孔等）对杆件的整体变形影响很小，计算临界应力时，可采用未经削弱的横截面面积 A 和惯性矩 I，而在小柔度杆中作压缩强度计算时应该使用削弱后的横截面面积。

（2）抛物线公式（parabolic formula）　对临界应力 σ_{cr} 超过比例极限的压杆，也可应用抛物线公式。根据试验结果，考虑到压杆存在偏心等偶然因素，抛物线公式一般采用下列形式：

$$\sigma_{cr} = a-b\lambda^2 \tag{8-12}$$

式中，a 为塑性材料的屈服极限 σ_s 或脆性材料的强度极限 σ_b；b 为与材料有关的常数，见表 8-3。

表 8-3 抛物线公式中常用材料的系数 a、b

材料		a/MPa	b/MPa	λ 适用范围
Q235	$\sigma_s = 240\text{MPa}$ $\sigma_b = 380\text{MPa}$	240	0.00682	0~128
A5	$\sigma_s = 280\text{MPa}$ $\sigma_b = 500\text{MPa}$	280	0.00872	0~96
16Mn	$\sigma_s = 350\text{MPa}$ $\sigma_b = 520\text{MPa}$	350	0.0145	0~102
铸铁	$\sigma_b = 400\text{MPa}$	400	0.0193	0~102

将式（8-12）绘于 σ_{cr}-λ 坐标中，与欧拉双曲线交于 C 点，应用抛物线公式与欧拉公式组成的临界应力总图如图 8-21 所示。对于 Q235 钢，C 点坐标 $\sigma_C = 0.57\sigma_s$，$\lambda_C = \sqrt{\dfrac{\pi^2 E}{0.57\sigma_s}} = 123$，故式（8-12）适用范围为 $\lambda = 0\sim123$。对 $\lambda > \lambda_C$ 的细长杆可用欧拉公式；$\lambda < \lambda_C$ 的杆可称为非细长杆，应用抛物线公式。

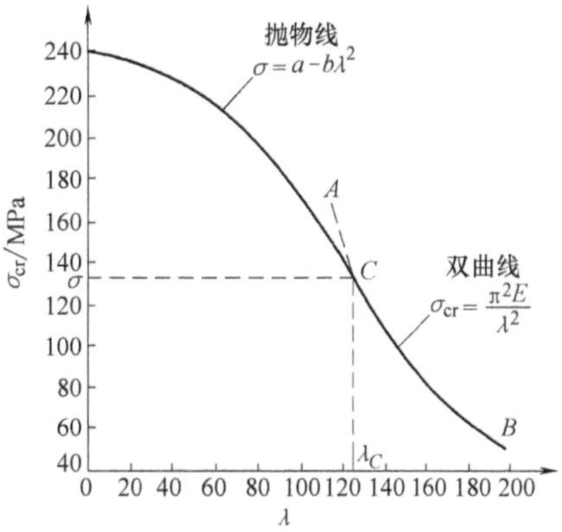

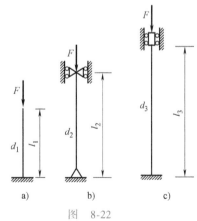

图 8-21

例 8-4 材料为 Q235 钢的三根轴向受压圆杆，长度 l 分别为 0.25m、0.5m 和 1m，直径分别为 20mm、30mm 和 50mm，$E = 210\text{GPa}$。各杆支承如图 8-22 所示。试求各杆的临界应力。

解 （1）计算各杆的柔度

杆 a：$\mu_1 = 2$，$l_1 = 0.25\text{m}$，$d_1 = 20\text{mm}$，则 $i_1 = \sqrt{\dfrac{I}{A}} = \dfrac{d_1}{4} = 5.0\text{mm}$，有

$$\lambda_1 = \frac{\mu_1 l_1}{i_1} = \frac{2 \times 250\text{mm}}{5\text{mm}} = 100$$

杆 b：$\mu_2 = 1$，$l_2 = 0.5\text{m}$，$d_2 = 30\text{mm}$，则 $i_2 = \sqrt{\dfrac{I}{A}} = \dfrac{d_2}{4} = 7.5\text{mm}$，有

$$\lambda_2 = \frac{\mu_2 l_2}{i_2} = \frac{1 \times 500\text{mm}}{7.5\text{mm}} = 66.7$$

图 8-22

杆 c：$\mu_3 = 0.5$，$l_3 = 1\text{m}$，$d_3 = 50\text{mm}$，则 $i_3 = \sqrt{\dfrac{I}{A}} = \dfrac{d_3}{4} = 12.5\text{mm}$，

$$\lambda_3 = \frac{\mu_3 l_3}{i_3} = \frac{0.5 \times 1000\text{mm}}{12.5\text{mm}} = 40$$

（2）计算各杆的临界应力 查表得

$$\lambda_p = 100，\lambda_0 = 61.6$$

杆 a：$\lambda \geqslant \lambda_p$ 大柔度压杆 $\sigma_{cr} = \dfrac{\pi^2 E}{\lambda^2} = \dfrac{3.14^2 \times 210 \times 10^9}{100^2}\text{Pa} = 207\text{MPa}$

杆 b：$\lambda_0 \leqslant \lambda < \lambda_p$ 中柔度压杆 $\sigma_{cr} = a - b\lambda = (304 - 1.12 \times 66.7)\text{MPa} = 229.3\text{MPa}$

杆 c：$\lambda < \lambda_0$ 小柔度压杆 $\sigma_{cr} = \sigma_s = 235\text{MPa}$

8.5 压杆稳定性计算

从上节可知，对于不同柔度的压杆总可以计算出它的临界应力，将临界应力乘以压杆横截面面积，就得到临界载荷。工程中的压杆，往往需要根据稳定性的条件校核它是否安全或者设计安全工作时需要的尺寸或截面形状。这一类问题统称为稳定性设计（stability design）。其要求是：压杆工作时，工作压力应小于临界压力，即失效准则为

$$F = F_{cr} \tag{8-13}$$

若定义压杆的临界力 F_{cr} 与压杆实际承受的轴向压力 F 之比值为压杆的工作安全系数 n，它应该不小于规定的稳定安全系数 n_{st}。因此压杆的稳定性条件为

$$n = \frac{F_{cr}}{F} \geqslant n_{st} \tag{8-14}$$

由稳定性条件便可对压杆稳定性进行计算，在工程中主要是稳定性校核。通常，n_{st} 规定得比强度安全系数高，原因是一些难以避免的因素（例如压杆的初弯曲、材料不均匀、压力偏心以及支座缺陷等）对压杆稳定性的影响远远超过对强度的影响。表 8-4 列出了几种常见压杆的稳定安全系数 n_{st}，供参考。

表 8-4 几种常见压杆的稳定安全系数

机械类型	n_{st}	机械类型	n_{st}
金属结构中的压杆	1.8~3.0	磨床油缸活塞杆	4~6
矿山冶金设备中的压杆	4~8	低速发动机挺杆	4~6
机床丝杆	2.5~4.0	高速发动机挺杆	2~5
水平长丝杆或精密丝杆	≥4	拖拉机转向纵横推杆	5

用式（8-14）进行稳定校核时，需先根据柔度的大小决定用式（8-4）、式（8-9）还是式（8-12）计算临界应力。

例 8-5 如图 8-23 所示连杆，材料为 Q235 钢，其 $E = 200\text{MPa}$，$\sigma_p = 200\text{MPa}$，$\sigma_s = 235\text{MPa}$，承受轴向压力 $F = 110\text{kN}$。若 $n_{st} = 3$，试校核连杆的稳定性。

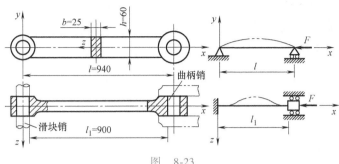

图　8-23

解　根据图 8-23 中连杆端部约束情况,在 xy 纵向平面内可视为两端铰支;在 xz 平面内可视为两端固定约束。又因压杆为矩形截面,所以 $I_y \neq I_z$。

因此首先应分别算出杆件在两个平面内的柔度,以判断此杆将在哪个平面内失稳,然后再根据柔度值选用相应的公式来计算临界力。

(1) 计算 λ　在 xy 纵向平面内,$\mu = 1$,z 轴为中性轴:

$$i_z = \sqrt{\frac{I_z}{A}} = \frac{h}{2\sqrt{3}} = \frac{6}{2\sqrt{3}}\text{cm} = 1.732\text{cm}$$

$$\lambda_z = \frac{\mu l}{i_z} = \frac{1 \times 94}{1.732} = 54.3$$

在 xz 纵向平面内,$\mu = 0.5$,y 轴为中性轴:

$$i_y = \sqrt{\frac{I_y}{A}} = \frac{b}{2\sqrt{3}} = \frac{2.5}{2\sqrt{3}}\text{cm} = 0.722\text{cm}$$

$$\lambda_y = \frac{\mu l}{i_y} = \frac{0.5 \times 90}{0.722} = 62.3$$

$\lambda_y > \lambda_z$,$\lambda_{\max} = \lambda_y = 62.3$。连杆若失稳必发生在 xz 纵向平面内。

(2) 计算临界力,校核稳定性

$$\lambda_p = \pi\sqrt{\frac{E}{\sigma_p}} = \pi\sqrt{\frac{200 \times 10^9}{200 \times 10^6}} \approx 99.3$$

$\lambda_{\max} < \lambda_p$,该连杆不属细长杆,不能用欧拉公式计算其临界力。这里采用直线公式,查表 8-2,Q235 钢的 $a = 304\text{MPa}$,$b = 1.12\text{MPa}$,

$$\lambda_s = \frac{a - \sigma_s}{b} = \frac{304 - 235}{1.12} = 61.6$$

$\lambda_s < \lambda_{\max} < \lambda_p$,属中等杆,因此

$$\sigma_{cr} = a - b\lambda_{\max} = (304 - 1.12 \times 62.3)\text{MPa} = 234.2\text{MPa}$$

$$F_{cr} = A\sigma_{cr} = (6 \times 2.5 \times 10^{-4} \times 234.2 \times 10^3)\text{kN} = 351.3\text{kN}$$

$$n = \frac{F_{cr}}{F} = \frac{351.3}{110} = 3.2 > n_{st}$$

该连杆稳定。

例 8-6　图 8-24 所示结构用 A5 钢制成。$\sigma_s = 280\text{MPa}$,

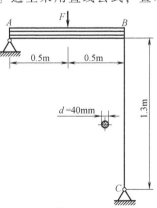

图　8-24

$\lambda_p = 96$，$E = 200\text{GPa}$，AB 梁为 16 号工字钢。强度安全系数 $n = 2$，BC 杆为直径 $d = 40\text{cm}$ 的圆钢，稳定安全系数 $n_{st} = 3$，试求结构的许可载荷 F。

解　（1）由 BC 压杆计算许可载荷 F

$$\mu = 1, \quad i = \frac{d}{4} = \frac{40}{4}\text{mm} = 10\text{mm}$$

$$\lambda = \mu \frac{l}{i} = 1 \times \frac{300}{10} = 130$$

由于 $\lambda > \lambda_p$，故为大柔度杆，可应用欧拉公式：

$$F_{cr} = \frac{\pi^2 EI}{(\mu l)^2} = \left[\frac{\pi^2 \times 200 \times 10^9 \times \dfrac{\pi}{64}(40)^3 \times 10^{-12}}{(1 \times 1.3)^2}\right]\text{N} = 146.8\text{kN}$$

压杆许可压力

$$F_N = \frac{F_{cr}}{n_{st}} = \frac{146.8}{3}\text{kN} = 48.93\text{kN}$$

结构许可载荷

$$F = 2F_N = 97.86\text{kN}$$

（2）由简支梁 AB 的强度计算许可载荷 F

$$M_{max} = \frac{Fl_{AB}}{4} = \frac{F}{4} \times 1\text{m}$$

16 号工字钢 $W = 141\text{cm}^3$，则

$$\sigma_{max} = \frac{M_{max}}{W} = \frac{F}{4 \times 141 \times 10^{-6}\text{m}^2} \leqslant [\sigma]$$

$$[\sigma] = \frac{\sigma_s}{n} = \frac{280}{2}\text{MPa} = 140\text{MPa}$$

可解得结构许可载荷 $F \leqslant 78.96\text{kN}$。

比较两值，该结构的许可载荷将由简支梁的强度确定，取许可载荷 $F = 78.96\text{kN}$。

例 8-7　图 8-25 所示的结构中，梁 AB 为 14 号普通热轧工字钢，CD 为圆截面直杆，其直径为 $d = 20\text{mm}$，二者材料均为 Q235 钢。结构受力如图中所示，A、C、D 三处均为球铰约束。若已知 $F = 25\text{kN}$，$l_1 = 1.25\text{m}$，$l_2 = 0.55\text{m}$，$\sigma_s = 235\text{MPa}$，强度安全系数 $n_s = 1.45$，稳定安全系数 $n_{st} = 3$。试校核此结构是否安全。

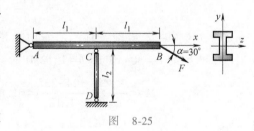

图 8-25

解　（1）大梁 AB 的强度校核　危险截面 C：

$$M_{max} = F\sin30° \times l_1 = (25 \times 10^3 \times 0.5 \times 1.25)\text{N} \cdot \text{m} = 15.63 \times 10^3\text{N} \cdot \text{m}$$

$$F_N = F\cos30° = (25 \times 10^3 \times 0.866)\text{N} = 21.65 \times 10^3\text{N}$$

查表得

$$W_z = 102\text{cm}^3 = 102 \times 10^{-6}\text{m}^3$$

$$A = 21.5\text{cm}^2 = 21.5 \times 10^{-4}\text{m}^2$$

所以

$$\sigma_{max} = \frac{M_{max}}{W_z} + \frac{F_N}{A} = \left(\frac{15.63 \times 10^3}{102 \times 10^{-6}} + \frac{21.65 \times 10^3}{21.5 \times 10^{-4}}\right) Pa = 163.2 \times 10^6 Pa$$

故 Q235 钢的许用应力

$$[\sigma] = \frac{\sigma_s}{n_s} = 162 MPa$$

$$\sigma_{max} < (1+5\%)[\sigma] = (1.05 \times 162) MPa = 170.1 MPa$$

杆 AB 符合强度要求。

（2）压杆 CD 的稳定校核　由平衡方程求得压杆 CD 的轴向压力

$$F_{CD} = 2F\sin 30° = 25 kN$$

$$i = \sqrt{\frac{I}{A}} = \frac{d}{4} = 5 mm, \quad \mu = 1$$

$$\lambda = \frac{\mu l}{i} = \frac{1 \times 0.55 \times 10^3}{5} = 110 > \lambda_p$$

临界应力

$$\sigma_{cr} = \frac{\pi^2 E}{\lambda^2} = \left(\frac{3.14^2 \times 210 \times 10^9}{110^2}\right) Pa = 171.1 \times 10^6 Pa$$

工作应力

$$\sigma = \frac{F_{CD}}{A} = \frac{25 \times 10^3 \times 4}{\pi \times 20^{-4}} Pa = 79.6 \times 10^6 Pa$$

工作安全系数

$$n = \frac{\sigma_{cr}}{\sigma} = \frac{171.1}{79.6} = 2.15 < n_{st}$$

压杆不符合稳定性要求。

8.6 压杆稳定校核的折减系数法

式（8-14）是用安全系数形式表示的稳定性条件，在工程中还可以用应力形式表示稳定性条件：

$$\sigma = \frac{F}{A} \leq [\sigma]_{st} \tag{a}$$

其中

$$[\sigma]_{st} = \frac{\sigma_{cr}}{n_{st}} \tag{b}$$

式中，$[\sigma]_{st}$ 为稳定许用应力。由于临界应力 σ_{cr} 随压杆的柔度而变，而且对不同柔度的压杆又规定不同的稳定安全系数 n_{st}，所以，$[\sigma]_{st}$ 是柔度 λ 的函数。在某些结构设计中，常常把材料的强度许用应力 $[\sigma]$ 乘以一个小于 1 的系数 φ 作为稳定许用应力 $[\sigma]_{st}$，即

$$[\sigma]_{st} = \varphi[\sigma] \tag{c}$$

式中，φ 称为折减系数。因为 $[\sigma]_{st}$ 是柔度 λ 的函数，所以 φ 也是 λ 的函数，且总有 $\varphi < 1$。根据有关的设计规范，图 8-26 绘出了常用材料的折减系数 φ 与柔度 λ 间的变化曲线，以供查用。图中高强度钢（$\sigma_s > 320 MPa$）根据 16Mn 钢资料绘制。折减系数 φ 有时也制成表格查

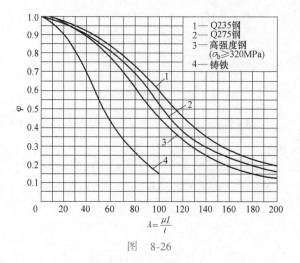

图 8-26

用。引入折减系数后，式（a）可写为

$$\sigma = \frac{F}{A} \le \varphi [\sigma] \qquad (8\text{-}15)$$

例 8-8 简易吊车摇臂如图 8-27 所示，两端铰接的 AB 杆由钢管制成，材料为 Q235 钢，其强度许用应力 $[\sigma] = 140\text{MPa}$，试校核 AB 杆的稳定性。

解 （1）求 AB 杆所受轴向压力 由平衡方程

$$\sum M_C = 0, \quad F \times 1.5\text{m} \times \sin 30° - 2\text{m}F_Q = 0$$

得

$$F = 53.3\text{kN}$$

（2）计算 λ

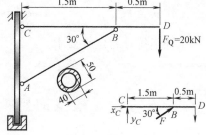

图 8-27

$$i = \sqrt{\frac{I}{A}} = \frac{1}{4}\sqrt{D^2 + d^2} = \left(\frac{1}{4} \times \sqrt{50^2 + 40^2} \right)\text{mm} = 16\text{mm}$$

$$\lambda = \frac{\mu l}{i} = \frac{1 \times \dfrac{1500}{\cos 30°}}{16} = 108$$

（3）校核稳定性 据 $\lambda = 108$，查图 8-26 得折减系数 $\varphi = 0.55$，稳定许用应力

$$[\sigma]_{st} = \varphi [\sigma] = 0.55 \times 140\text{MPa} = 77\text{MPa}$$

AB 杆工作应力

$$\sigma = \frac{F}{A} = \frac{53.3 \times 10^{-3}}{\dfrac{\pi}{4}(50^2 - 40^2) \times 10^{-6}}\text{MPa} = 75.4\text{MPa}$$

$\sigma < [\sigma]_{st}$，所以 AB 杆稳定。

8.7 提高压杆稳定性的措施

由以上各节的讨论可知，压杆的临界应力或临界压力的大小，直接反映了压杆稳定性的高低。提高压杆稳定性的关键，在于提高压杆的临界应力或临界压力，而影响压杆临界应力或临界压力的因素有：压杆的截面形状、长度和约束条件、材料的性质等。因而，本节从这几方面入手，讨论如何提高压杆的稳定性。

1. 选择合理的截面形状

从欧拉公式 $\sigma_{cr} = \dfrac{\pi^2 E}{\lambda^2}$ 和直线型经验公式 $\sigma_{cr} = a - b\lambda$ 可看到，柔度 λ 越小，临界应力越高。由于 $\lambda = \dfrac{\mu l}{i}$，所以提高惯性半径 i 的数值就能减小 λ 的数值。可见，如不增加截面面积 A，尽可能把材料放在离截面形心较远处，以取得较大的 I 和 i，就等于提高了临界应力和临界压力。例如图 8-28 所示的两组截面，图 8-28a 与 b 的面积相同，图 b 的 I 和 i 要比图 a 大得多。

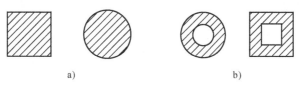

图 8-28

由四根角钢组成的起重机的起重臂（图 8-29a），其四根角钢分散布置在截面的四角（图 8-29b），比集中布置在截面形心附近（图 8-29c）更为合理。

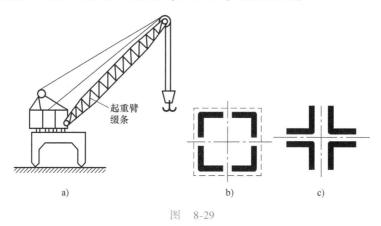

起重臂
缀条

a)   b)   c)

图 8-29

由型钢组成的桥梁桁架中的压杆或建筑物中的柱，也都是把型钢分开安放，如图 8-30 所示。当然，也不能为了取得较大的 I 和 i，就无限制地增加环形截面的直径并减小其壁厚，这将使其因变成薄壁圆管而引起局部失稳，发生局部折皱的危险。对于由型钢组成的组合压杆，也要用足够的缀条或缀板把分开放置的型钢连成一个整体（图 8-29、图 8-30）。否则，各条型钢将变为分散单独的受压杆件，反而降低了稳定性。

当压杆两端在各弯曲平面内约束条件相同时，失稳总是发生在最小刚度的平面内。因此，当截面面积一定时，使压杆在各方向上的惯性矩 I 相等并尽可能大些，如图 8-28 ~ 图 8-30 所示。但是，某些压杆在不同的纵向平面内，μl 并不相同。例如例 8-5 中的图 8-23，发动机的连杆，在摆动平面的 xy 平面内，两端可简化为铰支座，$\mu = 1$；而在垂直于摆动平面的 xz 平面内，两端可简化为固定端（图 8-23），$\mu = 1/2$。这就要求连杆截面对两个

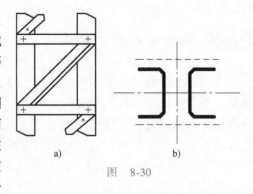

图 8-30

形心主轴 z 和 y 有不同的 i_z 和 i_y，使得在两个主惯性平面内的柔度 $\lambda_z = \dfrac{\mu l}{i_z}$ 和 $\lambda_y = \dfrac{\mu l}{i_y}$ 接近相等。这样，连杆在两个主惯性平面内仍可以有接近相似的稳定性。

2. 改变压杆的约束条件或者增加中间支座

从 8.3 节的讨论看出，改变压杆的支座情况及压杆的长度 l，都直接影响临界载荷的大小。由表 8-1 可知，两端约束加强（图 8-31b），长度系数 μ 增大。此外，减小长度 l，如增加中间支座的使用等，也可增大杆件的临界载荷 F_{cr}。例如长为 l 两端铰支的压杆，其 $\mu = 1$，$F_{cr} = \dfrac{\pi^2 EI}{l^2}$，若在这一压杆的中点增加一个中间支座或者把两端改为固定端（图 8-31a），则相当长度变为 $\mu l = \dfrac{l}{2}$，临界载荷变为

$$F_{cr} = \frac{\pi^2 EI}{\left(\dfrac{l}{2}\right)^2} = \frac{4\pi^2 EI}{l^2}$$

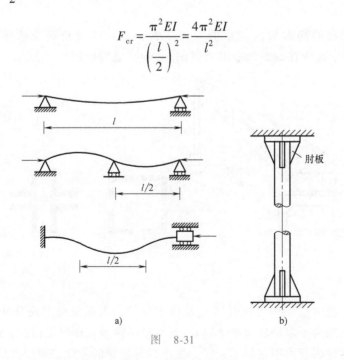

图 8-31

可见临界载荷变为原来的 4 倍。一般来说，增加压杆的约束，使其更不容易发生弯曲变形，都可以提高压杆的稳定性。

3. 合理选择材料

由欧拉公式（8-4）可知，临界应力与材料的弹性模量 E 有关。对于大柔度压杆，临界应力与材料的弹性模量 E 成正比，因此钢压杆比铜、铸铁或铝制压杆的临界载荷高。但各种钢材的 E 基本相同，所以对大柔度杆选用优质钢材与低碳钢并无多大差别。

对于中柔度压杆，由临界应力总图可以看到，材料的屈服极限 σ_s 和比例极限 σ_p 越高，则临界应力就越大，这时选用优质钢材会提高压杆的承载能力。而小柔度压杆，只考虑强度问题，优质钢材的强度高，其承载能力的提高是显然的。

4. 改善结构的形式

对于压杆，除了可以采取上述几方面的措施以提高其承载能力外，在可能的条件下，还可以从结构方面采取相应的措施。如图 8-32a 中的压杆 AB 改变为图 8-32b 中的拉杆 AB。

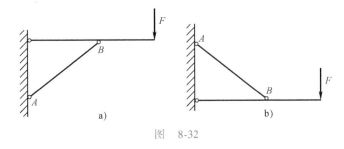

图　8-32

8.8　能量法求临界力

在 8.2 节中应用微分方程的解和边界条件求得的压杆稳定的临界载荷是一个较精确的解。对于较复杂的稳定问题，应用能量法求解较为简便，虽然所得结果的精确度较差，是一个近似解，但在实际中却应用颇为广泛。

当压杆达到临界状态时，假设受到外界的细微干扰，由原来的直线平衡位置，转化为微弯曲的平衡形式，如图 8-33 所示。其微弯的挠曲线 AB' 为 $y=f(x)$，此时杆内增加了弯曲变形能（变形能的概念可参看本

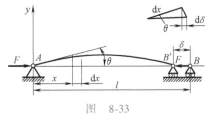

图　8-33

书第 11 章相关内容），其值与挠曲线形状有关。但是假设压缩变形能并不改变，因为均匀压应力 F/A 在直线状态时与微弯状态时并无变化，所以 AB' 曲线长度与 AB 等长，这样引起 F 力作用点的微小位移 $\delta=\overline{BB'}$，F 力做了功 $F\delta$。不考虑其他能量损耗，此功应等于杆的弯曲变形能 U，即

$$U=F\delta \qquad\qquad (a)$$

可由上式求得杆件失稳时的临界力。

先求 δ，δ 的计算可从杆的原长 l 与弯曲后的长度之差而得到，见图 8-33。

$$\mathrm{d}\delta=\mathrm{d}x-\mathrm{d}x\cos\theta\approx\frac{\theta^2}{2}\mathrm{d}x$$

因

$$\theta = \frac{\mathrm{d}y}{\mathrm{d}x} = y'$$

故

$$\delta = \frac{1}{2}\int_0^l (y')^2 \, \mathrm{d}x \tag{b}$$

杆在弯曲变形时的变形能（可参看第 11 章）

$$U = \int_0^l \frac{M^2 \mathrm{d}x}{2EI} = \frac{1}{2}\int_0^l EI(y'')^2 \, \mathrm{d}x \tag{c}$$

以式（b）、式（c）代入式（a），得

$$F \cdot \frac{1}{2}\int_0^l (y')^2 \, \mathrm{d}x = \frac{1}{2}\int_0^l EI(y'')^2 \, \mathrm{d}x$$

当 $F = F_{\mathrm{cr}}$ 时，压杆才处于微弯曲状态，故满足上式的 F 即是临界力 F_{cr}：

$$F_{\mathrm{cr}} = \frac{\int_0^l EI(y'')^2 \, \mathrm{d}x}{\int_0^l (y')^2 \, \mathrm{d}x} \tag{8-16}$$

在一般情况下，杆的挠曲线方程式 $y = f(x)$ 为一未知函数。可假设或选择一个函数，只要能满足杆的边界条件，代入式（8-16），便可得出 F_{cr} 的近似值。

例 8-9　用能量法求两端铰支压杆的临界力，如图 8-33 所示。

解　设杆在弯曲时的挠曲线方程为 $y = f\sin\frac{\pi x}{l}$，它满足边界条件：

$$x = 0, \ y = 0; \quad x = l, \ y = 0$$

$$y' = f\frac{\pi}{l}\cos\frac{\pi x}{l}, \quad y'' = -f\frac{\pi^2}{l^2}\sin\frac{\pi x}{l}$$

代入式（8-16）有

$$F_{\mathrm{cr}} = \frac{EI\int_0^l \left(-f\frac{\pi^2}{l^2}\sin\frac{\pi x}{l}\right)^2 \mathrm{d}x}{\int_0^l \left(f\frac{\pi}{l}\cos\frac{\pi x}{l}\right)^2 \mathrm{d}x} = \frac{\pi^2 EI}{l^2}$$

此处因所假设的 $f(x)$ 函数正是挠曲线的方程式，故得到与精确解相同的临界力值。

如把 $y = f(x)$ 假设为一代数多项式：

$$y = fx(l-x) \tag{a}$$

它能满足边界条件：$x = 0$，$y = 0$；$x = l$，$y = 0$，有

$$\left.\begin{array}{l} y' = fl - 2fx = f(l - 2x) \\ y'' = -2f \end{array}\right\} \tag{b}$$

以式（b）代入式（8-16），有

$$F_{\mathrm{cr}} = \frac{EI\int_0^l (-2f)^2 \, \mathrm{d}x}{\int_0^l [f(1 - 2x)]^2 \, \mathrm{d}x} = \frac{12EI}{l^2}$$

这里所得到临界力 F_{cr} 是一个近似值。

例 8-10　用能量法计算上端自由、下端固定的压杆的临界载荷 F_{cr}，如图 8-34 所示。

解　假设挠曲线方程即用肱梁在自由端受横向力 F_1（图 8-34b）时的方程式，有

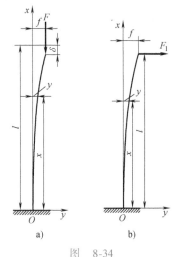

$$y = \frac{F_1 x^2}{6EI}(3l-x), \quad f = y_{max} = \frac{F_1 l^3}{3EI}$$

$$y = \frac{f}{2l^3} x^2 (3l-x) \tag{a}$$

杆的变形能

$$U = \int_0^l \frac{M^2 \mathrm{d}x}{2EI} = \frac{F^2}{2EI} \int_0^l (f-y)^2 \mathrm{d}x \tag{b}$$

将式（a）代入式（b）得

$$U = \frac{F^2 f^2}{2EI} \cdot \frac{17l}{35}$$

F 力的位移

$$\delta = \frac{1}{2} \int_0^l (y')^2 \mathrm{d}x = \frac{3f}{4l^3} \int_0^l (2lx - x^2)^2 \mathrm{d}x = \frac{3f^2}{5l}$$

图 8-34

引用式（8-16）有

$$\frac{F^2 f^2}{2EI} \cdot \frac{17l}{35} = \frac{3}{5} \frac{Ff^2}{l}$$

由上式解得

$$F = F_{cr} = 2.4706 \frac{EI}{l^2}$$

临界力的精确值

$$F_{cr} = \frac{\pi^2 EI}{4l^2} = 2.4674 \frac{EI}{l^2}$$

例 8-11　用能量法计算如图 8-35 所示一端固定、一端自由的压杆，在沿杆的纵向作用有均布载荷 q 的临界值。

解　如图 8-35 所示情况，设杆的挠曲线方程式为

$$y = C\left(1 - \cos\frac{\pi x}{2l}\right)$$

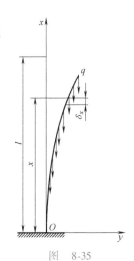

上式满足边界条件：

$$x = 0, \quad y = 0, \quad \frac{\mathrm{d}y}{\mathrm{d}x} = 0$$

$$y' = \frac{C\pi}{2l} \sin\frac{\pi x}{2l}$$

$$y'' = \frac{C\pi^2}{4l^2} \cos\frac{\pi x}{2l}$$

图 8-35

杆件弯曲时的变形能

$$U = \frac{1}{2} \int_0^l EI(y'')^2 \, \mathrm{d}x = \frac{EIC^2}{4} l \left(\frac{\pi}{2l}\right)^4 \tag{c}$$

为了求得压杆从直线形式过渡至曲线形式的均布力 q 所做之功，先找出 q_x 的位移 λ_x：

$$\lambda_x = \frac{1}{2} \int_0^x (y')^2 \, \mathrm{d}x = \frac{1}{2} \int_0^x \left(\frac{C\pi}{2l} \sin \frac{\pi x}{2l}\right)^2 \, \mathrm{d}x = \frac{1}{4} C^2 \left(\frac{\pi}{2l}\right)^2 \left(x - \frac{1}{\pi} \sin \frac{\pi x}{l}\right)$$

均布力 q 所做之功为

$$\int_0^l \lambda q_x \, \mathrm{d}x = \frac{1}{4} q C^2 \left(\frac{\pi}{2l}\right)^2 \left(\frac{l^2}{2} - \frac{2l^2}{\pi^2}\right)$$

代入式（8-16）

$$q_{cr} = \frac{EI}{2l^3} \frac{\pi^4}{\pi^2 - 4} = 8.29 \frac{EI}{l^3}$$

精确解所得结果

$$q_{cr} = 7.83 \frac{EI}{l^3}$$

习 题

8-1 两端为球铰的压杆，当它的横截面为题 8-1 图所示各种不同形状时，试问杆件会在哪个平面内失去稳定（即在失稳时，杆的截面绕哪一根轴转动）？

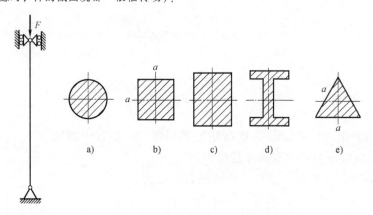

题 8-1 图

8-2 题 8-2 图所示各圆截面压杆，横截面积及材料都相同，直径 $d = 1.6\text{cm}$，杆的材料 Q235 钢的弹性模量 $E = 200\text{GPa}$，各杆长度及支承形式如图所示，试求其中最大的与最小的临界力之值。

8-3 某种钢材 $\sigma_p = 230\text{MPa}$，$\sigma_s = 274\text{MPa}$，$E = 200\text{GPa}$，直线公式 $\sigma_{cr} = 338 - 1.22\lambda$，试计算该材料压杆的 λ_p 及 λ_0，并绘制 $0 \leqslant \lambda \leqslant 150$ 范围内的临界应力总图。

8-4 6120 型柴油机挺杆为 45 钢制成的空心圆截面杆，其外径和内径分别为 12mm 和 10mm，杆长为 383mm，两端为铰支座，材料的 $E = 210\text{GPa}$，$\sigma_p = 288\text{MPa}$，试求此挺杆的临界力 F_{cr}。若实际作用于挺杆的最大压缩力 $F = 2.33\text{kN}$，规定稳定安全系数 $n_{st} = 2 \sim 5$。试校核此挺杆的稳定性。

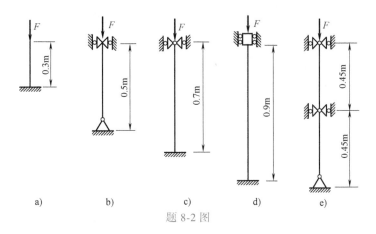

a)　　　b)　　　c)　　　d)　　　e)

题 8-2 图

8-5　设题 8-5 图所示千斤顶的最大承载压力为 $F = 150\text{kN}$，螺杆内径 $d = 52\text{mm}$，长度 $l = 50\text{cm}$。材料为 Q235 钢，$E = 200\text{GPa}$。稳定安全系数规定为 $n_{st} = 3$。试校核其稳定性。

8-6　10t 船用轻型吊货杆 AB 如题 8-6 图所示，长为 16m，截面为空心圆管，壁厚 $t = \dfrac{D}{35}$，轴向压缩力 $F = 222\text{kN}$，规定稳定安全系数 $n_{st} = 5.5$，材料为 Q235 钢，$E = 210\text{GPa}$，吊杆两端均为铰支座。试确定用杆的截面尺寸。

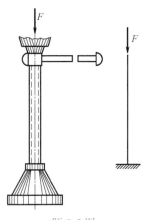

题 8-5 图

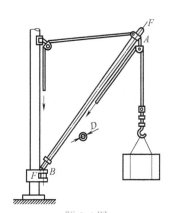

题 8-6 图

8-7　题 8-7 图所示托架中的 AB 杆，直径 $d = 40\text{mm}$，长 $l = 800\text{mm}$，两端铰支，材料为 Q235 钢，试求：（1）托架的极限载荷 $F_{\max}$；（2）若工作载荷 $F = 70\text{kN}$，稳定安全系数 $n_{st} = 2.0$，问此托架是否安全？

8-8　题 8-8 图所示两端固支的 Q235 钢管，长 6m，内径为 60mm，外径为 70mm，在 $T = 20℃$ 时安装，此时管子不受力。已知钢的线膨胀系数 $\alpha = 12.5 \times 10^{-6}\text{K}^{-1}$，弹性模量 $E = 206\text{GPa}$。当温度升高到多少度时，管子将失稳？

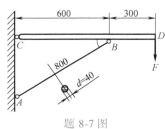

题 8-7 图

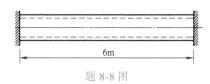

题 8-8 图

8-9 有一结构 ABCD，由 3 根直径均为 d 的圆截面钢杆组成，如题 8-9 图所示，在 B 点固定，而在 C 点和 D 点铰支，A 点为铰接。$\dfrac{L}{d}=10\pi$。若此结构由于杆件在 ABCD 平面内弹性失稳而丧失承载能力，试确定作用于节点 A 处的载荷 F 的临界值。

8-10 铰接杆系 ABC 如题 8-10 图所示，由两根具有相同截面和同样材料的细长杆所组成。若由于杆件在 ABC 平面内失稳而引起毁坏，试确定载荷 F 为最大时的 $\theta\left(0<\theta<\dfrac{\pi}{2}\right)$。

8-11 某快锻水压机工作台液压缸柱塞如题 8-11 图所示。已知油压力 p = 32MPa，柱塞直径 d = 120mm，伸入油缸的最大行程 l = 1600mm，材料为 45 钢，E = 210Gpa。试求柱塞的工作安全系数。

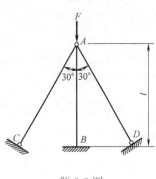

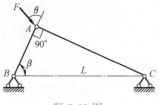

题 8-10 图

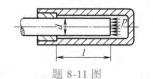

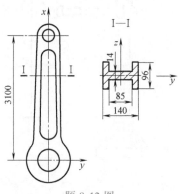

题 8-9 图

题 8-11 图

8-12 蒸汽机车的连杆如题 8-12 图所示，截面为工字形，材料为 Q235 钢，连杆所受最大轴向压力为 465kN。连杆在摆动平面（xy 平面）内发生弯曲时，可视为两端铰支；而在与摆动平面垂直的 xz 平面内发生弯曲时，两端可认为是固定支座。试确定其安全系数。

8-13 钢结构压杆由两个 56mm×56mm×8mm 等边角钢组成，如题 8-13 图所示，杆长 1.5m，两端铰支，F = 150kN，角钢为 Q235 钢，计算临界应力的公式有：（1）欧拉公式；（2）抛物线公式。试确定压杆的临界应力及工作安全系数。

8-14 题 8-14 图所示结构，用 Q235 钢制成，钢梁 AB 由 20a 号工字钢制成，E = 200GPa，σ_{p} = 200MPa，试问当 q = 20N/mm 和 q = 40N/mm 时，横梁截面 C 的挠度分别为多少？CD 杆长 2m，截面为圆形，直径 d = 40mm。

题 8-12 图

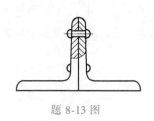

题 8-13 图

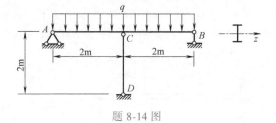

题 8-14 图

8-15 由两槽钢组成的立柱如题 8-15 图所示，两端均为球铰支承，柱长 l = 4m。受载荷 F = 800kN，型钢材料为 Q235 钢，许用压应力 [σ] = 120MPa，试选择槽钢的型号，并求两槽钢间的距离 2b 及连接板间的距离 a。

8-16　题 8-16 图所示万匹柴油机连杆作为等截面压杆考虑，$D = 260\text{mm}$，$d = 80\text{mm}$，许用压应力 $[\sigma] = 150\text{MPa}$，材料为高强度钢，试计算许用压力 F。

8-17　试用挠曲线近似微分方程式及边界条件推导两端均为固定支座压杆的临界力（图 8-12a）。

8-18　等截面压杆长为 $2l$，下端固定，上端自由，如题 8-18a 图所示，为提高其承压能力，在长度中央增设肩撑如题 8-18 图 b 所示，使其在横向不能横移。试求加固后压杆的临界力计算公式，并计算与加固前的临界力的比值。

8-19　一等截面压杆，下端固定，上端由一刚度系数为 C（N/m）的弹簧支持，如题 8-19 图所示，假设失稳时的挠曲线为

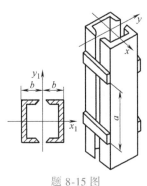

题 8-15 图

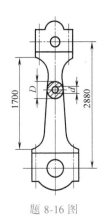

题 8-16 图

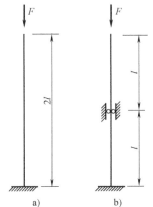

题 8-18 图

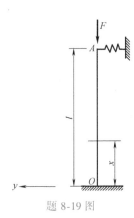

题 8-19 图

$$y = f\left(1 - \cos\frac{\pi x}{2l}\right)$$

试用能量法确定它的临界力。

提示：当 OA 杆挠曲时，A 点下移 $\delta = \dfrac{1}{2}\displaystyle\int_0^l (y')^2 \,\mathrm{d}x$，$F$ 力完成功为 $F\delta$，而当 A 点侧移 f 时，弹簧力也将完成功 $-\dfrac{1}{2}Cf^2$。

8-20　题 8-20 图所示一细长杆，承受偏心压力 F，试按能量法证明中点挠度为

$$f = \frac{\pi^2}{8}\frac{e}{\dfrac{F_{\text{cr}}}{F} - l}$$

式中，$F_{cr} = \dfrac{\pi^2 EI}{l^2}$。

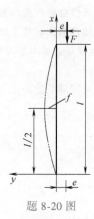

题 8-20 图

8-21　已知上题中偏心压杆的 $l=150\mathrm{cm}$，偏心距 $e=1.2\mathrm{cm}$，杆截面为空心圆截面，外径 $D=6.3\mathrm{cm}$，内径 $d=5.7\mathrm{cm}$。材料的 $E=200\mathrm{GPa}$，$\sigma_s=280\mathrm{MPa}$，安全系数 $n=6$。试确定许可压力 F。

第9章
应力和应变分析基础

9.1 应力状态的概念

2.4 节对于基本变形下杆件横截面的正应力和切应力分布做了详细研究。可以看出，杆件在一般受力情况下，同一截面上各点有不同的应力分布。因此，解决杆件的强度问题，首先要对内力进行分析，确定最大内力值及其所在截面（危险截面），再根据截面上应力的分布规律，确定最大应力值及所在点（危险点）的位置。另外，从 2.3 节和 4.5 节有关拉压杆和受扭圆轴表面各点斜截面上的应力分析可知，受力物体内同一点的应力随着截面方向的改变而变化，构件的破坏截面也不仅仅是横截面方向。例如，低碳钢拉伸屈服时滑移错动总是沿 45°方位（拉压杆在 45°的斜截面上切应力达到极值）；铸铁圆轴扭转断裂的断口沿与轴线近似成 45°方位（受扭圆轴表层各点在 45°的斜截面上正应力达到极值）。因此，为了全面考虑受力构件的强度问题，分析构件的破坏原因，不能仅仅研究横截面方位的应力分布，而应该分析危险点在不同方向截面上的应力，找出其极值来。

如图 9-1a 所示，一任意物体在一般受力情况下，物体内任一点的应力随所取截面方位不同而变化。在分析受力物体内某一点 K 的应力变化规律时，可围绕此点截取一单元体，如图 9-1b 所示。由于单元体各面的面积很小，故各面上的应力可看作均匀分布。当单元体各棱边（$\mathrm{d}x$、$\mathrm{d}y$、$\mathrm{d}z$）的尺寸趋近于零时，单元体各面上的应力便可作为 K 点的应力。

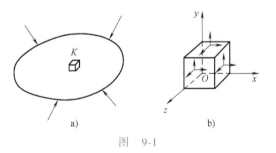

图　9-1

对于围绕受力物体内某一点所截取的单元体，只要知道了某三个互相垂直面上的应力值，其他不同方位截面上的应力值可用静力平衡条件及几何关系推导出来。因此，一点的应力状态（state of stress）就是指受力物体内某一点的各个不同方位截面上的应力情况（正应力和切应力的数值）。校核构件的强度问题，必须对构件内某些点（危险点）的应力状态要有充分的了解。研究一点的应力状态的目的就是找出该点上的最大正应力或最大切应力值及其所在截面的方位。

通过受力物体内某一点所作不同方位的截面中，可找到三个互相垂直的特殊截面，在这些面上只有正应力而没有切应力作用，见图 9-2，这些截面称为主平面（principal plane），相应作用在面上的正应力称为**主应力**（principal stress）。主应力是通过受力物体内一点的各个不同截面上正应力值中的极值，是强度计算的主要数据。

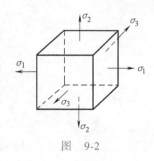

对受力物体内某点沿三主平面方向截取单元体，其应力情况如图 9-2 所示。三个主应力可用 σ_1、σ_2、σ_3 分别表示，按代数值排列，σ_1 表示最大值，σ_2 次之，σ_3 表示最小值，即 $\sigma_1 \geq \sigma_2 \geq \sigma_3$。

图 9-2

在简单拉伸杆件内用主平面截取单元体，如图 9-3a、b 所示，三个主应力中有两个主应力等于零，只有一个主应力不等于零，这种应力状态称为**单向应力状态**（uniaxial stress）。圆轴扭转时在表层截取单元体，如图 9-4a 所示，在 45° 的斜截面上，$\sigma_{\min} = -\tau$；在 -45° 的斜截面上，$\sigma_{\max} = \tau$，因此 $\sigma_1 = \tau$，$\sigma_2 = 0$，$\sigma_3 = -\tau$，其中有一个主应力等于零，这种应力状态称为**二向应力状态**或**平面应力状态**（plane stress）。钢轨的头部与车轮的接触点 A 如图 9-5a 所示，该处的应力状态可作为**三向应力状态**

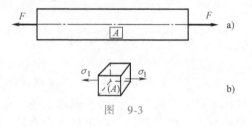

图 9-3

（triaxial stress）。如围绕接触点 A 用横截面、与表面平行的面和铅垂纵截面截出一个单元体，此单元体三个互相垂直的平面都是主平面：在表面上将有接触压应力 σ_3，而在横截面和纵截面上分别有压应力 σ_1 和 σ_2，如图 9-5b 所示。

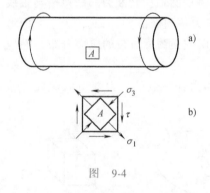

图 9-4

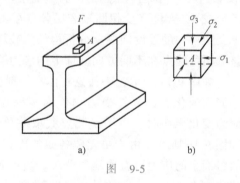

图 9-5

例 9-1 圆柱形薄壁容器的内直径为 d，壁厚为 t，承受内压强 p（MPa），如图 9-6a 所示。试在筒壁的外表面用横截面与径向截面切出单元体，并画出其所受应力图（忽略外壁上大气压的作用）。

解 圆筒形薄壁容器内储存压力气体时，气压有将容器胀开的趋势，于是在器壁的纵截面和横截面上存在着拉应力。由于壁厚 t 远小于直径 d，故可假定应力沿壁厚均布。

（1）横截面上应力计算 如用 m-m 截面将容器截开，保留左段，并把该段容器与气体作为一整体。令筒壁横截面上拉应力为 σ_x，合力为 F_{N_x}，如图 9-6b 所示，圆筒横截面面积 $A = \pi dt$，则

$$F_{N_x} = \sigma_x A = \sigma_x \pi dt$$

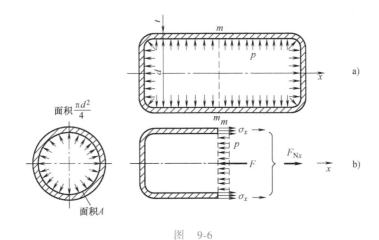

图 9-6

气体压力
$$F = p\frac{\pi}{4}d^2$$

考虑沿轴线 x 向的平衡条件 $\sum F_x = 0$，有
$$F = F_{N_x}$$
$$p\frac{\pi}{4}d^2 = \sigma_x \pi dt$$

所以
$$\sigma_x = \frac{pd}{4t} \tag{9-1}$$

式中，σ_x 是圆筒形薄壁容器的轴向应力。

（2）纵截面上应力计算　用两平行横截面截取长度为 l 的一段容器，再沿直径平面将容器纵向剖开，如图 9-7a 所示。令纵截面上拉应力为 σ_t，合力为 F_{N_z}，考虑 z 轴向的平衡（图 9-7b）。

气体压力
$$F' = pld$$

筒壁拉力
$$F_{N_z} = 2\sigma_t lt$$
$$\sum F_z = 0, \quad pld = 2\sigma_t lt$$

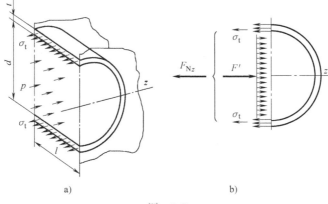

图 9-7

$$\sigma_t = \frac{pd}{2t} \tag{9-2}$$

式中，σ_t 为圆筒形薄壁容器的周向应力。

比较式（9-1）与式（9-2），可知圆筒形薄壁容器的周向应力 σ_t 比轴向应力 σ_x 大一倍。如用横截面与径向截面自圆筒外表面上切出单元体（图 9-8），则 $\sigma_1 = \sigma_t = \frac{pd}{2t}$，$\sigma_2 = \sigma_x = \frac{pd}{4t}$，它处于平面应力状态下。

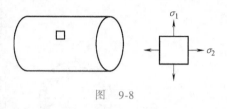

图 9-8

9.2 平面应力状态下任意斜截面上的应力

在工程应用中，平面应力状态的情况较为普遍，如前面章节中研究的拉压杆、受扭圆轴和受弯杆。为了详细分析平面应力问题，考虑如图 9-9a 所示的单元体，单元体在 xy 平面处于平面应力状态，前后两平面（即 z 平面）上无应力，因此单元体上所有的应力均平行于 x 或 y 轴。同时由于单元体的尺寸极小，各面上的应力可认为是均布的。图 9-9a 中应力的下标含义如下：1）正应力 σ 用作用面法线方向的一个下标来表示，如 σ_x 表示作用在单元体以 x 轴为法线的截面上；2）切应力 τ 常用两个下标来表示，第一个下标表示切应力所在截面的法线，第二个下标表示切应力所沿的方向。例如，τ_{yx} 表示作用在以 y 轴为法线的截面上，沿 x 轴向的切应力；τ_{xy} 表示作用在以 x 轴为法线的截面上，沿 y 轴方向的切应力，由切应力互等定理知 $\tau_{yx} = \tau_{xy}$。

图 9-9a 所示的单元体前后两平面上无应力，为了方便起见，也可以用平面单元体 $abcd$ 来表示（图 9-9b）平面应力状态。现欲求一任意斜截面 de 上的应力，以面 de 截取单元体 $abcd$ 得到棱柱体 ade 作分离体，如图 9-9c 所示，此截面的外法线 n 与 x 轴向成 α 角（α 以逆时针转向为正），截面上的正应力和切应力分别用 σ_α 和 τ_α 表示。

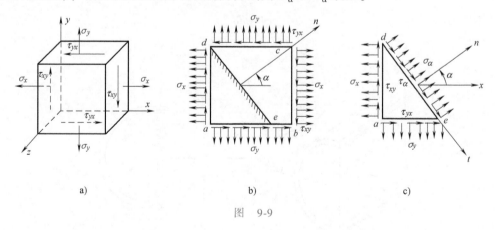

a)　　　　　　　　　　b)　　　　　　　　　　c)

图 9-9

考虑 ade 的平衡条件。设 de 的面积 $\mathrm{d}A$（棱柱体垂直于纸平面的厚度取一个单位），则 ad 和 ae 的面积分别为 $\mathrm{d}A\cos\alpha$ 和 $\mathrm{d}A\sin\alpha$。以截面法线 n 及切线 t 作为参考轴，分别写出沿斜截面法线与切线方向的平衡方程式

$$\sum F_n = 0,$$

$$\sigma_\alpha dA + (\tau_{xy} dA\cos\alpha)\sin\alpha - (\sigma_x dA\cos\alpha)\cos\alpha$$

$$+ (\tau_{yx} dA\sin\alpha)\cos\alpha - (\sigma_y dA\sin\alpha)\sin\alpha = 0$$

式中，$(\sigma_x dA\cos\alpha)\cos\alpha$ 是作用在 ad 面上总拉力在法线方向的投影，其他各项可类似地写出。应用切应力互等定理 $\tau_{xy} = \tau_{yx}$，上式可简化为

$$\sigma_\alpha = \sigma_x \cos^2\alpha + \sigma_y \sin^2\alpha - 2\tau_{xy}\sin\alpha\cos\alpha$$

或

$$\sigma_\alpha = \frac{\sigma_x + \sigma_y}{2} + \frac{\sigma_x - \sigma_y}{2}\cos 2\alpha - \tau_{xy}\sin 2\alpha \tag{9-3a}$$

同理应用 $\sum F_t = 0,$

$$\tau_\alpha dA - (\tau_{xy} dA\cos\alpha)\cos\alpha - (\sigma_x dA\cos\alpha)\sin\alpha$$

$$+ (\tau_{yx} dA\sin\alpha)\sin\alpha + (\sigma_y dA\sin\alpha)\cos\alpha = 0$$

化简后得

$$\tau_\alpha = \frac{\sigma_x - \sigma_y}{2}\sin 2\alpha + \tau_{xy}\cos 2\alpha \tag{9-3b}$$

任意斜截面（α）上的正应力 σ_α 与切应力 τ_α 可以用式（9-3a）与（9-3b）计算得到。当 α 改变时，应力也随之变化。

如单元体内截取两个互相垂直的截面，如图 9-10 所示，截面法线 n 与 x 轴成 α 角，另一截面法线 n_1 则与 x 轴成 $\alpha_1 = \alpha + 90°$ 角，欲求外法线为 n_1 的截面上的正应力 $\sigma_{\alpha 1}$ 与切应力 $\tau_{\alpha 1}$，可把 $\alpha + 90°$ 分别代入式（9-3a）与式（9-3b），即得

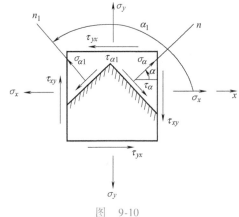

$$\sigma_{\alpha 1} = \frac{\sigma_x + \sigma_y}{2} - \frac{\sigma_x - \sigma_y}{2}\cos 2\alpha + \tau_{xy}\sin 2\alpha \tag{9-4a}$$

$$\tau_{\alpha 1} = -\frac{\sigma_x - \sigma_y}{2}\sin 2\alpha - \tau_{xy}\cos 2\alpha \tag{9-4b}$$

将式（9-3a）与式（9-4a）相加，得

$$\sigma_\alpha + \sigma_{\alpha 1} = \sigma_x + \sigma_y = 常量$$

图　9-10

即单元体中互相垂直的两个截面上的正应力之和是常量。再比较式（9-3b）与式（9-4b），仍可得到切应力互等关系，即

$$\tau_\alpha = -\tau_{\alpha 1}$$

将式（9-3a）对 α 求导数，并令此导数等于零，可确定正应力达到极值时对应的方位角 α：

$$\frac{d\sigma_\alpha}{d\alpha} = \frac{\sigma_x - \sigma_y}{2}(-2\sin 2\alpha) - 2\tau_{xy}\cos 2\alpha = 0$$

$$\frac{\sigma_x - \sigma_y}{2}\sin 2\alpha + \tau_{xy}\cos 2\alpha = 0 \tag{9-5}$$

如令 α_0 满足上式，则

$$\tan 2\alpha_0 = -\frac{2\tau_{xy}}{\sigma_x - \sigma_y} \tag{9-6}$$

α_0 与 $\alpha_0+90°$ 均能满足式（9-6），即极值正应力 σ' 和 σ'' 分别作用在相互垂直的两截面上。比较式（9-5）与式（9-3b）可知，极值正应力 σ' 和 σ'' 所在的平面就是切应力 τ 为零的面，即主平面。由此可知，在应力状态中主应力是正应力中的极大值或极小值，这样式（9-6）也确定了主应力的方向，即主平面的方向。

从式（9-6）计算出 $\sin2\alpha_0$ 和 $\cos2\alpha_0$ $^{\ominus}$，然后代入式（9-3a），得到主应力 σ' 和 σ'' 的大小：

$$\sigma'=\frac{\sigma_x+\sigma_y}{2}+\sqrt{\left(\frac{\sigma_x-\sigma_y}{2}\right)^2+\tau_{xy}^2} \tag{9-7a}$$

$$\sigma''=\frac{\sigma_x+\sigma_y}{2}-\sqrt{\left(\frac{\sigma_x-\sigma_y}{2}\right)^2+\tau_{xy}^2} \tag{9-7b}$$

需要注意的是，由于 σ' 和 σ'' 是 xy 平面内的极值正应力，所以尽管 $\sigma'\geqslant\sigma''$，但是 σ' 和 σ'' 并非一定分别对应于单元体的主应力 σ_1 和 σ_2。需要将为 0 的主应力 σ_z 考虑进来，σ'、σ'' 和 σ_z 按照代数值排序后方能确定它们与 σ_1、σ_2 和 σ_3 的对应关系。

同理可将式（9-3b）对 α 求导数，再令 $\dfrac{\mathrm{d}\tau_\alpha}{\mathrm{d}\alpha}=0$，从而确定最大切应力 $\tau_{\max}$ 所在的截面：

$$\frac{\mathrm{d}\tau_\alpha}{\mathrm{d}\alpha}=(\sigma_x-\sigma_y)\cos2\alpha-2\tau_{xy}\sin2\alpha=0$$

如令 α' 满足上式，则

$$\tan2\alpha'=\frac{\sigma_x-\sigma_y}{2\tau_{xy}} \tag{9-8}$$

α' 与 $\alpha'+90°$ 均满足上式，因此最大切应力与最小切应力所在截面是相互垂直的。由式（9-8）计算 $\sin2\alpha'$ 与 $\cos2\alpha'$，然后代入式（9-3b）得

$$\begin{cases}\tau_{\max}=+\sqrt{\left(\dfrac{\sigma_x-\sigma_y}{2}\right)^2+\tau_{xy}^2}\\[2mm]\tau_{\min}=-\sqrt{\left(\dfrac{\sigma_x-\sigma_y}{2}\right)^2+\tau_{xy}^2}\end{cases} \tag{9-9}$$

比较式（9-6）与式（9-8），可得

$$\tan2\alpha'=-\cot2\alpha_0=\tan(2\alpha_0\pm90°)$$
$$\alpha'=\alpha_0\pm45° \tag{9-10}$$

由上式可知最大切应力所在截面和主平面成 45° 角。

9.3 平面应力状态分析的图解法——应力圆

对于如图 9-11a 所示的某单元体，σ_x、σ_y、τ_{xy} 为已知量，σ_α 与 τ_α 是未知量。式（9-3a）与式（9-3b）是圆的参数方程式，α 是参数，消去参数，可得

$\ominus$ $\sin2\alpha_0=\dfrac{\pm\tau_{xy}}{\sqrt{\left(\dfrac{\sigma_x-\sigma_y}{2}\right)+\tau_{xy}^2}}$，$\cos2\alpha_0=\dfrac{\mp\left(\dfrac{\sigma_x-\sigma_y}{2}\right)}{\sqrt{\left(\dfrac{\sigma_x-\sigma_y}{2}\right)+\tau_{xy}^2}}$

$$\left(\sigma_\alpha - \frac{\sigma_x + \sigma_y}{2}\right)^2 + \tau_\alpha^2 = \left(\frac{\sigma_x - \sigma_y}{2}\right)^2 + \tau_{xy}^2 \tag{9-11}$$

上式中等号右边是一常值。现以正应力 σ 为横坐标、切应力 τ 为纵坐标，式 (9-11) 所表示的轨迹是一个圆，以 $\left(\dfrac{\sigma_x + \sigma_y}{2},\ 0\right)$ 为圆心，$\sqrt{\left(\dfrac{\sigma_x - \sigma_y}{2}\right)^2 + \tau_{xy}^2}$ 为半径。该圆称为**应力圆**或**莫尔圆**（Mohr's circle）。代表单元体任意斜截面（α）上的正应力 σ_α 和切应力 τ_α 的点必位于此圆的圆周上。

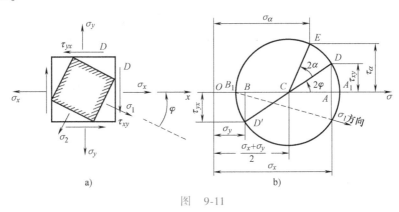

图　9-11

已知单元体左右两侧面上的应力 σ_x、τ_{xy} 和上下两面上的应力 σ_y、τ_{yx}，也就是已知圆上的 $D(\sigma_x,\ \tau_{xy})$ 和 $D'(\sigma_y,\ \tau_{yx})$ 两点，如图 9-11b 所示。因此，这一单元体应力状态的应力圆即归结为几何学中已知两点 D 和 D' 作一个圆的问题，其步骤如下：

1）取 $OA = \sigma_x$（以拉应力为正，压应力为负），$AD = \tau_{xy}$（切应力以顺时针转向为正），得 D 点。

2）同理，取 $OB = \sigma_y$，$BD' = \tau_{yx}$，得到 D' 点。

3）连接 D 与 D' 两点，与横坐标轴交于 C 点。以 C 点为圆心、$\overline{CD}$（或 $\overline{CD'}$）为半径画圆即可得到所求应力圆。

证明
$$\overline{OC} = \frac{\overline{OA} + \overline{OB}}{2} = \frac{\sigma_x + \sigma_y}{2}$$

$$\overline{CA} = \frac{\overline{OA} - \overline{OB}}{2} = \frac{\sigma_x - \sigma_y}{2}$$

由于
$$\tau_{xy} = \tau_{yx}$$

因此
$$\triangle ADC \cong \triangle BD'C$$

半径
$$\overline{CD} = \overline{CD'} = \sqrt{\overline{CA}^2 + \overline{AD}^2} = \sqrt{\left(\frac{\sigma_x - \sigma_y}{2}\right)^2 + \tau_{xy}^2}$$

圆上各点表示单元体不同方位截面上的正应力 σ_α 和切应力 τ_α 的值。在单元体上自 D 面（右侧面）至 D' 面（顶面），法线沿逆时针方向转过了 90° 角，但在应力圆上自相应的 D 点至 D' 点沿圆周同转向转过了 180° 角，故在单元体上确定所在截面的方位时也应考虑这一关系。如果想求单元体任一斜截面（α）上的应力 σ_α 与 τ_α，需要自应力圆上 D 点沿逆时针

方向转过 2α 角得到 E 点（图9-11b），E 点的横、纵坐标分别表示 de 面上的正应力 σ_α 和切应力 τ_α，即

$$\sigma_\alpha = \overline{OC} + \overline{CE}\cos(2\varphi + 2\alpha)$$
$$= \overline{OC} + (\overline{CD}\cos 2\varphi)\cos 2\alpha - (\overline{CD}\sin 2\varphi)\sin 2\alpha$$
$$= \frac{\sigma_x + \sigma_y}{2} + \frac{\sigma_x - \sigma_y}{2}\cos 2\alpha - \tau_{xy}\sin 2\alpha$$

$$\tau_\alpha = \overline{CE}\sin(2\varphi + 2\alpha) = \frac{\sigma_x - \sigma_y}{2}\sin 2\alpha + \tau_{xy}\cos 2\alpha$$

从应力圆推导得到的结果与上节用分析法所导出的式（9-3a）和式（9-3b）完全相同。应用图解法时应注意，单元体中的截面对应于应力圆上的点，两者的出发点应相符合，转向也要一致，但是在单元体上转过 α 角，则在应力圆上应按同一转向转过 2α 角，才可以得到对应点的位置。

应力圆与横轴相交于 A_1 与 B_1 点，这两点的切应力 τ 等于零，其正应力 σ' 与 σ'' 即主应力：

$$\begin{cases} \sigma' = \overline{OA_1} = \overline{OC} + \overline{CD} = \dfrac{\sigma_x + \sigma_y}{2} + \sqrt{\left(\dfrac{\sigma_x - \sigma_y}{2}\right)^2 + \tau_{xy}^2} \\[4mm] \sigma'' = \overline{OB_1} = \overline{OC} - \overline{CD} = \dfrac{\sigma_x + \sigma_y}{2} - \sqrt{\left(\dfrac{\sigma_x - \sigma_y}{2}\right)^2 + \tau_{xy}^2} \end{cases} \tag{9-12}$$

在应力圆上点 A_1 可由点 D 绕圆心 C 顺时针方向转 2φ 角得到，故在单元体上确定对应的主平面方位时应将 D 截面法线顺时针向转过 φ 角获得。

在应力圆上哪两点代表最大切应力与最小切应力的数值，以及在单元体上对应截面的方位，请读者试着自行求解。

例9-2 在受力构件上某点截割出单元体，各面上的应力如图9-12a所示，其中 $\sigma_x = 60\text{MPa}$，$\tau_{xy} = \tau_{yx} = 20.6\text{MPa}$，$\sigma_y = 0$。试求：（1）主应力的数值及主平面方向；（2）与 x 轴正向成 $-45°$ 截面上的应力 $\sigma_{-45°}$ 与 $\tau_{-45°}$。

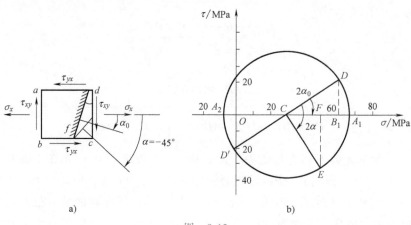

图　9-12

解　（1）作应力圆　选比例尺：$0.8\text{cm} = 20\text{MPa}$，作 $\sigma\text{-}\tau$ 坐标轴。按 $\sigma = \sigma_x = 60\text{MPa}$，$\tau = \tau_{xy} = 20.6\text{MPa}$ 定出对应于 cd 面（或 ab 面）的 D 点；按 $\sigma = \sigma_y = 0$，$\tau = -\tau_{yx} = -20.6\text{MPa}$ 定出对应于 bc 面（或 ad 面）的 D' 点。连接 DD' 与 σ 轴交于 C 点，以 C 为圆心、CD 为半径，画如图 9-12b 所示的应力圆。

从图 9-12b 可以看出，A_1 点的 σ 坐标值最大，代表 $\sigma_{\max}$，A_2 点值最小，代表 $\sigma_{\min}$，其大小分别为

$$\sigma_{\max} = \overline{OA_1} = \overline{OC} + \overline{CA_1} = \frac{\sigma_x}{2} + \sqrt{\left(\frac{\sigma_x}{2}\right)^2 + \tau_{xy}^2}$$

$$\sigma_{\min} = \overline{OA_2} = \overline{OC} - \overline{CA_2} = \frac{\sigma_x}{2} - \sqrt{\left(\frac{\sigma_x}{2}\right)^2 + \tau_{xy}^2}$$

由图用比例尺量得

$$\overline{OA_1} = \sigma_{\max} = \sigma_1 = 66.4\text{MPa}$$

$$\overline{OA_2} = \sigma_{\min} = \sigma_3 = -6.4\text{MPa}$$

主平面的方位也可由应力圆决定。D 点位置是已知的，A_1 点位置可由 D 与 A_1 两点间圆弧所夹的圆心角 $2\alpha_0$ 决定，即对应在单元体上主平面与 ab（或 cd）面之间的夹角为 α_0，顺时针转向：

$$\tan 2\alpha_0 = -\frac{2\tau_{xy}}{\sigma_x} = -\frac{2 \times 20.6}{60} = -0.687$$

$$2\alpha_0 = -34.49°$$

或在应力圆上可量得 $2\alpha_0 = -34.5°$，$\alpha_0 = -17.3°$。

（2）找斜截面 ef（$\alpha = -45°$）对应的点　在单元体中斜截面 ef 可以由已知截面 cd 顺时针转 $45°$ 角确定，则在应力图上从 D 点顺时针方向转 $2\alpha = 90°$ 的圆心角得到 E 点，即为 ef 面的对应点，如图 9-12b 所示。按比例尺量取该点的横坐标及纵坐标得

$$\sigma_{-45°} = \overline{OF} = 50.6\text{MPa}$$

$$\tau_{-45°} = \overline{EF} = -30.0\text{MPa}$$

例 9-3　介绍几种简单受力情况下单元体的应力圆：（1）简单拉伸，如图 9-13a 所示；（2）简单压缩，如图 9-13b 所示；（3）双向拉伸，如图 9-13c 所示；（4）双向等值拉伸（$\sigma_x = \sigma_y$），如图 9-13d 所示；（5）双向等值拉压（$\sigma_x = -\sigma_y$），如图 9-13e 所示；（6）纯剪切，如图 9-13f 所示。

上列几种简单受力状态中，（4）双向等值拉伸比较有特殊意义，对应的应力圆（图 9-13d）萎缩成一点，这就意味着任何方位截面上的应力均相同，且只有正应力（$=\sigma_x$），没有切应力。（若推广至空间问题，对于材料在复合载荷下处于三向等拉状态，发生脆性破坏时，这一结果有重要意义）（5）中两个互相垂直方向的等值拉伸和压缩，可以产生纯剪切的应力

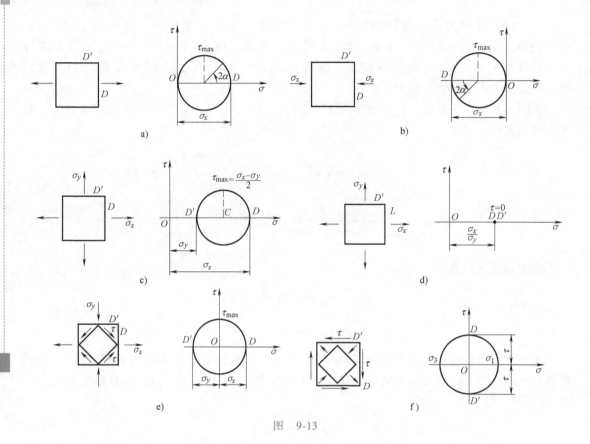

图 9-13

状态，与（6）中的纯剪切应力状态相同，它们之间的差别只是主平面的方向不同而已。

9.4 空间应力状态分析

1. 应力标号 应力张量

为了研究受力物体内一点的应力状态，可以该点为中心截取一个单元体。一般情况下，如图 9-14 所示，单元体的六个面上都作用着正应力 σ 和切应力 τ。可用一个全应力 p 来表示通过某一点的任一截面上的应力。通常全应力 p 被分解为沿三个互相垂直方向的分应力，即垂直于截面（或沿截面法线方向）的正应力 σ 和在截面平面内的两个互相垂直的切应力 τ' 和 τ''。

如以 x 轴为法线的平面为例，全应力 p 分解为下列三个互相垂直的分量：

σ_x——沿 x 轴向的正应力；

τ_{xy}——在以 x 轴为法线的平面内，沿 y 轴向的切应力；

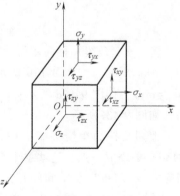

图 9-14

τ_{xz}——在以 x 轴为法线的平面内，沿 z 轴向的切应力。

同理，在以 y 轴为法线的截面上，全应力可分解为 σ_y、τ_{yx}、τ_{yz}；在以 z 轴为法线的截面上，全应力可分解为 σ_z、τ_{zx}、τ_{zy}。

因此，单元体的六个面上共有 9 个分应力，即称为一点上的 9 个应力分量，即

三个正应力：σ_x，σ_y，σ_z；

六个切应力：τ_{xy}，τ_{xz}，τ_{yx}，τ_{yz}，τ_{zx}，τ_{zy}。

即使把单元体取得很微小（即单元体的各棱边趋近于零），趋近于一点，全应力 p 仍随所取截面方向的不同而不同，因此某一个截面方位的全应力 p 不能表示一点的应力状态。对于一点的应力状态必须知道上面 9 个应力分量，然后其他方向截面上的应力分量可以据此推算出来。通常这 9 个应力分量写成下列矩阵形式，称为**应力张量**（stress tensor）。应力张量可用来表示一点的应力状态：

$$\begin{pmatrix} \sigma_x & \tau_{xy} & \tau_{xz} \\ \tau_{yx} & \sigma_y & \tau_{yz} \\ \tau_{zx} & \tau_{zy} & \sigma_z \end{pmatrix} \tag{9-13}$$

对于如图 9-14 所示的单元体，考虑对 z 轴的力矩平衡方程式

$$\sum M_z = 0, \quad (\tau_{xy}\mathrm{d}y\mathrm{d}z)\,\mathrm{d}x = (\tau_{yx}\mathrm{d}x\mathrm{d}z)\,\mathrm{d}y$$

$$\tau_{xy} = \tau_{yx}$$

上式即切应力互等定理，同理可证明

$$\tau_{xz} = \tau_{zx}, \quad \tau_{yz} = \tau_{zy}$$

因此，式（9-13）的矩阵各分量对于其由左上角至右下角对角线而言是对称的，此应力张量是对称张量，因此 9 个应力分量可简化为 6 个独立的应力分量：

$$\sigma_x, \ \sigma_y, \ \sigma_z, \ \tau_{xy}, \ \tau_{yz}, \ \tau_{zx}$$

如果某一点的这 6 个应力分量已知，那么过这一点的任何方位截面上的应力均可用静力平衡方程式求出，也就是说这一点的应力状态可以完全确定。

2. **任意空间斜截面上的应力**

如图 9-15 所示坐标系，若已知 O 点附近三个互相垂直截面上的 6 个应力分量 σ_x、σ_y、σ_z、τ_{xy}、τ_{yz}、τ_{zx}，求任意斜截面 ABC 上的应力。

如图 9-16 所示，斜截面 ABC 的外法线 N 与 x、y、z 轴的方向余弦分别为

$$\cos(N,x) = l, \quad \cos(N,y) = m, \quad \cos(N,z) = n$$

设此斜截面 ABC 的面积为 $\mathrm{d}A$，则四面体 $OABC$ 各面（即各坐标平面上）的面积：

$$S_{\triangle AOC} = \mathrm{d}A \cdot l, \quad S_{\triangle AOB} = \mathrm{d}A \cdot m, \quad S_{\triangle BOC} = \mathrm{d}A \cdot n$$

斜截面上的全应力

$$\boldsymbol{p}_N = \boldsymbol{p}_x + \boldsymbol{p}_y + \boldsymbol{p}_z$$

根据静力平衡方程式（图 9-15），有

$$\sum F_x = 0, \quad p_x\mathrm{d}A = \sigma_x\mathrm{d}A \cdot l + \tau_{yx}\mathrm{d}A \cdot m + \tau_{zx}\mathrm{d}A \cdot n$$

同理，由 $\sum F_y = 0$，$\sum F_z = 0$，可得 p_y 和 p_z，简化得

$$\begin{cases} p_x = \sigma_x l + \tau_{yx} m + \tau_{zx} n \\ p_y = \tau_{xy} l + \sigma_y m + \tau_{zy} n \\ p_z = \tau_{xz} l + \tau_{yz} m + \sigma_z n \end{cases} \tag{9-14}$$

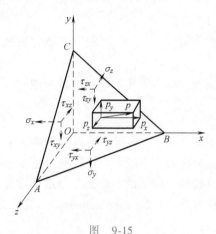

图 9-15

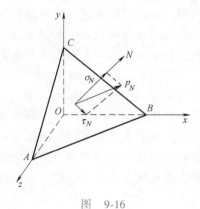

图 9-16

在斜截面 ABC 上的全应力

$$p_N^2 = p_x^2 + p_y^2 + p_z^2$$

全应力分量 p_x、p_y、p_z 对截面法线方向 N 的投影之和，即可得斜截面上的正应力

$$\sigma_N = p_x l + p_y m + p_z n$$

$$= \sigma_x l^2 + \sigma_y m^2 + \sigma_z n^2 + 2\tau_{xy} lm + 2\tau_{yz} mn + 2\tau_{xz} nl \tag{9-15}$$

斜截面上的切应力

$$\tau_N^2 = p_N^2 - \sigma_N^2 \tag{9-16}$$

若四面体 $OABC$ 的体积趋近于零，则 ABC 面上的应力就是 O 点在平行于此平面方位上的应力。

3. 主平面单元体斜截面应力

若以三个主平面作为坐标平面，即坐标轴 x_1、y_1、z_1 的方向分别与三个主应力 σ_1、σ_2、σ_3 的方向重合（图 9-17），则由式（9-15）与式（9-16）可得

$$\sigma_N = \sigma_1 l^2 + \sigma_2 m^2 + \sigma_3 n^2 \tag{9-17}$$

$$\tau_N^2 = \sigma_1^2 l^2 + \sigma_2^2 m^2 + \sigma_3^2 n^2 - (\sigma_1 l^2 + \sigma_2 m^2 + \sigma_3 n^2)^2 \tag{9-18}$$

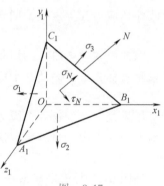

图 9-17

9.5 空间应力状态的应力圆

由 9.4 节可知，对于任意斜截面（方向余弦为 l、m、n）上的正应力 σ_K 和切应力 τ_K，按式（9-17）与式（9-18）得

$$\sigma_K = l^2 \sigma_1 + m^2 \sigma_2 + n^2 \sigma_3 \tag{a}$$

$$\tau_K^2 = l^2 \sigma_1^2 + m^2 \sigma_2^2 + n^2 \sigma_3^2 - (l^2 \sigma_1 + m^2 \sigma_2 + n^2 \sigma_3)^2 \tag{b}$$

此外，截面的三方向余弦之间存在下列关系：

$$l^2 + m^2 + n^2 = 1 \tag{c}$$

联立式（a）~式（c），可以解出 l、m、n：

$$l^2 = \frac{(\sigma_2 - \sigma_K)(\sigma_3 - \sigma_K) + \tau_K^2}{(\sigma_2 - \sigma_1)(\sigma_3 - \sigma_1)} \tag{9-19a}$$

$$m^2 = \frac{(\sigma_3-\sigma_K)(\sigma_1-\sigma_K)+\tau_K^2}{(\sigma_3-\sigma_2)(\sigma_1-\sigma_2)} \tag{9-19b}$$

$$n^2 = \frac{(\sigma_1-\sigma_K)(\sigma_2-\sigma_K)+\tau_K^2}{(\sigma_1-\sigma_3)(\sigma_2-\sigma_3)} \tag{9-19c}$$

上列三式也可改写为

$$\left(\sigma_K-\frac{\sigma_2+\sigma_3}{2}\right)^2+\tau_K^2 = (\sigma_2-\sigma_1)(\sigma_3-\sigma_1)l^2+\left(\frac{\sigma_2-\sigma_3}{2}\right)^2 \tag{9-20a}$$

$$\left(\sigma_K-\frac{\sigma_1+\sigma_3}{2}\right)^2+\tau_K^2 = (\sigma_3-\sigma_2)(\sigma_1-\sigma_2)m^2+\left(\frac{\sigma_1-\sigma_3}{2}\right)^2 \tag{9-20b}$$

$$\left(\sigma_K-\frac{\sigma_1+\sigma_2}{2}\right)^2+\tau_K^2 = (\sigma_1-\sigma_3)(\sigma_2-\sigma_3)n^2+\left(\frac{\sigma_1-\sigma_2}{2}\right)^2 \tag{9-20c}$$

从式（9-20a）可知，对于与主应力 σ_1 相平行的截面（$l=0$），上式即化为以 $C_1\left(\dfrac{\sigma_2+\sigma_3}{2},\ 0\right)$ 为圆心、以 $\dfrac{\sigma_2-\sigma_3}{2}$ 为半径的应力圆（Ⅰ），如图 9-18 所示。对于 $l\neq0$ 的截面，圆心仍是 $C_1\left(\dfrac{\sigma_2+\sigma_3}{2},\ 0\right)$，因 $\sigma_1>\sigma_2>\sigma_3$，等式右侧的第一项必为正值，此截面上应力值所在的应力圆半径必然大于 $\dfrac{\sigma_2-\sigma_3}{2}$，即在 $\sigma_2-\sigma_3$ 对应的应力圆外部。

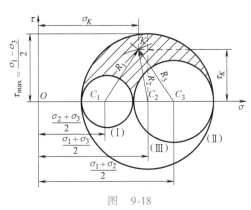

图　9-18

同理，由式（9-20b），对于与主应力 σ_2 相平行的截面（$m=0$），其应力圆（Ⅱ）的圆心为 $C_2\left(\dfrac{\sigma_1+\sigma_3}{2},\ 0\right)$，半径为 $\dfrac{\sigma_1-\sigma_3}{2}$。对于 $m\neq0$ 的截面，圆心仍是 $C_2\left(\dfrac{\sigma_1+\sigma_3}{2},\ 0\right)$，但此截面上应力值所在的应力圆半径应小于 $\dfrac{\sigma_1-\sigma_3}{2}$，即在 $\sigma_1-\sigma_3$ 对应的应力圆内部。由式（9-20c），对于与主应力 σ_3 相平行的截面（$n=0$），其应力圆（Ⅲ）的圆心为 $C_3\left(\dfrac{\sigma_1+\sigma_2}{2},\ 0\right)$，半径 $\dfrac{\sigma_1-\sigma_2}{2}$。对于 $n\neq0$ 的截面，圆心仍是 $C_3\left(\dfrac{\sigma_1+\sigma_2}{2},\ 0\right)$，而此截面上应力值所在的应力圆半径应大于 $\dfrac{\sigma_1-\sigma_2}{2}$，即在 $\sigma_1-\sigma_2$ 对应的应力圆外部。

对任意斜截面（$l\neq0$，$m\neq0$，$n\neq0$）上的正应力 σ_K 和切应力 τ_K，可以用三个应力圆圆周所包含的阴影面积内的某一点 K 来表示，如图 9-18 所示。如已知某一点的三个主应力 σ_1、σ_2、σ_3 和通过这一点 K 的某一斜截面法线的方向余弦 l、m、n，在应力圆平面上就可确定 K 点位置。以 C_1 为圆心、$R_1=\left[(\sigma_2-\sigma_1)(\sigma_3-\sigma_1)l^2+\left(\dfrac{\sigma_2-\sigma_3}{2}\right)^2\right]^{\frac{1}{2}}$ 为半径画圆弧。再以

C_3 为圆心、$R_3=\left[(\sigma_1-\sigma_3)(\sigma_2-\sigma_3)\,n^2+\left(\dfrac{\sigma_1-\sigma_2}{2}\right)^2\right]^{\frac{1}{2}}$ 为半径画圆弧，这两圆弧的交点就是相

应的 K 点。它对应于方向余弦为 l、m、n 斜截面上正应力 σ_K 与切应力 τ_K。同时由于 l^2+

$m^2+n^2=1$，可以证明以 C_2 为圆心、$R_2=\left[(\sigma_3-\sigma_2)(\sigma_1-\sigma_2)\,m^2+\left(\dfrac{\sigma_1-\sigma_3}{2}\right)^2\right]^{\frac{1}{2}}$ 为半径的圆弧必

经过 K 点。

从图 9-18 的三个应力圆上，根据 K 点的横坐标可看出最大正应力值为 σ_1，最小正应力

值为 σ_3。从 K 点的纵坐标值可知，最大切应力 τ_{max} 等于最大应力圆的半径，即

$$\tau_{max}=\tau_{13}=\frac{\sigma_1-\sigma_3}{2} \tag{9-21a}$$

它所作用的截面与 σ_1 和 σ_3 的方向成 45°角，如图 9-19a 所示。平行于 σ_3 的所有截面

中，最大切应力 τ_{12} 作用在与 σ_1 和 σ_2 成 45°角的截面上，如图 9-19b 所示。在平行于 σ_1 的

所有截面中，最大切应力 τ_{23} 作用在与 σ_2 和 σ_3 成 45°角的斜截面上，如图 9-19c 所示，有

$$\tau_{12}=\frac{\sigma_1-\sigma_2}{2}, \quad \tau_{23}=\frac{\sigma_2-\sigma_3}{2} \tag{9-21b}$$

上述三个极值切应力又被称为**主切应力**（principal shear stress）。

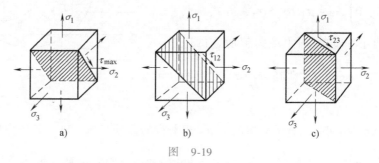

图 9-19

材料在复杂受力情况下，三向应力状态的单元体的最大正应力、最小正应力和最大切应力分

别为

$$\begin{cases}\sigma_{max}=\sigma_1 \\[4pt] \sigma_{min}=\sigma_3 \\[4pt] \tau_{max}=\dfrac{\sigma_1-\sigma_3}{2}\end{cases} \tag{9-22}$$

例 9-4 已知单元体的应力状态如图 9-20a 所示，试求：（1）主应力；（2）主平面位

置；（3）单元体内最大切应力。

解 首先通过 A（30，-20）与 B（50，20）两点作出与这一应力状态对应的应力圆，

如图 9-20b 所示。

（1）确定主应力 从应力圆可看出有两个主应力，它们的数值分别为 62.2MPa 和

17.8MPa。因为是平面应力状态，有一个主应力为零，于是三个主应力分别为

$$\sigma_1 = 62.2 \text{MPa}, \quad \sigma_2 = 17.8 \text{MPa}, \quad \sigma_3 = 0$$

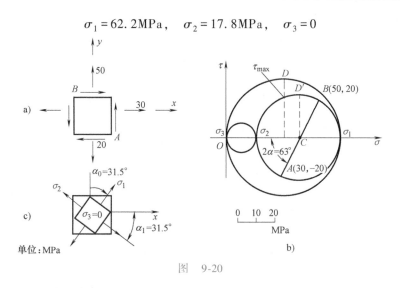

图　9-20

（2）主平面位置　从应力圆上可量得 CB 与 σ 轴正方向间的夹角为 $2\alpha_0 = 63°$，因此将 B 面法线顺时针转 $\alpha_0 = 31.5°$ 便得到 σ_1 作用的主平面法线方向，即 σ_1 的方向。同理可得 σ_2 的方向。该单元体的主平面和主应力方向如图 9-20c 所示。

（3）确定最大切应力　根据 9-20a 的应力状态所画出的应力圆，圆上切应力最大的点为 D'，该点的切应力 $\tau_{12} = (\sigma_1 - \sigma_2)/2$，它是单元体内平行于 z 轴的一组平面内切应力的最大值，但不是整个单元体内的最大切应力。从空间应力状态来看，还可作 σ_1 与 σ_3 的应力圆、σ_2 与 σ_3 的应力圆。在 σ_1 与 σ_3 的应力圆上最高点 D 的纵坐标值才是单元体内的最大切应力，即

$$\tau_{max} = \frac{\sigma_1 - \sigma_3}{2} = \frac{62.2 - 0}{2} \text{MPa} = 31.1 \text{MPa}$$

例 9-5　某单元体三向应力状态如图 9-21a 所示，试求主应力与最大切应力。

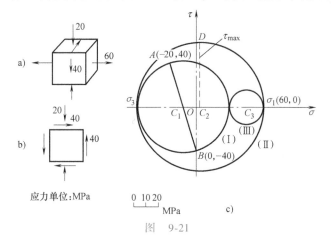

图　9-21

解　由图 9-21a 可知，单元体上已知一个主平面和主应力（60MPa），这是三向应力状态的一种特殊情况。对于这种情况，可将它简化为平面应力状态来处理。先求平行于已知主应力（60MPa）的一组截面中的主应力，如图 9-21b 所示。绘出图 9-21c 中的应力圆（Ⅰ），

得到主应力分别为 31MPa 和 -51MPa，因为已知的主应力为 60MPa，根据 $\sigma_1 > \sigma_2 > \sigma_3$ 得到

$$\sigma_1 = 60\text{MPa}, \quad \sigma_2 = 31\text{MPa}, \quad \sigma_3 = -51\text{MPa}$$

单元体的最大切应力为

$$\tau_{\max} = \frac{\sigma_1 - \sigma_3}{2} = \frac{60 - (-51)}{2}\text{MPa} = 55.5\text{MPa}$$

在应力圆上对应于由 σ_1 与 σ_3 所画出的应力圆（Ⅱ）上的 D 点。这个应力圆（Ⅱ）上的各点对应着平行于 σ_2 方向的一组截面。当然，由 σ_1 与 σ_2 也可画出对应于平行 σ_3 的一组截面的应力圆（Ⅲ），但它对本例的求解没有实际意义。

通过以上两个例题分析可知，对于平面应力状态，需要将其作为三向应力状态的特例考虑，才可找出最大切应力值。而对某一主应力及其主平面确定的特殊三向应力状态，则可简化为平面应力状态来处理，以确定其他两个主应力和最大切应力值。

9.6 空间应力状态下的应力-应变关系 广义胡克定律

在复杂应力状态下（σ_x、σ_y、σ_z、τ_{xy}、τ_{yz}、τ_{zx}），如图 9-22 所示，单元体不仅在 x、y、z 方向发生线应变 ε_x、ε_y、ε_z，同时在 xy、yz、zx 三个平面内发生切应变 γ_{xy}、γ_{yz}、γ_{zx}。下面关于应力、应变关系的推导基于两个重要条件：1）材料是各向同性的，且应力不超过比例极限，因而材料满足胡克定律；2）单元体满足小变形条件，此时线应变仅与正应力有关，而切应变仅与切应力有关。小变形条件下，可以分别求出每个应力单独作用时所引起的应变，然后利用叠加原理，最终得到所有应力共同作用下产生的应变。

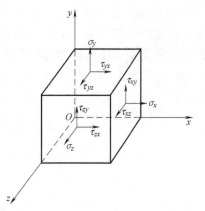

图 9-22

当正应力 σ_x 单独作用时，根据胡克定律式（2-5）和横向变形的关系式（2-21），单元体沿 x、y、z 三个方向产生的线应变分别为

$$\varepsilon'_x = \frac{\sigma_x}{E}, \quad \varepsilon'_y = -\mu\frac{\sigma_x}{E}, \quad \varepsilon'_z = -\mu\frac{\sigma_x}{E}$$

同理，当 σ_y 或 σ_z 单独作用时，x、y、z 三个方向产生的线应变分别为

$$\varepsilon''_x = -\mu\frac{\sigma_y}{E}, \quad \varepsilon''_y = \frac{\sigma_y}{E}, \quad \varepsilon''_z = -\mu\frac{\sigma_y}{E}$$

$$\varepsilon'''_x = -\mu\frac{\sigma_z}{E}, \quad \varepsilon'''_y = -\mu\frac{\sigma_z}{E}, \quad \varepsilon'''_z = \frac{\sigma_z}{E}$$

在 σ_x、σ_y、σ_z 三个正应力共同作用下，叠加以上结果，可得到三个方向上的线应变分别为

$$\varepsilon_x = \varepsilon'_x + \varepsilon''_x + \varepsilon'''_x = \frac{\sigma_x}{E} - \frac{\mu}{E}(\sigma_y + \sigma_z) \tag{9-23a}$$

$$\varepsilon_y = \varepsilon'_y + \varepsilon''_y + \varepsilon'''_y = \frac{\sigma_y}{E} - \frac{\mu}{E}(\sigma_z + \sigma_x) \tag{9-23b}$$

$$\varepsilon_z = \varepsilon_z' + \varepsilon_z'' + \varepsilon_z''' = \frac{\sigma_z}{E} - \frac{\mu}{E}(\sigma_x + \sigma_y) \tag{9-23c}$$

单元体在各个方向的切应变仅与同方向的切应力有关，根据剪切胡克定律式（3-6）得到

$$\gamma_{xy} = \frac{\tau_{xy}}{G}, \quad \gamma_{yz} = \frac{\tau_{yz}}{G}, \quad \gamma_{zx} = \frac{\tau_{zx}}{G} \tag{9-23d}$$

式（9-23）称为广义胡克定律（generalized Hooke's law），适用于各向同性材料。

若单元体处于平面应力状态，如 $\sigma_z = \tau_{yz} = \tau_{zx} = 0$，广义胡克定律（9-23）变为

$$\begin{cases} \varepsilon_x = \dfrac{1}{E}(\sigma_x - \mu\sigma_y) \\[2mm] \varepsilon_y = \dfrac{1}{E}(\sigma_y - \mu\sigma_x) \\[2mm] \gamma_{xy} = \dfrac{\tau_{xy}}{G} \end{cases} \tag{9-24}$$

$$\varepsilon_z = -\frac{\mu}{E}(\sigma_x + \sigma_y) \tag{9-25}$$

式（9-24）也可变换为下列关系式：

$$\begin{cases} \sigma_x = \dfrac{E}{1-\mu^2}(\varepsilon_x + \mu\varepsilon_y) \\[2mm] \sigma_y = \dfrac{E}{1-\mu^2}(\varepsilon_y + \mu\varepsilon_x) \\[2mm] \tau_{xy} = G\gamma_{xy} \end{cases} \tag{9-26}$$

由式（9-25）可知，处于平面应力状态（xy 平面）的单元体由于横向变形的缘故，垂直平面的方向（z 向）上仍然存在线应变。式（9-26）可以用于已知应变求应力的情况。

如果沿主应力 σ_1、σ_2、σ_3 方向的线应变依次记为 ε_1、ε_2、ε_3，由广义胡克定律（9-23）可知

$$\begin{cases} \varepsilon_1 = \dfrac{1}{E}[\sigma_1 - \mu(\sigma_2 + \sigma_3)] \\[2mm] \varepsilon_2 = \dfrac{1}{E}[\sigma_2 - \mu(\sigma_1 + \sigma_3)] \\[2mm] \varepsilon_3 = \dfrac{1}{E}[\sigma_3 - \mu(\sigma_1 + \sigma_2)] \end{cases} \tag{9-27}$$

此时三个主应力方向的切应变为零，ε_1、ε_2、ε_3 称为主应变（principal strain）。由式（9-27）可知，$\varepsilon_1 \geqslant \varepsilon_2 \geqslant \varepsilon_3$，即最大和最小主应变分别发生在最大和最小主应力方向。

下面研究单元体体积的改变与应力之间的关系。单元体体积的改变基本上是由于边长的改变所引起的，切应变对体积的影响是高阶微量，可忽略不计。

设图 9-23 所示的正六面单元体的边长为 a、b、c，变形前六面体的体积为 $V_0 = abc$，变形后六面体的三个棱边分别变为

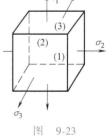

图 9-23

227

$$a+\Delta a=a(1+\varepsilon_1)\,,\quad b+\Delta b=b(1+\varepsilon_2)\,,\quad c+\Delta c=c(1+\varepsilon_3)$$

于是变形后体积为

$$V_1=(a+\Delta a)(b+\Delta b)(c+\Delta c)=abc(1+\varepsilon_1)(1+\varepsilon_2)(1+\varepsilon_3)$$

展开上式，并略去高阶微量可得

$$V_1=abc(1+\varepsilon_1+\varepsilon_2+\varepsilon_3)$$

因此，单位体积的体积改变（unit volume change）为

$$\theta=\frac{V_1-V_0}{V_0}=\varepsilon_1+\varepsilon_2+\varepsilon_3$$

θ 称为体积应变，如将式（9-27）代入上式经整理后得

$$\theta=\varepsilon_1+\varepsilon_2+\varepsilon_3=\frac{1-2\mu}{E}(\sigma_1+\sigma_2+\sigma_3) \tag{9-28}$$

式（9-28）可写成下列形式：

$$\theta=\frac{3(1-2\mu)}{E}\cdot\frac{\sigma_1+\sigma_2+\sigma_3}{3}=\frac{\sigma_m}{K} \tag{9-29}$$

式中，$K=\dfrac{E}{3(1-2\mu)}$，称为体积弹性模量；$\sigma_m=\dfrac{\sigma_1+\sigma_2+\sigma_3}{3}$，是三个主应力 σ_1、σ_2、σ_3 的平均值。式（9-29）称为**体积胡克定律**，它表明单元体体积的改变只与三个主应力之和有关，而与三个主应力之间的比值无关。例如纯剪切单元体，$\sigma_1=\tau$，$\sigma_2=0$，$\sigma_3=-\tau$，主应力之和为零，因此 $\theta=0$，没有体积改变，只有形状的改变，单元体由正六面体变为斜六面体。又如图 9-24 所示的两个单元体，只要 $\sigma_m=\dfrac{\sigma_1+\sigma_2+\sigma_3}{3}$，单元体（Ⅰ）的体积改变 θ_1 与单元体（Ⅱ）的体积改变 θ_{II} 相等，即 $\theta_1=\theta_{\mathrm{II}}$，而单元体（Ⅱ）仅有体积改变而无形状改变。

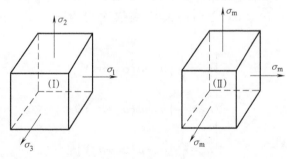

图 9-24

例 9-6 如图 9-25 所示，一边长 $a=20\mathrm{cm}$ 的混凝土立方体，很紧密地放在一刚硬的凹座内，承受轴向压力 $F=240\mathrm{kN}$ 的作用。设混凝土的泊松比 $\mu=0.18$，试求凹座壁上受到的压力。

解 由题意知，轴向压力作用方向的应力为

$$\sigma_y=-\frac{F}{a^2}=-\frac{240\times10^3}{20^2\times10^{-4}}\mathrm{Pa}=-6.0\mathrm{MPa}$$

因混凝土方块放在紧密凹座内，在压力 F 作用下，侧面横向胀大受座壁约束受到阻碍，即受约束力 F_{Nx} 与 F_{Nz} 的作用使得 ε_x 和 ε_z 均等于 0。

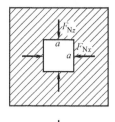

应用广义胡克定律，有

$$\varepsilon_x = \frac{1}{E}[\sigma_x - \mu(\sigma_y + \sigma_z)] = 0 \qquad (a)$$

$$\varepsilon_z = \frac{1}{E}[\sigma_z - \mu(\sigma_x + \sigma_y)] = 0 \qquad (b)$$

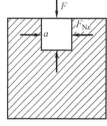

联立式（a）与式（b），解得

$$\sigma_x = \sigma_z = \frac{\mu}{1-\mu}\sigma_y = \left[\frac{0.18}{1-0.18} \times (-6.0)\right]\text{MPa} = -1.32\text{MPa}$$

故混凝土立方体侧壁所受压力

$$F_{Nx} = F_{Nz} = a^2\sigma_x = [20^2 \times 10^{-4} \times (-1.32 \times 10^6)]\text{kN} = -52.8\text{kN}$$

图 9-25

例 9-7 已知一圆轴承受轴向拉力 F 及扭转力矩 M 的联合作用（图 9-26）。为了测定拉力 F 和力矩 M，可在圆轴外表面上某一点 K 沿轴向及与轴向成 45°方向测出线应变。现测得轴向应变 $\varepsilon_0 = 500 \times 10^{-6}$，45°方向的应变 $\varepsilon_u = 400 \times 10^{-6}$。若轴的直径 $D = 100\text{mm}$，弹性模量 $E = 200\text{GPa}$，泊松比 $\mu = 0.3$。试确定 F 和 M 的值。

解 （1）在 K 点处取单元体（图 9-27a），其横截面方位的应力分量为

$$\sigma_x = \frac{F_N}{A} = \frac{F}{A}$$

$$\tau = \frac{M_x}{W_p} = \frac{M}{W_p}$$

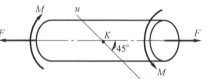

图 9-26

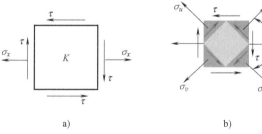

a)　　　　　　　　b)

图 9-27

（2）计算拉力 F 由广义胡克定律（9-23a）知

$$\varepsilon_x = \frac{1}{E}[\sigma_x - \mu(\sigma_y + \sigma_z)] = \frac{\sigma_x}{E} = \varepsilon_0 = 500 \times 10^{-6}$$

解得

$$F = \sigma_x A = E\varepsilon_0 A = 200 \times 10^9 \times 500 \times 10^{-6} \times \frac{\pi}{4} \times (100)^2 \times 10^{-6}\text{N} = 785\text{kN}$$

（3）计算扭转力矩 M 如图 9-27b 所示，根据（9-3a）式可得到与 x 轴成 $\pm 45°$ 的两个方位的正应力分别为

$$\sigma_u = \frac{\sigma_x}{2} + \frac{\sigma_x}{2}\cos[2\times(-45°)] - \tau\sin[2\times(-45°)]$$

$$= \frac{\sigma_x}{2} + \tau$$

$$\sigma_v = \frac{\sigma_x}{2} + \frac{\sigma_x}{2}\cos[2\times(45°)] - \tau\sin[2\times(45°)]$$

$$= \frac{\sigma_x}{2} - \tau$$

再由广义胡克定律（9-23）知

$$\varepsilon_u = \frac{1}{E}[\sigma_u - \mu(\sigma_v + \sigma_z)] = 400\times10^{-6}$$

式中，$\sigma_z = 0$。将 σ_u 和 σ_v 的表达式代入上式得

$$\varepsilon_u = \frac{1}{E}\left[\frac{\sigma_x}{2} + \tau - \mu\left(\frac{\sigma_x}{2} - \tau\right)\right] = 400\times10^{-6}$$

解得

$$\tau = \frac{E}{1+\mu}\left(\varepsilon_u - \frac{1-\mu}{2}\varepsilon_0\right)$$

$$= \left[\frac{200\times10^9}{1+0.3}\left(400\times10^{-6} - \frac{1-0.3}{2}\times500\times10^{-6}\right)\right]\text{Pa} = 34.6\text{MPa}$$

$$M = \tau \cdot W_p = \tau \cdot \frac{\pi D^3}{16} = \left[34.6\times10^6\times\frac{\pi}{16}\times(100\times10^{-3})^3\right]\text{N}\cdot\text{m} = 6.79\text{kN}\cdot\text{m}$$

9.7 平面应变状态的应变分析

前几节研究了一点处的应力状态，相应在一点处也有应变状态。类似于应力状态，所谓一点处的**应变状态**（state of strain），是指物体受力变形时体内一点在不同方向上的线应变和切应变。若物体内某点的所有变形都发生在同一平面，如 xy 平面，则仅存在 ε_x、ε_y、γ_{xy} 三个非零的应变分量，则称该点处于**平面应变状态**（plane state of strain），此时 $\varepsilon_z = \gamma_{yz} = \gamma_{zx} = 0$。由广义胡克定律（9-23）知，当 $\varepsilon_z = 0$ 时，σ_z 不一定为零。因此，当一点处于平面应变状态时，一般都不可能同时处于平面应力状态（$\sigma_x = -\sigma_y$ 时除外）。反之，由式（9-25）知平面应力状态下单元体也不可能同时处于平面应变状态。

取一个处于平面应变状态下的单元体，如图 9-28a 所示，所产生的变形（加以放大）如图 9-28b 所示，总的变形可认为是由线变形和角变形叠加而得。

单元体的线应变以拉应变为正，压应变为负，切应变以使 yOx 角增加为正。已知在 xy 坐标系中的应变值 ε_x、ε_y、γ_{xy}，现欲找出在另一坐标系 uv 中（x 轴绕过 O 点的 z 轴逆时针转过了 θ 角）的应变值 ε_u、ε_v、γ_{uv} 和应变值 ε_x、ε_y、γ_{xy} 的关系。

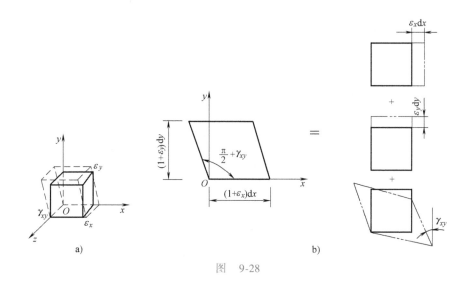

图 9-28

现取矩形平面单元体，边长为 $\mathrm{d}x$ 与 $\mathrm{d}y$，对角线 $\mathrm{d}s$，对角线与 x 向的夹角为 θ，则

$$\mathrm{d}x = \mathrm{d}s\cos\theta, \quad \mathrm{d}y = \mathrm{d}s\sin\theta \tag{a}$$

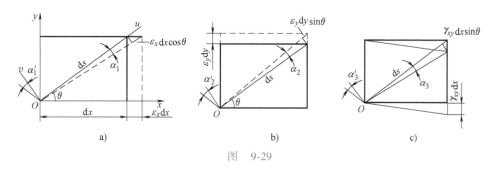

图 9-29

由图 9-29a 可知，x 向产生线应变 ε_x，则沿 u 向的 $\mathrm{d}s$ 将产生伸长 $\varepsilon_x\mathrm{d}x\cos\theta$，相应的应变为 $\dfrac{\varepsilon_x\mathrm{d}x\cos\theta}{\mathrm{d}s}$。同理，$y$ 向的线应变 ε_y 使 $\mathrm{d}s$ 伸长 $\varepsilon_y\mathrm{d}y\sin\theta$（图 9-29b），切应变 γ_{xy} 使 $\mathrm{d}s$ 缩短了 $\gamma_{xy}\mathrm{d}x\sin\theta$（图 9-29c）。

应用叠加原理，在 u 向的线应变为

$$\varepsilon_u = \frac{\varepsilon_x\mathrm{d}x\cos\theta + \varepsilon_y\mathrm{d}y\sin\theta - \gamma_{xy}\mathrm{d}x\sin\theta}{\mathrm{d}s}$$

以式（a）代入上式得

$$\varepsilon_u = \varepsilon_x\cos^2\theta + \varepsilon_y\sin^2\theta - \gamma_{xy}\sin\theta\cos\theta \tag{b}$$

在上式中以 $\theta + 90°$ 代替 θ 可得 ε_v：

$$\varepsilon_v = \varepsilon_x\left[\cos(\theta+90°)\right]^2 + \varepsilon_y\left[\sin(\theta+90°)\right]^2 - \gamma_{xy}\sin(\theta+90°)\cos(\theta+90°) \tag{c}$$

$$= \varepsilon_x\sin^2\theta + \varepsilon_y\cos^2\theta + \gamma_{xy}\sin\theta\cos\theta$$

将式（b）和式（c）化简可得

$$\varepsilon_u = \frac{\varepsilon_x + \varepsilon_y}{2} + \frac{\varepsilon_x - \varepsilon_y}{2}\cos2\theta - \frac{\gamma_{xy}\sin2\theta}{2} \tag{9-30}$$

$$\varepsilon_v = \frac{\varepsilon_x + \varepsilon_y}{2} - \frac{\varepsilon_x - \varepsilon_y}{2}\cos2\theta + \frac{\gamma_{xy}\sin2\theta}{2} \tag{9-31}$$

对切应变 γ_{uv} 可用同样方法确定。如图 9-29a 所示，由于 x 向的线应变 ε_x，对角线 u 向转过了 α_1 角（以顺时针向使 u 与 v 的夹角增大作为正值），$\alpha_1 = \dfrac{\varepsilon_x \mathrm{d}x\sin\theta}{\mathrm{d}s}$。同理 $\alpha_2 = -\dfrac{\varepsilon_y \mathrm{d}y\cos\theta}{\mathrm{d}s}$，$\alpha_3 = \dfrac{\gamma_{xy}\mathrm{d}x\cos\theta}{\mathrm{d}s}$。应用叠加原理

$$\alpha = \frac{\varepsilon_x \mathrm{d}x\sin\theta - \varepsilon_y \mathrm{d}y\cos\theta + \gamma_{xy}\mathrm{d}x\cos\theta}{\mathrm{d}s}$$

$$= \varepsilon_x\cos\theta\sin\theta - \varepsilon_y\sin\theta\cos\theta + \gamma_{xy}\cos^2\theta$$

在上式中以 $\theta+90°$ 代替 θ 可得 v 向的转角

$$\alpha' = -\varepsilon_x\sin\theta\cos\theta + \varepsilon_y\cos\theta\sin\theta + \gamma_{xy}\sin^2\theta$$

u 与 v 之间总的切应变

$$\gamma_{uv} = \alpha - \alpha' = (\varepsilon_x - \varepsilon_y)\sin2\theta + \gamma_{xy}\cos2\theta$$

$$\frac{1}{2}\gamma_{uv} = \frac{\varepsilon_x - \varepsilon_y}{2}\sin2\theta + \frac{\gamma_{xy}}{2}\cos2\theta \tag{9-32}$$

表达平面应变的式（9-30）与式（9-32）和表达平面应力的式（9-3a）与（9-3b）相似。平面应变中的线应变 ε_x、ε_y 与 ε_u 分别与平面应力中的 σ_x、σ_y 与 σ_α 相当；而切应变 $\dfrac{\gamma_{xy}}{2}$ 与 $\dfrac{\gamma_{uv}}{2}$ 和切应力 τ_{xy} 与 τ_α 相当。

9.8 应变圆

从式（9-30）与式（9-32）中消去参数 θ，可得

$$\left(\varepsilon_u - \frac{\varepsilon_x + \varepsilon_y}{2}\right)^2 + \left(\frac{\gamma_{uv}}{2}\right)^2 = \left(\frac{\varepsilon_x - \varepsilon_y}{2}\right)^2 + \left(\frac{\gamma_{xy}}{2}\right)^2$$

上式为一个圆的方程式。以 ε 为横坐标轴、$\dfrac{\gamma}{2}$ 为纵坐标轴可作出应变圆。此圆的圆心 C 位于 $\left(\dfrac{\varepsilon_x + \varepsilon_y}{2},\ 0\right)$，半径 R_ε 等于 $\sqrt{\left(\dfrac{\varepsilon_x - \varepsilon_y}{2}\right)^2 + \left(\dfrac{\gamma_{xy}}{2}\right)^2}$，如图 9-30 所示，它代表一点处的应变状态。

与 9.3 节的应力圆类似，容易证明，若 $\left(\varepsilon_x,\ \dfrac{\gamma_{xy}}{2}\right)$ 位于圆上的 D 点，则只需将半径 CD 沿逆时针方向旋转 2θ 至 CE 处，所得 E 点的横坐标和纵坐标即分别代表 ε_u 和 $\dfrac{\gamma_{uv}}{2}$。

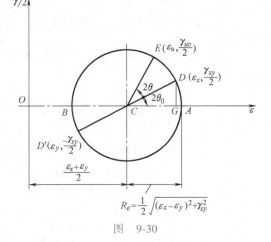

图 9-30

从应变圆可以看到：由于圆心 C 位于横轴，A、B 点的纵坐标为零，说明在最大和最小正应变的方位上切应变 $\gamma=0$，即极值正应变就是主应变，分别用 ε_1 和 ε_2 表示，即

$$\begin{cases} \varepsilon_1 = \varepsilon_{max} = \overline{OC} + \overline{CA} = \dfrac{1}{2}\left[\varepsilon_x + \varepsilon_y + \sqrt{(\varepsilon_x - \varepsilon_y)^2 + \gamma_{xy}^2} \right] \\[2mm] \varepsilon_2 = \varepsilon_{min} = \overline{OC} - \overline{CA} = \dfrac{1}{2}\left[\varepsilon_x + \varepsilon_y - \sqrt{(\varepsilon_x - \varepsilon_y)^2 + \gamma_{xy}^2} \right] \end{cases} \tag{9-33}$$

此外，由于 A、B 点位于同一直径的两端，说明上述两主应变位于相互垂直的方位，具体数值由下式确定：

$$\tan 2\theta_0 = -\frac{\overline{DG}}{\overline{CG}} = -\frac{\dfrac{\gamma_{xy}}{2}}{\dfrac{\varepsilon_x - \varepsilon_y}{2}} = -\frac{\gamma_{xy}}{\varepsilon_x - \varepsilon_y} \tag{9-34}$$

θ_0 与 $\theta_0 + 90°$ 均能满足式（9-34）式，分别对应于两个主应变的方位角。

另外从应变圆也可以得到极值切应变

$$\gamma_{max} = \varepsilon_A - \varepsilon_B = \sqrt{(\varepsilon_x - \varepsilon_y)^2 + \gamma_{xy}^2} \tag{9-35}$$

习 题

9-1　构件受力如题 9-1 图所示。（1）确定危险点的位置；（2）用单元体表示危险点的应力状态。

9-2　题 9-2 图所示悬臂梁受载荷 $F = 20\mathrm{kN}$ 的作用，试绘单元体 A、B、C 的应力状态图，并确定主应力的大小及方位。

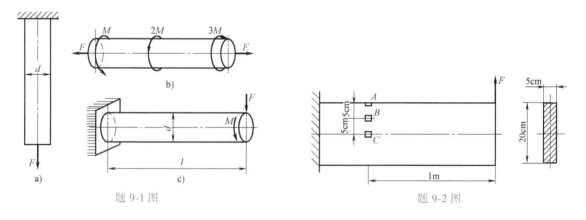

题 9-1 图　　　　　　　　　　　　　题 9-2 图

9-3　主应力单元体各面上的应力如题 9-3 图所示，试用解析法或图解法计算指定斜截面上的正应力 σ_α 和切应力 τ_α，并找出最大切应力值及方位。（应力单位：MPa）

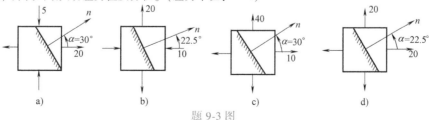

题 9-3 图

9-4　单元体各面的应力如题 9-4 图所示，试用解析法和图解法计算主应力的大小及所在截面的方位，并在单元体内注明。（应力单位：MPa）

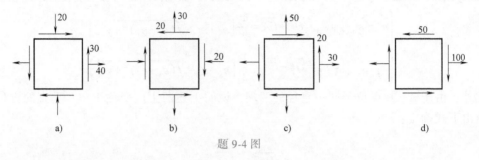

题 9-4 图

9-5　作出题 9-5 图所示单元体的三向应力圆，并求出主应力和最大切应力，画出主单元体。

9-6　已知题 9-6 图所示矩形截面梁某截面上的弯矩和剪力分别为 $M=10\text{kN}\cdot\text{m}$，$F_S=120\text{kN}$，试绘出截面上 1、2、3、4 各点单元体的应力状态，并求其主应力。

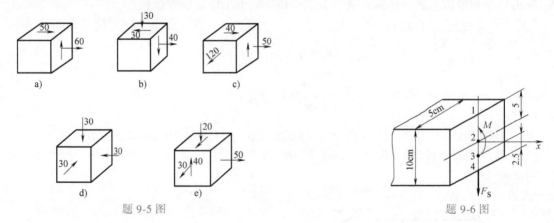

题 9-5 图　　　　　　　　　　　　题 9-6 图

9-7　在题 9-7 图所示棱柱形单元体的 AB 面上以及与 ABC 面平行的前后面上（与纸平面平行的面），均无应力作用。在 AC 面和 BC 面上的正应力均为 -15MPa，试求 AC 面和 BC 面上的切应力以及此单元体主应力的大小和方向。

9-8　某点的应力状态如题 9-8 图所示，试考虑如何根据 σ_α、τ_α 与 σ_y 的数据直接作出应力圆。

题 9-7 图　　　　　　　　　　　　题 9-8 图

9-9　题 9-9 图所示边长为 1cm 的钢质正方体，放在边长均为 1.0001cm 的刚性方槽内，正方体顶上承受总压力 $F=15\text{kN}$，材料的 $E=200\text{GPa}$，$\mu=0.30$。试求钢质正方体内三个主应力的值。

9-10　如题 9-10 图所示，在一块厚钢块上挖了一条贯穿的槽，槽的宽度和深度都是 1cm。在此槽内紧密无隙地嵌入了一铝质立方块，其尺寸是 1cm×1cm×1cm，上表面受到

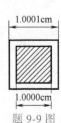

题 9-9 图

$F = 6\text{kN}$ 的压缩力，试求铝立方块的三个主应力。假定厚钢块是不变形的，铝的 $E = 71\text{GPa}$，$\mu = 0.33$。

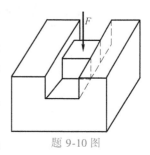

题 9-10 图

9-11 已知单元体的应力圆如题 9-11 图所示（应力单位：MPa）。试作出主单元体的受力图，并指出与应力圆上 A 点相对应的截面位置（在主单元体的图上标出）。

9-12 如题 9-12 图所示为直径 $d = 2\text{cm}$ 的受扭圆轴，今测得与轴线成 $45°$ 方向的线应变 $\varepsilon_{45°} = 520 \times 10^{-6}$。已知 $E = 200\text{GPa}$，$\mu = 0.3$，试求扭转力矩 M_x。

9-13 一根型号为 28a 的工字钢梁，受力如题 9-13 图所示，今测得在梁的中性层上 K 点与轴线成 $45°$ 方向上的线应变 $\varepsilon_{45°} = -260 \times 10^{-6}$。已知 $E = 200\text{GPa}$，$\mu = 0.3$。试求此时梁承受的载荷 F。

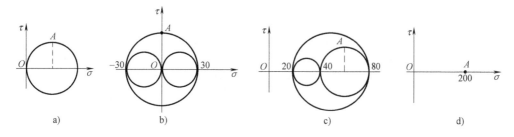

a)   b)   c)   d)

题 9-11 图

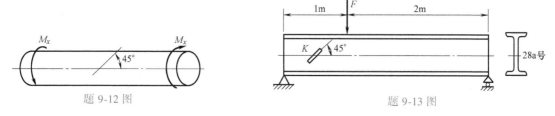

题 9-12 图   题 9-13 图

9-14 钢质构件上截取一单元体 $abcd$，如题 9-14 图所示，各面上作用有应力 $\sigma = 30\text{MPa}$，$\tau = 15\text{MPa}$。已知 $E = 200\text{GPa}$，$\mu = 0.28$。试求此单元体对角线 $\overline{bc}$ 长度的变化。

9-15 由光弹性法测得题 9-15 图所示应力状态的主切应力 τ_{12}，又测得厚度改变率为 $\varepsilon = \dfrac{\Delta \delta}{\delta}$。已知材料的 E 和 μ，试求主应力 σ_1 和 σ_2 之值。

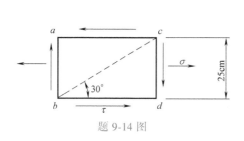

题 9-14 图

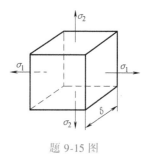

题 9-15 图

9-16 对一块边长为 2.5cm 的正方体进行压缩试验。当载荷为 400kN 时，它沿着通过顶面的对角线以及相邻垂直面上的对角线平面破坏，如题 9-16 图所示阴影线平面。试求在破坏的瞬间，这个面上的全应力、正应力和切应力。

9-17　单元体受力如题 9-17 图所示（应力单位：MPa）。试：（1）画出三向应力圆，计算最大切应力；（2）将单元体的应力状态分解为只有体积改变和只有形状改变的应力状态。

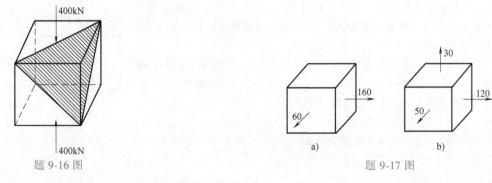

题 9-16 图　　　　　　　　　　　　　题 9-17 图

9-18　如题 9-18 图所示，力 F 通过铰链机构压缩正立方体 $ABCD$ 的四面，在此立方体的四个面上得到均匀分布的压应力，若 $E = 40\text{GPa}$，$\mu = 0.3$，$F = 50\text{kN}$。试求 7cm×7cm×7cm 的正立方体的体积将减小多少。

9-19　题 9-19 图所示钢质薄壁容器，承受内压力 p 的作用，容器平均直径 $D_m = 50\text{cm}$，壁厚 $t = 1\text{cm}$。弹性模量 $E = 200\text{GPa}$，$\mu = 0.30$，观测到圆筒外壁周向应变 $\varepsilon_\theta = 350×10^{-6}$。试确定内压 p。

题 9-18 图　　　　　　　　　　　　　题 9-19 图

9-20　题 9-20 图所示半径为 R、厚度为 t 的圆板，在周边受径向均匀载荷 q 的作用，试求圆板厚度的变化量 Δt 及体积应变 θ。

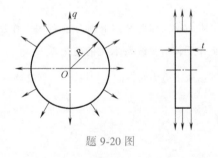

题 9-20 图

第 10 章
强度理论及其应用

10.1 强度理论的概念

在第 2 章中曾提出杆件在轴向拉伸（压缩）简单受力情况下，其强度条件为

$$\frac{F}{A} \leq [\sigma] = \frac{\sigma^0}{n}$$

式中，构件材料的极限应力 σ^0 由试验测定，通常塑性材料以屈服极限 σ_s 作为极限应力 σ^0，而脆性材料则以强度极限 σ_b 作为极限应力。可见在单向应力状态下，杆件的强度条件可直接通过试验来建立。

工程实践中，大多数受力构件的危险点都处于复杂应力状态。由于复杂应力状态下，应力组合的方式有多种可能性，主应力 σ_1、σ_2、σ_3 之间可能有各种比值。在复杂应力状态下，材料强度的极限状态按理可用一点的三个主应力值的关系式来表达，用函数形式表示为

$$f(\sigma_1, \sigma_2, \sigma_3) = \sigma^0$$

当一点的应力状态满足上式时，则该点处的材料就恰好达到强度的极限状态。如果以 σ_1、σ_2、σ_3 作为直角坐标系的三坐标轴，则 $f(\sigma_1, \sigma_2, \sigma_3) = \sigma^0$ 代表一个曲面。这一曲面称为强度的极限曲面。如以屈服作为破坏，这一曲面是屈服的极限曲面；如以断裂作为破坏，则为断裂极限曲面。原则上，应在试验的基础上来确定材料在复杂应力状态下强度达到极限状态的规律。但是对材料在各种应力状态下（σ_1、σ_2、σ_3 间的各种比值）逐个进行试验，以确定相应的极限应力，这在实际中是很难做到的。因此建立复杂应力状态下构件的强度条件，长期以来是人们研究的重要课题。解决这方面的问题已不能仅靠试验的方法，而要与分析、判断、推理等手段相结合，从某些试验与实践的结果出发，提出一些假说，推测材料在复杂受力状态下发生破坏的主要因素，从而建立强度条件。这些条件是否正确，适用于哪些受力情况，还须通过后续实践验证。

实际上，虽然各种破坏现象较为复杂，但材料破坏的形式主要有两种。一种是屈服（或称为流动），如塑性材料在轴向拉伸试验时可明显地观察到屈服现象。屈服破坏时，材料发生显著的塑性变形，构件就丧失了正常工作能力。因此从工程意义上来说，屈服或发生显著的塑性变形即作为一种破坏的标志。另一种是断裂，如脆性材料在轴向拉伸时，没有明显的塑性变形或发生屈服现象，直到最后断裂时才丧失正常的工作能力。工程中这种情况下就以断裂作为破坏的标志。

　　当构件受外力作用时，构件中的任一点处存在应力和应变，并存储了能量。因此可以设想，材料或构件之所以按某种方式破坏（屈服或断裂）与危险点处的应力、应变或应变能等因素中的某一个或几个因素有关。在长期的生产实践与试验研究中，人们综合材料破坏的各种现象和资料并经过分析判断和推理，对材料的破坏机理提出了各种不同假说，这些假说认为不论是简单应力状态还是复杂应力状态，材料的某一类型破坏都是由某一特定因素引起的。于是可以利用简单应力状态的试验结果，与复杂应力状态联系起来，从而建立复杂应力状态的强度条件，这样的一些假说称为**强度理论**（theory of strength）。强度理论因为与破坏因素有关，有时也可称为破坏准则。由于强度理论是经过推理判断而提出的假说，其正确性以及理论的适用范围，还需经实践验证。

　　本章介绍在常温、静载荷条件下工程中常用的几个强度理论及其应用。

10.2　四种常用的强度理论

1. 关于脆性断裂的强度理论

　　（1）**最大拉应力理论**（第一强度理论）（maximum stress criterion）　这一理论认为：不论材料处于复杂还是简单应力状态，最大拉应力 σ_1 都是引起材料断裂破坏的主要因素。在单向拉伸时，断裂破坏的极限应力是强度极限 σ_b。按照这一理论，在复杂应力状态下，只要最大拉应力 σ_1 达到简单拉伸的强度极限 σ_b，就会发生断裂破坏，因此极限状态的条件为

$$\sigma_1 = \sigma_b$$

　　在工程设计中，考虑给予适当储备，将极限应力 σ_b 除以安全因数 n，即得到许用应力 $[\sigma]$。所以按第一强度理论建立的强度条件为

$$\sigma_1 \leqslant [\sigma] \tag{10-1}$$

上列不等式的左边是复杂应力状态下按照第9章的应力状态理论计算得到的最大主应力 σ_1，右边是根据材料单向拉伸试验结果所确定的许用应力。

　　试验证明：铸铁等脆性材料的简单拉伸断裂破坏发生在拉应力最大的横截面上；脆性材料的扭转破坏，也是沿拉应力最大的斜截面上断裂的。这些现象都与最大拉应力理论符合。但这个理论没有考虑其他两个主应力（σ_2、σ_3）对材料断裂破坏的影响，同时，这一理论也不能应用在解释压缩应力状态下的破坏现象。

　　（2）**最大拉应变理论**（第二强度理论）（maximum strain criterion）　这一理论认为：不论材料处于复杂还是简单应力状态，最大拉应变 ε_1 都是引起材料断裂破坏的主要因素。在简单拉伸下，假定断裂发生时，材料线应变的极限值为 ε^0。按照胡克定律［式（2-5）］计算拉断时拉应变的极限值

$$\varepsilon^0 = \frac{\sigma_b}{E}$$

　　根据这一理论，在复杂应力状态下，最大拉应变 ε_1 达到 ε^0 时，材料就发生断裂破坏，即断裂的极限条件

$$\varepsilon_1 = \varepsilon^0 = \frac{\sigma_b}{E} \tag{a}$$

由广义胡克定律式（9-27）知

$$\varepsilon_1 = \frac{1}{E}\left[\sigma_1 - \mu(\sigma_2 + \sigma_3)\right] \tag{b}$$

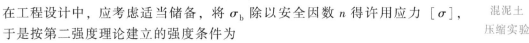

混泥土
压缩实验

代入式（a）得

$$\sigma_1 - \mu(\sigma_2 + \sigma_3) = \sigma_b$$

在工程设计中，应考虑适当储备，将 σ_b 除以安全因数 n 得许用应力 $[\sigma]$，于是按第二强度理论建立的强度条件为

$$\sigma_1 - \mu(\sigma_2 + \sigma_3) \leqslant [\sigma] \tag{10-2}$$

石块或混凝土等脆性材料受轴向压缩时，往往沿纵向开裂，因为此时沿横向发生最大拉应变 $\mu\dfrac{\sigma}{E}$，第二强度理论能很好地解释这种破坏现象。铸铁在二向拉伸-压缩，且压缩力数值较大的情况下，试验结果也与按第二强度理论的计算结果相近。但按照这一强度理论分析，铸铁在二向拉伸下应该比单向拉伸时更安全，这与试验结果并不相符。

2. 关于屈服的强度理论

（1）最大切应力理论（第三强度理论）（maximum shear stress criterion）　这一理论认为：不论材料处于复杂还是简单应力状态，最大切应力都是引起材料屈服的主要因素。在简单拉伸下，材料达到屈服点时，最大切应力为 τ_s。根据这一理论，在复杂应力状态下，最大切应力 τ_{max} 达到 τ_s 时，材料就发生屈服破坏，即屈服的极限条件

$$\tau_{max} = \tau_s \tag{a}$$

由式（9-22）可知

$$\tau_{max} = (\sigma_1 - \sigma_3)/2 \tag{b}$$

$$\tau_s = \sigma_s/2 \tag{c}$$

将式（b）、式（c）代入式（a），材料的屈服条件又可写为（或称为 Tresca 屈服条件）

$$\sigma_1 - \sigma_3 = \sigma_s$$

在工程设计中，考虑适当的储备，相应的强度条件为

$$\sigma_1 - \sigma_3 \leqslant [\sigma] \tag{10-3}$$

在平面应力状态下，当主应力 σ_1 与 σ_2 同为拉应力时（即 $\sigma_3 = 0$），则最大切应力 $\tau_{max} = \sigma_1/2$，故强度条件化为

$$\sigma_1 < [\sigma]$$

与第一强度理论的公式（10-1）相同。

低碳钢在轴向拉伸时在与轴线成近 45° 夹角的斜截面上产生最大切应力，也正是沿这些截面的方向出现滑移线，产生屈服现象。最大切应力理论能够较为满意地解释塑性材料出现塑性变形的现象，其强度条件形式简明，试验结果与理论计算较为接近，故在机械工程中得到广泛应用。但这个理论忽略了中间主应力 σ_2 的影响，在平面应力状态下，理论结果与试验结果相比偏于安全，差异最高近 15% 左右。

（2）形状改变比能理论（第四强度理论）（maximum elastic distortional energy criterion）　这一理论认为：不论材料处于复杂还是简单应力状态，形状改变比能 u_f（单位体积的单元体体积不变，但形状由正方体改变为长方体而储存的能量）是引起材料屈服破坏的主要因素。因此，复杂应力状态下的形状改变比能 u_f 达到简单拉伸屈服时的形状改变比能 u_f^0，材料就发生屈服。按照这个理论，材料的屈服条件为

$$u_f = u_f^0 \tag{a}$$

由式（11-15）知，复杂应力状态下形状改变比能为

$$u_f = \frac{1+\mu}{6E}[(\sigma_1-\sigma_2)^2+(\sigma_2-\sigma_3)^2+(\sigma_3-\sigma_1)^2] \tag{b}$$

单向拉伸屈服时其形状改变比能

$$u_f^0 = \frac{1+\mu}{6E}(2\sigma_s^2) \tag{c}$$

将式（b）、式（c）代入式（a），整理后得第四强度理论的屈服条件（也称 Von Mises 屈服条件）为

$$\sqrt{\frac{1}{2}[(\sigma_1-\sigma_2)^2+(\sigma_2-\sigma_3)^2+(\sigma_3-\sigma_1)^2]} = \sigma_s \tag{d}$$

考虑适当的安全因数，得到许用应力 $[\sigma]$，这样可列出第四强度理论的强度条件为

$$\sqrt{\frac{1}{2}[(\sigma_1-\sigma_2)^2+(\sigma_2-\sigma_3)^2+(\sigma_3-\sigma_1)^2]} \leqslant [\sigma] \tag{10-4}$$

对二向应力状态，如令 $\sigma_3=0$，式（d）变为

$$\sqrt{\sigma_1^2+\sigma_2^2-\sigma_1\sigma_2} = \sigma_s \tag{10-5}$$

当材料在纯剪切下产生屈服时，主应力 $\sigma_1=-\sigma_3=\tau_s$，$\sigma_2=0$，代入式（10-4）得

$$\sqrt{3}\tau_s = \sigma_s$$

$$\tau_s = \sigma_s/\sqrt{3} = 0.577\sigma_s$$

这个结果给出了剪切屈服极限和拉伸屈服极限间的关系，这和以低碳钢进行试验所得数值很接近。

在二向应力状态下，试验资料表明，按第四强度理论计算得到的结果基本上与试验结果相符，比第三强度理论更接近实际情况。材料在三向等压的应力状态下不易发生破坏，与这理论也相符（因 $u_f=0$）。但材料在三向等拉的应力状态下易于产生脆性断裂，这个理论就不能解释这一现象。

10.3 强度理论的应用

综合上节的结果，可把各种强度理论的强度条件写成统一的形式：

$$\sigma_r \leqslant [\sigma] \tag{10-6}$$

式中，σ_r 称为相当应力。按照从第一强度理论至第四强度理论的次序，相当应力 σ_r 分别为

$$\left.\begin{aligned} \sigma_{r1} &= \sigma_1 \\ \sigma_{r2} &= \sigma_1-\mu(\sigma_2+\sigma_3) \\ \sigma_{r3} &= \sigma_1-\sigma_3 \\ \sigma_{r4} &= \sqrt{\frac{1}{2}[(\sigma_1-\sigma_2)^2+(\sigma_2-\sigma_3)^2+(\sigma_3-\sigma_1)^2]} \end{aligned}\right\} \tag{10-7}$$

前面已提及，不同材料可发生不同形式的破坏：对脆性材料，如铸铁、石料、混凝土、

玻璃等在一般情况下以断裂的方式破坏，故通常采用第一和第二强度理论；对塑性材料，如碳钢、铜、铝等一般以屈服的形式破坏，故常采用第三或第四强度理论。但即使是同一材料，在不同的应力状态下也可能有不同的破坏形式。根据工程实践的经验和资料，对不同性质的材料及在不同的应力状态下应采用哪一强度理论，简略地阐明如下：

1）由铸铁薄壁圆管受内压试验的结果可知，对于二向拉伸应力状态，按最大拉应力理论计算的结果与试验结果相符合。低碳钢一类的塑性材料在三向拉应力状态下也容易发生断裂破坏，因此在三向拉应力状态下，不论是脆性材料或塑性材料，都应采用最大拉应力理论（第一强度理论）。

2）对于像铸铁一类的脆性材料，在二向拉应力状态下，以及拉伸-压缩二向应力状态且拉应力较大的情况下，由前述试验结果可知，应采用最大拉应力理论（第一强度理论）。而如果压应力较大，则可近似地采用最大拉应变理论（第二强度理论）。

3）对于低碳钢一类塑性材料，除了三向拉应力状态外，在其他复杂应力状态下，常发生屈服破坏，宜采用形状改变比能理论（第四强度理论）或最大切应力理论（第三强度理论）。

4）在三向压应力状态下，不论是塑性材料或脆性材料，都会发生屈服破坏，所以在此情况下应采用第三强度理论或第四强度理论。

上述的一些论点，在一般工程设计规范中都有反映，例如对受内压的钢管，船舶推进轴、机器传动轴等，在设计计算时常采用第三强度理论或第四强度理论。当然，在各类工程设计问题中选用何种强度理论，不单纯是个力学问题，还与工程技术部门长期积累的经验有关。

例 10-1　某锅炉汽包的受力情况及截面尺寸如图 10-1a 所示。锅炉总长为 12m，两支承间的跨度为 11m，汽包平均直径 $D = 1.57$m，壁厚 $t = 3.5$cm。图中将锅炉自重简化为均布载荷。若已知内压 $p = 3.4$MPa，锅炉总重为 600kN，汽包材料为 20 号锅炉钢，$\sigma_s = 200$MPa，

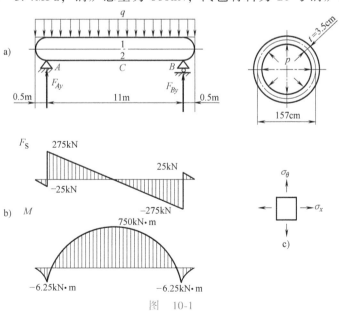

图　10-1

安全因数 $n_s = 2$。试校核汽包是否安全。

解 把汽包作为一承受自重均布载荷的外伸梁，绘制剪力图和弯矩图如图 10-1b 所示，自重均布载荷

$$q = \frac{600}{12} \text{kN/m} = 50 \text{kN/m}$$

约束力

$$F_{Ay} = F_{By} = \frac{600}{2} \text{kN} = 300 \text{kN}$$

从 M 图可知

$$M_{max} = 750 \text{kN} \cdot \text{m}$$

汽包在内压 p 作用下各处受力相同（忽略径向应力），而在自重作用下，在截面 C 上的上下边缘 1、2 两点应力最大，故这两点为可能的危险点，两点均为二向应力状态，如图 10-1c 所示。虽然点 1 由于弯矩作用产生压应力，抵消了一部分由内压引起的轴向拉应力，但根据第三强度理论，点 1 与点 2 同样可能危险。内压 p 引起的周向应力为

$$\sigma_\theta = \frac{pD}{2t} = \frac{3.4 \times 157}{2 \times 3.5} \text{MPa} = 76.3 \text{MPa}$$

轴向应力 σ_x 则包含两部分：由内压 p 引起的 $\sigma_x(p)$ 以及由弯矩 M_{max} 引起的 $\sigma_x(M)$。其中

$$\sigma_x(p) = \frac{pD}{4t} = \frac{3.4 \times 157}{4 \times 3.5} \text{MPa} = 38.2 \text{MPa}$$

$$\sigma_x(M) = \frac{M_{max}}{W_z} = \frac{M_{max}}{\frac{\pi D^2 t}{4}} = \frac{4 \times 750 \times 10^3}{3.14 \times 157^2 \times 3.5 \times 10^{-6}} \text{Pa} = 11.1 \text{MPa}$$

点 1 的轴向应力

$$(\sigma_x)_1 = \sigma_x(p) - \sigma_x(M) = (38.2 - 11.1) \text{MPa} = 27.1 \text{MPa}$$

点 2 的轴向应力

$$(\sigma_x)_2 = \sigma_x(p) + \sigma_x(M) = (38.2 + 11.1) \text{MPa} = 49.3 \text{MPa}$$

点 1 的三个主应力

$$\sigma_1 = 76.3 \text{MPa}, \quad \sigma_2 = 27.1 \text{MPa}, \quad \sigma_3 = 0$$

点 2 的三个主应力

$$\sigma_1 = 76.3 \text{MPa}, \quad \sigma_2 = 49.3 \text{MPa}, \quad \sigma_3 = 0$$

许用应力

$$[\sigma] = \frac{\sigma_s}{n_s} = \frac{200}{2} \text{MPa} = 100 \text{MPa}$$

点 1 与点 2 按第三强度理论计算的相当应力为

$$(\sigma_{r3})_1 = (76.3 - 0) \text{MPa} = 76.3 \text{MPa} < [\sigma]$$

$$(\sigma_{r3})_2 = (76.3 - 0) \text{MPa} = 76.3 \text{MPa} < [\sigma]$$

因此汽包强度是安全的。

例 10-2 组合钢梁的尺寸载荷如图 10-2a 所示。已知均布载荷 $q = 40 \text{kN/m}$，$F = 480 \text{kN}$。若材料的许用应力 $[\sigma] = 160 \text{MPa}$，试根据第四强度理论对此梁进行全面校核。

解 这种组合截面除了保证正应力最大的点安全之外，还应保证切应力最大的点，以及正应力和切应力都比较大的点安全。对上述这些可能危险的点进行强度的全面校核。

首先作此梁的剪力图与弯矩图，如图 10-2b 所示，并确定可能的危险截面，进而判断可能的危险点。根据 F_S 图与 M 图及组合截面上 σ、τ 的分布规律（图 10-2c）可看出，梁中的最大正应力发生在梁的中间截面 D 上的①点；最大切应力发生在梁的支承截面（F_{Smax}）的中性轴上的③点处（图 10-2d）。在集中力 F 偏支承一侧的截面 E 上，腹板与翼缘的交接处②点的正应力和切应力都比较大，应校核其主应力。这三类点的应力状态分别如图 10-2e 所示。现将各点的应力及强度校核分述如下：

（1）约束力
$$F_{Ay} = F_{By} = \frac{40 \times 8 + 480 \times 2}{2}\mathrm{kN} = 640\mathrm{kN}$$

在梁中间截面 D 上的最大弯矩
$$M_{max} = 800\mathrm{kN \cdot m} = 80 \times 10^3 \mathrm{kN \cdot cm}$$

梁截面的惯性矩
$$I_z = \left\{ \frac{1.2 \times 80^3}{12} + 2 \times \left[\frac{24 \times (42-40)^3}{12} + (24 \times 2) \times 41^2 \right] \right\} \mathrm{cm}^4 \approx 2.126 \times 10^5 \mathrm{cm}^4$$

梁截面的抗弯截面系数
$$W_z = \frac{I_z}{y_{max}} = \frac{2.126 \times 10^5}{42} \mathrm{cm}^3 = 5.06 \times 10^3 \mathrm{cm}^3$$

中间截面 D 上点①的正应力为全梁正应力的最大值
$$\sigma_{max}^① = \frac{M_{max}}{W_z} = \frac{80 \times 10^3 \times 10^3 \times 10^{-2}}{5.06 \times 10^3 \times 10^{-6}} \mathrm{Pa} = 158 \times 10^6 \mathrm{Pa} = 158\mathrm{MPa}$$

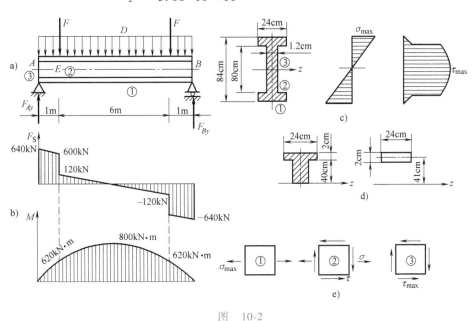

图　10-2

（2）在支承 A 的右侧（或 B 的左侧）截面上中性轴处切应力最大，该截面上剪力 $F_{Smax} = 640\mathrm{kN}$。

截面对 z 轴的静矩

$$(S_z)_{max} = [(24 \times 2) \times 41 + 1.2 \times 40 \times 20] \, cm^3 = 2.93 \times 10^3 \, cm^3$$

$$b = 1.2 \, cm$$

中性轴处点③的切应力最大：

$$\tau_{max} = \frac{F_{Smax}(S_z)_{max}}{I_z b} = \frac{640 \times 10^3 \times 2.93 \times 10^3 \times 10^{-6}}{2.126 \times 10^{-3} \times 1.2 \times 10^{-2}} Pa = 70.3 \times 10^6 \, Pa = 70.3 \, MPa$$

该点为纯剪切应力状态，其主应力分别为

$$\sigma_1 = 70.3 \, MPa, \quad \sigma_2 = 0, \quad \sigma_3 = -70.3 \, MPa$$

根据第四强度理论，有

$$\sigma_{r4} = \sqrt{\frac{1}{2}[(\sigma_1 - \sigma_2)^2 + (\sigma_2 - \sigma_3)^2 + (\sigma_3 - \sigma_1)^2]}$$

$$= \sqrt{3} \times 70.3 \, MPa = 121.7 \, MPa < [\sigma]$$

所以，点③的强度是安全的。

（3）截面 E 上的点②　这一截面上的弯矩

$$M_E = (640 \times 1 - 1 \times 40 \times 0.5) \, kN \cdot m = 620 \, kN \cdot m$$

剪力

$$F_{SE} = (640 - 40 \times 1) \, kN = 600 \, kN$$

点②的正应力

$$\sigma = \frac{M_E y_2}{I_z} = \frac{620 \times 10^3 \times 40 \times 10^{-2}}{2.126 \times 10^{-3}} Pa = 116.7 \, MPa$$

点②的切应力

$$\tau = \frac{F_{SE} S_z^*}{I_z b}$$

$$S_z^* = (24 \times 2 \times 41) \, cm^3 = 1.968 \times 10^3 \, cm^3$$

$$\tau = \frac{600 \times 10^3 \times 1.968 \times 10^{-3}}{2.126 \times 10^{-3} \times 1.2 \times 10^{-2}} Pa = 46.3 \, MPa$$

该点的主应力

$$\sigma_1 = \frac{\sigma}{2} + \sqrt{\left(\frac{\sigma}{2}\right)^2 + \tau^2} = \left[\frac{116.2}{2} + \sqrt{\left(\frac{116.2}{2}\right)^2 + 46.3^2}\right] MPa = 132.8 \, MPa$$

$$\sigma_3 = \frac{\sigma}{2} - \sqrt{\left(\frac{\sigma}{2}\right)^2 + \tau^2} = \left[\frac{116.2}{2} - \sqrt{\left(\frac{116.2}{2}\right)^2 + 46.3^2}\right] MPa = -16.2 \, MPa$$

$$\sigma_2 = 0$$

根据第四强度理论，其相当应力

$$\sigma_{xd}^4 = \sqrt{\frac{1}{2}[(\sigma_1 - \sigma_2)^2 + (\sigma_2 - \sigma_3)^2 + (\sigma_3 - \sigma_1)^2]} = \sqrt{\sigma^2 + 3\tau^2}$$

$$= \sqrt{116.7^2 + 3 \times 46.3^2} \, MPa = 141.6 \, MPa < [\sigma]$$

所以，截面 E 上点②也是安全的。

10.4 弯扭组合变形的强度计算

一般的轴在发生扭转时，由于自重、齿轮重量及轮齿间作用力等作用，常同时发生弯曲。在弯曲变形较小的情况下，轴可仅按扭转问题来考虑。但当弯曲不能忽略时，就成为弯曲与扭转的组合变形问题。扭转与弯曲的组合变形问题是机械工程中最常见的情况，图 10-3a 的齿轮传动轴与图 10-3b 的船舶推进轴就是这类问题的实例。本节讨论弯扭组合变形时的强度计算，并以圆轴作为主要研究对象。在小挠度概念下，轴线由于弯曲所引起的挠度很小，不影响截面上扭矩的作用，认为扭矩仍然沿轴线方向，在垂直于轴线方向没有分量。因此可分别考虑由于扭转与弯曲所引起的应力，再应用叠加原理进行组合。下面用一个实例来说明弯扭组合变形的强度分析方法。

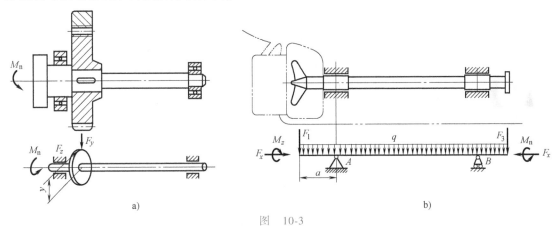

图 10-3

设有如图 10-4a 所示的一实心圆轴 AB，A 端固定，B 端连一手柄 BC，在 C 处作用一铅直方向力 F，圆轴 AB 承受扭转与弯曲的组合变形。略去自重的影响，将 F 力向 AB 轴端截面的形心 B 简化后，即可将外力分为两组，一组是作用在轴上的横向力 F，另一组为在轴端截面内的力偶 Fa，如图 10-4b 所示，前者使轴发生弯曲变形，后者使轮发生扭转变形。分别作出圆轴 AB 的扭矩图和弯矩图（图 10-4c）。扭矩 M_x 沿轴线为一常量（ $=Fa$），弯矩 $M=-Fx$。在固定端 A 有最大弯矩 $M_{max}=-Fl$，可知此轴的固定端截面是危险截面。在截面 A 上弯曲正应力 σ 和扭转切应力 τ 均按线性分布，如图 10-4d 所示。危险截面上铅垂直径上下两端点 C_1 和 C_2 处是截面上的危险点，因在这两点上正应力 σ_w 和 τ_n 均达到极大值，故应该校核这两点的强度。对于抗拉与抗压强度相等的塑性材料，只需取其中的一点如点 C_1 来研究即可。先分别计算 C_1 点的弯曲正应力 σ_w 和扭转切应力 τ_n：

$$\sigma_w = \frac{M_{max}}{W}, \quad \tau_n = \frac{M_x}{W_p} \tag{a}$$

围绕 C_1 点截取单元体，它的各个面上的应力如图 10-4e 所示，处于二向应力状态，其主应力可按下式计算：

$$\left.\begin{array}{c}\sigma_1\\\sigma_3\end{array}\right\} = \frac{1}{2}\left(\sigma_w \pm \sqrt{\sigma_w^2 + 4^2\tau_n}\right), \quad \sigma_2 = 0$$

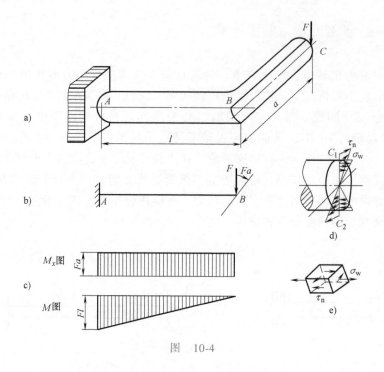

图 10-4

对于由塑性材料制成的圆轴，通常采用第三强度理论

$$\sigma_{r3} = \sigma_1 - \sigma_3 = \sqrt{\sigma_w^2 + 4\tau_n^2} \leqslant [\sigma] \tag{10-8}$$

或第四强度理论

$$\sigma_{r4} = \sqrt{\sigma_1^2 + \sigma_3^2 - \sigma_1\sigma_3} = \sqrt{\sigma_w^2 + 3\tau_n^2} \leqslant [\sigma] \tag{10-9}$$

对直径为 d 的实心圆截面，抗弯截面系数与抗扭截面系数分别为

$$W = \frac{\pi d^3}{32}, \quad W_p = \frac{\pi d^3}{16} = 2W \tag{b}$$

将式（a）和式（b）代入式（10-8）和式（10-9），可以得到塑形材料圆截面轴弯扭组合变形时用内力分量表示的强度条件

$$\sigma_{r3} = \frac{\sqrt{M_{max}^2 + M_x^2}}{W} \leqslant [\sigma] \tag{10-10}$$

$$\sigma_{r4} = \frac{\sqrt{M_{max}^2 + 0.75M_x^2}}{W} \leqslant [\sigma] \tag{10-11}$$

工程上有些杆件如船舶推进轴、有止推轴承的传动轴等除了承受弯曲和扭转变形外，同时还受到轴向压缩（拉伸）。对于这种杆件的强度计算，仍可应用式（10-8）式（10-9），只需将由于轴力 F_N 所产生的均布正应力 $\sigma_{F_N} = \dfrac{F_N}{A}$ 加到弯曲正应力 σ_w 上去，以（$\sigma_{F_N} + \sigma_w$）来代替上述公式中的 σ_w 即可得到相应的强度条件

$$\sigma_{r3} = \sigma_1 - \sigma_3 = \sqrt{(\sigma_w + \sigma_{F_N})^2 + 4\tau_n^2} \leqslant [\sigma] \tag{10-12}$$

$$\sigma_{r4} = \sqrt{(\sigma_w + \sigma_{F_N})^2 + 3\tau_n^2} \leqslant [\sigma] \tag{10-13}$$

以上举了一个简单的弯曲和扭转组合变形的例子。对传动轴进行静力强度计算或作截面选择时一般可按下列步骤进行：

1）轴上外力分析。确定轴上的载荷，将各个载荷向轴线简化为分别作用在两主惯性平面（xy 平面与 xz 平面）内的横向力和绕轴线的力偶矩。计算在 z 向与 y 向的轴承约束力。

2）轴的内力分析。作轴的扭矩图与弯矩图，在一般情况下两主惯性平面内都有弯曲产生，作 xy 平面内的弯矩 M_z 图与 xz 平面内的弯矩 M_y 图。因为对于圆截面而言，任一直径均为其主惯性轴，各截面的 M_z 与 M_y 可用矢量和合成，求得合弯矩 M，找出 M_{max}，确定危险截面。

3）应力分析。在危险截面上，同时作用有最大弯矩与扭矩，因而有弯曲正应力和扭转切应力，二者沿径向按线性分布，由此可确定危险点。

4）截取危险点上的单元体，确定单元体各面上的正应力与切应力，计算出它的主应力，选用适当的强度理论作强度校核或截面选择。对于塑性材料一般采用第三强度理论或第四强度理论。

例 10-3　图 10-5 所示为某汽轮机齿轮减速箱的传动轴，输入转矩 $M_e = 16.67\text{kN} \cdot \text{m}$。已知齿轮分度圆直径 $D = 39.6\text{cm}$，压力角 $\alpha = 20°$，轴的跨度 $l = 65\text{cm}$，轴材料的许用应力 $[\sigma] = 150\text{MPa}$，齿轮位于轴的中间。试按第三强度理论设计轴的直径。

解　（1）外力分析　已知转矩 $M_e = 16.67\text{kN} \cdot \text{m}$，先计算齿轮啮合力，如图 10-5b 所示，圆周切向分力为

$$F_z = \frac{M_e}{\dfrac{D}{2}} = \frac{16.67}{\dfrac{0.396}{2}}\text{kN} \cdot \text{m} = 84.2\text{kN} \cdot \text{m}$$

径向分力　　　　　$F_y = F_z \tan 20° = 84.2\text{kN} \times 0.364 = 30.62\text{kN}$

将 F_y、F_z 向轴线简化，则轴线上承受 F_y、F_z 及 $M_x = F_z \cdot \dfrac{D}{2} = M_e = 16.67\text{kN} \cdot \text{m}$ 的作用，如图 10-5c 所示。

（2）内力及内力图

扭矩图：在轴 AC 段扭矩为常量，如图 10-5d 所示。

弯矩图：由于 F_y、F_z 分别作用在垂直平面 xy 及水平平面 xz 内，故要分别作弯矩图，如图 10-5e、f 所示。

水平平面内最大弯矩

$$M_y = \frac{F_z l}{4} = \frac{84.2 \times 0.65}{4}\text{kN} \cdot \text{m} = 13.68\text{kN} \cdot \text{m}$$

垂直平面内最大弯矩

$$M_z = \frac{F_y l}{4} = \frac{30.62 \times 0.65}{4}\text{kN} \cdot \text{m} = 4.97\text{kN} \cdot \text{m}$$

合成弯矩

$$M = \sqrt{M_y^2 + M_z^2} = \sqrt{13.68^2 + 4.97^2}\,\mathrm{kN \cdot m} = 14.52\,\mathrm{kN \cdot m}$$

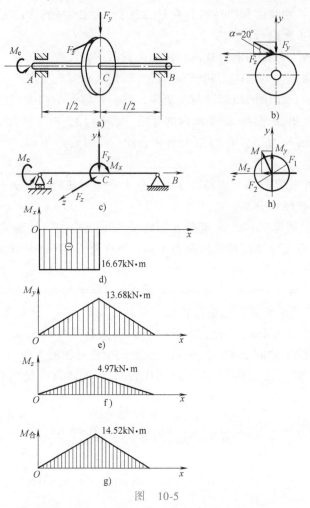

图　10-5

合成弯矩图如图 10-5g 所示。可见 C 截面左侧的 M 及 M_x 均为最大，即该截面为危险截面。

（3）应力计算　危险截面上垂直于 M 矢量的直径两边的点 F_1 与 F_2 为危险点，如图 10-5h 所示。

弯曲正应力

$$\sigma_w = \frac{M}{W} = \frac{14.52 \times 10^3\,\mathrm{N \cdot m}}{\frac{\pi}{32}d^3 \times 10^{-6}}$$

扭转切应力

$$\tau_n = \frac{M_x}{W_p} = \frac{16.67 \times 10^3\,\mathrm{N \cdot m}}{\frac{\pi}{16}d^3 \times 10^{-6}}$$

（4）按第三强度理论计算轴的直径 d

$$\sigma_{r3} = \sqrt{\sigma_w^2 + 4\tau_n^2} \leqslant [\sigma]$$

$$\left[\left(\frac{14.52\times10^3\,\mathrm{N\cdot m}}{\frac{\pi}{32}d^3\times10^{-6}}\right)^2+4\left(\frac{16.67\times10^3\,\mathrm{N\cdot m}}{\frac{\pi}{16}d^3\times10^{-6}}\right)^2\right]^{\frac{1}{2}}\leqslant150\times10^6\,\mathrm{Pa}$$

解上式可得 $\qquad\qquad\qquad d\geqslant11.45\mathrm{cm}$

选用 $d=12\mathrm{cm}$。

例 10-4　某货轮的推进轴简化如图 10-6 所示。已知主机功率 $P=7277\mathrm{kW}$，转速 $n=119\mathrm{r/min}$，有效推力 $F_\mathrm{T}=767\mathrm{kN}$，桨叶重 $F_1=180\mathrm{kN}$，轴外伸段总重 $F_2=45\mathrm{kN}$，外伸段距离 $a_1=190\mathrm{cm}$，$a_2=120\mathrm{cm}$，艉轴直径 $d=51.5\mathrm{cm}$，材料为优质碳素钢，其 $\sigma_\mathrm{s}=250\mathrm{MPa}$，规定安全因数 $[n]=2.8\sim5.8$。试按第四强度理论校核艉轴截面 A 的强度。

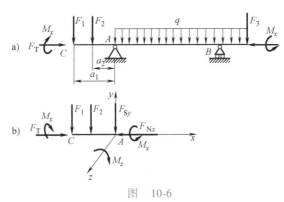

图　10-6

解　(1) 内力分析　沿截面 A 切开，它上面的内力有

轴力：$F_{\mathrm{N}x}=F_\mathrm{T}=767\mathrm{kN}$，由推力引起，产生压缩变形。

剪力：$F_{\mathrm{S}y}=-(F_1+F_2)=-225\mathrm{kN}$，由桨叶重量 F_1 及外伸段重量（近似地作集中力 F_2 计算）引起，产生剪切变形，但由于它引起的切应力相对其他应力很小，可忽略不计。

扭矩：$M_x=9549\cdot\dfrac{P}{n}=\left(9549\times\dfrac{7277}{119}\right)\mathrm{N\cdot m}=584\times10^3\,\mathrm{N\cdot m}=584\mathrm{kN\cdot m}$，由主机输出的转矩引起，产生扭转变形。

弯矩：$M_z=F_1a_1+F_2a_2=(18000\times190\times10^{-2}+4500\times120\times10^{-2})\mathrm{N\cdot m}=396\times10^3\,\mathrm{N\cdot m}=396\mathrm{kN\cdot m}$，由桨叶等重量引起，产生弯曲变形。

(2) 应力计算

截面面积 $\qquad\qquad\qquad A=\dfrac{\pi}{4}d^2=\dfrac{3.14\times51.5^2}{4}\mathrm{cm}^2=2080\mathrm{cm}^2$

抗扭截面系数 $\qquad\qquad W_\mathrm{p}=\dfrac{\pi}{16}d^3=\dfrac{3.14\times51.5^3}{16}\mathrm{cm}^3=26.7\times10^3\,\mathrm{cm}^3$

抗弯截面系数 $\qquad\qquad W=\dfrac{\pi}{32}d^3=\dfrac{3.14\times51.5^3}{32}\mathrm{cm}^3=13.35\times10^3\,\mathrm{cm}^3$

(a) 压应力 $\qquad\qquad \sigma_{F_\mathrm{N}}=\dfrac{F_\mathrm{T}}{A}=\dfrac{767\times10^3}{2080\times10^{-4}}\mathrm{Pa}=3.69\mathrm{MPa}$

(b) 扭转切应力 $\qquad\qquad \tau_\mathrm{n}=\dfrac{M_x}{W_\mathrm{p}}=\dfrac{584\times10^3}{2.67\times10^{-2}}\mathrm{Pa}=21.8\mathrm{MPa}$

（c）弯曲正应力　　　$\sigma_w = \dfrac{M_z}{W} = \dfrac{396 \times 10^3}{13.35 \times 10^{-3}} \text{Pa} = 29.6 \text{MPa}$

（d）将（a）和（c）的正应力 σ 相叠加，如图 10-7 所示。

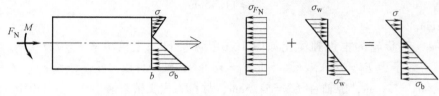

图 10-7

横截面上最大压应力 σ 作用在截面的底点 b，b 点为危险点，则

$$\sigma_b = \sigma_w + \sigma_{F_N} = (29.6 + 3.69) \text{MPa} = 33.29 \text{MPa}$$

（3）按第四强度理论计算相当应力

$$\sigma_{r4} = \sqrt{\sigma_b^2 + 3\tau_n^2} = \sqrt{33.29^2 + 3(21.8)^2} \text{MPa} = 50.3 \text{MPa}$$

（4）强度校核　计算工作安全因数为

$$n = \frac{\sigma_s}{\sigma_{r4}} = \frac{250}{50.3} = 4.97$$

工作安全因数在规定安全因数 $[n] = 2.8 \sim 5.8$ 许可范围之内，故是安全的。

习 题

10-1　脆性材料的极限应力 $\sigma_b^+ = 40 \text{MPa}$，$\sigma_b^- = 130 \text{MPa}$，从受力物体内取下列三个单元体，受力状态如题 10-1 图 a、b、c 所示。试按（1）第一强度理论；（2）第二强度理论，判断哪一个单元体已达到危险状态，设 $\mu = 0.30$。

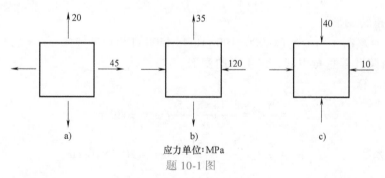

应力单位：MPa

题 10-1 图

10-2　塑性材料的极限应力 $\sigma_s = 200 \text{MPa}$，从受力物体内取下列三个单元体，受力状态如题 10-2 图 a、b、c 所示。试按（1）第三强度理论；（2）第四强度理论，判断哪一个单元体已达到危险状态。

10-3　工字钢梁受载荷时，某一点处的应力情况如题 10-3 图所示。已知 $\sigma = 120 \text{MPa}$，$\tau = 40 \text{MPa}$。若 $[\sigma] = 140 \text{MPa}$，试按第四强度理论进行强度校核。

10-4　某梁在平面弯曲下，已知危险截面上作用有弯矩 $M = 50.9 \text{kN} \cdot \text{m}$，剪力 $F_S = 134.6 \text{kN}$，截面为 22b 号工字钢，$[\sigma] = 160 \text{MPa}$，试根据第三强度理论对梁进行主应力校核。

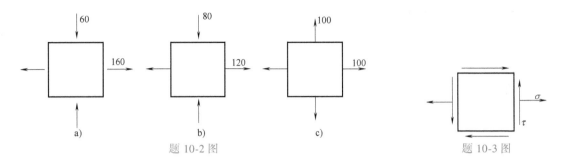

题 10-2 图　　　　　　　　　　　　题 10-3 图

10-5　外伸梁受力及尺寸如题 10-5 图所示，设 $[\sigma]=140\mathrm{MPa}$，试选定该梁的工字钢型号，并按照第三强度理论进行强度校核。

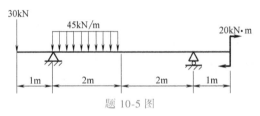

题 10-5 图

10-6　圆柱形薄壁容器内直径 $D=80\mathrm{cm}$，厚度 $t=0.4\mathrm{cm}$，承受内压强 p，如材料的许用应力 $[\sigma]=130\mathrm{MPa}$。试按第四强度理论确定最大许可压强 p。

10-7　一锅炉内直径 $D=1\mathrm{m}$，受内压强 $p=3\mathrm{MPa}$，材料的屈服极限 $\sigma_\mathrm{s}=300\mathrm{MPa}$，安全因数 $n_\mathrm{s}=2$，试用第三强度理论计算锅炉的壁厚。

10-8　如题 10-8 图所示铸铁圆柱形容器，外直径 $D=20\mathrm{cm}$，壁厚 $t=2\mathrm{cm}$，受内压强 $p=4\mathrm{MPa}$，（1）若在容器两端作用轴向压力 $F=200\mathrm{kN}$，试用第二强度理论进行强度校核；（2）若在两端加外扭矩 $M_x=1000\mathrm{N\cdot m}$ 作用，试用第二强度理论校核强度。设 $\mu=0.25$，许用拉应力 $[\sigma_+]=25\mathrm{MPa}$。

10-9　车轮与钢轨接触点处的主应力为 $-800\mathrm{MPa}$、$-900\mathrm{MPa}$、$-1100\mathrm{MPa}$。钢轨材料的许用应力 $[\sigma]=300\mathrm{MPa}$，试对此点进行强度校核（选用第三或第四强度理论）。

10-10　题 10-10 图所示钢制油罐长度 $L=9.6\mathrm{m}$，内径 $d=2.6\mathrm{m}$，壁厚 $\delta=8\mathrm{mm}$，油罐内承受压强 $p=0.6\mathrm{MPa}$，并承受均布载荷 q 作用。若 $[\sigma]=160\mathrm{MPa}$，试用第三强度理论确定许用均布载荷 q。

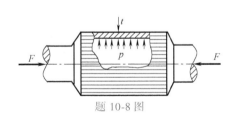

题 10-8 图

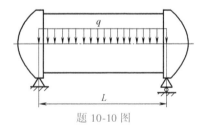

题 10-10 图

10-11　如题 10-11 图所示内径为 d，壁厚为 t 的圆筒容器，内部盛有比重为 γ、高度为 H 的液体，竖直吊装。试按第三强度理论沿容器器壁的母线绘制圆筒的相当应力 σ_{xd}^3 图（不计端部影响）。

10-12　题 10-12 图所示电动机功率 $P=8.83\mathrm{kW}$，转速 $n=800\mathrm{r/min}$。带轮直径 $D=250\mathrm{mm}$，重量 $W=700\mathrm{N}$，带拉力为 F_{T1}、F_{T2}（$F_{\mathrm{T1}}=2F_{\mathrm{T2}}$），轴的外伸端长 $L=120\mathrm{mm}$，轴材料的许用应力 $[\sigma]=100\mathrm{MPa}$。试按第四强度理论设计电动机轴的直径 d。

10-13　如题 10-13 图所示直径为 60cm 的两个相同带轮，转速 $n=100\mathrm{r/min}$ 时传递功率 $P=7.36\mathrm{kW}$，C 轮上输送带是水平方向的，D 轮上的输送带是铅垂方向的。带拉力 $F_{\mathrm{T2}}=1.5\mathrm{kN}$，$F_{\mathrm{T1}}>F_{\mathrm{T2}}$，设轴材料许用应

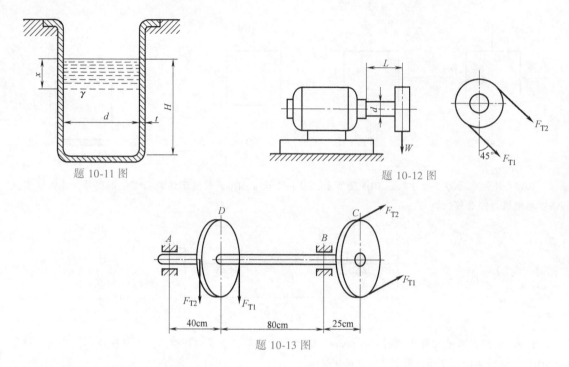

题 10-11 图

题 10-12 图

题 10-13 图

力 $[\sigma]=80\mathrm{MPa}$，试根据第三强度理论选择轴的直径（带轮的自重略去不计）。

10-14 如题 10-14 图所示钢制圆轴上有两个齿轮，齿轮 C 上作用着铅垂切向力 $F_1=5\mathrm{kN}$，齿轮 D 上作用着水平切向力 $F_2=10\mathrm{kN}$。若 $[\sigma]=100\mathrm{MPa}$，齿轮 C 的节圆直径 $d_C=30\mathrm{cm}$，齿轮 D 的节圆直径 $d_D=15\mathrm{cm}$。试用第四强度理论选择轴的直径。

10-15 如题 10-15 图所示为某型水轮机主轴。水轮机的输出功率为 $P=37500\mathrm{kW}$，转速 $n=150\mathrm{r/min}$。已知轴向推力 $F_y=4800\mathrm{kN}$，转子重 $W_1=390\mathrm{kN}$；主轴的内径 $d=34\mathrm{cm}$，外径 $D=75\mathrm{cm}$，自重 $W=285\mathrm{kN}$。主轴材料为 45 钢，其许用应力为 $[\sigma]=80\mathrm{MPa}$。试按第四强度理论校核主轴的强度。

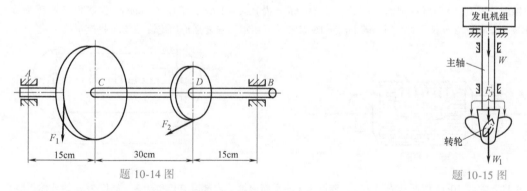

题 10-14 图

题 10-15 图

10-16 如题 10-16 图所示的某精密磨床砂轮轴，已知电动机功率 $P=3\mathrm{kW}$，转子转速 $n=1400\mathrm{r/min}$，转子重量 $W_1=101\mathrm{N}$。砂轮直径 $D=250\mathrm{mm}$，砂轮重量 $W_2=275\mathrm{kN}$。磨削力 $F_y:F_z=3:1$，砂轮轴直径 $d=50\mathrm{mm}$，材料为轴承钢，许用应力 $[\sigma]=60\mathrm{MPa}$。（1）试用单元体表示出危险点的应力状态，并求出主应力和最大切应力；（2）试用第三强度理论校核轴的强度。

10-17 题 10-17 图所示传动轴左端伞形齿轮 C 上所受的轴向力 $F_1=16.5\mathrm{kN}$，周向力 $F_2=4.55\mathrm{kN}$，径向力 $F_3=0.414\mathrm{kN}$。右端齿轮 D 上所受的周向力 $F_2'=14.49\mathrm{kN}$，径向力 $F_3'=5.28\mathrm{kN}$。若轴径 $d=4\mathrm{cm}$，$[\sigma]=300\mathrm{MPa}$，试按第四强度理论对轴进行强度校核。

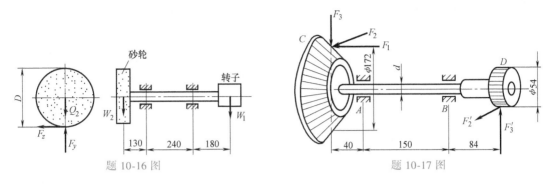

题 10-16 图　　　　　　　　　　题 10-17 图

10-18　正方形截面的半圆形杆，一端固定一端自由，作用力垂直于半圆平面，其受力和尺寸如题 10-18 图所示。试按第三强度理论求 B、C 截面上危险点的相当应力。

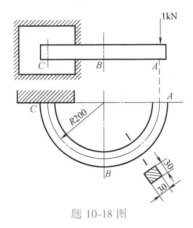

题 10-18 图

11

第11章
能量法

弹性体在外力作用下发生变形时，载荷作用点的位置发生变化，随之产生位移。载荷作用点沿其作用线方向的位移分量称为该载荷的相应位移。因此，在弹性体的变形过程中，载荷在其相应位移上做了功。另一方面，弹性体因变形而具有能量，称为变形能或应变能。在加载时各载荷从零开始逐渐增至某一数值，设物体的变形在弹性范围内，在整个过程中，物体处于静力平衡状态，既没有获得动能也不计热能的损耗，则外力所做的功 W 在数值上就等于积蓄在弹性体内的变形能 U，即

$$U = W$$

这个原理称为弹性体的功能原理。

在弹性范围内，应变能是可逆的，即当载荷逐渐解除时，应变能将全部释放而转化为其他形式的能。一旦超过弹性范围，应变能就不能全部释放，因为塑性变形要消耗一部分能量。

本章介绍的是利用应变能的概念，根据功能原理来解决与弹性结构或构件变形有关问题的一般方法，这种方法称为能量法（energy methods）。

能量法的应用更为广泛，不仅可以确定构件或结构上加力点处沿加力方向的位移，而且可以确定构件或结构上任意点沿任意方向的位移；不仅可以确定特定点的位移，而且可以确定梁的位移函数；也可用以解决超静定问题及其他一些问题。本章只讨论用能量方法计算位移。

11.1 外力功和应变能

在介绍本章的能量法之前，首先需要定义外力所做的功，并介绍如何利用物体的应变能来表示功。本节给出的内容将为能量法的应用提供基础。

1. 力的功

当力 F 作用在弹性体上，产生了与该力作用线方向一致的位移 Δ 时，力就做功。

对于非线性弹性体，力和位移之间的关系为非线性的，如图 11-1 所示。在加载过程中，如果载荷增加 $\mathrm{d}F_1$，对应的位移增量为 $\mathrm{d}\Delta_1$，那么 F_1 在位移 $\mathrm{d}\Delta_1$ 上所做的功为 $\mathrm{d}W = F_1\,\mathrm{d}\Delta_1$，在数值上就是图 11-1 中阴影部分的面积。当静载荷从零开始缓慢地增加到最终值 F 时，

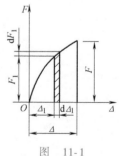

图　11-1

整个过程中载荷所做的功为曲线下的面积：

$$W = \int_0^\Delta F_1 \mathrm{d}\Delta_1 \qquad\qquad (11\text{-}1)$$

对于线性弹性体，力和位移之间的关系为线性的，如图 11-2 所示。在加载过程中，载荷所做的功为三角形 OAB 的面积，即

$$W = \frac{1}{2} F\Delta \qquad\qquad (11\text{-}2)$$

式（11-2）说明，当载荷与相对应的位移成正比且 F 是从零开始缓慢地增加时，载荷所做的功等于载荷与相应位移乘积的一半。

通过计算轴向拉压杆外力 F 所做的功来说明式（11-1）或式（11-2）的使用。在线弹性范围内，轴向外力 F 从零开始缓慢地增至最终值时，杆件伸长变形 Δl 与拉力 F 之间的关系为一斜线（图 11-3b），即

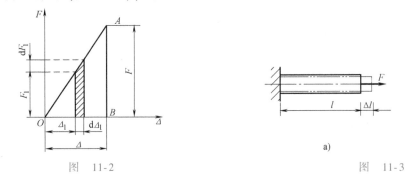

图 11-2

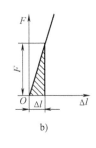

图 11-3

$$\Delta l = \frac{Fl}{EA}$$

在整个过程中，相当于力从零开始增加到 F，所经过的总位移为 $x = \Delta l$（图 11-2），代入式（11-1），得到

$$W = \int_0^x F_1 \mathrm{d}\Delta_1 = \int_0^{\Delta l} \frac{F}{\Delta l}\Delta_1 \mathrm{d}\Delta_1 = \frac{1}{2}F\Delta l \qquad\qquad (11\text{-}3)$$

这部分功可以用图 11-3b 中的阴影线面积来表示。

2. 力偶矩的功

当杆件沿力偶矩 M 作用线方向有一个转角增量 $\mathrm{d}\theta$ 时，力偶矩就会做功，它所做的功定义为 $\mathrm{d}W = M\mathrm{d}\theta$。若总的转角为 θ，如图 11-4 所示，则力偶矩的功为

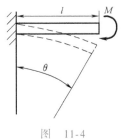

$$W = \int_0^\theta M\mathrm{d}\theta \qquad (11\text{-}4)$$

与力做功的情形一样，若作用有力偶矩的物体为线弹性，并且力偶矩的大小是从 $\theta = 0$ 时的零值缓慢地增至转角为 θ 时的 M 值，则功为

图 11-4

$$W = \frac{1}{2}M\theta \qquad\qquad (11\text{-}5)$$

3. 应变能

载荷作用在弹性体上，将引起材料的变形。如果不考虑加载过程中其他形式的能量损

耗，根据机械能守恒定律，载荷所做的功将转化为内能，称为应变能或变形能。该应变能总是正值，储存在物体内，它是由正应力或切应力产生的。

（1）正应力（单向应力状态）如图 11-5 所示的单元体，受到正应力 σ 的作用，则作用于其左侧面和右侧面的力为 $dF = \sigma dA = \sigma dz dy$。若该力缓慢地作用在单元体上，即如前面讨论过的静载，其值由 0 缓慢地增加到 dF，而单元体所产生的 x 方向的变形为 $d\Delta_x = \varepsilon dx$，则力 dF 所做的功为

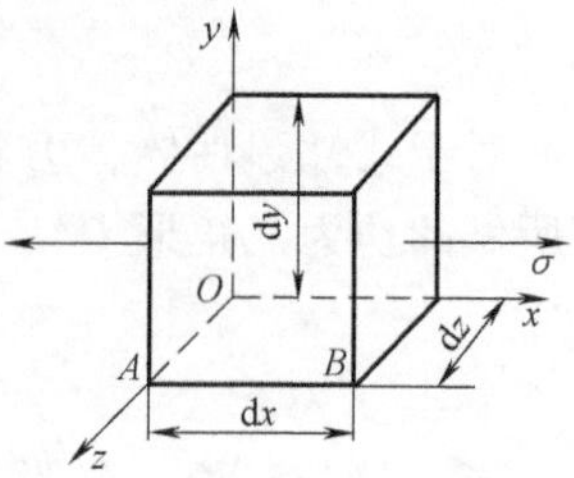

$$dW = \frac{1}{2}dF \cdot d\Delta_x = \frac{1}{2}(\sigma dz dy) \cdot \varepsilon dx$$

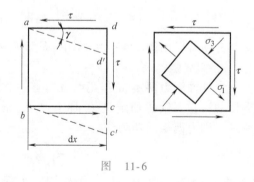

图 11-5

因为单元体的体积为 $dV = dx dz dy$，所以可得

$$dU = dW = \frac{1}{2}\sigma \varepsilon dV$$

注意应变能 U 总为正，即使 σ 为压应力时也是如此，这是因为 σ 和 ε 总是同向的。

定义单位体积内的变形能为比能或应变比能，以 u 表示，即

$$u = \frac{dU}{dV} = \frac{1}{2}\sigma \varepsilon \tag{11-6}$$

若物体仅受到某一特定方向的轴向正应力 σ 作用，则物体内的应变能为

$$U = \int u dV = \frac{1}{2}\int \sigma \varepsilon dV \tag{11-7}$$

如图 11-3a 所示的轴向拉压杆，杆内任一点的应力状态均处于单向应力状态（见图 11-5），若材料为线弹性的，胡克定律 $\sigma = E\varepsilon$ 成立，则杆的变形能为

$$U = \int u dV = \frac{1}{2}\int \sigma \varepsilon dV = \int_V \frac{\sigma^2}{2E}dV = \int_V \frac{1}{2E}\left(\frac{F}{A}\right)^2 dV = \frac{F^2 L}{2EA} = \frac{F_N^2 L}{2EA} \tag{11-8}$$

（2）切应力（纯剪应力状态）如图 11-6 所示处于纯剪应力状态的单元体，其变形是由切应力 τ 引起的。作用于单元体侧面的切向力为 $dF = \tau dA = \tau dz dy$，它使单元体右侧面产生相对于左侧面的位移 γdx。因为顶面只产生转动，所以这些面上的剪力不做功。因此单元体的应变能为

$$dU = dW = \frac{1}{2}(\tau dz dy) \cdot \gamma dx$$

图 11-6

因为单元体的体积为 $dV = dx dz dy$，所以

$$dU = \frac{1}{2}\tau \gamma dV$$

所以纯剪应力状态下的单元体的变形比能或应变比能

$$u = \frac{dU}{dV} = \frac{1}{2}\tau \gamma \tag{11-9}$$

若物体每一点均处于图 11-6 所示的纯剪应力状态，则物体内的应变能为

图　11-7

$$U = \int_V \frac{1}{2} \tau \gamma \mathrm{d}V \qquad (11\text{-}10)$$

如图 11-7 所示的受扭的杆件，杆内任一点的应力状态均处于纯剪应力状态，若材料为线弹性的，剪切胡克定律 $\tau = G\gamma$ 成立，则杆的变形能为

$$U = \int_V \frac{1}{2} \tau \gamma \mathrm{d}V = \int_V \frac{1}{2} \frac{\tau^2}{G} \mathrm{d}V = \int_V \frac{1}{2G} \left(\frac{M_x \rho}{I_p} \right)^2 \mathrm{d}V = \frac{M_x^2 L}{2GI_p} \qquad (11\text{-}11)$$

（3）一般应力状态　将正应力和切应力两种情况下的分析过程和结果进行推广，即可得到图 11-8a 所示一般应力状态下物体的应变能。与每个正应力和切应力分量所对应的应变能可由式（11-7）和式（11-10）得到。由于能量是标量，所以物体的总应变比能为

$$u = \frac{1}{2}\sigma_x \varepsilon_x + \frac{1}{2}\sigma_z \varepsilon_z + \frac{1}{2}\sigma_y \varepsilon_y + \frac{1}{2}\tau_{xy} \gamma_{xy} + \frac{1}{2}\tau_{xz} \gamma_{xz} + \frac{1}{2}\tau_{zy} \gamma_{zy} \qquad (11\text{-}12)$$

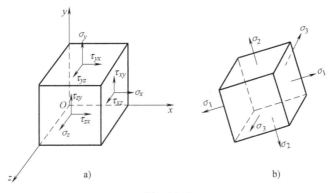

a) b)

图　11-8

利用式（9-27）给出的广义胡克定律，可以消去应变，整理后得到由应力分量表示的应变比能

$$u = \frac{1}{2E}(\sigma_x^2 + \sigma_y^2 + \sigma_z^2) - \frac{\mu}{E}(\sigma_x \sigma_y + \sigma_z \sigma_y + \sigma_x \sigma_z) + \frac{1}{2G}(\tau_{xy}^2 + \tau_{yy}^2 + \tau_{xz}^2) \qquad (11\text{-}13)$$

若单元体上只有主应力作用，如图 11-8b 所示，则可得到更简单的形式：

$$u = \frac{1}{2E}(\sigma_1^2 + \sigma_2^2 + \sigma_3^2) - \frac{\mu}{E}(\sigma_1 \sigma_2 + \sigma_1 \sigma_3 + \sigma_2 \sigma_3) \qquad (11\text{-}14)$$

若正立方单元体上的三个主应力 σ_1、σ_2、σ_3 不相等，相应的主应变 ε_1、ε_2、ε_3 也不相等，因此三个棱边变形不同，单元体将由立方体变为长方体。同时由 9.6 节可知，处于三向应力状态下的单元体会产生体积改变。由此可见，单元体的变形一方面表现为体积的增加或减小，另一方面表现为形状的改变，即由正立方体变为长方体。因此应变比能 u 也可认为由两部分所组成：①因体积变化而储存的比能 u_v，称为体积改变比能，所谓体积改变是指单元体的各棱边变形相等，变形后仍为正立方体，只是单元体的体积发生变化；②体积不

变，但由正方体改变为长方体而储存的比能 u_f，称为形状改变比能或畸变能（shearing distortion energy），因此

$$u = u_v + u_f \tag{a}$$

在 9.6 节的图 9-24 中，单元体（Ⅰ）的体积改变 θ_1 和单元体（Ⅱ）的体积改变 θ_{II} 相等 $\left(\sigma_m = \dfrac{\sigma_1 + \sigma_2 + \sigma_3}{3}\right)$，因此单元体（Ⅰ）的体积改变比能 $(u_v)_I$ 和单元体（Ⅱ）的体积改变比能 $(u_v)_{II}$ 也相等：

$$(u_v)_{II} = \frac{1}{2}(\sigma_m \varepsilon_m + \sigma_m \varepsilon_m + \sigma_m \varepsilon_m) = \frac{3}{2}\sigma_m \varepsilon_m \tag{b}$$

由广义胡克定律

$$\varepsilon_m = \frac{1}{E}[\sigma_m - \mu(\sigma_m + \sigma_m)] = \frac{1-2\mu}{E}\sigma_m$$

代入式（b）有

$$u_v = \frac{3(1-2\mu)}{2E}\sigma_m^2 = \frac{3(1-2\mu)}{2E}\left(\frac{\sigma_1 + \sigma_2 + \sigma_3}{3}\right)^2 \tag{c}$$

由式（a）知

$$u_f = u - u_v$$

以式（11-14）与式（c）代入上式得

$$u_f = \frac{1}{2E}[\sigma_1^2 + \sigma_2^2 + \sigma_3^2 - 2\mu(\sigma_1\sigma_2 + \sigma_2\sigma_3 + \sigma_3\sigma_1)] - \frac{1-2\mu}{6E}(\sigma_1 + \sigma_2 + \sigma_3)^2$$

上式化简后得出形状改变比能 u_f 为

$$u_f = \frac{1+\mu}{3E}(\sigma_1^2 + \sigma_2^2 + \sigma_3^2 - \sigma_1\sigma_2 - \sigma_2\sigma_3 - \sigma_3\sigma_1)$$

$$= \frac{1+\mu}{6E}[(\sigma_1 - \sigma_2)^2 + (\sigma_2 - \sigma_3)^2 + (\sigma_3 - \sigma_1)^2] \tag{11-15}$$

形状改变比能的表达式在第 10 章强度理论中曾用到。

11.2 杆件的应变能计算

前面曾讨论过拉伸（压缩）、扭转或弯曲时的变形计算。但是在工程上还常遇到更为复杂的结构，例如图 11-9 中所示的桁架、刚架等结构，在计算这些结构上某一点或某一截面的位移时，能量法是比较简单的方法。

利用上节外力功和应变能的关系或利用应力表示的弹性应变能公式均可得到杆件在拉伸（压缩）、扭转、弯曲时的应变能表达式。

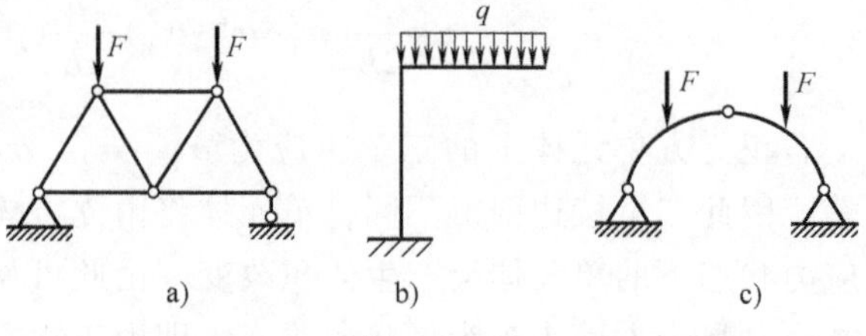

a)   b)   c)

图 11-9

1. 拉伸（压缩）

如图 11-3a 所示，轴向拉伸的杆件的应变能 U 等于轴向外力 F 在相应的位移 Δl 上所做的功［式（11-3）］或由应力表示的弹

性应变能公式 [式 (11-7)]，即用杆的轴力表示的应变能为

$$U = \frac{F_N^2 l}{2EA} \tag{11-16}$$

对于简单桁架例如图 11-9a，只需把各杆的变形能相加，即得此杆系（n 个杆）的总变形能为

$$U = \sum_{i=1}^{n} \frac{F_{Ni}^2 l_i}{2EA_i} \tag{11-17}$$

式中，F_{Ni} 为桁架中第 i 杆的轴力；l_i 为桁架中第 i 杆的长度；A_i 为桁架中第 i 杆的截面面积。

若杆件的轴力 F_N 为变量或杆件的每一个横截面的面积都在变化，如图 11-10 所示，一根小锥度的变截面杆受到轴向力作用，可以先计算出长度为 dx 的微段内的变形能，然后沿整个杆件长度积分得到整个杆件的变形能：

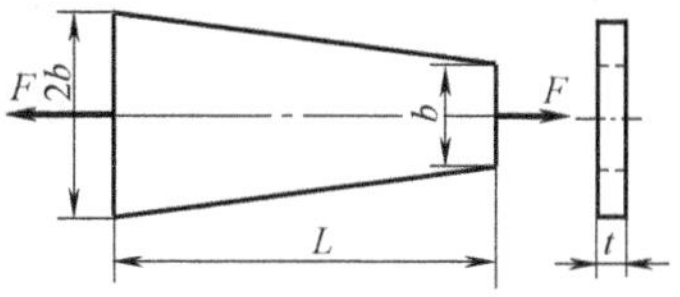

$$U = \int_l \frac{F_N^2 \, dx}{2EA}$$

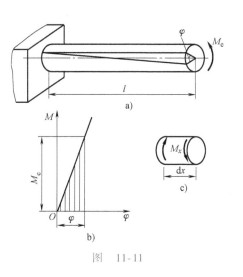

图　11-10

如果利用式 (11-7) 计算，可在锥形杆中取一单元体，单元体处于单向应力状态，$\sigma = \dfrac{F_N}{A}$，所以

$$U = \int_V \frac{\sigma^2}{2E} dV = \int_V \frac{F_N^2}{2EA^2} dV$$

而 d$V = A$dx，则整个杆件的变形能

$$U = \int_V \frac{F_N^2 \, dx}{2EA} \tag{11-18}$$

2. 扭转

当等直圆杆受一外力偶矩 M_e 的作用而发生扭转时（图 11-11a），在线弹性范围内，杆的材料服从胡克定律，扭转角 φ 与外力偶 M_e 成正比。此两者的关系可用图 11-11b 中的直线表示，M_e 所做的功 W 可由直线下三角形的面积来表示。不计能量损耗，外力功 W 转变为杆的变形能 U，即

$$U = W = \frac{1}{2} M_e \varphi$$

由于杆的扭矩 $M_x = M_e$，故 U 的表达式又可写为

$$U = \frac{1}{2} M_x \varphi$$

图　11-11

引入 $\varphi = \dfrac{M_x l}{GI_p}$，即得

$$U = \frac{M_x^2 l}{2GI_p} \qquad\qquad (11\text{-}19)$$

与轴向拉伸类似，当杆件受到的扭矩不是常值时，可以采用积分法得到整个杆件的变形能：

$$U = \int_l \frac{M_x^2 \mathrm{d}x}{2GI_p} \qquad\qquad (11\text{-}20)$$

产生扭转变形的杆件的变形能亦可根据式（11-10）计算。考察图 11-12 所示的小锥度轴，设在距离圆轴端面为 x 的横截面上扭矩为 M_x，在距轴心为 ρ 处它所产生的切应力为

$$\tau = \frac{M_x \rho}{I_p}$$

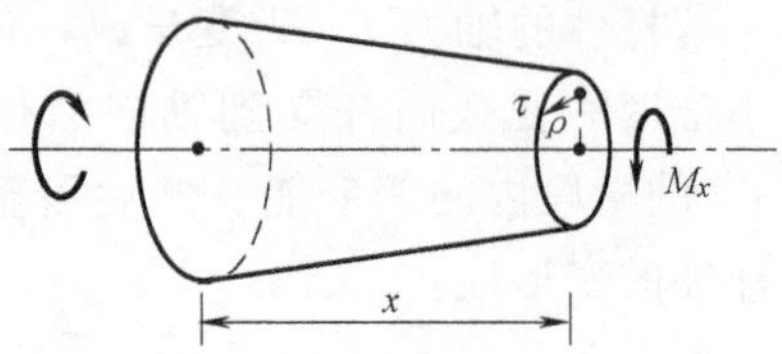

因此圆轴内储存的应变能为

图 11-12

$$U = \int_V \frac{1}{2}\tau\gamma\,\mathrm{d}V = \int_V \frac{\tau^2}{2G}\mathrm{d}V = \int_V \frac{1}{2G}\left(\frac{M_x\rho}{I_p}\right)^2\mathrm{d}V = \int_0^l \frac{M_x^2}{2GI_p^2}\left(\int_A \rho^2\,\mathrm{d}A\right)\mathrm{d}x$$

式中，$\displaystyle\int_A \rho^2\,\mathrm{d}A = I_p$，所以上式将变为

$$U = \int_l \frac{M_x^2 \mathrm{d}x}{2GI_p}$$

3. 弯曲

如图 11-13 所示的悬臂梁，只承受力矩 M_0 的作用。θ 表示 M_0 作用的截面在变形以后转过的角度。在线弹性范围内，杆的材料服从胡克定律，转角 θ 与力矩 M_0 成正比。不计能量损耗，M_0 所做的功 W 转变为杆的弯曲变形能 U：

$$U = W = \frac{1}{2}M_0\theta$$

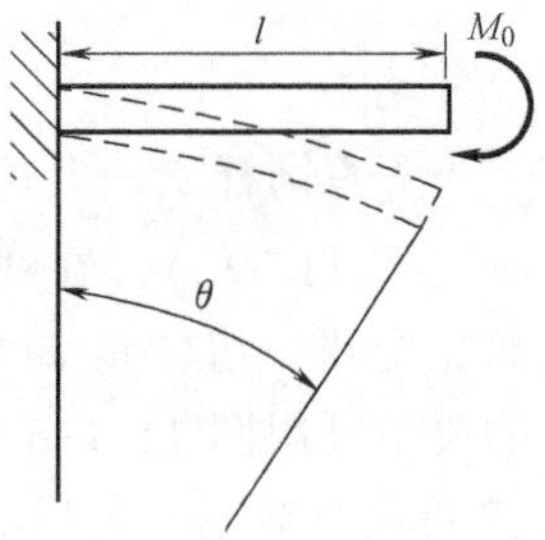

由第 7 章可以求出 $\theta = \dfrac{M_0 l}{EI}$，且梁的弯矩 $M = M_0$，故 U 的表达式又可写为

图 11-13

$$U = \frac{1}{2}M_0\theta = \frac{M^2 l}{2EI} \qquad\qquad (11\text{-}21)$$

受力矩作用产生弯曲变形的杆件在杆的内部产生正应力，同样亦可根据式（11-7）来确定由于弯曲变形而产生的应变能。例如某个横截面距离中性轴 z 处正应力计算公式为 $\sigma = \dfrac{My}{I}$，此处所取单元体体积 $\mathrm{d}V = \mathrm{d}A\mathrm{d}x$（其中 $\mathrm{d}A$ 为距离中性轴 y 处所取单元体的侧面面积，$\mathrm{d}x$

为单元体沿轴向的长度），由式（11-7）得

$$U = \int_V \frac{\sigma^2}{2E} \mathrm{d}V = \int_V \frac{1}{2E}\left(\frac{My}{I}\right)^2 \mathrm{d}A\mathrm{d}x$$

或

$$U = \int_0^L \frac{M^2}{2EI^2}\left(\int_A y^2 \mathrm{d}A\right) \mathrm{d}x$$

注意到上式中的面积分 $\int_A y^2 \mathrm{d}A = I$，所以上式将变为

$$U = \int_l \frac{M^2 \mathrm{d}x}{2EI} \tag{11-22}$$

在横力弯曲的情况下，梁截面上既有弯矩又有剪力，且数值随截面的位置而变化。这时应该分别计算弯曲变形能和剪切变形能。对于弯曲变形能，先把弯矩 M 表示为 x 的函数，再代入式（11-22）进行积分，即得整个梁的弯曲变形能。这一结果近似地适用于梁承受横向载荷的横力弯曲情况。

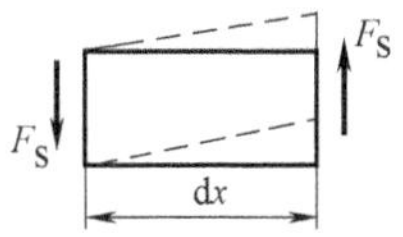

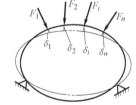

图　11-14

4. 剪切

横力弯曲时，取微段梁长 $\mathrm{d}x$，截面面积 A，如图 11-14 所示，梁在横力弯曲时由于剪切变形所引起的变形能为

$$\mathrm{d}U = k \frac{F_S^2 \mathrm{d}x}{2GA}$$

由于切应力沿梁截面分布不均匀，故引入系数 k，将上式沿梁长积分可得整个梁的剪切变形能

$$U = \int_l k \frac{F_S^2 \mathrm{d}x}{2GA} \tag{11-23}$$

k 取决于截面的几何形状，对于矩形截面 $k = 1.2$，圆截面 $k = 10/9$，圆环形截面 $k = 2$。对于一般实心截面的细长梁，它的剪切变形能远小于其弯曲形能，通常可略去不计。

11.3　变形能的普遍表达式

上节讨论了杆件在各种基本变形下变形能的计算方法，得到的结论可推广应用于弹性体变形的一般情况。设在某弹性体上作用有外力 F_1，F_2，$\cdots$，F_i，$\cdots$，F_n，如图 11-15 所示，且物体在图示的支承约束条件下，除了有因变形而引起的位移外，不可能有刚体位移。用 δ_1，δ_2，$\cdots$，δ_i，$\cdots$，δ_n 分别表示各外力作用点沿外力方向的位移。这里的外力和位移是指广义力和广义位移。上节中曾指出，弹性体在变形过程中存储的变形能，只取决于外力和位移的最终值，与加力的次序无关。这样，在计算变形能时，可假设 F_1，F_2，$\cdots$，F_i，$\cdots$，F_n 按相同的比例，从零开始逐渐增加到最终值。若物体变形很小，材料是线弹性的，弹性位移与外力间的关系也是线性的，则相应位移 δ_1，δ_2，$\cdots$，δ_i，$\cdots$，δ_n 也将与外力按相同的比例增加。为

图　11-15

了表明外力按相同的比例增加，可引进一个参数 α（$0 \leqslant \alpha \leqslant 1$）。在加载过程中，各外力的中间值可表示为 αF_1，αF_2，$\cdots$，αF_i，$\cdots$，αF_n。由于外力与位移之间是线性关系，故相应的位移是 $\alpha \delta_1$，$\alpha \delta_2$，$\cdots$，$\alpha \delta_i$，$\cdots$，$\alpha \delta_n$。外力从零开始缓慢地增加到最终值，即 α 从零变到 1。如果给 α 一个增量 $d\alpha$，位移 δ_1，δ_2，$\cdots$，δ_i，$\cdots$，δ_n 的相应增量分别为

$$\delta_1 d\alpha, \delta_2 d\alpha, \cdots, \delta_i d\alpha, \cdots, \delta_n d\alpha$$

外力 $(\alpha+d\alpha) F_1$，$(\alpha+d\alpha) F_2$，$\cdots$，$(\alpha+d\alpha) F_i$，$\cdots$，$(\alpha+d\alpha) F_n$ 在以上位移增量上做的功（略去高阶微量）为

$$dW = \alpha F_1 \cdot \delta_1 d\alpha + \alpha F_2 \cdot \delta_2 d\alpha + \cdots + \alpha F_i \cdot \delta_i d\alpha + \cdots + \alpha F_n \cdot \delta_n d\alpha$$
$$= (F_1 \delta_1 + F_2 \delta_2 + \cdots + F_i \delta_i + \cdots + F_n \delta_n) \alpha d\alpha$$

积分上式，得

$$W = (F_1 \delta_1 + F_2 \delta_2 + \cdots + F_i \delta_i + \cdots + F_n \delta_n) \int_0^1 \alpha d\alpha$$
$$= \frac{1}{2} F_1 \delta_1 + \frac{1}{2} F_2 \delta_2 + \cdots + \frac{1}{2} F_i \delta_i + \cdots + \frac{1}{2} F_n \delta_n$$

弹性体的变形能应为

$$U = W = \frac{1}{2} F_1 \delta_1 + \frac{1}{2} F_2 \delta_2 + \cdots + \frac{1}{2} F_i \delta_i + \cdots + \frac{1}{2} F_n \delta_n \tag{11-24}$$

上式表明，物体的变形能等于每一外力与其相应位移乘积的 1/2 的总和。这一结论称为克拉贝侬原理（clapeyron's theorem）。

由于杆件处于线性弹性（即材料符合胡克定律，力与变形成正比）的情况下，广义力与广义位移之间应该有正比例的关系，设其比例系数为 c_i，则

$$F_i = c_i \delta_i$$

将其代入式（11-24）可得

$$U = W = \frac{1}{2} \sum_{i=1}^{n} c_i \delta_i^2 = \frac{1}{2} \sum_{i=1}^{n} \frac{F_i^2}{c_i} \tag{11-25}$$

上式表明，杆件的应变能与外力功都是广义力 F_i 的二次齐次函数，所以对功或应变能来说，在一般情况下力的作用独立性原理已不再成立，也就不能再用叠加法进行计算。由于 c_i 是比例系数，故由式（11-25）可见应变能总是正值。

利用以上原理可以得到杆件组合变形时的应变能计算公式。

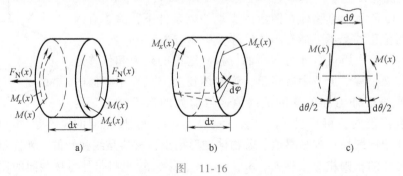

图 11-16

对于组合变形下的杆件，如取圆杆微段 dx，如图 11-16a 所示，它的两端截面上有轴力 $F_N(x)$、弯矩 $M(x)$ 和扭矩 $M_x(x)$（略去剪力 F_S 的影响）。对所分析的微段来说，它们都是作用在其上的外力。设两端面的相对轴向位移为 $d(\Delta l)$，相对转角为 $d\theta$，相对扭转角为 $d\varphi$。每一内力分量只对和它自己相应的位移做功，如扭矩只对扭转角 $d\varphi$ 做功，如图 11-16b 所示，由弯曲所引起的角位移为 $d\theta/2$，如图 11-16c 所示，它与扭矩作用平面正交，故 $M_x(x)$ 对 $d\theta/2$ 不做功。微段 dx 的变形能在数值上等于外力所做的总功，即

$$dU = \frac{1}{2}F_N(x)d(\Delta l) + \frac{1}{2}M(x)d\theta + \frac{1}{2}M_x(x)d\varphi$$

$$= \frac{1}{2}\frac{F_N^2(x)}{EA}dx + \frac{1}{2}\frac{M^2(x)}{EI}dx + \frac{1}{2}\frac{M_x^2(x)}{GI_p}dx$$

沿杆长 l 积分可得整个杆件的变形能

$$U = \int_l \frac{1}{2}\frac{F_N^2(x)}{EA}dx + \int_l \frac{1}{2}\frac{M^2(x)}{EI}dx + \int_l \frac{1}{2}\frac{M_x^2(x)}{GI_p}dx \tag{11-26}$$

例 11-1 一简支梁 AB 长 l，截面抗弯刚度为 EI。在梁的中点 C 作用一集中力 F，在它左端 A 作用一力偶矩 M_A，如图 11-17 所示。试计算此梁的变形能，考虑两种不同加载次序，略去剪力的影响。

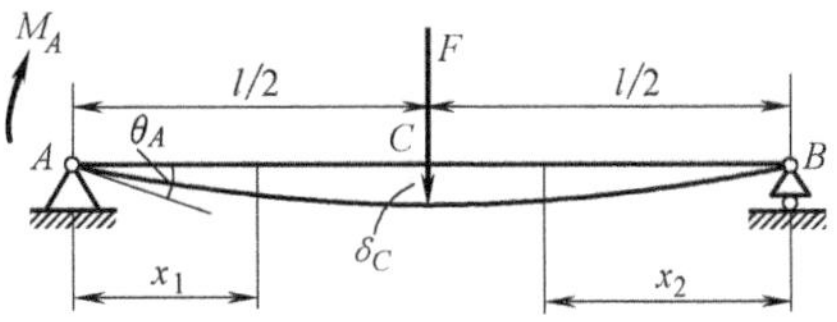

解 （1）集中力 F 与力偶矩 M_A 同时由零开始按比例渐增至这一数值，力 F 作用点 C 的位移（可查表 7-2）为

$$\delta_C = \frac{Fl^3}{48EI} + \frac{M_A l^2}{16EI}$$

图 11-17

梁 A 端的角位移为

$$\theta_A = \frac{Fl^2}{16EI} + \frac{M_A l}{3EI}$$

按式（11-24），梁 AB 的变形能为

$$U = \frac{F\delta_C}{2} + \frac{M\theta_A}{2} = \frac{1}{EI}\left(\frac{F^2 l^3}{96} + \frac{M_A^2 l}{6} + \frac{M_A F l^2}{16}\right)$$

（2）先作用集中力 F，加载时做功为 $\frac{1}{2}F \cdot \frac{Fl^3}{48EI}$，然后再加力偶矩 M_A，此时所做的功为 $F \cdot \frac{M_A l^2}{16EI} + \frac{1}{2}M_A \cdot \frac{M_A l}{3EI}$，故总变形能为

$$U = \frac{1}{2}F \cdot \frac{Fl^3}{48EI} + F \cdot \frac{M_A l^2}{16EI} + \frac{1}{2}M_A \cdot \frac{M_A l}{3EI} = \frac{1}{EI}\left(\frac{F^2 l^3}{96} + \frac{FM_A l^2}{16} + \frac{M_A^2 l}{6}\right)$$

变形能 U 也可化作位移的二次齐次式：

$$U = \frac{24EI}{7} \frac{1}{l^3} \left[16\delta_C^2 + 6l\theta_A\delta_C + l^2\theta_A^2 \right]$$

从这两种不同加载次序来看，可知梁 AB 的变形能 U 仅与载荷的始态和终态有关，而与加载次序无关。

（3）梁 AB 的变形能也可以通过截面上的内力按式（11-21）分段计算得到相同的结果。先解出 AB 梁的支座约束力

$$F_A = \frac{F}{2} - \frac{M_A}{l}, \quad F_B = \frac{F}{2} + \frac{M_A}{l}$$

截面弯矩为

AC 段：$0 < x_1 < \dfrac{l}{2}$

$$M_1 = M_A + \left(\frac{F}{2} - \frac{M_A}{l} \right) x_1$$

BC 段：$0 < x_2 < \dfrac{l}{2}$

$$M_2 = \left(\frac{F}{2} + \frac{M_A}{l} \right) x_2$$

AB 梁的变形能为

$$\begin{aligned}
U &= \frac{1}{2EI} \left(\int_0^{l/2} M_1^2 \mathrm{d}x_1 + \int_0^{l/2} M_2^2 \mathrm{d}x_2 \right) \\
&= \frac{1}{2EI} \left\{ \int_0^{l/2} \left[M_A + \left(\frac{F}{2} - \frac{M_A}{l} \right) x_1 \right]^2 \mathrm{d}x_1 + \int_0^{l/2} \left(\frac{F}{2} + \frac{M_A}{l} \right)^2 x_2^2 \mathrm{d}x_2 \right\} \\
&= \frac{1}{2EI} \left[\int_0^{l/2} M_A{}^2 \mathrm{d}x_1 + \int_0^{l/2} 2M_A \left(\frac{F}{2} - \frac{M_A}{l} \right) x_1 \mathrm{d}x_1 + \right. \\
&\quad \left. \int_0^{l/2} \left(\frac{F^2}{4} - \frac{M_A F}{l} + \frac{M_A^2}{l^2} \right)^2 x_1^2 \mathrm{d}x_1 + \int_0^{l/2} \left(\frac{F^2}{4} + \frac{M_A F}{l} + \frac{M_A^2}{l^2} \right)^2 x_2^2 \mathrm{d}x_2 \right] \\
&= \frac{1}{2EI} \left[\frac{F^2 l^3}{48} + \frac{M_A{}^2 l}{3} + \frac{M_A F l^2}{8} \right]
\end{aligned}$$

与（1）、（2）中所得结果一致。

例 11-2　在如图 11-18 所示的两个高强度钢制螺栓 A 和 B 中，将选出一个螺栓来承受突加载荷的作用。选择时，需要确定每个螺栓能够吸收的最大弹性应变能。已知螺栓 A 的直径为 20mm，长度为 50mm。在其 6mm 的螺纹区域内，螺纹根部的最小直径为 18mm。螺栓 B 为一种螺纹螺栓，在其 56mm 的长度内，直径均可取为 18mm。设两种情形下螺纹其他材料的影响均可忽略，并取弹性模量 $E = 210\mathrm{GPa}$，屈服极限 $\sigma_s = 310\mathrm{MPa}$。

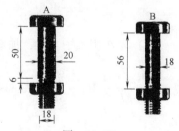

图 11-18

解　（1）螺栓 A　当螺栓在其强度范围内受到最大的拉伸载荷作用时，最大正应力 $\sigma_s = 310\mathrm{MPa}$ 将出现在其 6mm 的螺纹区域内。于是拉力为

$$F_{\max} = \sigma_s A = 310\text{MPa}\left(\frac{\pi}{4}\times 18^2\text{mm}^2\right) = 78.89\text{kN}$$

对螺栓的每个区域段，利用式（11-13）得

$$U = \sum_{i=1}^{n}\frac{F_{N_i}^2 l_i}{2EA_i}$$

$$= \left[\frac{(78.89\times 10^3)^2\times 0.5}{2\times 210\times 10^9\times\dfrac{\pi}{4}\times(20\times 10^{-3})^2} + \frac{(78.89\times 10^3)^2\times 0.06}{2\times 210\times 10^9\times\dfrac{\pi}{4}\times(18\times 10^{-3})^2}\right]\text{J}$$

$$= 2.708\text{J}$$

（2）螺栓 B　假设在其 56mm 的长度范围内，螺栓各处的直径均相同为 18mm。同样，利用前面的计算方法可得，螺栓所能承受的最大拉力为 $F_{\max} = 78.89\text{kN}$。因此

$$U = \frac{F_N^2 l}{2EA} = \frac{(78.89\times 10^3)^2\times 0.56}{2\times 210\times 10^9\times\dfrac{\pi}{4}\times(18\times 10^{-3})^2}\text{J} = 3.26\text{J}$$

通过比较可以发现，虽然螺栓 B 的横截面面积比螺栓 A 小，但在螺栓体内螺栓 B 所能吸收的弹性能却比螺栓 A 多 20%。

例 11-3　图 11-19 所示等截面刚架，已知各杆的抗弯刚度 EI 和抗拉（压）刚度 EA。试求刚架的应变能及截面 A 的铅垂位移。

解　（1）应变能计算　刚架由 AB 和 BC 两段组成，整个刚架的应变能为两段杆的应变能之和，即

$$U = U_{AB} + U_{BC}$$

对两段杆分别取沿轴向的坐标 x_1 和 x_2，列出内力方程

AB 段　　$M(x_1) = Fx_1$　　$(0\le x_1 < l)$

BC 段　　$M(x_2) = Fl$，　$F_N(x_2) = -F$　　$(0\le x_2 < h)$

整个刚架的应变能

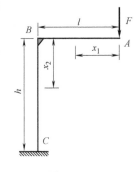

图　11-19

$$U = \frac{1}{2EI}\left[\int_0^l M^2(x_1)\,\mathrm{d}x_1 + \int_0^h M^2(x_2)\,\mathrm{d}x_2\right] + \int_0^h \frac{F_N^2(x_2)}{2EA}\,\mathrm{d}x_2$$

$$= \frac{F^2 l^3}{6EI} + \frac{F^2 h^3}{2EI} + \frac{F^2 h}{2EA}\quad(\text{这里忽略了剪力引起的应变能})$$

（2）截面 A 的铅垂位移　设集中力 F 作用点 A 的铅垂位移为 Δ_A，力 F 所做的功为

$$W = \frac{1}{2}F\Delta_A$$

由功能原理得

$$\frac{1}{2}F\Delta_A = \frac{F^2 l^3}{6EI} + \frac{F^2 h^3}{2EI} + \frac{F^2 h}{2EA}$$

所以截面 A 的铅垂位移为

$$\Delta_A = \frac{Fl^3}{3EI} + \frac{Fh^3}{EI} + \frac{Fh}{EA}\ (\downarrow)$$

所得结果为正，表示力和位移方向一致。

讨论（1）截面 A 的铅垂位移有两项组成：分别由刚架的弯曲变形和 CB 段的压缩变形所产生。将刚架的应变能写成

$$U = \frac{F^2 l^3}{6EI} + \frac{F^2 h^3}{2EI} + \frac{F^2 h}{2EA} = \frac{F^2 l^3}{6EI} + \frac{F^2 h^3}{2EI}\left(1 + \frac{I}{Ah^2}\right) = \frac{F^2 l^3}{6EI} + \frac{F^2 h^3}{2EI}\left(1 + \frac{i^2}{h^2}\right)$$

式中，$i = \sqrt{\dfrac{I}{A}}$ 为截面的惯性半径。对于一般细长杆来说，其 $i \ll h$，设刚架截面直径 $d = \dfrac{h}{10}$，则比值 $\dfrac{i^2}{h^2} = \dfrac{1}{1600}$，即由拉伸（压缩）产生的应变能要远小于弯曲产生的应变能。若略去压缩应变能，则刚架的应变能为

$$U = \frac{F^2 l^3}{6EI} + \frac{F^2 h^3}{2EI}$$

截面 A 的铅垂位移为

$$\Delta_A = \frac{Fl^3}{3EI} + \frac{Fh^3}{EI}$$

（2）应变能的表达式中内力是以平方值出现的，所以在列内力方程时，对于结构中各杆，可以随意建立独立的坐标系，不必刻意注意内力的正负，但是在各杆内内力正负要一致。

11.4 卡氏定理

卡式定理是描述应变能与位移之间关系的一个重要定理，是计算弹性体内任一点位移的普遍方法，它是 1879 年意大利铁路工程师卡斯底里亚诺在他的新书中提出的，称为卡斯底里亚诺第二定理或简称卡氏第二定理（Castigliano's theorem），这里就称为卡式定理。该定理只在温度恒定时对于线弹性材料才成立。

卡氏定理通过对物体的变形能 U 求偏导数提供了位移计算的简捷方法，现说明和证明如下。

设某一弹性体或弹性系统上，作用着一组广义力 F_1，F_2，$\cdots$，F_i，$\cdots$，F_n，各力作用点所产生的相应广义位移为 δ_1，δ_2，$\cdots$，δ_i，$\cdots$，δ_n，如图 11-20 所示。此弹性体或系统的变形能可表示为广义力的函数，即

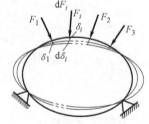

$$U = U(F_1, F_2, \cdots, F_i, \cdots, F_n)$$

则与任一广义力 F_i 相应的广义位移 δ_i 即等于变形能 U 对该广义力 F_i 所取的偏导数，即

图 11-20

$$\delta_i = \frac{\partial U}{\partial F_i} \tag{11-27}$$

证明　可从两种不同加载方式来考虑。

（1）把 U 看作为自变量 F_1，F_2，$\cdots$，F_i，$\cdots$，F_n 的函数，若 F_i 增加一增量 dF_i 而其

他各载荷均保持不变，则变形能 U 的增量 dU 为

$$dU = \frac{\partial U}{\partial F_i} dF_i$$

此时总的变形能量为

$$U + dU = U + \frac{\partial U}{\partial F_i} dF_i \qquad (\text{a})$$

（2）若先加 dF_i，其相应的广义位移为 $d\delta_i$，所做的功为 $\frac{1}{2} dF_i \cdot d\delta_i$。再加原来的一组载荷 F_1，F_2，$\cdots$，F_i，$\cdots$，F_n，当逐渐施加这些载荷时，产生相应的位移为 δ_1，δ_2，$\cdots$，δ_i，$\cdots$，δ_n，所做的功为

$$\frac{1}{2} \sum_{i=1}^{n} F_i \cdot \delta_i = U$$

同时先加的 dF_i 在 F_i 方向继续有一位移 δ_i，因为在此过程中 dF_i 保持常值，因此所做的功为 $dF_i \cdot \delta_i$，这其间总共做的功为

$$\frac{1}{2} \sum_{i=1}^{n} F_i \cdot \delta_i + dF_i \cdot \delta_i = U + dF_i \cdot \delta_i$$

先后两次加载，外力做的总功就是在终态时弹性体的总变形能，可由下式表达：

$$\frac{1}{2} dF_i \cdot d\delta_i + U + dF_i \cdot \delta_i \qquad (\text{b})$$

弹性体的变形能与加载的次序无关，故式（a）和式（b）应相等，即

$$U + \frac{\partial U}{\partial F_i} dF_i = \frac{1}{2} dF_i \cdot d\delta_i + U + dF_i \cdot \delta_i$$

上式中略去二阶微量 $\frac{1}{2} dF_i \cdot d\delta_i$ 一项，简化可得

$$\delta_i = \frac{\partial U}{\partial F_i}$$

卡氏定理得到证明。

设一圆截面等直杆在拉（压）、扭转与弯曲的组合变形下，它的变形能可按式（11-26）表示，截面上内力为 F_N、M_x，M 可表达为外力 F_1，F_2，$\cdots$，F_i，$\cdots$，F_n 的函数，如欲求某外力 F_i 作用点沿外力 F_i 作用线方向的位移时，可将变形能表达式（11-26）对 F_i 求偏导数，即可得 F_i 作用点沿它作用线方向的位移：

$$\delta_i = \frac{\partial U}{\partial F_i} = \int_l \frac{F_N}{EA} \left(\frac{\partial F_N}{\partial F_i} \right) dx + \int_l \frac{M_x}{GI_p} \left(\frac{\partial M_x}{\partial F_i} \right) dx + \int_l \frac{M}{EI} \left(\frac{\partial M}{\partial F_i} \right) dx \qquad (11\text{-}28)$$

一般情况下，在求和之前先求导会比较容易，上述定理适用于求力 F_i 作用点处的位移，若要求弹性体（或系统）上任一点（无 F 力作用在其上）的位移时，可应用附加载荷法。

如在物体上 S 点处无外力作用，现欲求 S 点在某方向上的位移 δ_S 时，即沿此方向加一

附加载荷 F_0，将变形能 U 表达为原载荷 F_1，F_2，$\cdots$，F_i，$\cdots$，F_n 与附加载荷 F_0 的函数：

$$U = U(F_1, F_2, \cdots, F_i, \cdots, F_n, F_0)$$

将 U 对 F_0 取偏导数，求得偏导数后，再令其中 $F_0 = 0$，即可得 δ_S 的值：

$$\delta_S = \left(\frac{\partial U}{\partial F_0}\right)_{F_0 = 0} \tag{11-29}$$

若所得 δ_0 为正，表示位移与附加力同方向，否则为反向。由此可见，附加载荷法将卡氏定理推广应用到了具体问题中。

卡氏定理只适用于线性弹性系统。对于非线性弹性系统，包括不服从胡克定律的弹性体，或材料虽服从胡克定律，但在计算内力时必须考虑杆件变形的影响，使位移与相应载荷不呈线性关系的系统，卡氏定理均不适用。

例 11-4 图 11-21 所示简单桁架由 AB 与 BC 两杆组成，节点 B 受铅直集中力 F 作用，两杆均为抗拉（压）刚度 EA 相同的等截面杆。试用卡氏定理计算节点 B 的铅直向位移。

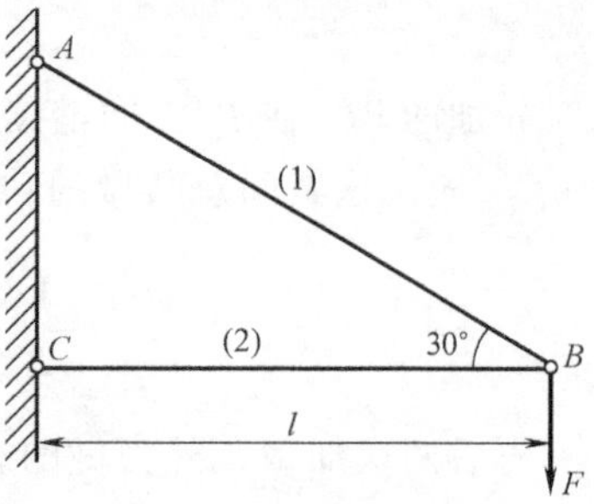

解 由 11.2 节知，桁架的变形能为

$$U = \sum_{i=1}^{n} \frac{F_{Ni}^2 l_i}{2EA_i}$$

在 B 点铅直方向作用有 F 力，以 U 对 F 求偏导数 $\frac{\partial U}{\partial F} = \delta_{BV}$，则

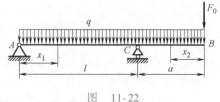

图 11-21

$$\delta_{BV} = \frac{\partial U}{\partial F} = \sum_{i=1}^{n} \frac{F_{Ni} l_i}{EA_i}\left(\frac{\partial F_{Ni}}{\partial F}\right) = \frac{F_{N1} l_1}{EA_1}\left(\frac{dF_{N1}}{dF}\right) + \frac{F_{N2} l_2}{EA_2}\left(\frac{dF_{N2}}{dF}\right) \tag{a}$$

应用截面法，求得各杆轴力分别为

$$\left.\begin{aligned} F_{N1} &= \frac{F}{\sin 30°} = 2F, \quad \frac{dF_{N1}}{dF} = 2 \\[2mm] F_{N2} &= -\frac{F}{\tan 30°} = -\sqrt{3}F, \quad \frac{dF_{N2}}{dF} = -\sqrt{3} \end{aligned}\right\} \tag{b}$$

将式（b）代入式（a），得

$$\delta_{BV} = \frac{2F}{EA\cos 30°} \cdot l \cdot 2 + \frac{(-\sqrt{3}F)}{EA} \cdot l \cdot (-\sqrt{3}) = \frac{(8\sqrt{3}+9)}{3EA} Fl$$

例 11-5 承受均布载荷 q 的外伸梁 AB 如图 11-22 所示，截面的抗弯刚度为 EI，试计算外伸端 B 的挠度。

解 为了计算 B 端的挠度，在 B 端加一铅直向附加载荷 F_0。此梁由 AC 与 BC 两部分组成，故 B 端的挠度可由下列积分求得：

$$y_B = \frac{\partial U}{\partial F_0} = \int_l \frac{M_1 dx_1}{EI} \frac{\partial M_1}{\partial F_0} + \int_a \frac{M_2 dx_2}{EI} \frac{\partial M_2}{\partial F_0} \tag{a}$$

图 11-22

AB 梁的支座约束力为

$$F_{Ay} = -F_0 \frac{a}{l} + q \frac{(l^2 - a^2)}{2l}$$

$$F_{Cy} = F_0 \frac{a+l}{l} + q \frac{(l+a)^2}{2l}$$

AB 梁各段的弯矩方程式:

① AC 段 ($0 < x_1 < l$)

$$\left. \begin{aligned} M_1 &= F_{Ay} x_1 - \frac{1}{2} q x_1^2 = -F_0 \frac{a}{l} x_1 + q \frac{(l^2 - a^2)}{2l} x_1 - \frac{1}{2} q x_1^2 \\ \frac{\partial M_1}{\partial F_0} &= -\frac{a}{l} x_1 \end{aligned} \right\} \tag{b}$$

② BC 段 ($0 < x_2 < a$)

$$\left. \begin{aligned} M_2 &= -F_0 x_2 - \frac{1}{2} q x_2^2 \\ \frac{\partial M_2}{\partial F_0} &= -x_2 \end{aligned} \right\} \tag{c}$$

将式 (b) 与式 (c) 代入式 (a) 得

$$y_B = \frac{1}{EI} \int_0^l \left[-F_0 \frac{a}{l} x_1 + q \frac{(l^2 - a^2)}{2l} x_1 - \frac{1}{2} q x_1^2 \right] \left(-\frac{a}{l} x_1 \right) dx_1$$

$$+ \frac{1}{EI} \int_0^a \left[-F_0 x_2 - \frac{1}{2} q x_2^2 \right] (-x_2) \, dx_2$$

令 $F_0 = 0$ 后,再将上式积分较为简便,可得

$$y_B = \frac{1}{EI} \int_0^l \left[q \frac{(l^2 - a^2)}{2l} x_1 - \frac{1}{2} q x_1^2 \right] \left(-\frac{a}{l} x_1 \right) dx_1 + \frac{1}{EI} \int_0^a -\frac{1}{2} q x_2^3 \, dx_2$$

$$= \frac{qa^4}{8EI} - \frac{qal}{24EI} (l^2 - 4a^2)$$

例 11-6 试用卡氏定理求图 11-23a 所示刚架,在均布载荷 q 作用下滚轴支座 D 处的水平位移 Δ_{DH}。已知刚架中各杆的抗弯刚度均为 EI,且均为已知常量。

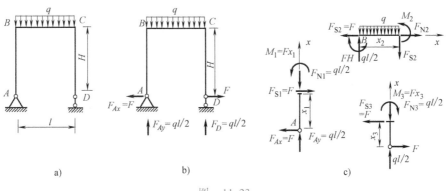

图 11-23

解 由于在要求水平位移的 D 处无相应的广义力，故首先应在 D 处加一水平的附加力 F，然后求支座约束力，写出各杆的弯矩方程，并对 F 求偏导数，最后利用式（11-28）对每杆进行积分，便可得结果。

所加的 F 及求得的支座约束力如图 11-23b 所示。选各杆的坐标原点如图 11-23c 所示，按此可得各杆的弯矩方程及偏导数如下：

AB 杆 $(0 \leqslant x_1 \leqslant H)$ $M_1(x) = Fx_1$, $\dfrac{\partial M_1}{\partial F} = x_1$

BC 杆 $(0 \leqslant x_2 \leqslant l)$ $M_2(x) = \dfrac{ql}{2}x_2 + FH - \dfrac{qx_2^2}{2}$, $\dfrac{\partial M_2}{\partial F} = H$

CD 杆 $(0 \leqslant x_3 \leqslant H)$ $M_3(x) = Fx_3$, $\dfrac{\partial M_3}{\partial F} = x_3$

利用式（11-23）对每一杆进行积分，得

$$\Delta_{DH} = \frac{\partial U}{\partial F}\bigg|_{F=0} = \left(\int_o^H \frac{M_1}{EI}\frac{\partial M_1}{\partial F}dx_1 + \int_o^l \frac{M_2}{EI}\frac{\partial M_2}{\partial F}dx_2 + \int_o^H \frac{M_3}{EI}\frac{\partial M_3}{\partial F}dx_3 \right)\bigg|_{F=0}$$

$$= \frac{1}{EI}\int_0^l \left(\frac{ql}{2}Hx_2 - \frac{q}{2}Hx_2^2 \right)dx_2 = \frac{qHl^3}{12EI} \quad (\rightarrow)$$

例 11-7 轴线为 1/4 圆周的平面曲杆如图 11-24a 所示，其截面抗弯刚度 EI 为常量。曲杆的 A 端固定，自由端 B 上作用有铅直向集中力 F。试求 B 端在铅直和水平方向的位移（略去轴力和剪力的影响）。

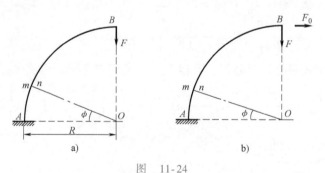

图 11-24

解 （1）B 点的铅直向位移 曲杆任意截面 m-n 上的弯矩（图 11-24a）

$$M = FR\cos\phi$$

$$\frac{\partial M}{\partial F} = R\cos\phi$$

由式（11-28）有

$$\delta_{BV} = \int_S \frac{M}{EI}\frac{\partial M}{\partial F}dS = \frac{1}{EI}\int_0^{\pi/2} FR\cos\phi \cdot R\cos\phi \cdot Rd\phi = \frac{FR^3\pi}{4EI}(\downarrow)$$

（2）为了求 B 点的水平位移，在 B 端附加水平力 F_0 如图 11-24b 所示，由此得

$$M = FR\cos\phi + F_0R(1-\sin\phi)$$

$$\frac{\partial M}{\partial F_0} = R(1-\sin\phi)$$

$$\delta_{BH} = \left[\int_S \frac{M}{EI} \frac{\partial M}{\partial F_0} dS \right]_{F_0 = 0} = \frac{1}{EI} \int_0^{\pi/2} FR\cos\phi \cdot R(1 - \sin\phi) \cdot R d\phi = \frac{FR^3}{2EI} (\rightarrow)$$

11.5　莫尔积分法

用能量法计算结构位移的方法有许多种，莫尔积分法（又称单位力法或单位载荷法）是广泛采用的方法之一，是由 J. C. Maxwell 和 O. Mohr 分别于 1864 年和 1874 年建立并发展起来的。下面首先从梁的弯曲引起的位移来推出这种方法，然后再推广到其他的位移情况。

设梁在 F_1，F_2，$\cdots$，F_n 作用下发生弯曲变形如图 11-25a 所示。设沿载荷 F_1，F_2，$\cdots$，F_n 方向的位移分别为 δ_1，δ_2，$\cdots$，δ_n，则载荷 F_1，F_2，$\cdots$，F_n 分别在 δ_1，δ_2，$\cdots$，δ_n 上做功，因此梁内储存了应变能 U，按照式（11-26）：

$$U = \int_l \frac{M^2(x) \, dx}{2EI} \tag{a}$$

式中，$M(x)$ 为在 F_1，F_2，$\cdots$，F_n 共同作用下梁任一截面上的弯矩，即梁的弯矩方程。积分范围应该是整个梁长 l。

现在求在上述载荷作用下，梁轴线上任一点 C 的挠度 y_C。

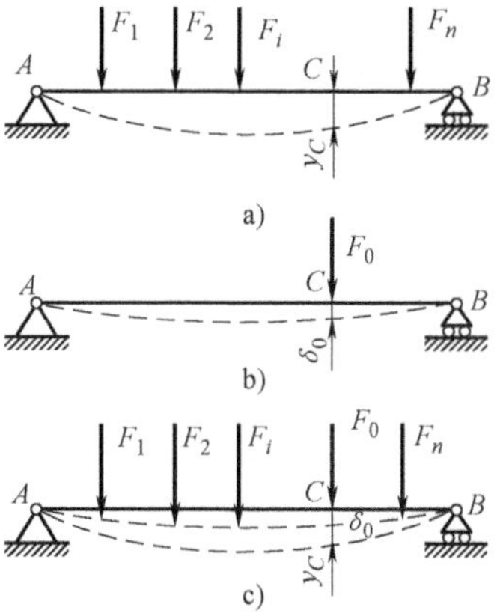

图 11-25

从两种不同加载方式来考虑。

1）先在 C 点沿挠度 y_C 的方向施加一单位载荷 $F_0 = 1$，梁将发生变形，如图 11-25b 中虚线所示，设沿单位载荷 $F_0 = 1$ 方向的位移是 δ_0，对于此图中所示梁，按式（11-26）可得出应变能为

$$U^0 = \int_l \frac{[M^0(x)]^2}{2EI} dx \tag{b}$$

式中，$M^0(x)$ 为在单位力 $F_0 = 1$ 单独作用下梁任一截面上的弯矩，即在单位力 $F_0 = 1$ 单独作用下梁的弯矩方程。

在施加单位载荷梁发生变形的基础上再加载荷 F_1，F_2，$\cdots$，F_n，梁将进一步变形，由图中第一根虚线位置移到第二根虚线位置，如图 11-25c 所示。在材料符合胡克定律，变形很小的情况下，图 11-25c 中从第一根虚线到第二根虚线的情况就等于图 11-25a 中由 F_1，F_2，$\cdots$，F_n 所引起的变形的情况，即梁因载荷 F_1，F_2，$\cdots$，F_n 作用所产生的应变能 U，不因预先作用单位载荷 $F_0 = 1$ 而改变，仍用式（a）来表示。此外，因为在 C 点已经有单位载荷 $F_0 = 1$ 作用，且因其方向与挠度 y_C 方向一致，于是在载荷 F_1，F_2，$\cdots$，F_n 的作用过程中，单位载荷 $F_0 = 1$ 又完成了数量为 $F_0 \cdot y_C$ 的功。因为 $U = W$，故由于单位载荷 $F_0 = 1$ 的预先存在，在载荷 F_1，F_2，$\cdots$，F_n 作用所引起的变形而增加的那一部分应变能等于 $F_0 \cdot y_C$。所以按先作用单位载荷 $F_0 = 1$，然后加载荷 F_1，F_2，$\cdots$，F_n 的加载方式，梁内的总的应变能应为

$$U' = U^0 + F_0 \cdot y_C + U = U^0 + 1 \cdot y_C + U \tag{c}$$

2）原载荷 F_1，F_2，$\cdots$，F_n 与附加单位载荷 $F_0 = 1$ 同时渐加在梁上，此时梁截面上弯矩为 $M + M^0$，梁的变形能为

$$U' = \int_l \frac{(M + M^0)^2}{2EI} \mathrm{d}x \tag{d}$$

这里 $M(x)$ 与 $M^0(x)$ 分别为载荷 F_1，F_2，$\cdots$，F_n 引起的弯矩和单位载荷 $F_0 = 1$ 引起的弯矩。

弹性体的变形能仅与始态、终态有关，而与加载次序无关，因此式（c）与式（d）应相等。

$$U' = U^0 + 1 \cdot y_C + U = \int_l \frac{(M + M^0)^2}{2EI} \mathrm{d}x \tag{e}$$

经过简化，由式（a）、式（b）和式（e）得到

$$y_C = \int_l \frac{M(x) M^0(x) \, \mathrm{d}x}{EI} \tag{11-30}$$

此式就是计算梁挠度的**莫尔定理**，又称莫尔积分法。由于用了单位载荷，故这种求位移的方法又称为**单位载荷法**或**单位力法**。

注意：求式（11-30）积分时，$M(x)$、$M^0(x)$ 应按弯矩的符号规定给以正负号。如式（11-30）右端积分结果为正，说明单位载荷所做的功 $F_0 \cdot y_C$ 为正，即载荷引起的挠度 y_C 与单位载荷的方向一致；如积分结果为负，则说明挠度 y_C 的方向与单位载荷的方向相反。

如果要求梁上任一截面的转角 θ，则按照以上完全相同的步骤，在该截面处加一单位力偶 $M_0 = 1$，仍用 $M^0(x)$ 表示单位力偶引起的弯矩，又可得到

$$1 \cdot \theta = \int_l \frac{M(x) M^0(x) \, \mathrm{d}x}{EI} \tag{11-31}$$

式中，$M(x)$ 仍为载荷作用下梁任一截面上的弯矩。

对于刚架，一般在求位移时只考虑弯曲变形，故以上两式仍然适用，但积分应对每一杆进行，然后求和；若将挠度 y 或转角 θ 统一用 Δ 表示，则对于刚架应有

$$1 \cdot \Delta = \sum_{i=1}^{n} \int_{l_i} \frac{M_i(x) M_i^0(x) \, \mathrm{d}x}{E_i I_i} \tag{11-32}$$

式中，$i = 1$，2，$\cdots$，n 为刚架中杆件的号码；n 为杆的总数。

对于桁架结构，如果需要求某一节点沿某一方向的位移 Δ，则在该节点上沿该位移方向加一单位载荷 $F_0 = 1$，按照推导式（11-30）的步骤，可以得到

$$1 \cdot \Delta = \sum_{i=1}^{n} \frac{F_{\mathrm{N}i} F_{\mathrm{N}i}^0 l_i}{E_i A_i} \tag{11-33}$$

式中，$i = 1$，2，$\cdots$，n 为桁架中杆件的号码；n 为杆的总数；$F_{\mathrm{N}i}$ 为在载荷作用下第 i 杆的

轴力；F_{Ni}^0 为在单位载荷 $F_0 = 1$ 作用下第 i 杆的轴力；F_{Ni}、F_{Ni}^0 均应有正负号，正号表示拉力，负号表示压力；$E_i A_i$ 为第 i 杆的抗拉（压）刚度。

单位载荷法还可以应用于组合变形的情况，对截面上有轴力 F_N、扭矩 M_x、弯矩 M 的圆杆，施加单位载荷（加在欲求位移之处）所引起的内力分别为 F_N^0、M_x^0 和 M^0，便可得到莫尔积分的表达式

$$1 \cdot \Delta = \int_l \frac{F_N F_N^0}{EA}\mathrm{d}x + \int_l \frac{M_x M_x^0}{GI_p}\mathrm{d}x + \int_l \frac{M M^0}{EI}\mathrm{d}x \qquad (11\text{-}34)$$

由于推导的过程完全相似，这里不再赘述。

例 11-8　用莫尔积分法求图 11-26a 所示外伸梁 B 端的挠度，梁的抗弯刚度 EI 为常数。

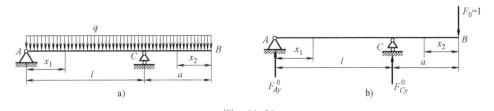

图　11-26

解　应用静力平衡条件求得梁的支座约束力为

$$F_{Ay} = q\,\frac{(l^2 - a^2)}{2l}$$

$$F_{Cy} = q\,\frac{(l+a)^2}{2l}$$

在梁的外伸端 B 作用一单位力 $F_0 = 1$，如图 11-26b 所示。由于是单位力，则梁的支座约束力为

$$F_{Ay}^0 = -a/l$$

$$F_{Cy}^0 = 1 + a/l$$

梁的弯矩方程式和单位弯矩方程式分别为

AC 段（$0 < x_1 < l$）

$$M_1 = F_{Ay}x_1 - \frac{1}{2}qx_1^2 = q\,\frac{(l^2 - a^2)}{2l}x_1 - \frac{1}{2}qx_1{}^2$$

$$M_1^0 = F_{Ay}^0 x_1 = -ax_1/l$$

BC 段（$0 < x_2 < a$）

$$M_2 = -\frac{1}{2}qx_2^2, \quad M_2^0 = -1 \cdot x_2$$

梁外伸端 B 的铅直向位移，由莫尔积分式（11-29）得

$$\delta_B = \int_0^l \frac{M_1 M_1^0}{EI} dx_1 + \int_0^a \frac{M_2 M_2^0}{EI} dx_2$$

$$= \frac{1}{EI} \int_0^l \left[q \frac{(l^2 - a^2)}{2l} x_1 - \frac{1}{2} q x_1^2 \right] \left(-\frac{a}{l} x_1 \right) dx_1 + \frac{1}{EI} \int_0^a \left(-\frac{1}{2} q x_2^2 \right) (-x_2) dx_2$$

$$= \frac{q a^4}{8EI} - \frac{qal}{24EI} (l^2 - 4a^2)$$

例 11-9 用莫尔积分法解图 11-27 所示的刚架 C 端的水平位移 δ_C 和转角 θ_C。

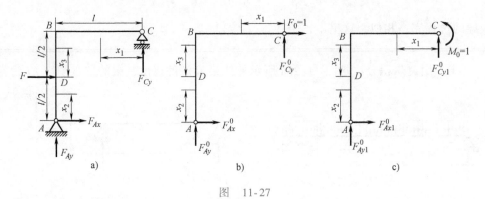

图　11-27

解 应用静力平衡条件求刚架在原载荷下的支座约束力，如图 11-27a 所示：

$$F_{Cy} = \frac{F}{2}, \quad F_{Ax} = -F, \quad F_{Ay} = -\frac{F}{2}$$

（1）为求 C 端的水平位移 δ_C，在 C 处水平向加一单位力 $F_0 = 1$，如图 11-27b 所示，求得刚架支座约束力为

$$F_{Cy}^0 = 1, \quad F_{Ax}^0 = -1, \quad F_{Ay}^0 = -1$$

刚架各段的弯矩方程 M 和单位弯矩方程 M^0 分别为

CB 段 $\quad M_1 = \frac{F}{2} x_1, \quad M_1^0 = 1 \cdot x_1$

AD 段 $\quad M_2 = F x_2, \quad M_2^0 = 1 \cdot x_2$

DB 段 $\quad M_3 = F \left(x_3 + \frac{l}{2} \right) - F x_3 = \frac{Fl}{2}, \quad M_3^0 = 1 \cdot \left(x_3 + \frac{l}{2} \right)$

应用莫尔积分式（11-29）得

$$\delta_C = \frac{1}{EI} \left[\int_0^l M_1 M_1^0 dx_1 + \int_0^{l/2} M_2 M_2^0 dx_2 + \int_0^{l/2} M_3 M_3^0 dx_3 \right]$$

$$= \frac{1}{EI} \left[\int_0^l \frac{F}{2} x_1^2 dx_1 + \int_0^{l/2} F x_2^2 dx_2 + \int_0^{l/2} \frac{Fl}{2} \left(x_3 + \frac{l}{2} \right) dx_3 \right]$$

$$= \frac{19}{48} \frac{Fl^3}{EI}$$

（+）号表示位移 δ_C 与单位力的方向相同。

（2）为求 C 端的转角，在 C 端附加一单位力偶 $M_0 = 1$，如图 11-27c 所示，刚架相应的

支座约束力为

$$F_{Cy}^0 = -1/l, \quad F_{Ax}^0 = 0, \quad F_{Ay}^0 = +1/l$$

刚架各段的弯矩方程 M 与单位弯矩方程 M^0 分别为

CB 段　　$M_1 = \dfrac{F}{2}x_1$,　$M_1^0 = 1 - \dfrac{x_1}{l}$

AD 段　　$M_2 = Fx_2$,　$M_2^0 = 0$

DB 段　　$M_3 = \dfrac{Fl}{2}$,　$M_3^0 = 0$

应用式（11-29）得

$$\theta_C = \frac{1}{EI}\int_0^l \left(\frac{F}{2}x_1\right)\left(1 - \frac{x_1}{l}\right)\mathrm{d}x_1 = \frac{Fl^2}{12EI}$$

由此可见应用莫尔积分（单位载荷法）求构件位移较为简便。

例 11-10　图 11-28a、c 为等截面悬臂曲梁，梁轴线为 1/4 圆弧。若弹性常数和截面的几何性质 E、G、A、I 均已知。试求在图示荷载 F 作用下自由端 A 的竖向位移 Δ_{AV} 和均布水压 q 作用下自由端 A 的水平位移 Δ_{AH}。

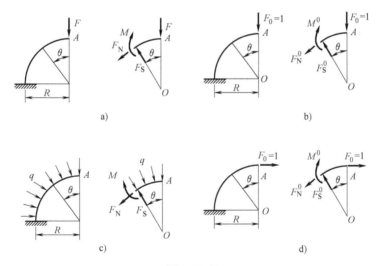

图　11-28

解　当曲杆的曲率不大时，可用直杆公式计算位移，其误差并不大。大量实际计算结果表明，当杆轴曲率半径大于截面高度的 5 倍时，曲率对位移的影响不超过 0.3%。

为求图 11-28a 中点 A 的竖向位移，需在该点施加一个竖向单位力 $F_0 = 1$，如图 11-28b 所示。根据平衡条件，可得内力方程如下：

对图 11-28a

$\sum F_x = 0$, $F_N(\theta) + F\cos(90°-\theta) = 0$　得　$F_N(\theta) = -F\sin\theta$

$\sum F_y = 0$, $F_S(\theta) - F\cos\theta = 0$　得　$F_S(\theta) = F\cos\theta$

$\sum M_O(F_i) = 0$, $M(\theta) + FR\sin\theta = 0$　得　$M(\theta) = -FR\sin\theta$

对图 11-28b

$\sum F_x = 0$, $F_N^0 + 1 \cdot \cos(90° - \theta) = 0$ 得 $F_N^0 = -\sin\theta$

$\sum F_y = 0$, $F_S^0 - 1 \cdot \cos\theta = 0$ 得 $F_S^0 = \cos\theta$

$\sum M_O(F_i) = 0$, $M^0(\theta) + 1 \cdot R\sin\theta = 0$ 得 $M^0(\theta) = -R\sin\theta$

根据莫尔积分法，并考虑轴力和剪力的影响，则有

$$\Delta_{AV} = \Delta_{F_N} + \Delta_{F_S} + \Delta_M = 1 \cdot \Delta = \int_l \frac{F_N F_N^0}{EA}dx + \int_l k\frac{F_S F_S^0}{GA}dx + \int_l \frac{M_x M_x^0}{GI_p}dx + \int_l \frac{MM^0}{EI}dx$$

$$= \int_0^{90°} \frac{(-\sin\theta)(-F\sin\theta)}{EA}Rd\theta + \int_0^{90°} k\frac{\cos\theta \cdot F\cos\theta}{GA}Rd\theta +$$

$$\int_0^{90°} \frac{(-R\sin\theta)(-FR\sin\theta)}{EI}Rd\theta = \frac{\pi}{4}\frac{FR}{EA} + k\frac{\pi}{4}\frac{FR}{GA} + \frac{\pi}{4}\frac{FR^3}{EI} \quad (\downarrow)$$

式中，Δ_{F_N}、Δ_{F_S}、Δ_M 分别表示轴力、剪力、弯矩引起的位移。计算结果为正，表示点 A 竖向位移的方向与所加单位力方向相同；反之，表示点 A 竖向位移的方向与所加单位力方向相反。若该曲梁是高度为 h 的矩形截面钢筋混凝土梁，则 $G \approx 0.4E$，$I/A = h^2/12$，又设 $h/R = 1/10$，则 $\Delta_{F_S}/\Delta_M < 1/400$，$\Delta_{F_N}/\Delta_M < 1/1200$。由此可见，对于细长的受弯杆件，剪切和轴向变形对位移的影响很小，可以略去不计。这就是式（11-30）中只有弯矩项的原因。由于可以忽略剪力和轴力的影响，因此，在求图 11-28c 的水平位移时，只需建立荷载与单位力的弯矩方程。对于图 11-28c、d 所示的分离体，由力矩平衡条件易知：

对图 11-28c

$$\sum M_O(F_i) = 0, \quad M(\theta) + \int_0^\theta q(Rd\varphi)R\sin(\theta - \varphi) = 0 \quad 得 \quad M(\theta) = -qR^2\sin\theta$$

对图 11-28d

$$\sum M_O(F_i) = 0, \quad M^0(\theta) + 1 \cdot R(1 - \cos\theta) = 0 \quad 得 \quad M^0(\theta) = -R(1 - \cos\theta)$$

将其代入莫尔积分法位移计算公式可得

$$\Delta_{Ax} = \frac{1}{EI}\int_0^{90°} (-qR^2\sin\theta)[-R(1 - \cos\theta)]Rd\theta = \frac{qR^4}{2EI} \quad (\rightarrow)$$

例 11-11 图 11-29a 所示桁架，各杆杆长及 EA 均相等。求：（1）节点 C 的竖向位移；（2）AC 杆与 BC 杆的相对转角。

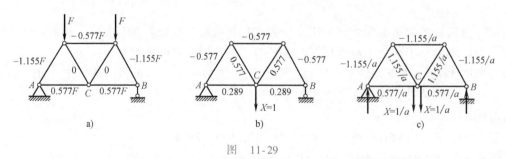

图 11-29

解 （1）节点 C 竖向位移 用节点法或截面法分别解出实际载荷 F 和 C 点的单位载荷 $X = 1$ 作用下的各杆轴力，并分别标在图 11-29a、b 的杆边。将其代入式（11-31），可得

$$\Delta_{Cy} = \sum \frac{F_{Ni}^0 F_{Ni} l}{EA} = \frac{1}{EA}[\,2\times0.577F\times0.289\times a + 2(-1.155F)(-0.577)a +$$

$$(-0.577F)(-0.577)a + 2\times0\times0.577\times a\,] = \frac{2Fa}{EA} \quad (\downarrow)$$

（2）AC 杆与 BC 杆的相对转角　为求相对转角，所加单位广义载荷力如图 11-29c 所示，是一对加在 AC 与 CB 杆上的单位力偶。单位力偶作用下的各杆轴力标在图 11-29c 的杆边，将其代入式（11-31），可得

$$\Delta\varphi = \sum \frac{F_{Ni}^0 F_{Ni} l}{EA} = \frac{1}{EA}[\,2\times0.577F\times0.577/a\times a + 2(-1.155F)(-1.155/a)a +$$

$$(-0.577F)(-1.155/a)a + 2\times0\times1\times1.155/a\times a\,] = \frac{4F}{EA}$$

11.6 图形互乘法

等截面直梁的截面抗弯刚度 $EI=$ 常量，应用莫尔积分计算位移时，EI 可提到积分号外边，这样就只需计算如下积分：

$$\int_l M(x)\,M^0(x)\,\mathrm{d}x \tag{a}$$

直梁在单位力或单位力偶的作用下，它的弯矩 $M^0(x)$ 图通常为直线（折线）图形。图 11-30 表示直梁 AB 的 $M(x)$ 图和 $M^0(x)$ 图，其中 $M^0(x)$ 图是一斜直线。取此斜直线与 x 轴的交点 O 为坐标原点，则 $M^0(x)$ 图中任意点的纵坐标为

$$M^0(x) = x\tan\alpha$$

式中，α 为 $M^0(x)$ 图直线的斜度角。这样式（a）中的积分可写成

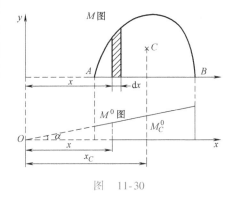

图　11-30

$$\int_l M(x)\,M^0(x)\,\mathrm{d}x = \tan\alpha\int_l xM(x)\,\mathrm{d}x$$

$M(x)\mathrm{d}x$ 即为图 11-30 中画阴线的微分面积，而 $xM(x)\mathrm{d}x$ 是上述微分面积对 y 轴的静矩。积分 $\int_l xM(x)\,\mathrm{d}x$ 就是 $M(x)$ 图的整个面积对 y 轴的静矩。若以 ω 代表 $M(x)$ 图的面积，x_C 代表 $M(x)$ 图的形心 C 到 y 轴的距离，则

$$\int xM(x)\,\mathrm{d}x = \omega x_C \tag{b}$$

这样式（b）化为

$$\int_l M(x)\,M^0(x)\,\mathrm{d}x = \omega x_C\tan\alpha = \omega M_C^0 \tag{c}$$

式中，M_C^0 是在 $M^0(x)$ 图中与 $M(x)$ 图的形心 C 对应的纵坐标。利用式（c）所表示的结果，对等截面梁，若将挠度 y 或转角 θ 统一地用 Δ 表示，其莫尔积分公式（11-28）或式

（11-29）可写成

$$\Delta = \int_l \frac{MM^0}{EI}\mathrm{d}x = \frac{\omega M_C^0}{EI} \qquad (11\text{-}35)$$

上列积分的计算，可通过计算 M 图面积 ω，并乘以该面积形心对应 M^0 图上的纵坐标值 M_C^0 即可。这个方法称为图形互乘法，简称图乘法。

某些图形的面积计算与形心位置可查表 11-1。当 M^0 图为折线时，如图 11-31 所示，各线段的倾角 α 不同，故必须根据转折点把梁的 M 图分块计算面积 ω_i，确定形心位置，在 M^0 图上确定相应的 M_C^0，即

$$\int M(x)\, M^0(x)\, \mathrm{d}x = \omega_1 M_{C_1}^0 + \omega_2 M_{C_2^0} \qquad (11\text{-}36)$$

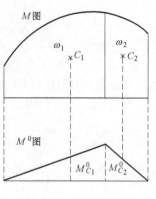

图 11-31

表 11-1 常见图形的面积与形心位置

图形			
面积 A	$\frac{1}{2}bh$	$\frac{l}{2}h$	$\frac{2}{3}bh$	$\frac{n}{n+1}bh$
形心位置 C	$\frac{2}{3}b$	$c_1 = \frac{l+a}{3}$ $c_2 = \frac{l+b}{3}$	$\frac{5}{8}b$	$\frac{n+3}{2(n+2)}b$
图形			
面积 A	$\frac{1}{3}bh$	$\frac{1}{n+1}bh$	$\frac{1}{2}(H+h)b$	
形心位置 C	$\frac{3}{4}b$	$\frac{n+1}{n+2}b$	$\frac{b(2H+h)}{3(H+h)}$	

例 11-12 等直悬臂梁 AC 在自由端 A 作用集中力 F，求梁中点 B 的挠度。梁的抗弯刚度为 EI。

解 作梁的 M 图与 M^0 图，分别如图 11-32a、b 所示，因 M^0 图在 B 处有转折，故将 M 图分为两部分，左边 AB 段面积 ω_1，对应的 $M_{C_1}^0 = 0$，BC 段的 M 图为梯形，可计算如下：

$$\delta_B = \left(\omega_1 \times 0 + \frac{l}{2} \cdot \frac{Fl}{2} \cdot \frac{1}{2} \cdot \frac{l}{2} + \frac{1}{2} \cdot \frac{l}{2} \cdot \frac{Fl}{2} \cdot \frac{2}{3} \cdot \frac{l}{2} \right) \frac{1}{EI} = \frac{5}{48} \frac{Fl^3}{EI}$$

例 11-13 试用图形互乘法解例 11-5 的外伸梁。

解 作梁 AB 在均布载荷 q 作用下的 M 图，如图 11-33a 所示，为便于计算图形面积与确定形心位置，应用叠加原理，分块如图画出。在 B 端作用一单位载荷 $F_0=1$，如图 11-33b 所示，作 M^0 图。分别计算 M 图各部分图形的面积，确定其形心位置和相应 M^0 图上的 M_C^0 值。

$$\omega_1 = \frac{2}{3} \cdot \frac{1}{8} q l^2 \cdot l = \frac{1}{12} q l^3, \quad M_{C_1}^0 = -\frac{a}{2}$$

$$\omega_2 = \frac{1}{2}\left(-\frac{1}{2} q a^2\right) l = -\frac{q a^2 l}{4}, \quad M_{C_2}^0 = -\frac{2a}{3}$$

$$\omega_3 = \frac{1}{3}\left(-\frac{1}{2} q a^2\right) a = -\frac{q a^3}{6}, \quad M_{C_3}^0 = -\frac{3a}{4}$$

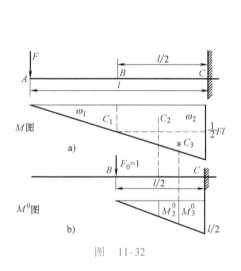

图 11-32

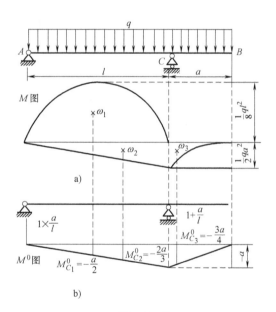

图 11-33

应用式 （11-35），B 端的挠度

$$\delta_B = \frac{\omega M_C^0}{EI} = \frac{1}{EI}\left\{\frac{1}{12} q l^3 \cdot \left(-\frac{a}{2}\right) + \left(-q \frac{a^2 l}{4}\right)\left(-\frac{2}{3} a\right) + \left(-q \frac{a^3}{6}\right)\left(-\frac{3}{4} a\right)\right\}$$

$$= \frac{q a^4}{8 EI} - \frac{q a l}{24 EI}(l^2 - 4 a^2)$$

例 11-14 应用图乘法解例 11-9 的刚架。

解 作刚架 ABC 在载荷 F 作用下的弯矩 M 图，如图 11-34a 所示。

在 C 端作用水平单位力 $F_0=1$，作单位力弯矩 $(M^0)_1$ 图，如图 11-34b 所示，有

$$\omega_1 = \frac{1}{2} \cdot \frac{1}{2} F l \cdot l = \frac{1}{4} F l^2$$

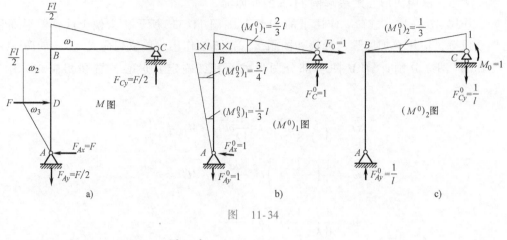

图 11-34

$$\omega_2 = \frac{Fl}{2} \cdot \frac{l}{2} = \frac{1}{4}Fl^2$$

$$\omega_3 = \frac{1}{2} \cdot \frac{Fl}{2} \cdot \frac{l}{2} = \frac{1}{8}Fl^2$$

$$(M_1^0)_1 = \frac{2}{3}l, \qquad (M_2^0)_1 = \frac{3}{4}l, \qquad (M_3^0)_1 = \frac{1}{3}l$$

$$\delta_C = \frac{1}{EI}[\omega_1(M_1^0)_1 + \omega_2(M_2^0)_1 + \omega_3(M_3^0)_1]$$

$$= \frac{1}{EI}\left[\frac{1}{4}Fl^2 \cdot \frac{2}{3}l + \frac{1}{4}Fl^2 \cdot \frac{3}{4}l + \frac{1}{8}Fl^2 \cdot \frac{l}{3}\right] = \frac{19Fl^3}{48EI}$$

在 C 端作用一单位力偶 $M_0 = 1$，作单位弯矩 $(M^0)_2$ 图，如图 11-34c 所示。计算 C 端的转角：

$$(M_1^0)_2 = \frac{1}{3}, \quad (M_2^0)_2 = 0, \quad (M_3^0)_2 = 0$$

$$\theta_C = \frac{1}{EI}\left[\frac{F}{4}l^2 \cdot \frac{1}{3}\right] = \frac{Fl^2}{12EI}$$

11.7 功互等定理　位移互等定理

对于线性弹性体，其位移与载荷呈线性关系，利用变形能的概念可导出功的互等定理和位移互等定理，这两个定理在结构分析中颇为有用。

现以简支梁为例推导这两个定理。设（1）、（2）为梁上的两点，若在点（1）处作用载荷 F_1，如图 11-35a 所示，它引起点（1）的位移为 δ_{11}，点（2）的位移为 δ_{21}；若在点（2）处作用载荷 F_2，如图 11-35b 所示，它引起点（1）的位移为 δ_{12}，点 2 的位移为 δ_{22}。这里位移 δ_{ij} 的符号规则是：第一个下标表示位移发生在（i）点，而第二个下标表示引起位移的载荷作用于（j）点。例如 δ_{21} 表示点（2）由于在点（1）上作用载荷 F_1 而发生的位移。

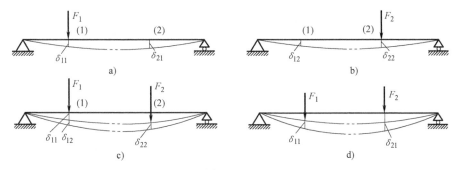

图　11-35

定理的证明也是考虑两种不同加载过程：

1）在梁上先作用力 F_1，加载时 F_1 所做的功为 $\dfrac{1}{2}F_1\delta_{11}$，然后再作用 F_2，点（2）的位移 δ_{22}，点（1）由于力 F_2 产生位移 δ_{12}，因此在 F_2 的作用过程中，F_1 所做的功为 $F_1\delta_{12}$，F_2 做功 $\dfrac{1}{2}F_2\delta_{22}$，如图 11-35c 所示，故梁的总变形能为

$$U_1 = \frac{1}{2}F_1\delta_{11} + \frac{1}{2}F_2\delta_{22} + F_1\delta_{12} \tag{a}$$

2）若在梁上先作用力 F_2，然后再作用 F_1，如图 11-35d 所示，于是 F_2 与 F_1 在作用过程中所做的功，也是梁的变形能：

$$U_2 = \frac{1}{2}F_2\delta_{22} + \frac{1}{2}F_1\delta_{11} + F_2\delta_{21} \tag{b}$$

由于弹性体的变形能与加载次序无关，所以按上述两种不同次序作用载荷所得的变形能应该相等，即 $U_1 = U_2$，将式（a）和式（b）代入化简便可得

$$F_1\delta_{12} = F_2\delta_{21} \tag{11-37}$$

上式表示：F_1（或第一组广义力）对于由 F_2（或第二组广义力）所引起的广义位移所做的功，等于 F_2 对于 F_1 所引起的广义位移所做的功——**功的互等定理**（reciprocal theorem）。

如使式（11-37）中的 $F_1 = F_2$，则

$$\delta_{12} = \delta_{21} \tag{11-38}$$

即当广义力作用于点（1）时，点（2）的广义位移等于当同一广义力作用于点（2）时，点（1）的广义位移——位移互等定理。

例如一简支梁在两种受力情况下，一为在梁的中点作用集中力 F，如图 11-36a 所示，另一为在梁的右端作用一力偶矩 M_C，如图 11-36b 所示。力 F 使梁右端产生转角 $\theta_{CF} = \dfrac{Fl^3}{16EI}$，而力偶矩 M_C 使梁的中点产生挠度 $y_{BM} = \dfrac{M_C l^3}{16EI}$，按式（11-37）可得

$$F \cdot \frac{M_C l^2}{16EI} = M_C \cdot \frac{Fl^2}{16EI}$$

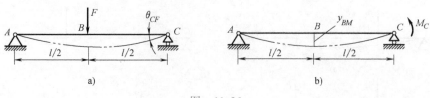

图 11-36

如图 11-37 所示的外伸梁，F 力作用在跨度中点 A 时，外伸端 B 的位移为 δ_{BA}，如图 11-37a 所示；等于 F 力作用在 B 端，A 点的位移 δ_{AB}，如图 11-37b 所示，即

$$\delta_{BA} = \delta_{AB} = \frac{Fa^3}{4EI}$$

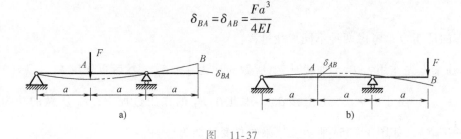

图 11-37

如在功互等关系中，一个是力，另一个是力偶矩，则在位移互等关系中，一个是线位移，另一个是角位移，它们仅在数值上相等而在量纲上是不同的，这点应该注意。

例 11-15　试求图 11-38a 所示悬臂梁上的载荷 F 移动时，自由端 A 截面的挠度变化规律。已知梁的抗弯刚度为 EI。

解　当载荷 F 移动到距 A 截面 x 的 C 点时，引起的 A 点的挠度为 δ_{AC}，如图 11-38b 所示。若在 A 点作用同样大小的载荷 F，由此而引起的 C 点的挠度为 δ_{CA}，如图 11-38c 所示，根据位移互等定理，有

$$\delta_{AC} = \delta_{CA}$$

由梁的变形表 7-2 可知

$$\delta_{CA} = \frac{1}{EI}\left(-\frac{F}{6}x^3 + \frac{F}{2}x^2 l - \frac{F}{3}l^3\right)$$

此即当载荷 F 移动时，自由端 A 截面的挠度变化规律。

例 11-16　长度为 l 的矩形截面杆如图 11-39a 所示，在杆中央受到一对大小相等、方向相反的力 F，杆的弹性模量 E 和泊松比 μ 均为已知，试求杆的长度变化量 Δl。

解　在杆的两端施加一对轴向拉力 F'，如图 11-39b 所示，此时杆产生横向变形为

$$\Delta h = -\mu\varepsilon h = -\mu\frac{\sigma}{E}h = -\mu\frac{F'}{bhE}h = -\mu\frac{F'}{Eb}$$

根据功互等定理，有

$$F'\Delta l = F\Delta h$$

于是

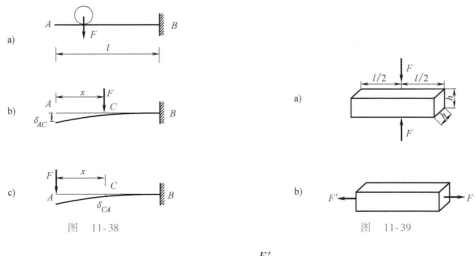

图 11-38

图 11-39

$$\Delta l = \frac{F\Delta h}{F'} = \frac{F\mu \dfrac{F'}{Eb}}{F'} = \mu \frac{F}{Eb}$$

注意：杆件在 F' 作用下（图 11-39b）产生的 Δh 为负值，说明此时横向力为压缩变形，故 F 在 Δh 上做正功。若最后计算出 Δl 为正，表示杆件在 F 作用下产生的轴向变形为伸长变形。

11.8 虚功原理（虚位移原理）

理论力学中指出：刚体（或质点系）处于静力平衡状态的充分必要条件是作用在此刚体（或质点系）上的所有力系在任意虚位移上所做的总虚功等于零。虚位移是物体可能产生的微小位移，它与实位移不同，但应满足物体的约束条件。力在虚位移上所做的功称为虚功，它不同于实功。虚功（虚位移）原理（principle of virtual work）可应用于变形固体（不论是线性材料还是非线性材料），也可应用在塑性范围内。

变形固体在外力作用下，按力的作用情况及材料性质等可确定它的真实变形（如第 7 章中用各种方法确定梁的挠曲线）。对受力变形后处于平衡位置的物体，可给以微小的虚变形（假想的），它是物体可能发生的变形，满足物体的约束条件、协调条件，且具有连续性。由于虚位移极微小故不影响外力的作用性质。

现以简支梁承受载荷 F_1，F_2，$\cdots$，F_i，$\cdots$，q 为例，如图 11-40a 所示，对虚

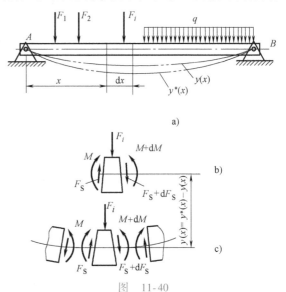

图 11-40

功原理作论证分析。简支梁 AB 在载荷作用下变形后以它的挠曲轴 $y(x)$（实变形）保持平衡，如给梁 AB 虚位移至 $y^*(x)$ 位置，它满足梁两端的支座约束条件，并具有连续性与协调性。变形体的虚功原理（虚位移原理）指出：外力在虚位移上所做的总虚功与内力在虚变形上所做的总虚功相等。

考虑微段梁 $\mathrm{d}x$，如图 11-40b 所示，在虚变形时，此微段将位移至新位置（虚位移）和改变形状（虚变形），如图 11-40c 所示。作用在微段上的力（包括外力与截面内力分量）将做虚功。总虚功为 $\mathrm{d}W_e$，此功可考虑由两部分组成：①把微段 $\mathrm{d}x$ 看作刚体，在刚体虚位移上做了功 $\mathrm{d}W_r$；②由于微段虚变形做的功 $\mathrm{d}W_d$，即

$$\mathrm{d}W_e = \mathrm{d}W_r + \mathrm{d}W_d$$

由于微段仍处于平衡状态，作用力（内力与外力）在刚体虚位移上做的虚功 $\mathrm{d}W_r$ 等于零，故上式简化为

$$\mathrm{d}W_e = \mathrm{d}W_d \tag{a}$$

对于整个梁，可将上式沿梁长 l 进行积分

$$\int_l \mathrm{d}W_e = \int_l \mathrm{d}W_d \tag{b}$$

式（b）左边积分表示梁在虚位移时，梁微段上所有作用力（外载荷与微段 $\mathrm{d}x$ 左右两侧截面上的内力，如图 11-40b 所示做的总虚功。这一微段 $\mathrm{d}x$ 的面与邻近另一微段的面相接触，$\mathrm{d}x$ 微段左截面上的内力（F_S、M）所做的虚功正与它左侧相邻另一微段面上的内力（与前述内力 F_S、M 等值反向）所做的虚功相抵消，如图 11-40c 所示，因此对整个梁而言，只剩下外力所做的虚功，故式（b）左边积分是等于作用在梁上外力所做的虚功，即称外力虚功，用 $W_{外}$ 表示之。

式（b）右边表示微段 $\mathrm{d}x$ 虚变形时的虚功积分，涉及微段 $\mathrm{d}x$ 的外载荷与左右截面上内力。因虚变形微小，只对内力做功，而对外载荷（F_i）不做虚功，此时只有截面上内力做虚功，$\mathrm{d}W_d$ 可作为微段 $\mathrm{d}x$ 在虚变形时内力做的虚功，沿梁长 l 积分，得到内力的总虚功，用 $W_{内}$ 表示之。式（b）变为

$$W_{外} = W_{内} \tag{11-39}$$

上式即为变形体的虚功原理：杆件处于某平衡力系作用下，如给此杆件一虚位移（符合它的约束条件），那么外力系在虚位移上做的虚功 $W_{外}$ 和杆件所有微段的内力在虚变形上做的虚功 $W_{内}$ 应相等。这一原理同样适用于杆系结构。

对照图 11-40 的梁可写出式（11-39）的具体表达式。梁受外载荷后在挠曲轴 $y(x)$ 位置保持平衡，再给以虚位移使挠曲轴至 $y^*(x)$ 的位置，AB 梁轴线的虚位移 $\bar{y}(x) = y^*(x) - y(x)$。对应于 F_1，F_2，$\cdots$，F_i 的虚位移是 $\bar{y}_1$，$\bar{y}_2$，$\cdots$，$\bar{y}_i$。设两支座 A 与 B 均为刚性支座，支座约束力 F_{Ay} 与 F_{By} 此时不做功。梁上外力的总虚功为

$$W_e = F_1 \bar{y}_1 + F_2 \bar{y}_2 + \cdots + F_i \bar{y}_i + \cdots + \int_0^l \bar{y}(x)\, q\mathrm{d}x \tag{c}$$

如图 11-41b、c 所示，由于虚变形所引起微段 $\mathrm{d}x$ 左右侧的相对转角为 $\mathrm{d}\bar{\theta}$，左右侧面的相对错动为 $\mathrm{d}\bar{\lambda}$，因此内力总虚功为

$$\mathrm{d}W_i = M\left(\frac{\mathrm{d}\overline{\theta}}{2}\right) + (M+\mathrm{d}M) \cdot \left(\frac{\mathrm{d}\overline{\theta}}{2}\right) + F_S \cdot \frac{\mathrm{d}\overline{\lambda}}{2} + (F_S+\mathrm{d}F_S) \cdot \left(\frac{\mathrm{d}\overline{\lambda}}{2}\right) \qquad (\mathrm{d})$$

上式中略去高阶微量项，得

$$\mathrm{d}W_i = M\mathrm{d}\overline{\theta} + F_S\mathrm{d}\overline{\lambda}$$

$$W_i = \int_l (M\mathrm{d}\overline{\theta} + F_S\mathrm{d}\overline{\lambda}) \qquad (\mathrm{e})$$

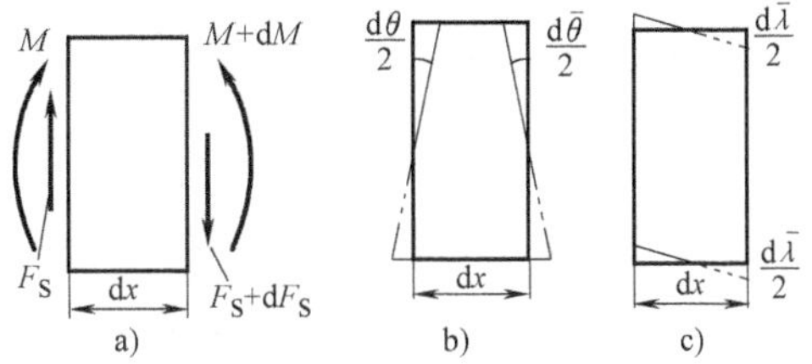

以式（c）、式（e）代入式（11-39），得

图　11-41

$$F_1\overline{y}_1 + F_2\overline{y}_2 + \cdots + F_i\overline{y}_i + \cdots + \int_0^l \overline{y}(x)\, q\mathrm{d}x = \int_l (M\mathrm{d}\overline{\theta} + F_S\mathrm{d}\overline{\lambda}) \qquad (11\text{-}40)$$

对于承受广义力 F_1，$F_2\cdots$，F_n 的杆，如图 11-42a 所示。若截面上内力同时有轴力 F_N、剪力 F_S、扭矩 M_x、弯矩 M（图 11-42b）；虚变形时各内力的虚位移分别为 $\mathrm{d}\overline{\delta}$、$\mathrm{d}\overline{\lambda}$、$\mathrm{d}\overline{\varphi}$、$\mathrm{d}\overline{\theta}$（图 11-42c），则虚功原理的表达式为

$$\sum_{i=1}^n F_i\overline{y}_i = \int_l (M\mathrm{d}\overline{\theta} + F_S\mathrm{d}\overline{\lambda} + F_N\mathrm{d}\overline{\delta} + M_x\mathrm{d}\overline{\phi}) \qquad (11\text{-}41)$$

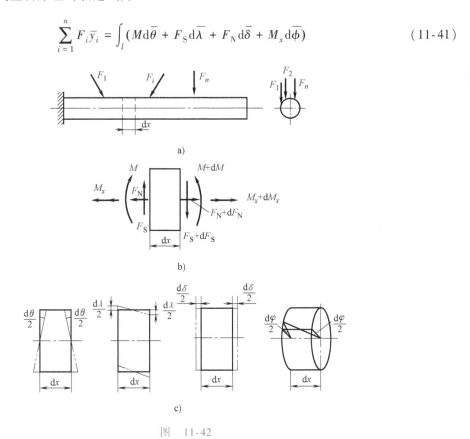

图　11-42

在推导虚功（虚位移）原理表达式（11-40）或式（11-41）时，没有涉及结构材料的性质，因此虚功原理对线性结构与非线性结构均可适用，同时也适用于塑性问题。

由虚功原理可推导出单位载荷法的计算式（11-34）。如果要确定在载荷 F_1，F_2，$\cdots$，F_n 作用下某杆件上任一点 S，沿某一指定方向的位移 ΔS，就可在该点上施加一单位力 $F_0 =$

1，把它看作载荷，由单位力所引起杆件截面内力 F_N^0、M^0、F_S^0、M_x^0，作为载荷所引起的内力。由原来实际载荷所引起 S 点的位移 ΔS，与相应微段 dx 两端截面的相对位移分别为 $d\delta$、$d\theta$、$d\lambda$、$d\phi$，看作为一组相互协调的虚位移加在单位力上，则虚功（虚位移）原理式 (11-39) 成为

$$1 \cdot \Delta S = \int_l (F_N^0 d\delta + M^0 d\theta + F_S^0 d\lambda + M_x^0 d\phi) \qquad (11\text{-}42)$$

上式即为单位载荷法（莫尔积分）计算杆件位移的表达式。在按虚功原理推导此式时，将虚设的单位力当作实载荷，而将原载荷所引起的位移作虚位移。

对于线弹性体，取微段 dx，各种变形根据 11.2 节各式：

$$d\delta = \frac{F_N dx}{EA}, \quad d\theta = \frac{M dx}{EI}, \quad d\lambda = \frac{K F_S dx}{GA}, \quad d\varphi = \frac{M_x dx}{G I_p}$$

代入式（11-42），即可得到 11.5 中式（11-32）如下：

$$1 \cdot \delta_S = \int_l \frac{F_N F_N^0}{EA} dx + \int_l \frac{M M^0}{EI} dx + \int_l \frac{K F_S F_S^0}{GA} dx + \int_l \frac{M_x M_x^0}{G I_p} dx$$

由式（11-42）连同非线性材料的物理关系式，可解决非线性问题。

例 11-17 简单桁架 ABC 如图 11-43a 所示，在节点 b 承受铅直载荷 F，ab 与 bc 两等直杆截面面积均为 A，杆材料的物理关系式（拉伸和压缩）是 $\sigma = B\sqrt{\varepsilon}$（图 11-43b），$B$ 是一常数。试用单位载荷法求 B 点的铅直位移。

解 应用单位载荷法，由于桁架各杆的内力仅为轴力 F_N，故只需要式（11-42）中第一项。在 B 节点铅直向加单位力 $F_0 = 1$，由此引起各杆内力为

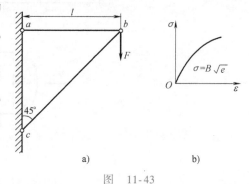

$$F_{Nab}^0 = 1, F_{Nbc}^0 = -\sqrt{2}$$

图 11-43

由于载荷引起两杆的应变（$\sigma^2 = B^2 \varepsilon$）

$$\varepsilon_{ab} = \frac{\sigma_{ab}^2}{B^2}, \quad \varepsilon_{bc} = -\frac{\sigma_{bc}^2}{B^2}$$

以两杆的应力 $\sigma_{ab} = \dfrac{F}{A}$ 与 $\sigma_{bc} = -\sqrt{2}\dfrac{F}{A}$ 代入上式得

$$\varepsilon_{ab} = \frac{F^2}{A^2 B^2}, \quad \varepsilon_{bc} = -\frac{2F^2}{A^2 B^2}$$

杆件的 $d\delta = \varepsilon dx$，分别将 F_N^0 与 $d\delta$ 代入式（11-36）得

$$\delta_{BV} = \int F_N^0 d\delta = \int_0^l (1)\left(\frac{F^2}{A^2 B^2}\right) dx + \int_0^{\sqrt{2}l} (-\sqrt{2})\left(-\frac{2F^2}{A^2 B^2}\right) dx = \frac{5F^2 l}{A^2 B^2}$$

例 11-18 图 11-44 所示的矩形截面悬臂梁由非线性材料组成，材料拉压时的应力-应变关系为 $\sigma = B\sqrt{\varepsilon}$，矩形截面高度 h，宽度 b，试求自由端 A 的挠度。

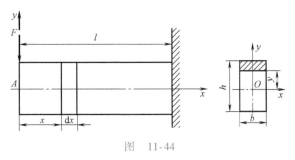

图 11-44

解 由于材料拉伸与压缩时的应力-应变关系相同，此非线性材料的矩形截面梁弯曲时的中性轴 z 仍通过截面形心 C。对于非线性材料，弯曲时的平面假设仍成立，所以距 A 端为 x 的截面上 y 处纵向纤维的应变 ε 与曲率半径 $\rho(x)$ 的关系仍为

$$\varepsilon = -\frac{y}{\rho(x)} \tag{a}$$

当 $y = +\dfrac{h}{2}$ 时，截面上边缘的拉应变 ε_1 为

$$\varepsilon_1 = \frac{\dfrac{h}{2}}{\rho(x)} = \frac{h}{2\rho(x)} \tag{b}$$

设 x 截面上微面积 $b\mathrm{d}y$ 处的应力为 σ，则该截面弯矩 $M(x)$ 为

$$M(x) = -\int_{-\frac{h}{2}}^{+\frac{h}{2}} y\sigma b\,\mathrm{d}y = -2b\int_0^{\frac{h}{2}} y\sigma\,\mathrm{d}y$$

由式（a）得 $\mathrm{d}y = -\rho(x)\,\mathrm{d}\varepsilon$，连同式（b）与 $\sigma = B\sqrt{\varepsilon}$ 代入上式得

$$M(x) = -2b\int_0^{\varepsilon_1} \varepsilon\rho(x) \cdot B\sqrt{\varepsilon} \cdot \rho(x)\,\mathrm{d}\varepsilon$$

$$= -2\rho^2(x)\,Bb\left[\frac{2}{5}\varepsilon^{\frac{5}{2}}\right]_0^{\varepsilon_1} = -\frac{4}{5}Bb\rho^2(x)\,\varepsilon_1^{\frac{5}{2}}$$

以 $\rho(x) = \dfrac{h}{2\varepsilon_1}$ 与 $M = -Fx$ 代入上式得

$$M(x) = -\frac{4}{5}Bb\,\frac{h^2}{4\varepsilon_1^{\,2}} \cdot \varepsilon_1^{5/2} = \frac{1}{5}Bbh^2\varepsilon_1^{1/2} = -Fx$$

$$\varepsilon_1 = \frac{25F^2x^2}{B^2b^2h^4}$$

x 截面处的曲率为

$$\frac{\mathrm{d}\theta}{\mathrm{d}x} = \frac{1}{\rho(x)} = -\frac{2\varepsilon_1}{h} = -\frac{50F^2x^2}{B^2b^2h^5}$$

在 A 点加向下的单位力，则 $M^0 = -1 \cdot x$，应用式（11-42）得

$$\Delta_A^{\mathrm{V}} = \int_l M^0\,\mathrm{d}\theta = \int_0^l (-x)\left(-\frac{50F^2x^2}{B^2b^2h^5}\right)\mathrm{d}x = \frac{25}{2}\,\frac{F^2l^4}{B^2b^2h^5}$$

例 11-19 如图 11-45a 所示的简支梁，跨度为 l，截面高度为 h。设温度沿梁的长度不变，但沿梁截面高度 h 按线性规律变化。若材料的线膨胀系数为 α，梁顶面的温度为 T_1，底

面的温度为 T_2，且 $T_2 > T_1$。在上述温度影响下，试求梁跨度中点的挠度和左端截面的转角。

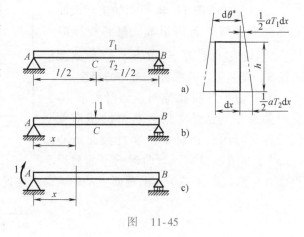

图 11-45

解 由于温度沿截面高度按线性规律变化，截面仍保持为平面，取长为 dx 的微段，其两端截面的相对转角应为

$$d\theta^* = \frac{\alpha(T_2 - T_1)}{h}dx \qquad (a)$$

为了求出跨度中点的挠度，以单位力作用于跨度中点，如图 11-45b 所示，这时梁截面上的弯矩为

$$M^0(x) = \frac{1}{2}x$$

设跨度中点因温度影响而引起的挠度为 y_C。把温度位移作为虚位移，把图 11-45b 所示情况作为原平衡位置，根据虚功原理：

$$1 \cdot y_C = \int M^0(x)\, d\theta^* \qquad (b)$$

又可写成

$$y_C = \int M^0(x)\, d\theta^* = 2\int_0^{l/2} \frac{x}{2} \frac{\alpha(T_2 - T_1)}{h}dx = \frac{\alpha(T_2 - T_1)\, l^2}{8h}$$

因 $T_2 > T_1$，y_C 为正，即 y_C 与单位力的方向相同。

当计算梁的左端截面的转角时，在梁的左端作用如图 11-45c 所示的单位力偶矩。此时有

$$M^0(x) = 1 - \frac{x}{l}$$

设梁的左端截面因温度影响引起的转角为 θ_A，仍以温度位移作虚位移，加于图 11-45c 所示情况上。由虚功原理：

$$\theta_A = \int M^0(x)\, d\theta^* = \int_0^l \left(1 - \frac{x}{l}\right) \frac{\alpha(T_2 - T_1)}{h}dx = \frac{\alpha(T_2 - T_1)\, l}{2h}$$

θ_A 为正值表示它与单位力偶矩的方向一致。

例 11-20 如图 11-46 所示左端固定、右端简支的梁，承受分布载荷 $q(x)$。今给此梁施加虚挠度 $\bar{y}(x)$，试就此梁的情况证明虚功原理

$$\int_0^l \bar{y}(x)\, q(x)\, dx = \int_0^l M(x)\, d\bar{\theta}$$

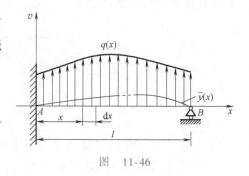

图 11-46

解 沿梁长任取一微段 dx，此段上载荷为 $q(x)dx$，它在虚挠度 $\bar{y}(x)$ 上完成虚功 $\bar{y}(x)q(x)dx$，整个梁的外力虚功为

$$W_e = \int_0^l \overline{y}(x)\, q(x)\, \mathrm{d}x \tag{a}$$

因假设虚挠度须满足边界条件，即

$$\overline{y}(0) = 0, \quad \overline{y}(l) = 0$$

$$\overline{\theta}(0) = 0 \tag{b}$$

故梁两端的约束力在虚挠度上不做功。

从梁中切出微段 $\mathrm{d}x$，根据式（5-1）、式（5-2）有

$$q(x) = \frac{\mathrm{d}F_S(x)}{\mathrm{d}x}, \quad F_S(x) = \frac{\mathrm{d}M(x)}{\mathrm{d}x} \tag{c}$$

以式（c）代入式（a），并利用分部积分得

$$W_e = \int_0^l \overline{y}(x)\, \mathrm{d}F_S(x) = \left[\, \overline{y}(x)\, F_S(x)\, \right]_0^l - \int_0^l F_S(x)\, \mathrm{d}\overline{y}(x)$$

利用式（b）的前两个条件，可知 $\left[\, \overline{y}(x)\, F_S(x)\, \right]_0^l = 0$，则

$$W_e = -\int_0^l F_S(x)\, \mathrm{d}\overline{y}(x) = -\int_0^l \frac{\mathrm{d}M(x)}{\mathrm{d}x}\mathrm{d}\overline{y}(x) = -\int_0^l \frac{\mathrm{d}\overline{y}(x)}{\mathrm{d}x}\mathrm{d}M(x)$$

因虚挠度是微小变形，故 $\dfrac{\mathrm{d}\overline{y}(x)}{\mathrm{d}x} = \overline{\theta}(x)$，代入上式后再分部积分得

$$W_e = -\int_0^l \overline{\theta}(x)\, \mathrm{d}M(x) = -\left[\, \overline{\theta}(x)\, M(x)\, \right]_0^l + \int_0^l M(x)\, \mathrm{d}\overline{\theta}$$

$$= -\left[\, \overline{\theta}(l)\, M(l) - \overline{\theta}(0)\, M(0)\, \right] + \int_0^l M(x)\, \mathrm{d}\overline{\theta}$$

因 $\overline{\theta}(0) = 0$，而 $M(l)$ 是梁在 B 端的弯矩，$M(l) = 0$，上式右方第二项是内力 $M(x)$ 在虚变形 $\mathrm{d}\overline{\theta}$ 上完成的总虚功，于是

$$W_e = \int_0^l M(x)\, \mathrm{d}\overline{\theta} = W_i$$

习　题

11-1　求题 11-1 图所示两等直杆的变形能。已知两杆的抗拉（压）刚度 EA 相同。

11-2　两根圆截面直杆的材料相同，尺寸如题 11-2 图所示，其中一根为等截面杆，另一根为变截面杆，试比较两根杆的变形能（各杆自重不计）。

11-3　题 11-3 图所示桁架各杆材料相同，截面面积相等，试求在 F 力作用下，桁架的变形能。

11-4　试计算题 11-4 图所示各杆的变形能。

a）轴材料的剪切弹性模量为 G，$d_2 = \dfrac{3}{2}d_1$；

b）梁的抗弯刚度 EI，略去剪切变形的影响。

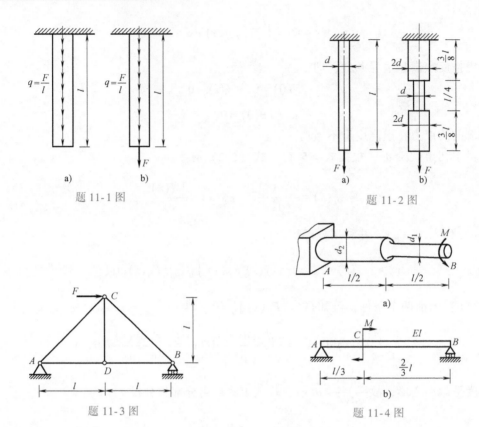

题 11-1 图 题 11-2 图

题 11-3 图 题 11-4 图

11-5 试求题 11-5 图所示悬臂梁的弹性变形能，梁的抗弯刚度为 EI，并求自由端的挠度。

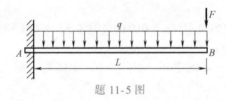

题 11-5 图

11-6 试求题 11-6 图所示各梁 A 点的挠度和截面 B 的转角，已知截面抗弯刚度 EI。

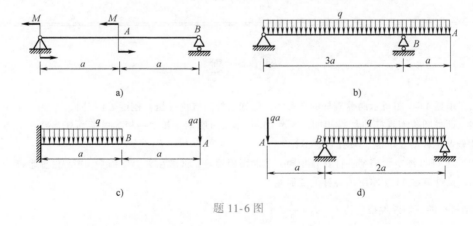

题 11-6 图

11-7 如题 11-7 图所示变截面梁，试求在 F 力作用下截面 A 的转角和截面 B 的铅直向位移。

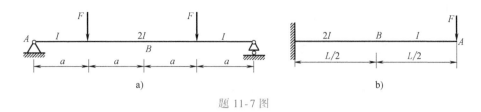

题 11-7 图

11-8 外伸梁的两支座均为弹性支座,弹簧的刚度(引起单位变形所需的力)分别为 k_1 和 k_2,如题 11-8 图所示,已知梁的抗弯刚度 EI,试求外伸端 A 的铅直位移。

11-9 等直铰接梁 ABC 的载荷如题 11-9 图所示,B 为中间铰,已知梁的抗弯刚度 EI。试用单位载荷法求中间铰 B 左右两截面的相对转角。

题 11-8 图　　　　　　　　　　　　题 11-9 图

11-10 求题 11-10 图所示各刚架指定截面的位移或转角,略去轴力和剪力的影响,刚架各杆的抗弯刚度 EI 均相同。

a) θ_A,y_A;b) θ_B,y_A;c) θ_A,x_B,y_C;d) y_C;e) θ_A,y_C。

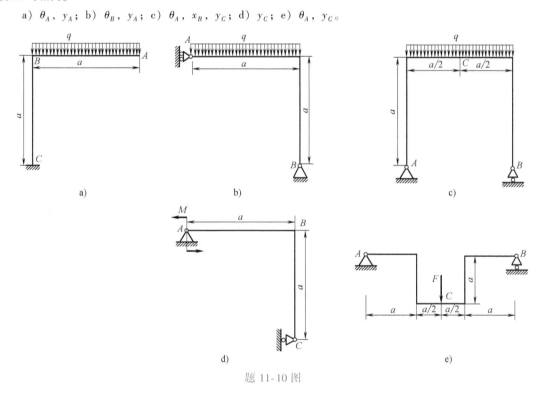

题 11-10 图

11-11 刚架各部分的 EI 相等,试求在题 11-11 图所示一对 F 力作用下,A、B 两点间的相对线位移。

11-12 题 11-12 图所示变截面悬臂梁,自由端 A 受集中力 $F=1\text{kN}$ 作用,材料的弹性模量 $E=200\text{GPa}$,求 A 点的挠度(长度单位:mm)。

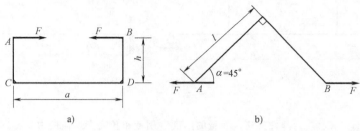

题 11-11 图

11-13　题 11-13 图所示结构在截面 C 处受垂直集中力 F 的作用，试用能量法计算截面 C 的垂直位移。设 BC 杆的抗弯刚度为 EI，AD 杆的抗拉（压）刚度为 EA，BD＝DC＝a。

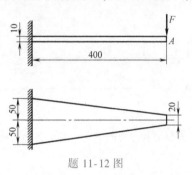

题 11-12 图

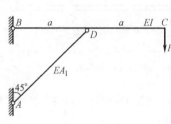

题 11-13 图

11-14　题 11-14 图所示桁架的各杆抗拉（压）刚度 EA 均相同，受 F 力作用，求节点 A 的位移和 AB 杆的转角。

11-15　桁架结构尺寸受载如题 11-15 图所示，各杆的抗拉（压）刚度均相同，试求：（1）A 点的铅直位移；（2）节点 A 和 E 之间的相对位移。

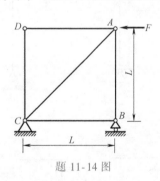

题 11-14 图

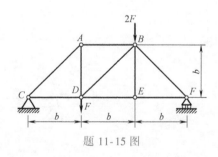

题 11-15 图

11-16　如题 11-16 图所示，刚架各段杆的 EI 为已知，试求在缺口 A 截面处由于 F 力引起的位移。

11-17　题 11-17 图所示结构中各杆的 E、I、A 均相同，试求在一对 F 力作用下，节点 A、B 的相对位移。如仅在节点 A、B 处加一对等值反向的 F 力，则 C、D 两处的相对位移是多少？

11-18　试证明在题 11-8 图所示两相同的悬臂梁上，图 a 截面 A 的挠度和图 b 截面 B 的挠度相等。

11-19　题 11-19 图所示刚架的各组成部分的抗弯刚度 EI 相同，抗扭刚度 GI_p 也相同。在 F 力作用下，试求截面 A 和 C 的水平位移。

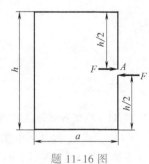

题 11-16 图

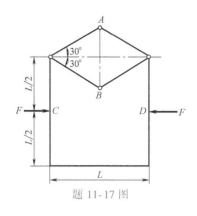

题 11-17 图

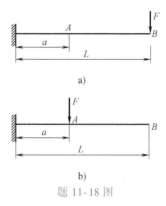

题 11-18 图

11-20　题 11-20 图所示水平刚架各部分的 EI、GI_p 相等，A 处有一缺口，受一对垂直于刚架平面的铅直力 F 作用，试求缺口两侧的相对位移 δ。

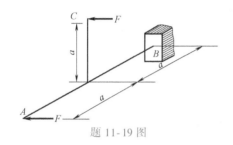

题 11-19 图

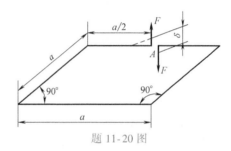

题 11-20 图

11-21　试求题 11-21 图所示平面圆弧曲杆指定点的位移，杆的抗弯刚度 EI 已知，略去轴力和剪力的影响。a) y_A，x_A；b) x_A，y_B。

11-22　有一钢制圆环，其平均半径为 R，抗弯刚度为 EI，于某一点处沿径向切开，缝中置放一小块体，使环张开如题 11-22 图所示，块体的宽度 e，试求环中的最大弯矩。

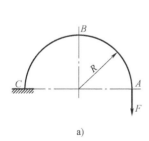

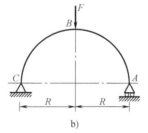

题 11-21 图

题 11-22 图

11-23　题 11-23 图所示等截面曲杆 BC 的轴线为 3/4 圆周，若 AB 杆可视为刚性杆，试求在 F 力作用下，截面 A 的水平位移及垂直位移。

11-24　题 11-24 图所示一开有微小缺口的圆环，处在均匀外压 p 作用下，试求缺口处的相对位移 δ_{AB}，已知环的截面抗弯刚度 EI。

11-25　题 11-25 图所示为一水平放置的 1/4 圆弧曲杆，它的抗弯刚度 EI 和抗扭刚度 GI_p 均为已知。试求在铅垂方向的 F 力作用下，自由端 B 处的铅垂位移。

11-26　题 11-26 图所示半圆形小曲率曲杆的 A 端固定，在自由端作用扭转力偶矩 M_e。曲杆横截面为圆形，其直径为 d。试求 B 端的扭转角。

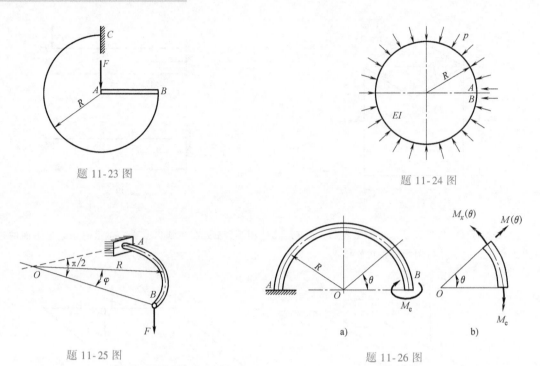

题 11-23 图

题 11-24 图

题 11-25 图

题 11-26 图

11-27　题 11-27 图所示简易吊车的吊重 $F = 2.83\text{kN}$。撑杆 AC 长为 2m，截面的惯性矩 $I = 8.53 \times 10^6 \text{mm}^4$。拉杆 BD 的横截面面积为 600mm^2。如撑杆只考虑弯曲的影响，试求 C 点的垂直位移。设 $E = 200\text{GPa}$。

11-28　刚架受力作用如题 11-28 图所示，欲使 C 点由于弯曲作用所产生的位移发生在沿 F 力方向，而 α 角在 $\left(0, \dfrac{\pi}{2}\right)$ 区间内变化，试确定 α 的值。

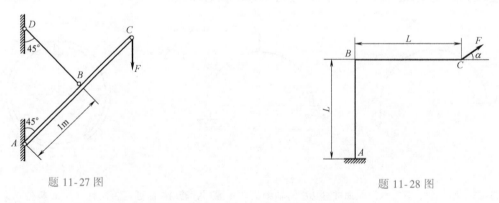

题 11-27 图

题 11-28 图

11-29　题 11-29 图所示矩形截面梁 AB，设其底面和顶面的温度分别升高 T_1 和 T_2，沿横截面高度按线性规律变化，试用单位载荷法计算 A 端横截面的铅垂位移和水平位移。

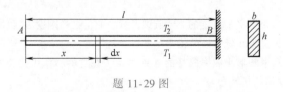

题 11-29 图

11-30　题 11-30 图所示三角支架，两杆横截面面积均为 A，材料相同，材料的应力-应变关系为 $\sigma = B\sqrt{\varepsilon}$，其中 B 为常数，这一关系对于拉伸和压缩是相同的。试用虚功原理求 A 节点的水平位移与铅直位移。

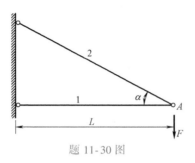

题 11-30 图

第 12 章
超静定系统

12.1 超静定系统的基本概念

杆件或杆系在承受载荷时，要使它在原有几何形式下保持静力平衡状态，必须要有足够的约束或杆件数目，否则杆件或杆系一受外力就会产生运动，改变它原有位置或几何形状，成为一个运动机构。如果杆件或杆系所受到的约束恰好能使它保持静力平衡，此时其约束力或内力仅由静力平衡方程即可求得，这种杆系称为静定系统（Statically determinate system），先前我们所讨论的杆系或杆件以静定问题为主。

工程结构中，为了减低其工作应力和变形，提高它的强度和刚度，常采取增多约束或杆件的措施，因此杆系在维持平衡的必要约束外，还存在着多余约束（Redundant constraints）或多余杆件（Redundant members），如图 12-1 所示的梁、刚架和桁架。在图示情况下，如果仅依靠静力平衡方程式，不能解出所有约束力以及内力，必须考虑杆系的变形协调条件，建立补充方程式，才能把问题解出，这种杆系称为超静定系统（Hyper statically system）或静不定系统（Statically indeterminate system）。

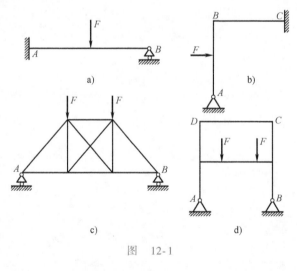

图　12-1

从机构运动的观点来看，超静定系统中的多余约束（或杆件）可以去掉而不破坏系统的静力平衡及几何不变性。由此可见，若去除多余约束（或杆件），便得到相应的静定系统，该系统仅用静力平衡方程就可解出所有约束力以及内力，即称为静定基本系统。多余约束（或杆件）的存在是超静定系统的特征，多余约束的数目就可作为超静定的次数，它标明了要解出这个系统除独立静力平衡方程式外还必须建立变形补充方程式的数目。

且在一般超静定结构中，杆件内力分布比同型的静定结构均匀，某些杆件如遭破坏或移除，结构还是几何不变形，依然可承受一定的载荷。而在静定结构中任何一约束或杆件的移除或破坏都足以使整个结构破坏。温度升降、个别构件尺寸制造时的不准确性，以及支座沉陷等会引起超静定结构内的杆件附加内力，而这些因素对静定结构中构件的内力是没有影响的。

　　超静定结构根据其约束的特点大致可分为 3 种类型：①仅在结构外部存在多余约束，即支座约束力是超静定的，如图 12-1a、b 所示；②支座约束力是静定的，但结构内力是超静定的，如图 12-1c 所示；③结构支座约束力和内力都是超静定的，如图 12-1d 所示。

　　在材料力学中，解超静定系统时经常以多余约束力作为基本未知量，从变形谐调条件建立补充方程，这种方法称为力法。在轴向拉压、扭转和弯曲的有关章节中，曾介绍过超静定问题的概念与分析简单超静定问题的方法。但是对于稍微复杂一些的超静定问题，例如超静定刚架、超静定桁架、超静定曲杆等，仅靠以前的方法尚不易求解。本章以变形能法为基础进一步分析超静定问题。

　　下面先介绍用变形能法求解简单超静定梁和超静定刚架。

12.2　用变形能法解简单超静定梁

　　在第 7.6 节中，曾经介绍了求解简单超静定梁的方法。首先应确定超静定的次数，并选取多余约束，然后解除多余约束，代之以相应的多余约束力，得到相应的静定基本系统或静定基梁，再根据梁解除约束处应满足的变形谐调条件，建立足够的变形补充方程式，与静力平衡方程式一起解出超静定梁的所有支座约束力。然后进一步计算梁的内力、应力和变形，进行梁的强度和刚度校核。

　　用变形能法求梁的位移，建立变形补充方程，为解决超静定问题提供了一般和更有效的方法。

　　例12-1　图 12-2a 所示的超静定梁 AB，一端固定，一端为可动铰支座，若支座 B 下沉而比固定端 A 低了 δ_1。梁的抗弯刚度为 EI，解此超静定梁在 B 端的支座约束力。

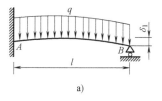

a)

　　解　图 12-2a 所示梁为一次超静定梁。以 F_{By} 作为多余约束力，相应的静定基梁为 A 端固定的悬臂梁，在此梁上作用有向下的均布载荷 q，B 端作用有向上的集中力 F_{By}，如图 12-2b 所示。其变形谐调条件为

$$\Delta_B = -\delta_1 \qquad (a)$$

把梁在 B 端的位移 Δ_B 看作由于载荷 q 所引起的位移 Δ_{Bq} 与由支座约束力 F_{By} 所引起的位移 Δ_{BB} 相叠加（图 12-3a）。变形补充方程（a）可写成

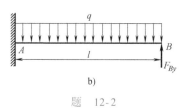

b)

题　12-2

$$\Delta_B = \Delta_{Bq} + \Delta_{BB} = \Delta_{Bq} + F_{By}\delta_{BB} = -\delta_1 \qquad (12\text{-}1)$$

式中，Δ_{Bq} 为由于载荷 q 所引起的 B 点的铅垂向位移；δ_{BB} 为在 B 点作用单位力时，B 点的铅垂向位移。变形补充方程通常写成上述标准形式，称为正则方程，式（12-1）是一次超静定的正则方程式（canonical equation）。

　　现用变形能法中的图乘法求正则方程（12-1）中的位移。

作静定基梁的弯矩图（仅由于载荷 q 作用的 M 图）如图 12-3b 所示，在 B 点加一单位力 $F_0=1$，作 M^0 如图 12-3c 所示。应用 M 图与 M^0 图的互乘积求得 Δ_{Bq}：

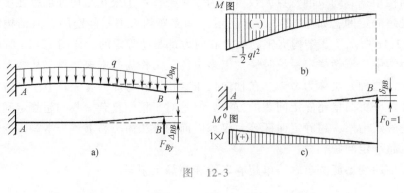

图　12-3

$$\Delta_{Bq}=\frac{\omega M_C^0}{EI}=\frac{\frac{1}{3}\left(-\frac{1}{2}ql^2 \cdot l\right)\frac{3}{4}l}{EI}=-\frac{ql^4}{8EI}$$

应用 M^0 图的自乘积求得 δ_{BB}，即单位弯矩图 M^0 的面积 ω^0 和此面积形心处的纵坐标 $(M_C^0)_1$ 相乘再除以抗弯刚度：

$$\delta_{BB}=\frac{\omega^0(M_C^0)_1}{EI}=\frac{\left(\frac{1}{2}\cdot l\cdot l\,\frac{2}{3}l\right)}{EI}=\frac{l^3}{3EI}$$

根据式（12-1）得

$$-\frac{ql^4}{8EI}+F_{By}\frac{ql^3}{3EI}=-\delta_1$$

解得

$$F_{By}=\frac{3ql}{8}-\frac{3EI}{l^3}\delta_1$$

例 12-2　结构受力及尺寸如图 12-4a 所示，AB 梁的抗弯刚度 EI 及 BD 杆的抗拉（压）刚度 EA 均为已知，试求 BD 杆的轴力 F_N。

解　此题为一次超静定结构，在此例中选取不同的基本静定基，用两种方法求解。

解法 1　将杆件的支撑力作为多余约束解除，代之以约束力 X_1，其相当系统如图 12-4b 所示。其变形协调条件写成一次超静定的正则方程式：

$$\Delta_{1F}+\delta_{11}X_1=-\frac{X_1a}{EA}\qquad\text{（a）}$$

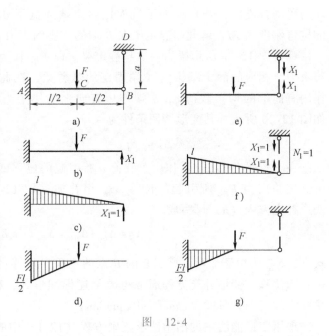

图　12-4

式中，Δ_{1F} 为由于载荷 F 所引起的 B 点的铅垂方向位移；δ_{11} 为在 B 点作用单位力时，B 点的铅垂向位移；右端负号是因为原超静定结构在 B 处位移向下，与 X_1 方向相反。

用图乘法计算 δ_{11} 及 Δ_{1F}。作静定基梁的弯矩图（仅由于载荷 F 作用的）M_F 图，如图 12-4d 所示。静定基梁上只作用单位力 X_1 的 M^0 图，如图 12-4c 所示。由图乘法：

$$\delta_{11} = \frac{1}{EI}\left[\left(\frac{1}{2} \cdot l \cdot l \right) \cdot \frac{2}{3} l \right] = \frac{l^3}{3EI} \tag{b}$$

$$\Delta_{1F} = -\frac{1}{EI}\left[\left(\frac{1}{2} \cdot \frac{l}{2} \cdot \frac{Fl}{2} \right) \cdot \frac{5}{6} l \right] = -\frac{5Fl^3}{48EI} \tag{c}$$

将式（b）、式（c）代入式（a），求得

$$X_1 = \frac{5FAl^3}{16(Al^3 + 3Ia)}$$

杆 BD 的轴力为

$$F_N = X_1 = \frac{5FAl^3}{16(Al^3 + 3Ia)} (\text{拉})$$

解法 2 此题的一次超静定结构也可看作内部超静定结构。对于内部超静定结构可以用截面法将结构切开一个或几个截面（即去掉内部多余约束），使它变成静定的，那么切开截面上的内力分量的总数（即原结构内部多余约束数目）就是超静定次数。

取基本静定基如图 12-4e 所示，将杆件 BD 的内力作为多余内力（将杆 BD 截开，加上轴力 X_1），其变形协调条件即正则方程为

$$\Delta_{1F} + \delta_{11} X_1 = 0 \tag{d}$$

式中，Δ_{1F} 为由于载荷 F 作用所引起的 BD 杆截开处的相对位移；δ_{11} 为在 BD 截开处作用一对单位力 X_1 时的相对位移；等号右端为 0，表示原超静定结构在截开处相对位移为零。

M^0 图及杆 BD 的轴力图如图 12-4f 所示，M_F 图如图 12-4g 所示，由图乘法可得

$$\delta_{11} = \frac{l^3}{3EI} + \frac{a}{EA} \tag{e}$$

$$\Delta_{1F} = -\frac{5Fl^3}{48EI} \tag{f}$$

将式（e）、式（f）代入式（d），可得

$$X_1 = \frac{5FAl^3}{16(Al^3 + 3Ia)}$$

即杆 BD 轴力为

$$F_N = X_1 = \frac{5FAl^3}{16(Al^3 + 3Ia)} (\text{拉杆})$$

由本例可以看出，选取不同的基本静定系，正则方程（变形协调条件）是不同的，方程中各项的值也不会完全相同，但最终结果却是相同的。

例 12-3 试求图 12-5 所示双铰圆拱的支座约束力及中点 C 沿 F 力方向的位移。设圆拱

为小曲率杆，半径为 R，抗弯刚度为 EI，不计轴力影响。

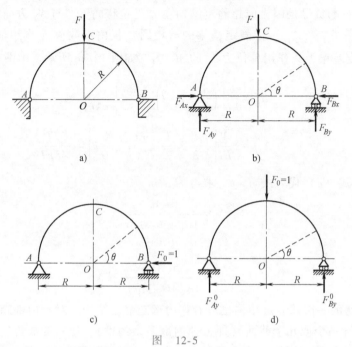

图 12-5

解 双铰圆拱的两端都是固定铰支座，属一次超静定。选 B 支座处水平方向约束为多余约束，解除约束代之约束力 F_{Bx}，得图 12-5b 所示的静定基，其变形协调条件为 B 处水平位移 $\Delta_B = 0$。

由静力平衡条件可得

$$\sum F_x = 0, \quad F_{Ax} = F_{Bx}$$

$$\sum F_y = 0, \quad F_{Ay} = F_{By} = \frac{F}{2}$$

在静定基上，圆拱任一截面的弯矩方程为

$$M(\theta) = F_{By}R(1-\cos\theta) - F_{Bx}R\sin\theta$$

$$= \frac{F}{2}R(1-\cos\theta) - F_{Bx}R\sin\theta \quad \left(0 \leqslant \theta \leqslant \frac{\pi}{2}\right)$$

在 B 点加水平方向单位力 F_0 后，相同截面上单位弯矩方程（图 12-5c）为

$$M^0(\theta) = -R\sin\theta$$

利用结构对称求 Δ_B 并代入变形协调条件：

$$\Delta_B = 2\int_s \frac{M(\theta)M^0(\theta)}{EI}\mathrm{d}s$$

$$= \frac{2}{EI}\int_0^{\frac{\pi}{2}}\left[\frac{F}{2}R(1-\cos\theta) - F_{Bx}R\sin\theta\right](-R\sin\theta)R\mathrm{d}\theta$$

$$= \frac{R^3}{2EI}(\pi F_{Bx} - F) = 0$$

解得

$$F_{Bx} = \frac{F}{\pi}, \quad F_{Ax} = F_{Bx} = \frac{F}{\pi}$$

求出多余约束力后，可以在静定基上求中点 C 沿 F 力方向的位移 Δ_C。在 C 点加与 F 力同方向的单位力 F_0（图 12-5d），在外载荷和单位力分别作用下任一截面上的弯矩方程为

$$M(\theta) = \frac{F}{2}R(1-\cos\theta) - \frac{F}{\pi}R\sin\theta, \quad 0 \leqslant \theta \leqslant \frac{\pi}{2}$$

$$M^0(\theta) = F_{By}^0 R(1-\cos\theta) = \frac{1}{2}R(1-\cos\theta) \quad 0 \leqslant \theta \leqslant \frac{\pi}{2}$$

$$\Delta_C = 2\int_s \frac{M(\theta)M^0(\theta)}{EI}\mathrm{d}s$$

$$= \frac{2}{EI}\int_0^{\frac{\pi}{2}}\left[\frac{F}{2}R(1-\cos\theta) - \frac{F}{\pi}R\sin\theta\right]\left[\frac{1}{2}R(1-\cos\theta)\right]R\mathrm{d}\theta$$

$$= \frac{FR^3}{EI}\left(\frac{3\pi}{8}F_{Bx} - \frac{1}{2\pi} - 1\right) = 0.01895\frac{FR^3}{EI}$$

12.3 用变形能法解简单超静定刚架

简单超静定刚架的解法与前述简单超静定梁的解法基本相同。首先选择多余约束力，确定相应的静定基本系统，根据多余约束处的变形谐调条件建立变形补充方程以解出该处的约束力。现通过例题具体说明。

超静定刚架 ABC 尺寸及受载如图 12-6a 所示，A 端为固定端，C 端为滚铰支座，各杆抗弯刚度均为 EI。未知支座约束力共有 4 个，即 F_{Ax}、F_{Ay}、M_A、F_{Cy}，静力平衡方程式只有 3 个，未知约束力的数目超过独立静力平衡方程式的数目为 1，故为一次超静定。

如以支座约束力 F_{Cy} 为多余约束力，相应的静定基本系统为一端固定，另一端自由的刚架 ABC。其变形条件为 C 点的铅垂向位移 $(\Delta_C)_V$ 等于零，即

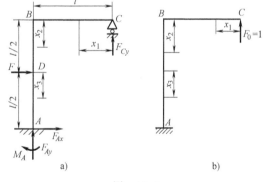

图 12-6

$$(\Delta_C)_V = 0$$

1. 莫尔积分法

在 C 处铅垂向上作用一单位力 $F_0 = 1$，如图 12-6b 所示，刚架各段的弯矩方程 M 与单位弯矩方程 (M^0) 为

BC 段	$M_1 = F_{Cy}x_1, \quad M_1^0 = 1 \cdot x_1$
BD 段	$M_2 = F_{Cy}l, \quad M_2^0 = 1 \cdot l$
DA 段	$M_3 = F_{Cy}l - Fx_3, \quad M_3^0 = 1 \cdot l$

略去轴力和剪力的影响，将各 M_i、M_i^0 代入变形方程式：

$$(\Delta_C)_V = \frac{1}{EI}\left[\int_0^l M_1 M_1^0 \mathrm{d}x_1 + \int_0^{l/2} M_2 M_2^0 \mathrm{d}x_2 + \int_0^{l/2} M_3 M_3^0 \mathrm{d}x_3\right] = 0$$

$$\int_0^l F_{Cy} x_1^2 \mathrm{d}x_1 + \int_0^{l/2} F_{Cy} l^2 \mathrm{d}x_2 + \int_0^{l/2} (F_{Cy} l - F x_3) l \mathrm{d}x_3 = 0$$

$$\frac{F_{Cy}}{3}l^3 + \frac{F_{Cy}}{2}l^3 + \frac{F_{Cy}}{2}l^3 - \frac{F}{8}l^3 = 0$$

解上式，可得

$$F_{Cy} = \frac{3}{32}F$$

其他支座约束力可由静力平衡方程式求得：

$$\sum F_x = 0, \quad F_{Ax} = -F$$

$$\sum F_y = 0, \quad F_{Ay} = -\frac{3}{32}F$$

$$\sum m_A = 0, \quad M_A = -\frac{13}{32}FL$$

2. 图形互乘法

仍以 F_{Cy} 为多余约束力，去除多余约束，作静定基本系统的 M 图如图 12-7a 所示。在 C 点铅垂向上作用一单位力 $F_0 = 1$，作单位弯矩 M_0 图如图 12-7b 所示，相应的变形条件为

$$\Delta_C = \Delta_{CF} + F_{Cy}\delta_{CC} = 0 \tag{a}$$

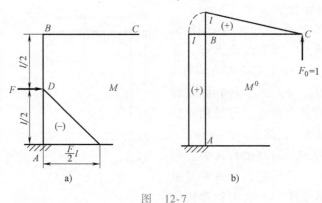

图 12-7

由 M 图与 M_0 图的互乘可得

$$\Delta_{CF} = \frac{\omega M_C^0}{EI} = \frac{\frac{1}{2}\left(-\frac{Fl}{2}\right)\frac{1}{2}l \cdot l}{EI} = -\frac{Fl^3}{8EI} \tag{b}$$

由 M_0 图的自乘可得

$$\delta_{CC} = \frac{\omega^0 (M_C^0)_1}{EI} = \frac{\frac{l^2}{2} \cdot \frac{2}{3}l}{EI} + \frac{l^2 \cdot l}{EI} = \frac{4l^3}{3EI} \tag{c}$$

以式（b）、式（c）代入式（a）得

$$-\frac{Fl^3}{8EI}+F_{Cy}\frac{4l^3}{3EI}=0$$

解上式得

$$F_{Cy}=\frac{3}{32}F$$

例 12-4　如图 12-8a 所示，超静定刚架 $ABCD$，在 A 和 D 两处均为固定铰支座，AB 与 DC 两杆的抗弯刚度均为 EI_1，BC 杆为 $2EI_2$，求各支座约束力。

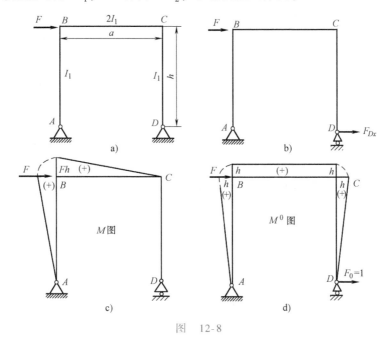

图　12-8

解　未知支座约束力有 F_{Ax}、F_{Ay}、F_{Dx}、F_{Dy}，因此是一次超静定，选取 F_{Dx} 为多余约束力，相应的静定基本系统如图 12-8b 所示，A 端为固定铰支座，D 端为滚动铰支座，相应的变形条件为

$$(\Delta_D)_{\mathrm{H}}=\Delta_{DF}+F_{Dx}\delta_{DD}=0 \tag{a}$$

式中，Δ_{DF} 为由于载荷 F 引起 D 截面的水平方向位移；δ_{DD} 为在 D 截面处作用一单位力 F_0 所引起该处的水平方向位移。

静定基本系统的弯矩 M 图如图 12-8c 所示。在 D 处水平方向作用一单位力 $F_0=1$，作单位弯矩 M^0 图如图 12-8d 所示。由 M 图与 M^0 图的互乘可得

$$\Delta_{DF}=\frac{1}{EI_1}\frac{Fh}{2}\cdot h\cdot\frac{2}{3}h+\frac{1}{2EI_1}\frac{Fh}{2}\cdot a\cdot h=\frac{Fh^2}{12EI_1}(3a+4h) \tag{b}$$

由 M_0 图的自乘可得

$$\delta_{DD}=2\cdot\frac{1}{EI_1}\cdot\frac{h^2}{2}\cdot\frac{2}{3}h+\frac{ah^2}{2EI_1}=\frac{h^2}{6EI_1}(4h+3a) \tag{c}$$

以式（b）、式（c）代入式（a），解得

$$F_{Dx} = -\frac{\Delta_{DF}}{\delta_{DD}} = -\frac{F}{2}$$

负号表示 F_{Dx} 的方向与所加单位力方向相反，其余的支座约束力可由静力平衡方程求得

$$F_{Ax} = -\frac{F}{2}, \quad F_{Ay} = -\frac{Fh}{a}, \quad F_{Dy} = \frac{Fh}{a}$$

例 12-5　以 M_A 作为多余约束力，解图 12-9a 所示的超静定刚架。

解　如以 M_A 为多余约束力，相应的静定基本系统如图 12-9b 所示，A 端为固定铰支座，C 端仍为滚动铰支座。静定基本系统在外载荷 F 作用下，再加上 M_A，应使 A 截面的转角 $\theta_A = 0$，才能与原超静定刚架完全相同，其变形协调条件为

$$\theta_A = \theta_{AF} + M_A\theta_{AA} = 0 \qquad (a)$$

式中，θ_{AF} 为由于载荷 F 引起 A 截面的角位移；θ_{AA} 为在 A 截面处作用一单位力偶所引起该处的角位移。

作静定基本系统刚架的弯矩图如图 12-9c 所示；另在基本系统上 A 处作用一单位力偶矩 $M_s = 1$，作单位弯矩（M^0）图如图 12-9d 所示。

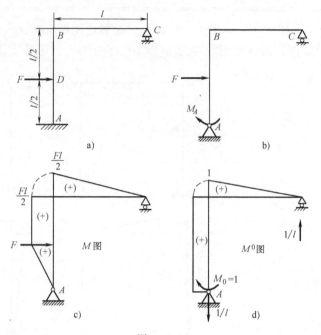

图　12-9

由 M 图与 M^0 图的互乘（分块考虑）可得

$$\theta_{AF} = \frac{\omega M_C^0}{EI} = \frac{1}{EI}\left[\frac{1}{2} \cdot \frac{Fl}{2} \cdot l \cdot \frac{2}{3} + \frac{Fl}{2} \cdot \frac{l}{2} \cdot 1 + \frac{1}{2} \cdot \frac{Fl}{2} \cdot \frac{l}{2} \cdot 1\right] = \frac{13Fl^2}{24EI} \qquad (b)$$

由 M^0 图的自乘可得

$$\theta_{AA} = \frac{\omega^0(M_C^0)_1}{EI} = \frac{1}{EI}\left[\frac{1}{2} \cdot 1 \cdot l \cdot \frac{2}{3} + 1 \cdot l \cdot 1\right] = \frac{4l}{3EI} \qquad (c)$$

以式（b）、式（c）代入式（a），得

$$M_A = -\frac{\theta_{AF}}{\theta_{AA}} = -\frac{13}{32}Fl$$

12.4　力法　正则方程式

前几节讨论了简单超静定梁和刚架的解法，只要正确选取多余约束力并确定相应的静定基本系统后，根据变形谐调条件建立补充方程式，就可以解决问题。前述问题均属一次超静定，也就是只有一个多余约束或多余内力的情况，以此多余力作为未知量列出变形补充方

程，一般写成标准形式，称为正则方程式，式（12-1）即为一次超静定的正则方程式，从该方程式即可解得多余约束力，然后应用静力平衡方程可将全部未知约束力或内力解出。这种方法因以多余约束力或多余内力作未知量，所以称为**力法**（force method）。

上述方法可推广运用到多次超静定系统问题，即系统的多余约束力或内力不只是一个的情况。现以两端固定的刚架 ABC 为例，建立它的正则方程式，如图 12-10a 所示。刚架的 A 与 C 两端均固定，共有 6 个约束力，比独立静力平衡方程的数目多了 3 个，故为三次超静定刚架。

取固定端 C 为多余约束，将它解除后，以未知约束力 X_1（铅垂向）、X_2（水平向）、X_3（转动约束力偶矩）来代替约束的作用，如图 12-10b 所示。相应的静定基本系统为 A 端固定、C 端自由的静定刚架，此刚架在载荷 F 与多余约束力 X_1、X_2、X_3 的作用下要与原超静定刚架 ABC 相当，必须满足变形谐调条件（原超静定刚架 C 处在 X_1、X_2、X_3 三方向均为刚性支承）：

沿 X_1 方向的铅垂位移　　$\Delta_1 = 0$

沿 X_2 方向的水平位移　　$\Delta_2 = 0$

沿 X_3 方向的角位移　　　$\Delta_3 = 0$

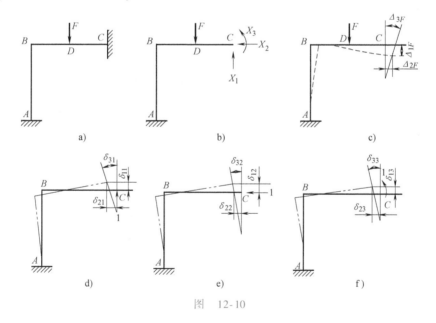

图　12-10

应用变形叠加原理，按照式（12-1）的法则，可写成下列一组变形补充方程：

$$\left.\begin{aligned}
\Delta_1 &= \Delta_{1F} + \delta_{11}X_1 + \delta_{12}X_2 + \delta_{13}X_3 = 0 \\
\Delta_2 &= \Delta_{2F} + X_1\delta_{21} + X_2\delta_{22} + X_3\delta_{23} = 0 \\
\Delta_3 &= \Delta_{3F} + X_1\delta_{31} + X_2\delta_{32} + X_3\delta_{33} = 0
\end{aligned}\right\} \qquad (12\text{-}2)$$

式中，X_1、X_2、X_3 为需求的未知约束力（广义力）；Δ_1、Δ_2、Δ_3 为静定基本系统上 C 端分别沿 X_1、X_2、X_3 方向的总位移（广义位移）；Δ_{1F}、Δ_{2F}、Δ_{3F} 为静定基本系统上由于载荷 F 的作用，分别在 X_1、X_2、X_3 方向所产生的位移，如图 12-10c 所示；δ_{11}、δ_{12}、δ_{13}、… 为单

位力（广义力）单独作用在静定基本系统上所引起的位移，如图 12-10d、e、f 所示，第一个下角标表示位移方向，第二个下角标表示产生此位移的单位力。

式（12-2）是三次超静定问题的力法正则方程式，现将此方程组写成矩阵形式：

$$\begin{Bmatrix} \Delta_{1F} \\ \Delta_{2F} \\ \Delta_{3F} \end{Bmatrix} + \begin{bmatrix} \delta_{11} & \delta_{12} & \delta_{13} \\ \delta_{21} & \delta_{22} & \delta_{23} \\ \delta_{31} & \delta_{32} & \delta_{33} \end{bmatrix} \begin{Bmatrix} X_1 \\ X_2 \\ X_3 \end{Bmatrix} = 0 \qquad (12\text{-}3)$$

由位移互等定理易知：$\delta_{12} = \delta_{21}$，$\delta_{13} = \delta_{31}$，$\delta_{23} = \delta_{32}$，或统一写成 $\delta_{ij} = \delta_{ji}$。所以，方程组（12-2）中的独立系数实际上只有 6 个，而在矩阵（12-3）中系数矩阵关于主对角线对称。

按上述原理，可把力法推广到具有 n 个多余约束的超静定系统，即 n 次超静定系统，这时的正则方程式如下：

$$\left. \begin{aligned} \Delta_{1F} + \delta_{11}X_1 + \delta_{12}X_2 + \cdots + \delta_{1n}X_n = 0 \\ \Delta_{2F} + \delta_{21}X_1 + \delta_{22}X_2 + \cdots + \delta_{2n}X_n = 0 \\ \vdots \\ \Delta_{nF} + \delta_{n1}X_1 + \delta_{n2}X_2 + \cdots + \delta_{nn}X_n = 0 \end{aligned} \right\} \qquad (12\text{-}4)$$

写成矩阵的形式

$$\begin{Bmatrix} \Delta_{1F} \\ \Delta_{2F} \\ \vdots \\ \Delta_{nF} \end{Bmatrix} + \begin{bmatrix} \delta_{11} & \delta_{12} & \cdots & \delta_{1n} \\ \delta_{21} & \delta_{22} & \cdots & \delta_{2n} \\ \vdots & \vdots & \vdots & \vdots \\ \delta_{n1} & \delta_{n2} & \cdots & \delta_{nn} \end{bmatrix} \begin{Bmatrix} X_1 \\ X_2 \\ \vdots \\ X_n \end{Bmatrix} = 0 \qquad (12\text{-}5)$$

或

$$[\Delta_{iF}] + [\delta_{ij}][X_j] = 0$$

由位移互等定理，方程组（12-4）的系数（称为影响系数）有下列关系：

$$\delta_{ij} = \delta_{ji} \quad i = 1, 2, \cdots, n; \quad j = 1, 2, \cdots, n$$

所以式（12-5）中的系数矩阵关于主对角线对称。当 $i=j$ 时，力与位移的方向一致，δ_{ij} 在主对角线上称为主位移，δ_{ij} 总是正值；当 $i \neq j$ 时，系数 δ_{ij} 称为副位移，它可以为正值、负值或等于零。

例 12-6　超静定刚架 ABC 如图 12-11a 所示，A 端为固定铰支座，杆的抗弯刚度均为 EI，求 A 端的支座约束力。

解　ABC 为二次超静定刚架，去除刚架左下方 A 的固定铰支座，代以多余约束力 X_1 和 X_2，运用正则方程式有

$$\left. \begin{aligned} X_1\delta_{11} + X_2\delta_{12} + \Delta_{1q} = 0 \\ X_1\delta_{21} + X_2\delta_{22} + \Delta_{2q} = 0 \end{aligned} \right\} \qquad (a)$$

作静定基本系统在载荷 q 作用下的弯矩 M 图，如图 12-11b 所示；作由于 $X_1 = 1$ 的单位

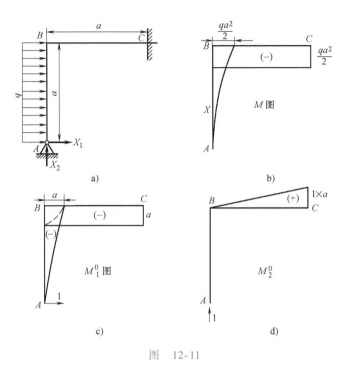

图　12-11

弯矩 M_1^0 图，如图 12-11c 所示；作由于 $X_2 = 1$ 的单位弯矩 M_2^0 图，如图 12-11d 所示。

M 图与 M_1^0 图的互乘：

$$\Delta_{1q} = \frac{1}{EI}\left[\frac{1}{3}\left(-\frac{qa^2}{2}\right) \cdot a \cdot \left(-\frac{3a}{4}\right) + \left(-\frac{qa^2}{2}\right) \cdot a \cdot (-a)\right] = \frac{5qa^2}{8EI}$$

M 图与 M_2^0 图互乘得

$$\Delta_{2q} = \left[\frac{1}{EI}\left(-\frac{qa^2}{2}\right) \cdot a \cdot \frac{a}{2}\right] = -\frac{qa^4}{4EI}$$

M_1^0 图自乘得

$$\delta_{11} = \frac{1}{EI}\left(\frac{a^2}{2} \cdot \frac{2a}{3} + a^2 \cdot a\right) = \frac{4}{3}\frac{a^3}{EI}$$

M_2^0 图自乘得

$$\delta_{22} = \frac{1}{EI}\frac{a^2}{2} \cdot \frac{2}{3}a = \frac{a^3}{3EI}$$

M_1^0 图与 M_2^0 图互乘得

$$\delta_{12} = \delta_{21} = -\frac{a^2}{EI} \cdot \frac{a}{2} = -\frac{a^3}{2EI}$$

将各 δ_{ij} 与 Δ_{iq} 代入式（a）并消去 $\dfrac{a^3}{EI}$，得

$$\frac{4}{3}X_1 - \frac{1}{2}X_2 + \frac{5}{8}qa = 0$$

$$-\frac{1}{2}X_1 + \frac{1}{3}X_2 - \frac{1}{4}qa = 0$$

（b）

307

解方程组（b）得

$$X_1 = -\frac{3}{7}qa, \quad X_2 = \frac{3}{28}qa$$

例 12-7　超静定桁架的结构尺寸及载荷如图 12-12a 所示。各杆的抗拉（压）刚度均为 EA，A 与 B 均为固定铰支座。求桁架各杆的内力。

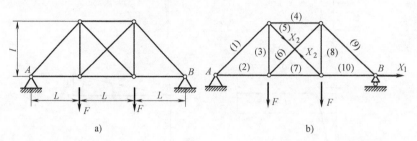

图　12-12

解　此桁架是二次超静定，一次属于支座约束力，另一次属于杆件内力。选择静定基本系统如图 12-12b 所示，即以支座 B 的水平向约束力 X_1 为多余约束力，杆（5）的内力 X_2 为多余杆件内力。其正则方程式为

$$X_1\delta_{11} + X_2\delta_{12} + \Delta_{1F} = 0$$

$$X_1\delta_{21} + X_2\delta_{22} + \Delta_{2F} = 0$$

在求解上列方程时首先要确定系数 δ_{ij}（$i = 1$，2；$j = 1$，2），桁架各杆均处于拉压变形下，位移 δ_{ij} 取决于各杆的轴力，即

$$\delta_{ij} = \sum \frac{F_{Ni}F_{Ni}^0 l_i}{EA}$$

应用静力学中分析桁架的节点法，解出桁架基本系统在载荷 F 作用下各杆的内力 F_{NF}；在 $X_1 = 1$ 作用下各杆的单位内力 F_{N1}^0；在 $X_2 = 1$ 作用下各杆的单位内力 F_{N2}^0。为便于计算，把各杆的内力 F_{NF}、F_{N1}^0、F_{N2}^0 列于表 12-1。

表 12-1　各杆内力

N_i	l	F_{NF}	F_{N1}^0	F_{N2}^0	$F_{N1}^0 F_{N2}^0 l$	$F_{NF}F_{N1}^0 l$	$F_{NF}F_{N2}^0 l$	F_N
1	$l\sqrt{2}$	$-F\sqrt{2}$	0	0	0	0	0	$-F\sqrt{2}$
2	l	F	1	0	0	Fl	0	$\dfrac{1}{11+12\sqrt{2}}F$
3	l	F	0	$-\dfrac{\sqrt{2}}{2}$	0	0	$-\dfrac{Fl}{\sqrt{2}}$	$-\dfrac{8+12\sqrt{2}}{11+12\sqrt{2}}F$
4	l	$-F$	0	$-\dfrac{\sqrt{2}}{2}$	0	0	$-\dfrac{Fl}{\sqrt{2}}$	$-\dfrac{14+12\sqrt{2}}{11+12\sqrt{2}}F$
5	$l\sqrt{2}$	0	0	1	0	0	0	$\dfrac{3\sqrt{2}}{11+12\sqrt{2}}F$
6	$l\sqrt{2}$	0	0	1	0	0	0	$\dfrac{3\sqrt{2}}{11+12\sqrt{2}}F$

（续）

N_i	l	F_{NF}	F_{N1}^0	F_{N2}^0	$F_{N1}^0 F_{N2}^0 l$	$F_{NF} F_{N1}^0 l$	$F_{NF} F_{N2}^0 l$	F_N
7	l	F	1	$-\dfrac{\sqrt{2}}{2}$	$-\dfrac{l}{\sqrt{2}}$	Fl	$-\dfrac{Fl}{\sqrt{2}}$	$\dfrac{-2}{11+12\sqrt{2}}F$
8	l	F	0	$-\dfrac{\sqrt{2}}{2}$	0	0	$-\dfrac{Fl}{\sqrt{2}}$	$\dfrac{8+12\sqrt{2}}{11+12\sqrt{2}}F$
9	$l\sqrt{2}$	$-F\sqrt{2}$	0	0	0	0	0	$-F\sqrt{2}$
10	l	F	1	0	0	Fl	0	$\dfrac{1}{11+12\sqrt{2}}F$
Σ					$-l/\sqrt{2}$	$3Fl$	$-\sqrt{2}Fl$	

取表中各项之和，分别计算出 δ_{ij} 如下：

$$\delta_{11} = \frac{1}{EA}\sum_{i=1}^{10}(F_{N1}^0)^2 l = \frac{3l}{EA}$$

$$\delta_{22} = \frac{1}{EA}\sum_{i=1}^{10}(F_{N2}^0)^2 l = \frac{(2+2\sqrt{2})l}{EA}$$

$$\delta_{12} = \delta_{21} = \frac{1}{EA}\sum F_{N1}^0 F_{N2}^0 l = \frac{\sqrt{2}l}{2EA}$$

$$\Delta_{1F} = \frac{1}{EA}\sum F_{NF} F_{N1}^0 l = \frac{3Fl}{EA}$$

$$\Delta_{2F} = \frac{1}{EA}\sum F_{NF} F_{N2}^0 l = -\frac{\sqrt{2}Fl}{EA}$$

将各 δ_{ij} 代入正则方程式并简化可得

$$\left.\begin{array}{c} 3X_1 - \dfrac{\sqrt{2}}{2}X_2 + 3F = 0 \\[3mm] -\dfrac{\sqrt{2}}{2}X_1 + 2(1+\sqrt{2})X_2 - \sqrt{2}F = 0 \end{array}\right\}$$

解上述方程组得

$$X_1 = -\frac{10+12\sqrt{2}}{11+12\sqrt{2}}F, \quad X_2 = -\frac{3\sqrt{2}}{11+12\sqrt{2}}F$$

桁架中各杆的内力可应用叠加法求得，如

杆（1）： $\quad F_N^{(1)} = F_{NF} + X_1 F_{N1}^0 + X_2 F_{N2}^0 = -F\sqrt{2}$

杆（2）： $\quad F_N^{(2)} = F + \left(\dfrac{10+12\sqrt{2}}{11+12\sqrt{2}}F\right) = \dfrac{1}{11+12\sqrt{2}}F$

其余各杆内力可依次算出，见表 12-1 中所列。

例 12-8 超静定刚架 ABCD 各杆的抗弯刚度均为 EI，A 与 D 均为固定端，如图 12-13a 所示，解此超静定刚架，并作它的弯矩图。

解 这是一个三次超静定问题，对于刚架多余约束力的选择和相应的静定基本系统的确定，可视计算的方便来决定。刚架 ABCD 具有对称轴，也可沿对称轴在 BC 杆的中点选取 F

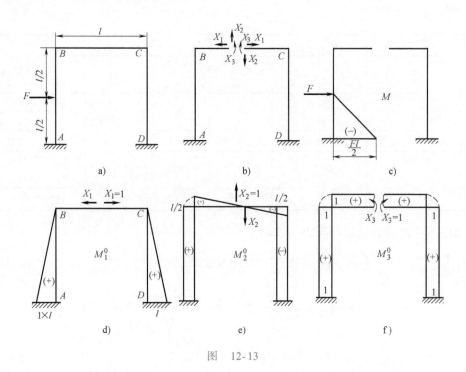

图　12-13

截面上的内力作为多余约束力，即轴力 X_1、剪力 X_2、弯矩 X_3，相应的静定基本系统为两个一端固定、另端自由、左右对称的刚架，如图 12-13b 所示。其变形谐调条件为：在 BC 杆的中点 F 左右两截面的相对水平位移 $\overline{\Delta}_1 = 0$，相对铅直位移 $\overline{\Delta}_2 = 0$，相对角位移 $\overline{\Delta}_3 = 0$。

列出正则方程式：

$$
\left.
\begin{aligned}
\overline{\Delta}_1 &= \Delta_{1F} + X_1\delta_{11} + X_2\delta_{12} + X_3\delta_{13} = 0 \\
\overline{\Delta}_2 &= \Delta_{2F} + X_1\delta_{21} + X_2\delta_{22} + X_3\delta_{23} = 0 \\
\overline{\Delta}_3 &= \Delta_{3F} + X_1\delta_{31} + X_2\delta_{32} + X_3\delta_{33} = 0
\end{aligned}
\right\}
\tag{12-6}
$$

上式中在 $\overline{\Delta}$ 上去除一横，即为式（12-4）。

作静定基本系统由于载荷 F 作用的弯矩 M 图，如图 12-13c 所示；作由于 X_1 作用的单位弯矩 M_1^0 图，如图 12-13f 所示。由图可见，M_1^0 图和 M_3^0 图对称于刚架的对称轴，称为正对称；M_2^0 图则为反对称，即在对称轴左右两对称点的 M_2^0，其数值相等而符号相反。应用图乘法可计算正则方程式中各系数 δ_{ij}。正对称图形 M_1^0、M_3^0 与反对称图形 M_2^0 互乘得到零值，由此可得

$$
\delta_{12} = \delta_{21} = \delta_{23} = \delta_{32} = 0
$$

M 图与 M_1^0 图、M_2^0 图、M_3^0 图分别互乘得

$$
\Delta_{1F} = \frac{\omega M_1^0}{EI} = \frac{1}{EI}\left[\frac{1}{2}\left(-\frac{1}{2}Fl\right)\cdot\frac{l}{2}\cdot\frac{5}{6}l\right] = -\frac{5Fl^3}{48EI}
$$

$$
\Delta_{2F} = \frac{\omega M_2^0}{EI} = \frac{1}{EI}\left[\frac{1}{2}\left(-\frac{1}{2}Fl\right)\cdot\frac{l}{2}\cdot\frac{l}{2}\right] = -\frac{Fl^3}{16EI}
$$

$$\Delta_{3F} = \frac{\omega M_3^0}{EI} = \frac{1}{EI}\left[\frac{1}{2}\left(-\frac{1}{2}Fl\right)\cdot\frac{l}{2}\cdot 1\right] = -\frac{Fl^2}{8EI} \qquad (\text{a})$$

M_1^0 图自乘得

$$\delta_{11} = \frac{2}{EI}\left[\frac{1}{2}l\cdot l\cdot\frac{2}{3}l\right] = \frac{2l^3}{3EI}$$

M_2^0 图自乘得

$$\delta_{22} = \frac{2}{EI}\left[\frac{l^2}{2}\cdot\frac{1}{2} + \frac{1}{2}\cdot\frac{l^2}{4}\cdot\frac{2}{3}\cdot\frac{l}{2}\right] = \frac{7l^3}{12EI}$$

M_3^0 图自乘得

$$\delta_{33} = \frac{3}{EI}(l\cdot 1\cdot 1) = \frac{3l}{EI}$$

M_1^0 图、M_3^0 图互乘得

$$\delta_{13} = \delta_{31} = \frac{2}{EI}\left(\frac{l^2}{2}\cdot 1\right) = \frac{l^2}{EI}$$

将 Δ_{iF} 与 δ_{ij} 各值代入正则方程式：

$$\left.\begin{array}{l}\dfrac{2}{3}lX_1 + X_3 - \dfrac{5}{48}Fl = 0 \\[2mm] \dfrac{7}{12}lX_2 - \dfrac{1}{16}Fl = 0 \\[2mm] lX_1 + 3X_3 - \dfrac{1}{8}Fl = 0\end{array}\right\} \qquad (\text{b})$$

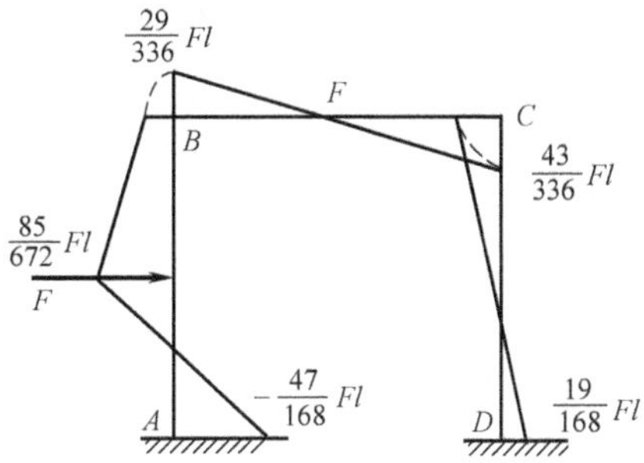

图 12-14

解上列方程组可得

$$X_1 = \frac{3}{16}F, \quad X_2 = \frac{3}{28}F, \quad X_3 = -\frac{1}{48}Fl$$

作刚架 $ABCD$ 的弯矩图（可应用叠加法），如图 12-14 所示。

12.5 利用结构对称性简化超静定结构的计算

很多工程实际中的结构均具有对称性，有些载荷也具有对称性。利用这一特点，可以使计算得到很大简化。

结构的对称性是指结构的几何形状、杆件的截面尺寸、材料的弹性模量和支持条件等均对称于某一轴线，此轴线称为对称轴。若将结构沿对称轴对折，其两侧部分的结构将完全重合，图 12-15a 和图 12-16a 中所示的刚架均为对称结构。

如果结构沿对称轴对折后，其上作用的载荷分布、大小和方向或转向均完全重合，则称这种载荷为对称载荷。图 12-15a 中所示的即为对称结构承受对称载荷的情况。如果结构对折后，载荷的分布及大小相同，但方向或转向相反，则称为反对称载荷。图 12-16a 中所示

的即为对称结构承受反对称载荷的情况。

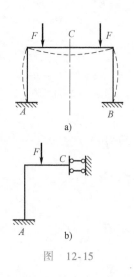

图 12-15

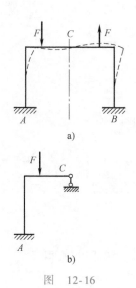

图 12-16

在对称载荷作用下，对称结构的变形和内力分布对称于结构的对称轴；而在反对称载荷作用下，对称结构的变形和内力分布必反对称于结构的对称轴。

注意，此处结构的内力并非内力图。由于剪力的符号规定，对称的剪力画出的剪力图是反对称的。

在超静定问题中，利用对称结构的上述特点，可以减少未知多余力的数目。例如，图12-15a所示刚架为三次超静定，在对称轴处的横截面C处，一般存在三个多余未知力，即轴力、剪力和弯矩。由于是对称结构承受对称载荷作用，内力是对称的，所以在对称轴处的横截面C处，只可能有轴力和弯矩，不可能存在剪力；由于结构的变形和位移是对称的，如图中虚线所示，所以C处不可能产生水平方向位移和转角，只可能有铅垂方向位移。从以上两方面分析可知，在截面C处将结构切开，取其一半进行计算即可，在切口处用一个滑动支座来代替原有的刚性联结（图12-15b）。这样图12-15a所示的三次超静定刚架的半边结构就等效为图12-15b所示的两次超静定结构。

结构对称承受反对称载荷的情况以图12-16a所示的三次超静定刚架为例，由于内力是反对称的，所以在横截面C处，只可能存在剪力，不可能有轴力和弯矩；由于结构的变形和位移是反对称的，如图中虚线所示，所以C处不可能产生铅垂方向位移，只可能有水平方向位移和转角。从以上分析可知，在截面C处将刚架切开，取其一半进行计算即可，在切口处用一个可动铰支座来代替原有的刚性联结（图12-16b）。这样图12-16a所示的三次超静定刚架就等效为图12-16b所示的一次超静定结构。

还有一种结构和载荷对两个互相垂直的轴都对称，称为双对称结构，如图12-17a所示。可将结构在横截面C和D处切开，取1/4结构进行计算，并在C、D两个截面处均采用含有约束力偶矩的滑动支座，如图12-17b所示。这样图12-17a

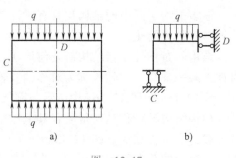

图 12-17

所示的三次超静定刚架的 1/4 结构就等效为图 12-17b 所示的一次超静定结构。

当对称结构承受一般载荷（既不对称，也不反对称）时，如图 12-18a 所示的情况，可以将其分解为对称和反对称两组载荷，如图 12-18b、c 所示。对这两组载荷的情况再分别利用对称和反对称性进行简化计算，然后再将二者结果叠加起来即可。

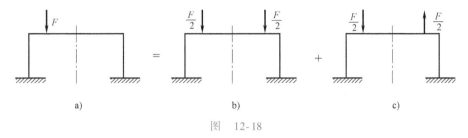

图 12-18

例 12-9   刚架受力及尺寸如图 12-19a 所示，其抗弯刚度 EI 为常量，试求支座约束力。

解   此结构为一次超静定，由于是结构对称、载荷反对称的刚架，所以其一半结构可以等效为图 12-19b 所示的静定结构，支座约束力可由平衡方程直接求出：

$$F_{By} = \frac{ql}{4}(\uparrow), \quad F_{Cy} = \frac{ql}{4}(\uparrow), \quad F_{Bx} = 0$$

由反对称性可知

$$F_{Ay} = \frac{ql}{4}(\uparrow), \quad F_{Ax} = 0$$

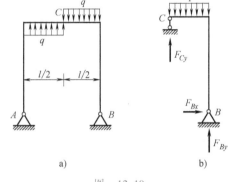

图 12-19

例 12-10   结构受力及尺寸如图 12-20a 所示，抗弯刚度 EI 为常量，试求 CD 段 C 截面的弯矩 M_{CD}。

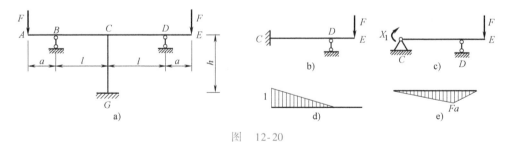

图 12-20

解   原结构为二次超静定。由对称性可知中间竖杆 CG 杆上只有轴力，而刚架中轴力引起的变形可忽略，所以 CG 杆的长度变化可以忽略不计。所以该对称载荷作用下的对称结构其一半可以等效为图 12-20b 所示的一次超静定结构，下面求解此结构。

图 12-20b 所示的一次超静定结构的相当系统（基本静定基）如图 12-20c 所示。相应的正则方程为

$$\delta_{11}X_1 + \Delta_{1F} = 0 \tag{a}$$

单位力 X_1 引起的 M_0 图如图 12-20d 所示，由 F 引起的弯矩 M_F 图如图 12-20e 所示。由图乘法有

$$\delta_{11} = \frac{1}{EI} \left[\left(\frac{1}{2} \times l \times 1 \right) \times \frac{2}{3} \right] = \frac{l}{3EI} \tag{b}$$

$$\Delta_{1F} = -\frac{1}{EI} \left[\left(\frac{1}{2} \times l \times Fa \right) \times \frac{1}{3} \right] = -\frac{Fla}{6EI} \tag{c}$$

将式（b）、式（c）代入式（a），求得多余约束力

$$X_1 = -\frac{\Delta_{1F}}{\delta_{11}} = \frac{Fa}{2}$$

$$M_{CD} = X_1 = \frac{Fa}{2} \quad （下侧受拉）$$

例 12-11 薄壁圆环的半径为 R，沿直径方向作用有一对拉力 F，如图 12-21a 所示。圆环壁的抗弯刚度为 EI。试求圆环内任意截面上的弯矩，并求圆环沿拉力 F 方向的变形和与 F 力垂直方向（CD）的径向变形。

解 （1）环内任意截面上的弯矩   沿直径 CD 将圆环截开为两部分，取上半部分来分析，如图 12-21b 所示。截面 CD 上一般有轴力、剪力及弯矩 3 个内力分量，由于载荷及几何形状均对称，可知 $F_{NC} = F_{ND}$，$M_C = M_D$，$F_{QC} = F_{QD} = 0$，根据平衡方程 $\sum F_y = 0$，$F_{NC} = F_{ND} = \dfrac{F}{2}$。这样，未知约束力只剩下 M_C（M_D），如图 12-21c 所示，因此问题可简化为一次超静定。根据圆环受力与变形情况的对称性，可知圆环在对称轴 A、B、C、D 截面上的转角均应等于零。于是可取 A 端固定的 1/4 圆环作为静定基本系统，如图 12-21d 所示，其变形谐调条件为

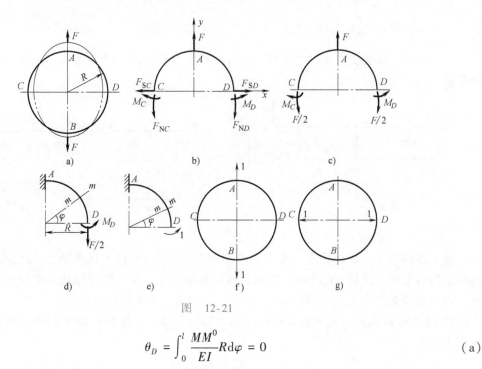

图   12-21

$$\theta_D = \int_0^l \frac{MM^0}{EI} R \mathrm{d}\varphi = 0 \tag{a}$$

应用莫尔积分法，环的任一截面 $m\text{-}m$ 上的弯矩，如图 12-21d 所示，则

$$M = M_D - \frac{F}{2}R(1-\cos\varphi) \tag{b}$$

在 D 处作用一单位力偶矩 $M_s = 1$，由此截面 $m\text{-}m$ 上的弯矩，如图 12-21e 所示，则

$$M^0 = 1 \tag{c}$$

以式（b）、式（c）代入式（a）得

$$\frac{1}{EI}\int_0^{\pi/2}\left[M_D - \frac{FR}{2}(1-\cos\varphi)\right]\cdot 1 \cdot R\mathrm{d}\varphi = 0$$

解上式得

$$M_D = \frac{F}{2}R\left(1-\frac{2}{\pi}\right) = 0.182FR \tag{d}$$

以式（d）代入式（b），得圆环在任意截面上的弯矩

$$M = \frac{F}{2}R\left(\cos\varphi - \frac{2}{\pi}\right) \tag{e}$$

在 F 力的作用点处，$\varphi = \dfrac{\pi}{2}$，得最大弯矩值

$$M_{\max} = -\frac{FR}{\pi} = -0.318FR \tag{f}$$

式中，负号表示在 F 力作用下的弯矩与图示 M_D 方向相反，该弯矩使圆环的曲率增加，而 M_D 则使圆环在截面 D 处的曲率减小。故圆环受力弯曲变形后的形状将如图 12-21a 中虚线所示。

（2）圆环沿拉力 F 在径向的变形　在 F 力方向加一对单位力 $F_0 = 1$，如图 12-21f 所示，截面上单位弯矩为

$$M^0 = \frac{1\cdot R}{2}\left(\cos\varphi - \frac{2}{\pi}\right) \tag{g}$$

应用莫尔积分法，以式（12-7）及式（g）代入得

$$\theta_C = 4\int_0^{\pi/2}\frac{MM_1^0}{EI}R\mathrm{d}\varphi = \frac{FR^3}{EI}\int_0^{\pi/2}\left(\cos\varphi - \frac{2}{\pi}\right)^2\mathrm{d}\varphi$$

$$= \left(\frac{\pi}{4} - \frac{2}{\pi}\right)\frac{FR^3}{EI} = 0.149\frac{FR^3}{EI} \tag{h}$$

（3）横向径向（CD）的变形　在与 F 力作用线相垂直的直径 CD 两端加一对单位力 $F_0 = 1$，如图 12-21g 所示，由此所产生的单位弯矩为

$$M_1^0 = 1\cdot\frac{R}{2}\left(\sin\varphi - \frac{2}{\pi}\right)$$

与 F 力作用线相垂直方向，圆环的变形为

$$\theta_C = 4\int_0^{\pi/2}\frac{MM_1^0}{EI}R\mathrm{d}\varphi = \frac{4}{EI}\int_0^{\pi/2}\frac{FR}{2}\left(\cos\varphi - \frac{2}{\pi}\right)\cdot\frac{R}{2}\left(\sin\varphi - \frac{2}{\pi}\right)R\mathrm{d}\varphi$$

$$= \left(\frac{1}{2} - \frac{2}{\pi}\right)\frac{FR^3}{EI} = -0.137\frac{FR^3}{EI} \tag{i}$$

12-1 试问题 12-1 图所示结构（梁或刚架）中哪些是静定的？哪些是超静定的？若是超静定的，试说明它的超静定次数。

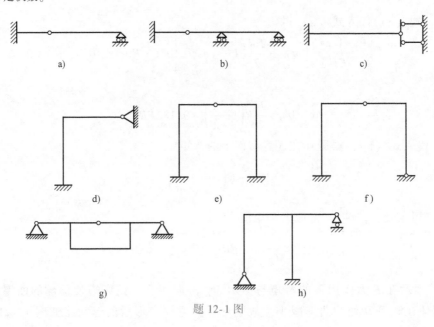

题 12-1 图

12-2 试求题 12-2 图所示各超静定梁的支座约束力，设各梁均为等截面梁，其抗弯刚度为 EI。

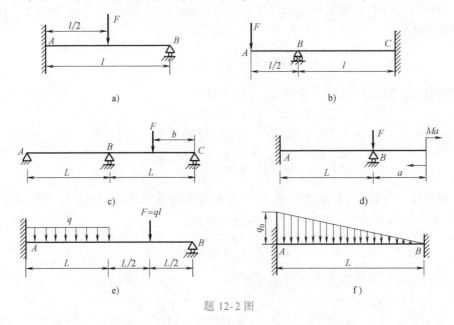

题 12-2 图

12-3 题 12-3 图所示梁 AB 的一端固定，另一端由拉杆拉住，梁与杆系用同一材料制成，其弹性模量为 E，梁截面惯矩为 I，拉杆的截面积为 A，梁上承受均布载荷 q，试求拉杆 BC 的内力。

12-4 题 12-4 图所示两悬臂梁 AB 及 CD 中央并不固接，而是以方块支持。当受集中力 F 作用后，试

问两梁如何承担 F 力？已知：$L_1 = 3\text{m}$，$L_2 = 2\text{m}$，$F = 10\text{kN}$，$EI_1 : EI_2 = 4 : 5$。

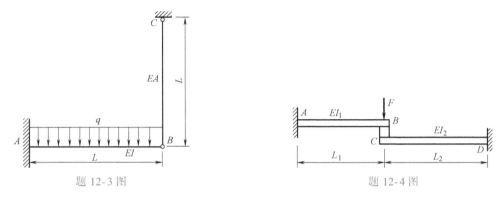

题 12-3 图   题 12-4 图

12-5 变截面超静定梁 ABC 如题 12-5 图所示，试求支座 A、C 的约束力。

12-6 题 12-6 图所示梁 ABC 与杆 BD 系用同一材料制成，梁的 A 端固定，在 B 点与杆 BD 相铰接。梁上承受均布荷重 q，梁截面的惯矩为 I，杆的截面积为 A。试求 BD 杆的内力。

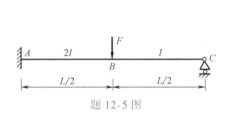

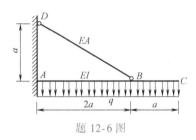

题 12-5 图   题 12-6 图

12-7 试求题 12-7 图所示各等截面刚架的支座约束力。截面抗弯刚度为 EI，略去轴力与剪力的影响。

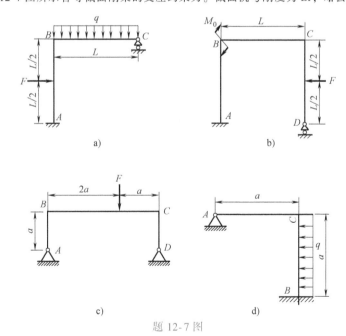

题 12-7 图

12-8 试作题 12-8 图所示刚架的弯矩图。

12-9 题 12-9 图所示悬臂梁 AD 和 BE 的抗弯刚度同为 $EI = 24 \times 10^6 \text{N} \cdot \text{m}^2$，由刚架 DC 相连接。CD 杆

317

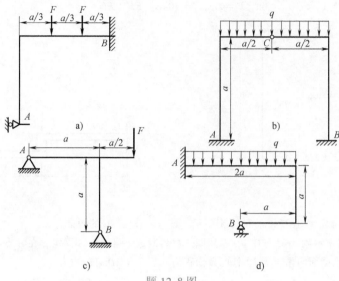

题 12-8 图

的 $l = 5\text{m}$，$A = 3 \times 10^{-4}\text{m}^2$，$E = 200\text{GPa}$。若 $F = 50\text{N}$，试求悬臂梁 AD 在 D 点的挠度。

12-10　题 12-10 图所示悬臂梁的自由端恰好与光滑斜面接触，若温度升高 ΔT，试求梁内的最大弯矩。设 E、A、I、α 已知，且梁的自重以及轴力对弯曲变形的影响均可忽略不计。

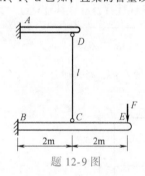

题 12-9 图

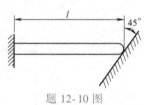

题 12-10 图

12-11　试求题 12-11 图所示封闭形刚架在转角连接处的弯矩。

12-12　链条的一环如题 12-12 图所示，试求环内的最大弯矩。已知环的抗弯刚度为 EI，尺寸如图示。

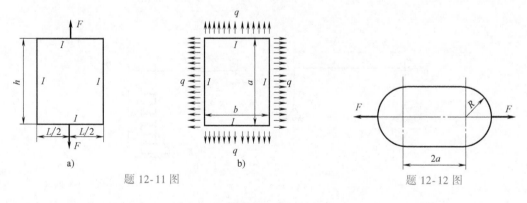

题 12-11 图　　　　　　　　　　　　题 12-12 图

12-13　车床夹具如题 12-13 图所示，抗弯刚度 EI 已知，试求夹具 A 截面上的弯矩。

12-14　题 12-14 图所示结构中各杆的材料和截面均相同，试求各杆的内力。

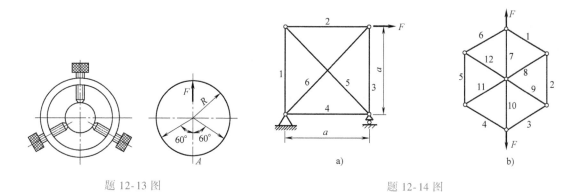

题 12-13 图　　　　　　　　　　题 12-14 图

12-15　题 12-15 图所示水平折杆的截面为圆形，$d = 2cm$，A、D 两端固定支承，角 B、角 C 为直角，在 BC 中点承受铅垂载荷 F 如图示，若 $l = 5cm$，材料的许用应力 $[\sigma] = 160MPa$，$G = 80GPa$，$E = 200MPa$。试求许可载荷 F。

12-16　梁 AB 用一桁架加固，梁的抗弯刚度为 EI，抗拉刚度为 EA。桁架中 1、2、3、4、5 五杆的抗拉（压）刚度均为 EA_1，受力及尺寸如题 12-16 图所示。试用力法求杆 1 中的轴力 F_{N1}。

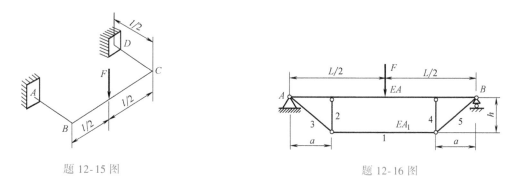

题 12-15 图　　　　　　　　　　题 12-16 图

12-17　超静定刚架受力如题 12-17 图所示，其各段的抗弯刚度均为 EI，试求 A 点的水平位移。

12-18　在曲率半径 $R = 2m$ 的半圆形曲杆 AB 中有拉杆 CD，承受载荷 $F = 20kN$，如题 12-18 图所示。设曲杆的横截面为边长 $a = 12cm$ 的正方形，拉杆的横截面面积为 $A = 36cm^2$，曲杆与拉杆的材料相同，试求拉杆内力与支座约束力（曲杆内的轴力影响略去不计）。

题 12-17 图　　　　　　　　　　题 12-18 图

12-19　如题 12-19 图所示，有 $2n$ 根截面相同、材料相同的钢杆，一端用铰与半径为 R 的刚性圆周边连接，另一端互相铰接于圆心 C 处，各杆沿四周均布（即相邻两杆间的夹角为 π/n）。在铰 C 上作用一铅垂力 F，求在 F 力作用下各杆的内力。

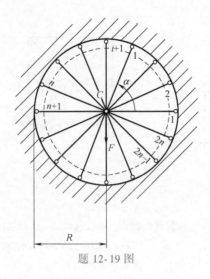

题 12-19 图

第 13 章
动载荷和交变应力

13.1　动载荷问题的概念

以前各章研究构件在静载荷作用下的应力和变形，进而校核其强度和刚度以及受压杆件的稳定性计算。静载荷通常是指从零开始逐渐增加到某一数值即不再变化的载荷，加载时平稳缓慢，构件内各点的加速度非常微小可忽略不计，构件处于静力平衡状态或做匀速直线运动。如果整个构件或构件的某些部分在外力作用下速度有了显著的变化，即发生了较大的加速度，研究这时的应力和变形问题就是动载荷问题。

静载荷和动载荷对于构件的作用是不同的。例如，用绳索起吊重物，当物体静止不动或匀速上升时，绳索受到的拉力即等于重物的重量，物体的重量对绳索的作用为静载荷作用。但是如果绳索吊着重物以某一加速度上升，绳索受到的拉力就要大于重物的重量，这时物体的重力引起了动载荷的作用。

在工程上，构件受动载荷作用的情况很多，例如内燃机的连杆、汽轮机的叶片等，在工作时它们的每一微小部分都有相当大的加速度，因此是动载荷问题。构件因动载荷而引起的应力称为动应力。当发生碰撞时，载荷在极短的时间内作用在构件上，在构件上引起的应力可能很大，而材料的强度性质与静载荷作用时也有所不同，这种应力称为冲击应力。例如，工程中的打桩、锻压等，高速转动的飞轮或砂轮，也都属于这种情况。此外，当外载荷作用在构件上时，如果载荷的大小经常做周期性的改变，或者载荷不变而构件本身在做周期性的运动，这时材料的强度性质也将会不同，这种情况下产生的应力称为交变应力。冲击应力和交变应力的计算也是动载荷问题。

本章中，我们将研究构件在动载荷作用下的应力计算问题，以及冲击应力和交变应力问题。动载荷的问题是复杂的，本章只讨论一些比较简单的情况和基本的概念。

13.2　匀加速运动构件的应力计算——惯性力法

现在来研究最简单的动载荷问题，即当物体在运动时物体内各点的加速度是已知的，计算这时物体内产生的动应力。

试验证明，在静载荷下服从胡克定律的材料，在承受动载荷（由于加速度引起的动载荷或冲击载荷）时，只要动应力不超过其比例极限，胡克定律仍然有效，且弹性模量 E 也与静载荷下的数值相同。故在该种动应力计算中胡克定律仍然适用。

物体以加速度运动时，它受到相邻物体的作用力，按作用与反作用力互等定律，它也传递给相邻物体以大小相等、方向相反的反作用力，这一反作用力就是所谓的惯性力。这一原理，同样适用于做加速运动的物体内每一个质点对传递给相邻部分的惯性力计算，在数值上等于质点的质量 m 与加速度 a 的乘积，即 ma，其方向与加速度 a 的方向相反，它的作用遍布于整个构件的每个质点上，所以惯性力是一种体积力。

如果把遍布于整个体积内的惯性力，附加在构件上，构件在作用力与惯性力的共同作用下保持动力平衡状态，因此动载荷问题便可作为静载荷问题来处理。这就是动力学中常用的惯性力法或称为达朗贝尔原理。

假设构件的变形很小，不影响它的运动性质，在计算构件的转动惯量时，可忽略其变形，而按它的原有尺寸计算。

现通过实例对惯性力法的应用进行较具体的分析讨论。

1. 匀加速直线运动构件的应力计算

起重机以匀加速度 a 起吊一根杆件，如图 13-1a 所示，杆件的长度为 l，横截面面积为 A，杆件材料的单位体积重量为 γ，试计算杆件横截面上的应力。

应用截面法：将杆件在距杆下端 x 的横截面 m-n 截开，保留截面以下部分，如图 13-1b 所示，作用于这一部分杆件上的重力沿轴线均布，集度 $q_1 = A\gamma$，横截面 m-n 上的轴力为 F_{Nd}。按惯性力法，对这部分在匀加速运动中的杆，沿轴线引入惯性力集度 $q_d = \dfrac{A\gamma}{g}a$（方向与加速度 a 反向，也沿杆轴线分布），该段杆就可作静力平衡处理：

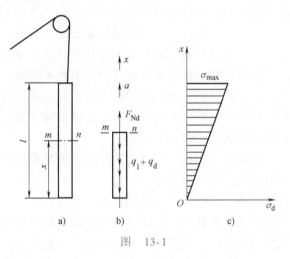

图 13-1

$$\sum F_x = 0,\quad F_{Nd} - (q_1 + q_d)x = 0$$

$$F_{Nd} = (q_1 + q_d)x = A\gamma x\left(1 + \frac{a}{g}\right)$$

现在杆件为轴向拉伸，横截面上的应力均匀分布，故得动应力为

$$\sigma_d = \frac{F_{Nd}}{A} = \gamma x\left(1 + \frac{a}{g}\right) \tag{a}$$

当 $a = 0$ 时，杆件在静载荷作用下，即在自重作用下，静应力为

$$\sigma_{st} = \gamma x$$

代入式（a）得

$$\sigma_d = \sigma_{st}\left(1 + \frac{a}{g}\right)$$

引入记号

$$K_d = \left(1 + \frac{a}{g}\right) \tag{b}$$

K_d 称为动荷因数，于是式（a）化为

$$\sigma_d = K_d \sigma_{st} \tag{c}$$

上式说明动应力等于静应力乘以动荷因数。

由式（a）知，动应力 σ_d 沿杆轴线按线性规律分布，如图 13-1c 所示。当 $x=l$ 时，得最大动应力

$$(\sigma_d)_{max} = \gamma l\left(1+\frac{a}{g}\right) = K_d(\sigma_{st})_{max} \tag{13-1}$$

式中，$(\sigma_{st})_{max} = \gamma l$ 为最大静应力。

于是动载荷作用下构件的强度条件为

$$(\sigma_d)_{max} = K_d(\sigma_{st})_{max} \leqslant [\sigma] \tag{13-2}$$

式中，$[\sigma]$ 是材料在静载荷下的许用应力。

对其他做匀加速运动的构件，也可同样使用惯性力法，构件上除作用的原力系外，再添加惯性力系，然后按静力平衡条件即可解决动应力的计算问题。

2. 匀角速转动的薄圆环

设圆环绕通过圆心且垂直于圆环平面的轴以匀角速度 ω 转动，如图 13-2a 所示。因为是匀角速转动，所以环内各点只有向心加速度。若环的平均直径 D 远大于厚度 t，则可以近似地认为环内各点的向心加速度 a_n 大小相等，且都等于 $\dfrac{D\omega^2}{2}$。设圆环的横截面面积为 A，材料的单位体积重量为 γ。因此，沿圆环圆周轴线均布惯性力集度 $q_d = \dfrac{A\gamma}{g}a_n = \dfrac{1}{2}\dfrac{A\gamma D}{g}\omega^2$，方向与 a_n 相反，如图 13-2b 所示。以径向截面将圆环截开，考虑上半部分，如图 13-2c 所示（情况与计算受内压的薄壁圆筒的周向应力相似）。由平衡条件 $\sum F_y = 0$ 得圆环截面上的内力为

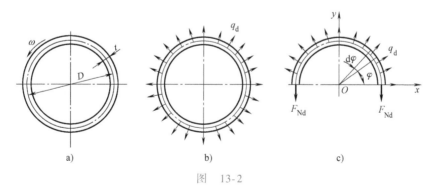

图　13-2

$$2F_{Nd} = \int_0^\pi q_d \sin\varphi \cdot \frac{D}{2}\mathrm{d}\varphi = q_d D$$

$$F_{Nd} = \frac{1}{2}q_d D = \frac{1}{4}\frac{A\gamma D^2}{g}\omega^2$$

圆环横截面上的应力为

$$\sigma_{\mathrm{d}} = \frac{F_{\mathrm{Nd}}}{A} = \frac{1}{4}\frac{\gamma D^2 \omega^2}{g} = \frac{\gamma v^2}{g} \tag{13-3}$$

式中，$v = \frac{1}{2}D\omega$ 是圆环轴线上各点的线速度。

按上述公式求得的动应力应满足强度条件

$$\sigma_{\mathrm{d}} = \frac{\gamma v^2}{g} \leqslant [\sigma] \tag{13-4}$$

从上式可看出，环内应力仅与 γ 和 v 有关，而与横截面面积 A 无关。因而要求旋转圆环不致因强度不足而破裂，应限制圆环的转速。增加截面积 A 并不能改善圆环的强度。

例 13-1 国产 25000kW 汽轮机的叶片如图 13-3a 所示，长 $l = 3.4\mathrm{cm}$，截面面积 $A = 1.79\mathrm{cm}^2$，$R = 1.034\mathrm{m}$，材料为 1Cr13，单位体积重量 $\gamma = 7.6 \times 10^4 \mathrm{N/m}^3$，叶轮以匀角速转动，转速 $n = 3000\mathrm{r/min}$，求叶片中的最大应力。

解 叶片距中心轴线处的向心加速度 $a_{\mathrm{n}} = \omega^2 x$，其中 ω 为叶轮的角速度，与转速 n 的关系为 $\omega = \frac{\pi}{30}n$。在 x 处取微段 $\mathrm{d}x$，其惯性力为

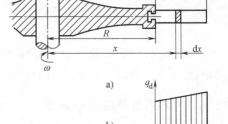

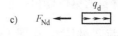

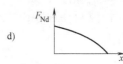

图 13-3

$$\mathrm{d}F_{\mathrm{I}} = \frac{\gamma A \mathrm{d}x}{g}\omega^2 x$$

于是沿叶片长的惯性力集度为

$$q_{\mathrm{d}} = \frac{\mathrm{d}F_{\mathrm{I}}}{\mathrm{d}x} = \frac{\gamma A \omega^2}{g}x$$

即 q_{d} 沿叶片长呈线性分布，如图 13-3b 所示。

现计算 x 截面处的轴力 F_{Nd}。以截面截取右边部分考虑，如图 13-3c 所示，根据平衡条件得

$$F_{\mathrm{Nd}} = \int_x^{R+l} q_{\mathrm{d}}\mathrm{d}x = \int_x^{R+l}\frac{\gamma A \omega^2}{g}x\mathrm{d}x = \frac{\gamma A \omega^2}{2g}[(R+l)^2 - x^2]$$

可见轴力沿叶片长是按抛物线规律分布的，如图 13-3d 所示。当 $x = R$，即在叶片根部时，轴力 F_{Nd} 达最大值为

$$(F_{\mathrm{Nd}})_{\max} = \frac{\gamma A \omega^2}{2g}[(R+l)^2 - R^2] = \frac{\gamma A \omega^2}{2g}(2R+l)l$$

因此叶片根部的应力为最大，即

$$(\sigma_{\mathrm{d}})_{\max} = \frac{(F_{\mathrm{Nd}})_{\max}}{A} = \frac{\gamma \omega^2}{2g}(2R+l)l \tag{13-5}$$

将数值代入，得

$$(\sigma_{\mathrm{d}})_{\max} = \left[\frac{7.6 \times 10^4}{2 \times 9.8} \times \left(\frac{3000 \times 3.14}{30}\right)^2 \times (2 \times 1.034 + 0.034) \times 0.034\right]\mathrm{Pa}$$
$$= 27.32 \times 10^6 \mathrm{Pa} = 27.32\mathrm{MPa}$$

例 13-2　在图 13-4a 所示卷扬机构中，起吊重物重量 $G_1 = 40\text{kN}$，以匀加速度 a 向上运动。鼓轮重量 $G_2 = 4\text{kN}$，鼓轮直径 $D = 1.2\text{m}$，鼓轮安装在轴的中点 C 处。若已知加速度 $a = 5\text{m/s}^2$，$l = 1\text{m}$，轴材料的许用应力 $[\sigma] = 100\text{MPa}$，试按第三强度理论设计轴的直径 d。

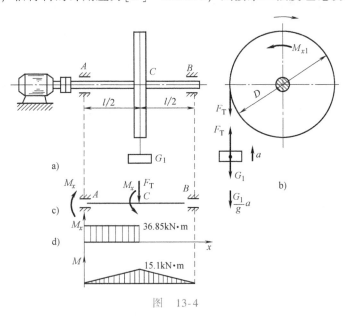

图　13-4

解　重物 G_1 以匀加速度 a 向上升，引入惯性力 $-\dfrac{G_1}{g}a$，钢丝绳的拉力 F_T，如图 13-4b 所示，根据平衡方程式

$$\sum F_y = 0, \quad F_T - G_1 - \frac{G_1}{g}a = 0$$

$$F_T = G_1\left(1 + \frac{a}{g}\right) = 40\times10^3\,\text{N}\left(1 + \frac{5}{9.8}\right) = 60.4\times10^3\,\text{N} \tag{a}$$

鼓轮的角加速度

$$\varepsilon = \frac{a}{R} \tag{b}$$

式中，R 为轮的半径。

由于鼓轮做角加速转动，其上各点均有切向加速度，与此对应，各点均有与之相反的切向惯性力，这些力组成一惯性力矩，其值为

$$M_{x1} = J_0\varepsilon \tag{c}$$

式中，J_0 为鼓轮质量对转动中心的转动惯量，其计算式为

$$J_0 = \frac{1}{2}m_2\left(\frac{D}{2}\right)^2 \tag{d}$$

式中，$m_2 = \dfrac{G_2}{g}$，为鼓轮的质量。

将式（b）及式（d）代入式（c），得鼓轮惯性力矩

$$M_{x1} = \frac{1}{2}\frac{G_2}{g}\left(\frac{D}{2}\right)a = \left(\frac{1}{2}\times\frac{4000}{9.8}\times0.6\times0.5\right)\text{N}\cdot\text{m} = 612\text{N}\cdot\text{m}$$

将钢丝绳拉力 F_T 向轮轴中心线简化，得到一个力和一个力矩为

$$F_T = 60.4\text{kN}, \quad M_{x2} = F_T R = (60.4 \times 0.6)\text{kN} \cdot \text{m} = 36.24\text{kN} \cdot \text{m}$$

同时，再考虑到鼓轮上的惯性力矩对轴的作用，作用在轴上的总动荷扭矩为

$$M_x = M_{x1} + M_{x2} = (0.612 + 36.24)\text{kN} \cdot \text{m} = 36.85\text{kN} \cdot \text{m}$$

轴的受力简图如图 13-4c 所示，作用的动载荷分别为 F_T 与 M_x。据此分别作轴的扭矩图和弯矩图如图 13-4d 所示，确定危险截面在中间截面 C 的左侧，其弯矩与扭矩分别为

$$M_C = \frac{1}{4}F_T l = 15.10\text{kN} \cdot \text{m}, \quad M_x = 36.85\text{kN} \cdot \text{m}$$

根据第三强度理论选择轴的直径 d，对于弯扭组合应力状态，强度条件为

$$\sqrt{\sigma^2 + 4\tau^2} \leqslant \sigma$$

将

$$\sigma = \frac{M_C}{W}, \qquad \tau = \frac{M_x}{W_p}$$

代入上式得

$$\sqrt{\left(\frac{15.1 \times 10^3 \text{N} \cdot \text{m}}{\frac{\pi}{32}d^3}\right)^2 + 4\left(\frac{36.85 \times 10^3 \text{N} \cdot \text{m}}{\frac{\pi}{16}d^3}\right)^2} \leqslant 100 \times 10^6 \text{Pa}$$

求得

$$d \geqslant \sqrt[3]{\frac{3.98 \times 32 \times 10^{-4}}{\pi}} \text{m} = 16 \times 10^{-2} \text{m}$$

故选择轴的直径 $d = 16\text{cm}$。

13.3 构件受冲击时应力和变形的计算

当一个在运动中的物体以一定的速度碰撞另一个静止的物体时，后者在瞬间使前者停止运动，一般说静止物体受到了冲击载荷（impact load）。例如，打桩时，锤碰到桩后的瞬间即停止运动，桩受到了冲击载荷，这是一种工程实践中常见的冲击问题。此外，如高速转动的飞轮或砂轮突然停转等也是冲击问题。冲击时运动物体通常称为冲击物，受冲击物作用的物体称为被冲击物。

在冲击过程中，冲击物碰撞时得到很大的负值加速度，于是它施加在被冲击物上的惯性力也很大，这将会在被冲击物中产生数值很大的冲击应力和变形。由于冲击物的速度变化发生在瞬间，其负值加速度的大小不易确定，因此不可能用惯性力法进行计算。要从理论上对被冲击物的冲击应力和变形做精确的分析是较为复杂的，在工程计算中常运用一种偏于安全的简化计算方法——能量法。

在图 13-5a 中，设弹簧代表一受冲击构件。在实际问题中，一个梁、拉杆等弹性构件均可看作弹簧，只是具有不同的刚度系数而已。设重量为 Q 的冲击物从距弹性构件顶端高 H

处自由落下，碰撞在弹性构件上。

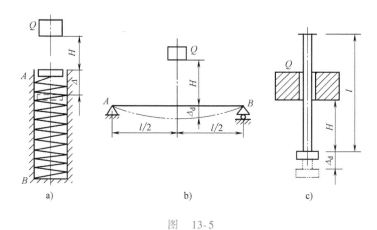

图　13-5

对冲击应力的计算先进行下列假设：

1）冲击物重量远较被冲击物为大，冲击物本身的应力与变形均可忽略。被冲击物的接触表面产生高应力，由此引起的局部塑性变形很小，也可忽略。因此，可假设冲击物为刚体，被冲击构件则为弹性体。

2）被冲击构件因冲击力所引起的内部应力，由冲击接触点向内部各处以很快的速度传播，同时达到最大值。

3）在冲击时，冲击物会发生回跳，但因它的重量大所以不显著，可以略去不计。因此，可假定被冲击构件无振动发生。

因此，冲击物一经与受冲构件相接触，就相互附着成为一个运动系统。由于被冲击构件的阻抗，这一运动系统的速度迅速减小，最后达到零值（静止）。此时，被冲击构件到达整个冲击过程中的最大变形位置。由实验指出，在动载荷作用下，材料的应力和变形仍适合胡克定律，只要求得这时构件的冲击变形 Δ_d，就可求出构件所承受的冲击载荷 F_d，以及构件内产生的冲击应力 σ_d。

不计能量损耗，根据机械能守恒定律，冲击物在冲击过程中所减少的动能 T 和势能 V，应等于被冲击构件的变形能 U，即

$$T+V=U \tag{a}$$

在图 13-5 所示情况下，冲击物所减少的势能为

$$V=Q(H+\Delta_d) \tag{b}$$

因冲击物的初速度与终速度均等于零，没有动能变化，所以

$$T=0 \tag{c}$$

被冲击构件的变形能 U 等于冲击载荷 F_d 在冲击过程中所做的功。F_d 与 Δ_d 服从线性关系，即 $F_d=C\Delta_d$，如图 13-6 所示，且 F_d 与 Δ_d 都是从零开始增加到最终值，故

$$U=\frac{1}{2}F_d\Delta_d \tag{d}$$

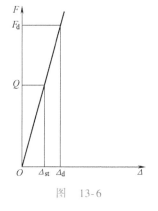

图　13-6

将式（b）、式（c）、式（d）代入式（a），得

$$Q(H+\Delta_d) = \frac{1}{2}F_d\Delta_d = \frac{1}{2}C(\Delta_d)^2 \tag{e}$$

若重物 Q 以静荷方式作用在构件上，产生静荷变形 Δ_{st}，则

$$Q = C\Delta_{st} \tag{f}$$

将式（f）代入式（e），化简得

$$\Delta_{st}(H+\Delta_d) = \frac{1}{2}(\Delta_d)^2$$

$$(\Delta_d)^2 - 2\Delta_{st}\Delta_d - 2H\Delta_{st} = 0$$

由此式可解出

$$\Delta_d = \Delta_{st} \pm \sqrt{(\Delta_{st})^2 + 2H\Delta_{st}} = \Delta_{st}\left(1 \pm \sqrt{1+\frac{2H}{\Delta_{st}}}\right)$$

为了求得 Δ_d 的最大值，上式中根号前应取 + 号，故有

$$\Delta_d = \Delta_{st}\left(1 + \sqrt{1+\frac{2H}{\Delta_{st}}}\right) \tag{13-6}$$

现令

$$K_d = \frac{\Delta_d}{\Delta_{st}} = 1 + \sqrt{1+\frac{2H}{\Delta_{st}}} \tag{13-7}$$

K_d 称为冲击时的**动荷因数**，式（13-6）可写为

$$\Delta_d = K_d\Delta_{st}$$

由于载荷、应力与变形呈线性关系，由上式可得冲击力

$$F_d = C\Delta_d = CK_d\Delta_{st} = K_dQ \tag{13-8}$$

同理，**冲击应力**（impact stress）可按下式计算：

$$\sigma_d = K_d\sigma_{st}$$

构件在冲击载荷下的强度条件为

$$(\sigma_d)_{max} \leqslant [\sigma] \tag{13-9}$$

若冲击物不从高度 H 处落下，而以某一速度作用于被冲击构件上，则式（13-7）中的 H 可以 $H = \dfrac{v^2}{2g}$ 代入，即得

$$K_d = 1 + \sqrt{1+\frac{v^2}{g\Delta_{st}}} \tag{13-10}$$

这里，我们讨论两种特殊情形。

1）若 $H = 0$ 或 $v = 0$，即载荷突加于构件上，称为**突加载荷**（suddenly applied load）。则动荷因数

$$K_d = 1 + \sqrt{1+0} = 2$$

就是说，由突加载荷所引起的应力和变形是静荷时的两倍。

2）若 $\dfrac{2H}{\Delta_{st}} \geqslant 10$，则可近似取 $K_d \approx 1 + \sqrt{\dfrac{2H}{\Delta_{st}}}$，这时误差小于 5%；若 $\dfrac{2H}{\Delta_{st}} \geqslant 110$，则可近似取

$K_d \approx \sqrt{\dfrac{2H}{\Delta_{st}}}$，此时误差小于 10%。

　　冲击应力和变形与动荷因数 K_d 成正比。动荷因数 K_d 与静力变形 Δ_{st} 有关，Δ_{st} 越大则 K_d 越小。这说明了被冲击构件的刚度越小（或柔度越大）则 K_d 越小，引起的冲击应力和变形也小。因此，要降低构件的冲击应力，可通过减小其刚度来实现。一般说来柔度较大的构件，其抗冲击能力较强，在这里我们可体察到成语"以柔克刚"的含义。

　　上述的计算方法是假定冲击物的能量毫无损耗地转变为被冲击构件的变形能的，而实际上没有能量损耗是不可能的，故这种计算方法是偏于安全的。

　　还需注意动荷因数计算式（13-7）仅适用于构件受到在铅垂方向的冲击载荷情况下，它不是计算冲击时动荷因数 K_d 的普遍公式。对一般性的冲击问题，应根据能量守恒原理进行分析计算。

13.4 几个冲击实例的计算

1. 等截面直杆的冲击拉伸应力

　　图 13-5c 所示的等截面直杆，其长度为 l，截面积为 A，杆件材料的弹性模量为 E，重物 Q 自高 H 处自由落下，杆受到冲击拉伸。设想以 Q 为静荷作用在杆端，其静应力为

$$\sigma_{st} = \frac{Q}{A}$$

静伸长

$$\Delta_{st} = \frac{Ql}{EA}$$

引用式（13-7），动荷因数

$$K_d = 1 + \sqrt{1 + \frac{2H}{\Delta_{st}}} = 1 + \sqrt{1 + \frac{2HEA}{Ql}}$$

冲击应力

$$\sigma_d = K_d \sigma_{st} = \frac{Q}{A} + \sqrt{\left(\frac{Q}{A}\right)^2 + \frac{2HQE}{Al}}$$

从上式可知，冲击应力 σ_d 不仅与杆的截面积 A 有关，而且与其长度 l 有关，杆的体积 $Al = V$ 越大，则 σ_d 越小。据此，要使等截面直杆的冲拉（或冲压）应力减小，可通过增大构件的体积来达到。例如，气缸盖螺钉承受冲击，可由短螺钉（图 13-7a）改为长螺钉（图 13-7b），增加螺钉的体积就可提高其抗冲击的能力。

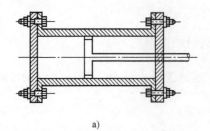
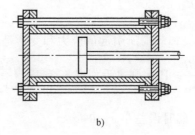

图　13-7

此外还必须注意到，若把被冲击杆件的部分截面尺寸增大，如图 13-8b 所示，则其静变形 Δ'_{st} 减小，动荷因数 K'_d 增大，虽然载荷 Q 不变，但冲击力 F_d 反而增加，因此，在所保留的原来小截面面积上的应力反而增加，即图 13-8b 中同在 m-n 截面上杆的冲击应力值大于图 13-8a 杆的值。因此，应尽可能地避免把受冲击杆件设计成变截面杆。

2. 等截面简支梁的冲击弯曲应力

图 13-5b 所示简支梁 AB，在梁的中点处受到冲击，梁的抗弯刚度为 EI，抗弯截面系数为 W，梁中点的静挠度为

$$\Delta_{st} = \frac{Ql^3}{48EI}$$

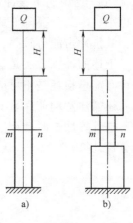

图　13-8

最大静荷应力

$$(\sigma_{st})_{max} = \frac{Ql}{4W}$$

引用式 (13-7)，动荷因数为

$$K_d = 1 + \sqrt{1 + \frac{2H}{\Delta_{st}}} = 1 + \sqrt{1 + \frac{96EIH}{Ql^3}}$$

冲击应力

$$(\sigma_d)_{max} = K_d(\sigma_{st})_{max} = \left[1 + \sqrt{1 + \frac{96EIH}{Ql^3}}\right]\frac{Ql}{4W} = \frac{Ql}{4W} + \sqrt{\left(\frac{Ql}{4W}\right)^2 + \frac{6QHE}{Al}\left(\frac{Al}{W^2}\right)}$$

可知，最大冲击应力 $(\sigma_d)_{max}$ 也与梁的体积 $V = Al$ 有关。

若 AB 梁用弹性支座，两端支承在刚度系数为 C' 的弹簧上，受到冲击载荷 Q 自高 H 处自由落下，如图 13-9 所示。这一系统的静荷变形 Δ_{st} 应为梁的静挠度 f_c 和弹簧的下沉量 λ 之和，即

$$\Delta_{st} = f_c + \lambda = \frac{Ql^3}{48EI} + \frac{Q}{2C'}$$

图　13-9

动荷因数

$$K_d = 1 + \sqrt{1 + \frac{2H}{Q\left(\dfrac{l^3}{48EI} + \dfrac{1}{2C'}\right)}}$$

从上式可知，由于弹性支座，使 K_d 减小，冲击应力也随之减低。在汽车和机车底座的梁架中，均使用弹簧作为缓冲装置，以减低撞振时的应力。

3. 等截面圆轴受冲击扭转时的应力

等截面圆轴 AB，在 B 端装有飞轮 D，以等角速度 ω 转动，飞轮的转动惯量为 J_0。由于某种原因轴在 A 端被制动器突然制动停止（图 13-10）。求此时轴承受的冲击应力。

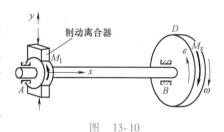

图　13-10

由于飞轮的质量很大，轴的质量与它相比可以略去不计。当 A 端急制动时，B 端飞轮具有动能，将继续转动，因而 AB 轴受到冲击，发生扭转变形。在冲击过程中飞轮的角速度 ω 最后降低至零，它的动能全部转变为轴的变形能 U（J_0 为飞轮的转动惯量），因此飞轮动能的改变量为

$$T = \frac{1}{2} J_0 \omega^2$$

轴 AB 的扭转变形能为

$$U = \frac{(M_x)_d^2 l}{2GI_p}$$

式中，$(M_x)_d$ 是冲击扭转力矩。

根据能量守恒原理，有

$$\frac{1}{2} J_0 \omega^2 = \frac{(M_x)_d^2 l}{2GI_p}$$

可得冲击扭矩

$$(M_x)_d = \omega \sqrt{\frac{GI_p J_0}{l}}$$

轴内的最大冲击切应力

$$(\tau_d)_{max} = \frac{(M_x)_d}{W_p} = \omega \sqrt{\frac{GI_p J_0}{l W_p^2}}$$

对于圆轴，有

$$\frac{I_p}{W_p^2} = \frac{\pi d^4}{32} \cdot \left(\frac{16}{\pi d^3} \right)^2 = \frac{2}{\dfrac{\pi d^2}{4}} = \frac{2}{A}$$

所以

$$(\tau_d)_{max} = \omega \sqrt{\frac{2GJ_0}{Al}} \qquad (13\text{-}11)$$

可见在冲击扭转时，轴内最大冲扭应力与轴的体积 Al 有关，体积 Al 越大，冲扭应力 $(\tau_d)_{max}$ 越小。

如飞轮转速 $n = 100 \text{r/min}$，转动惯量 $J_0 = 0.5 \text{kN} \cdot \text{m} \cdot \text{s}^2$，轴直径 $d = 100 \text{mm}$，$G = 80 \text{GPa}$，轴长 $l = 1\text{m}$。在突然制动时轴内引起的最大冲扭应力为

$$(\tau_d)_{max} = \frac{100\pi}{30}\sqrt{\frac{2\times80\times10^9\times0.5\times10^3}{1\times(5\times10^{-2})^2\pi}}\,Pa = 1056.9\times10^6\,Pa = 1056.9\,MPa$$

例 13-3 一个下端固定、长度为 l 的铅直圆截面杆 AB 在 C 点处被物体 G 沿水平方向冲击，如图 13-11a 所示。已知 C 点至杆下端 A 的距离为 a，物体 G 的重量为 P，它与杆接触时的速度为 v，梁的抗弯刚度为 EI，试求杆内的最大冲击应力。

解 要计算冲击应力，首先应用能量守恒原理确定 C 点处的动荷位移 Δ_d，从而确定动荷因数 K_d。

在冲击过程中，冲击物体 G 的速度由 v 减至零，动能的减少 $T = \frac{1}{2}\frac{P}{g}v^2$。因冲击是沿水平方向，故冲击物的势能无变化。被冲击构件 AB 的变形能为

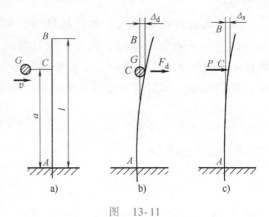

图 13-11

$$U = \frac{1}{2}F_d\Delta_d = \frac{1}{2}C_1\Delta_d^2$$

式中，F_d 为冲击力；Δ_d 为构件在水平方向的动荷位移。

根据能量守恒原理，$T = U$，故

$$\frac{1}{2}\frac{P}{g}v^2 = \frac{1}{2}C_1\Delta_d^2 \tag{a}$$

又

$$P = C_1\Delta_{st} \tag{b}$$

以式（b）代入式（a）并化简得

$$\frac{v^2}{g} = \frac{\Delta_d^2}{\Delta_{st}}$$

$$\Delta_d = \Delta_{st}\sqrt{\frac{v^2}{g\Delta_{st}}} = K_d\Delta_{st}$$

式中，K_d 为动荷因数：

$$K_d = \sqrt{\frac{v^2}{g\Delta_{st}}}$$

在 C 处作用静荷 P 时的挠度

$$\Delta_{st} = \frac{Pa^3}{3EI}$$

最大静荷应力

$$\sigma_{st} = \frac{Pa}{W}$$

最大冲击应力

$$\sigma_{\mathrm{d}} = K_{\mathrm{d}}\sigma_{\mathrm{st}} = \frac{Pa}{W}\sqrt{\frac{v^2}{g\Delta_{\mathrm{st}}}}$$

例 13-4　起重机构吊索的下端与重物（重量为 P）之间为缓冲作用而装有一弹簧，如图 13-12 所示，其刚度系数 $k = 4 \times 10^2 \mathrm{kN/m}$，吊索的截面积 $A = 6\mathrm{cm}^2$，弹性模量 $E = 1.7 \times 10^5 \mathrm{MPa}$。重物重量 $P = 50\mathrm{kN}$，以等速 $v = 1\mathrm{m/s}$ 下降。由于某种原因，在吊索长 $l = 20\mathrm{m}$ 时起重机突然制动，试求吊索的应力。

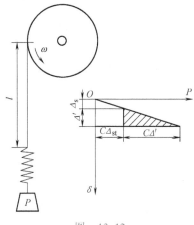

图　13-12

解　吊索与弹簧合成一被冲击体系，由于弹簧与吊索的重量较载荷 P 小得多，故可略去不计。在突然制动时，假设载荷 P 所丧失的动能，全部转变为被冲击物所增加的变形能。

吊索与弹簧的静荷总伸长

$$\Delta_{\mathrm{st}} = \frac{Pl}{EA} + P/k$$

这一被冲击系统的刚度系数为

$$C = \frac{P}{\Delta_{\mathrm{st}}}$$

在突然制动时，所增加的总伸长为 Δ'，根据能量守恒原理，重物动能和势能的减少等于冲击系统变形能的增加，即

$$\frac{1}{2}\frac{P}{g}v^2 = \frac{1}{2}C\Delta'^2 = \frac{1}{2}\frac{P}{\Delta_{\mathrm{st}}}\Delta'^2$$

$$\Delta' = \Delta_{\mathrm{st}}\sqrt{\frac{v^2}{g\Delta_{\mathrm{st}}}}$$

吊索与弹簧的最大伸长值，应等于原静伸长 Δ_{st} 与增加伸长 Δ' 之和：

$$(\Delta_{\mathrm{d}})_{\max} = \Delta' + \Delta_{\mathrm{st}} = \Delta_{\mathrm{st}}\left(1 + \sqrt{\frac{v^2}{g\Delta_{\mathrm{st}}}}\right) = K_{\mathrm{d}}\Delta_{\mathrm{st}}$$

式中，K_{d} 为动荷因数：

$$K_{\mathrm{d}} = 1 + \sqrt{\frac{v^2}{g\Delta_{\mathrm{st}}}}$$

吊索的冲击应力

$$(\sigma_{\mathrm{d}})_{\max} = K_{\mathrm{d}}\sigma_{\mathrm{st}} = \frac{P}{A}\left(1 + \sqrt{\frac{v^2}{g\Delta_{\mathrm{st}}}}\right)$$

将数据代入得

$$\Delta_{\mathrm{st}} = \frac{50 \times 10^3 \times 20}{1.7 \times 10^5 \times 10^6 \times 6 \times 10^{-4}}\mathrm{m} + \frac{50}{4 \times 10^2}\mathrm{m}$$

$$= (0.98 \times 10^{-2} + 12.5 \times 10^{-2})\mathrm{m} = 13.48 \times 10^{-2}\mathrm{m}$$

$$K_d = 1 + \sqrt{\frac{1^2}{9.81 \times 13.48 \times 10^{-2}}} = 1.87$$

$$(\sigma_d)_{max} = \left(\frac{50 \times 10^3}{6 \times 10^{-4}} \times 1.87\right) Pa = 156.8 MPa$$

倘若无缓冲弹簧，则

$$\Delta_{st} = 0.98 \times 10^{-2} m, \quad K'_d = 1 + \sqrt{\frac{1^2}{9.81 \times 0.98 \times 10^{-2}}} = 4.23, \quad (\sigma'_d)_{max} = 352.4 MPa$$

由此可见缓冲弹簧所起的作用。

13.5 交变应力下材料的破坏

机器中的某些零件承受的载荷随时间做周期性的变化，这种载荷称为交变载荷或重复载荷。在零件内相应所产生的应力亦有规律地做周期性改变，称为交变应力或重复应力（repeated stress），如内燃机的连杆、气缸壁、齿轮的齿等。有些零件在运转中所承受的载荷大体上虽为恒定，但由于零件本身的转动或振动，也使其内部各点的应力做周期性的变化，从而引起交变应力，如转动的机轴、车轴及振动中的梁、基座等。材料在交变应力下的强度与在静载荷或冲击载荷作用时的强度，性质上很不同，因此需要加以特别研究。

人们在很早以前就发现，若构件长时间在交变应力下工作，虽然应力远低于材料的强度极限，但构件会突然发生破坏。即使塑性性能很好的材料，当它的最大工作应力远低于静强度极限或屈服极限时，在工作过程中往往没有明显的塑性变形便发生突然断裂，就像脆性材料的破坏一样呈脆性断裂。零件在交变应力作用下的这种破坏形式习惯上称为疲劳破坏（fatigue failure）。这种破坏形式，过去曾误认为构件长期在交变应力下工作，由于"疲劳（fatigue）"引起材料性质的改变而造成的，虽然近代的试验研究已否定了这种说法，但至今还沿用"疲劳"这名词。

金属材料疲劳破坏时，其断口面上通常明显地呈现两个区域：一为平滑磨光区域，另一为具有脆性破坏的粗粒状区域，如图13-13a、b所示。关于疲劳破坏的形成，经试验研究表明，在材料内部普遍存在着缺陷（空穴、位错、夹杂物、疵点等），疲劳裂纹首先发生在高应力区域内有缺陷处，该处被称为疲劳源。随着交变应力的重复继续，裂缝从疲劳源向纵深

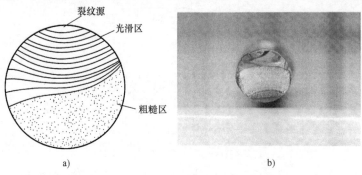

a)　　　　　　　　　　　b)

图　13-13

扩展。由于反复拉压，裂开的部分截面时而分离，时而挤压，好像受到研磨，因而形成了断口的光滑区。裂缝扩展，截面削弱较多，导致静应力强度明显下降，且裂缝根部处于三向拉应力状态下，此时若遭受突然的振动、冲击或超载等，剩余截面处即发生脆性断裂，该处呈现粗糙颗粒状，形成了断口的粗糙区。

疲劳破坏的过程通常可分为 3 个阶段：①疲劳裂纹成核阶段；②微观裂纹（$10^{-6} \sim 10^{-1}$mm）扩展阶段；③宏观裂纹（0.1mm 以上）扩展阶段。裂纹扩展是一个复杂现象，它与试件的外形、材料、受载和周围介质等有关。扩展过程约占整个疲劳寿命的绝大部分，一般状况下其扩展是缓慢的。试验证实，裂纹的扩展并不是连续的，在某些应力循环下裂纹扩展，而在某些应力循环下则停滞。如果交变应力的变化具有不规则性，有时应力幅度较大，有时则较小，这样在光滑区域还可观察到贝壳状纹迹。图 13-13b 所示为受弯转动轴的疲劳破坏断口，图 13-14 所示为蜗杆的疲劳断口。

 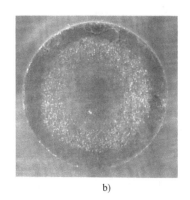

a)   b)

图 13-14

由于构件内的细微裂缝往往事先不易觉察，未予处理，从而疲劳破坏使零部件在高速运转过程中突然发生断裂（如内燃机的曲轴等），因此容易造成事故，遭受严重损害。

13.6 交变应力及其循环特性

材料在交变应力作用下的性能需经试验进行测定。这里首先介绍一些关于交变应力的特征。

稳定的交变应力是在两个应力的极限值之间交替作用的，如图 13-15a 所示，梁在电动机自重 P 的作用下产生了静应力 σ_{st}，由于电动机转子的不平衡产生偏心，转动时引起离心惯性力而产生强迫振动。在振动过程中最大位移与最小位移分别如图 13-15a 中双点画线所示，因此梁内任一点的应力形成循环做周期性变化，如图 13-15b 所示。应力从最大应力 σ_{max} 减小，经过其平均值至最小应力 σ_{min} 后，再回升经过其平均值，增高至 σ_{max}，这一过程称为一个应力循环。最大应力 σ_{max} 与最小应力 σ_{min} 的平均值称为平均应力 σ_m，最大应力 σ_{max} 与最小应力 σ_{min} 之差的一半称为应力幅 σ_a：

$$\sigma_m = \frac{1}{2}(\sigma_{max} + \sigma_{min}), \quad \sigma_a = \frac{1}{2}(\sigma_{max} - \sigma_{min}) \tag{13-12}$$

在应力循环中，交变应力的变化规律可用最小应力 σ_{min} 与最大应力 σ_{max} 的比值 r 来表

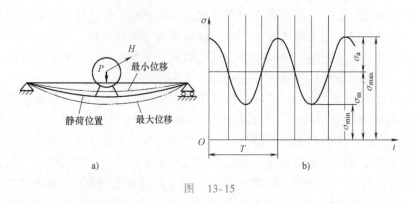

图 13-15

示，称为交变应力的**循环特征**（stress ratio）：

$$r = \frac{|\sigma_{\min}|}{|\sigma_{\max}|} \qquad (13\text{-}13)$$

计算 r 时，把绝对值小的作为分子，大的作为分母，再考虑符号。因此，循环特征 r 的数值在 -1 与 $+1$ 之间变化（$-1 \leqslant r \leqslant 1$）。

从式（13-12）可得最大应力 $\sigma_{\max}$ 是平均应力 σ_{m} 与应力幅 σ_{a} 之和，最小应力 $\sigma_{\min}$ 是平均应力 σ_{m} 与应力幅 σ_{a} 之差，即

$$\sigma_{\max} = \sigma_{\mathrm{m}} + \sigma_{\mathrm{a}}, \quad \sigma_{\min} = \sigma_{\mathrm{m}} - \sigma_{\mathrm{a}} \qquad (13\text{-}14)$$

为讨论方便起见，常将交变应力分为两种类型：

1）对称循环。如车轮在运转过程中其横截面上各点的应力，在数值相等的拉应力与压应力间做周期性改变，以截面一边缘上的 A 点为例（图 13-16b），其应力 σ_A 为

$$\sigma_A = -\frac{My}{I_z} = \frac{Fa}{I_z} r \cos\omega t$$

图 13-16

σ_A 按余弦曲线随时间做周期性变化，如图 13-16c 所示。

这一类应力循环称为对称循环，在机械零件中较常见。对称的循环特征 $r=-1$，此时平均应力 $\sigma_m=0$。应力幅 σ_a、最大应力 σ_{max} 与最小应力 σ_{min} 在绝对值上相等，即

$$\sigma_a = \sigma_{max} = -\sigma_{min}$$

2）非对称循环。图 13-15 所示受强迫振动的横梁，产生的交变应力为非对称循环，其循环特征 $r\neq1$。最大应力 σ_{max}、最小应力 σ_{min} 与应力幅 σ_a、平均应力 σ_m 间的关系如前述。

在非对称循环中，当 $r=0$ 时，应力的方向不变，其数值从零递加至某一极大值，然后又递减至零，这种循环称为脉动循环，如齿轮运转时齿根处的应力情况（图 13-17a、b），脉动循环中的最小应力 $\sigma_{min}=0$，平均应力 σ_m 与应力幅 σ_a 相等，

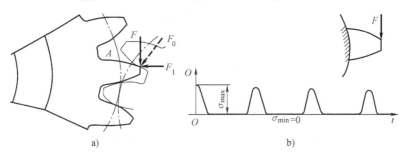

图　13-17

二者均等于最大应力 σ_{max} 的一半，即

$$\sigma_m = \sigma_a = \frac{1}{2}\sigma_{max}, \qquad \sigma_a = 0$$

对于静应力，也可作为交变应力特例，如图 13-18 所示，其循环特征 $r=1$，应力幅 $\sigma_a=0$，其余

$$\sigma_m = \sigma_{max} = \sigma_{min}$$

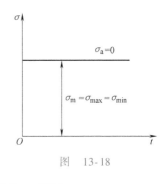

图　13-18

从图 13-15b 中可看出，任一个非对称循环可看作一个不变的静应力 σ_m 与一个对称的应力幅（动荷）的相叠加而成。

当构件承受交变切应力时，以上概念全部适用，只需将 σ 改为 τ 即可。

13.7　材料的疲劳极限及其测定

由试验及实践资料证明，材料在交变应力作用下是否发生疲劳破坏，不仅与最大应力 σ_{max} 有关，还与循环特征 r 与循环次数 N 有关。在一定的循环特征 r 下，交变应力的最大值 σ_{max} 越高，则至断裂所经历的应力循环次数 N 越少（N 用以衡量零件的使用期限，有时称为寿命）；如降低 σ_{max}，则循环次数 N 增加。当最大应力 σ_{max} 不超过某一限值时，材料能经受"无限次"的应力循环（$N\rightarrow\infty$）而不发生疲劳破坏，这个应力的极限值称为材料在循环特征 r 下的疲劳极限（fatigue limit），也称持久极限（endurance limit），以 σ_r 表示，下标 r 表示它的循环特征值。

对于同一材料，在不同循环特征 r 下，其疲劳极限也不同，故对疲劳极限应指明它的循

环特征。在各循环特征下，对称循环（$r=-1$）的疲劳极限为最小，且为工程中常见，因此材料对称循环的疲劳极限（σ_{-1}）常要用到。

现以弯曲对称循环（$r=-1$）为例，说明疲劳极限 σ_r 的常用测定方法。

图 13-19a 所示为一弯曲疲劳试验机。将直径 $d=7\sim10\mathrm{mm}$、表面磨光的小试件 1 利用弹簧夹头 2 装在滚筒 3 内，试件通过挠性轴 4 随电动机 5 转动（转速约 3000r/min）。载荷 F 通过 U 形加载杆 6 及滚筒 3 加在试件上，试件中部受纯弯曲作用，其弯矩图如图 13-19b 所示，弯矩 $M=\dfrac{1}{2}Fa$。

试件每转动一周，其横截面周边各点经受一次应力循环，应力值为

$$\sigma_{max} = -\sigma_{min} = \frac{M}{W} = \frac{16Fa}{\pi d^3}$$

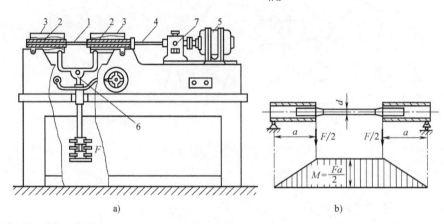

图 13-19
a）试验机　b）试件受力图
1—试件　2—弹簧夹头　3—滚筒　4—挠性轴　5—电动机　6—U形加载杆　7—计数器

测定碳钢的疲劳极限 σ_{-1} 时，需将材料加工成 6~8 根表面磨光、尺寸相同的一组试件，依次进行试验。开始时，通常将第 1 根试件承受交变应力的最大值 σ_1 取在该材料静拉伸强度的 50%~60%。此应力值一般是超过疲劳极限的，故经过一定次数 N 的应力循环后，试件即发生疲劳断裂，通过自动开关使电动机停转。由计数器 7 读出循环次数 N_1。然后，对第 2 根试件进行试验，使其最大应力 σ_2 比 σ_1 减少 20~40MPa，再记下试件断裂时循环次数 N_2。第 3~7 根试件也以同样方式进行，使其最大应力逐次降低，并记录下断裂时相应的循环次数。

若第 7 根试件在应力 σ_7 下经受了循环次数 $N_7=10^7$ 次（即一千万次）而不断裂，并且此应力值与前一个经过 N_6 次循环而断裂的应力 σ_6 之差（$\sigma_6-\sigma_7$）小于 10MPa，或小于 σ_7 的 5%，则 σ_7 即该材料的疲劳极限 σ_{-1}。如果 σ_6 与 σ_7 间的差值较大，就应该再试验一个试件，使 $\sigma_6-\sigma_8$ 差值满足上述要求，若在 σ_8 下经受循环次数 $N_8=10^7$ 次仍不断裂，那么 σ_8 就是该材料的疲劳极限 σ_{-1}。以 σ 为纵坐标、N 为横坐标，可将试验所得资料数据（σ_i, N_i）绘成曲线如图 13-20 所示，称为疲劳曲线。

对钢材来说，应力循次数 N 达到 10^7 次后曲线接近水平，循环次数再增加，钢材不会发

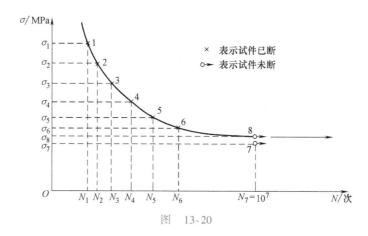

图　13-20

生疲劳断裂。因此一般取 $N_0 = 10^7$ 时的应力作为钢的疲劳极限，N_0 称为循环基数。图 13-21 所示为钢的疲劳曲线。

对于某些有色金属或合金材料，在交变应力作用下，没有明显的疲劳极限，常根据实际需要取某一循环次数 N [一般取 $N = (5 \sim 10) \times 10^7$] 所能承受的最大应力作为疲劳极限，称为名义疲劳极限，称为材料的疲劳寿命。图 13-22 所示为铝合金的疲劳曲线。几种常用钢材的疲劳极限列于表 13-1 中。

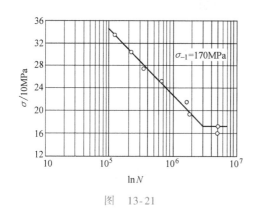

图　13-21

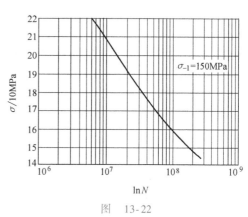

图　13-22

表 13-1　几种常用钢材的疲劳极限值

钢号	毛坯直径 /mm	硬度 HBS	σ_b /MPa	σ_s /MPa	τ_s /MPa	σ_{-1} /MPa	τ_{-1} /MPa
Q235	任意	—	400	240	120	170	100
Q275	任意	190	520	280	150	220	130
20	60	145	400	240	120	170	100
45	任意	200	560	280	150	250	150
	120	240	800	550	300	350	210
	80	270	900	650	390	380	230
40Cr	任意	200	730	500	280	320	200
	200	240	800	650	390	360	0
	120	270	900	750	450	410	240

（续）

钢号	毛坯直径 /mm	硬度 HBS	σ_b /MPa	σ_s /MPa	τ_s /MPa	σ_{-1} /MPa	τ_{-1} /MPa
40CrNi	任意	240	820	650	390	360	210
30CrMnTi	任意	320	1150	950	670	520	310

从试验得到，钢材的疲劳极限与强度极限之间存在下列近似关系，如果缺乏试验数据时可利用这些关系对其疲劳极限进行粗略估计：

$$\sigma_{-1}^{弯} \approx 0.4\sigma_b, \quad \sigma_{-1}^{拉} \approx 0.28\sigma_b, \quad \tau_{-1} \approx 0.23\sigma_b, \quad \sigma_b^{弯} \approx 1.7\sigma_b^{弯} \tag{13-15}$$

以上为对称循环下材料疲劳极限的测定。对于同一种材料，在不同循环特征下其疲劳极限也不同，这就需要在各种循环特征（$-1 \leqslant r \leqslant 1$）的应力下进行疲劳试验，可测得一系列不同循环特征下的疲劳极限 σ_r。每个 σ_r 与它相对应的平均应力 σ_m 及应力幅 σ_a 的关系可用曲线表示，称为该材料的疲劳极限曲线。

13.8 影响疲劳极限的因素

上述材料在交变应力作用下的疲劳极限，是用光滑小试件（$d = 7 \sim 10\text{mm}$）经疲劳试验而得到的。实践表明，构件在交变应力下的疲劳极限与材料的疲劳极限不同。前者不仅与材料的性能有关，受到的影响因素也较多，如构件的几何形状、尺寸大小、表面加工质量和所处环境等。在计算构件的疲劳极限时必须综合考虑这些因素的存在。

1. 构件外形引起的影响——应力集中现象

构件由于工作上的需要，其外形常有突变处，如把轴制成阶梯形，截面改变处带有圆角，或轴上开有小孔、键槽等。在这些截面改变处局部应力显著地增高，出现了应力集中（stress concentration）现象，因而削弱了构件的抗疲劳强度。

应力集中的影响用对比的方法通过试验测得，以因数表达。

例如，为了测定过渡圆角产生的应力集中对疲劳极限的影响，可用同一材料制成两组试件，一组是无应力集中因素的光滑试件，另一组是有应力集中因素的试件，并使后一种试件的危险截面的直径与光滑试件的直径相等，如图13-23所示。用 σ_{-1} 与 τ_{-1} 分别表示光滑试件在弯曲与扭转对称循环时的疲劳极限；用 σ_{-1k} 与 τ_{-1k} 分别表示有应力集中因素试件在弯曲与扭转对称循环时的疲劳极限。应力集中对构件的影响，用二者的比值如下式表示之，即

$$K_\sigma = \frac{\sigma_{-1}}{\sigma_{-1k}}, \quad K_\tau = \frac{\sigma_{-1}}{\sigma_{-1\tau}} \tag{13-16}$$

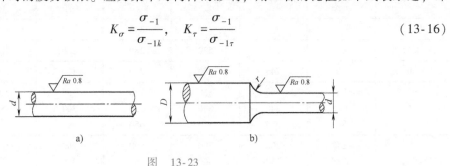

图 13-23

a）光滑试件 b）有应力集中因素（轴肩）试件

K_σ 称为弯曲（或拉压）时的有效应力集中因数；K_τ 称为扭转时的有效应力集中因数。K_σ 与 K_τ 均是大于 1 的数值。图 13-24、图 13-25 分别表示钢制阶梯圆轴对称循环时在弯曲及扭转变变应力作用下的有效应力集中因数曲线。不同的 D/d 比值应查不同曲线。

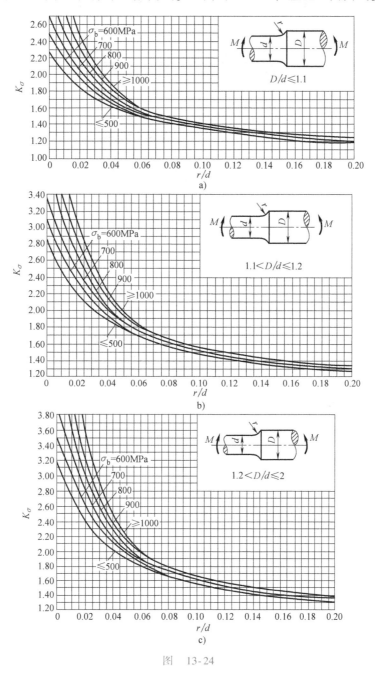

图 13-24

由图中所示试验曲线可知，有效应力集中因数 K_σ 或 K_τ 与材料性质有关。

1）钢的强度极限 σ_b 越高，有效应力集中因数 K_σ 或 K_τ 越大。钢的组织越均匀，晶粒越细，其抗拉强度越高，因此，高强度钢的 K_σ 及 K_τ 比低碳钢的大，即应力集中对高强度钢的疲劳极限影响较大。

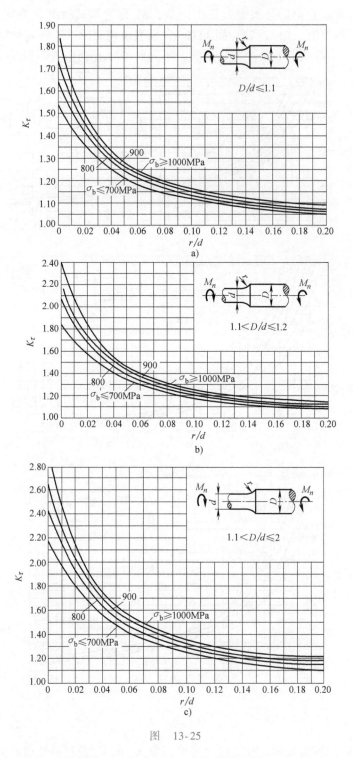

图 13-25

2）r/d 越大，应力集中因数 K_σ 及 K_τ 越小，所以增大构件的圆角半径 r，可以降低应力集中的影响。

3）对于 σ_b 在 500~1000MPa 之间的钢材，均可利用此图按直线插入法近似求得 K_σ 或

K_τ。构件外形改变形式的不同，有效应力集中因数也不同。关于其他形式，如螺纹、油孔及键槽的有效应力集中因数 K_σ 与 K_τ 如图 13-26 和图 13-27 所示。

其他有关的应力集中因数可查机械工程手册。

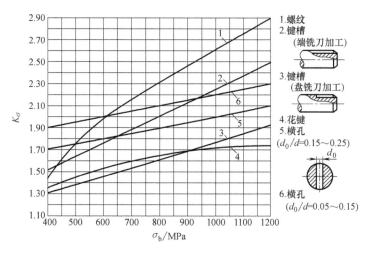

图　13-26

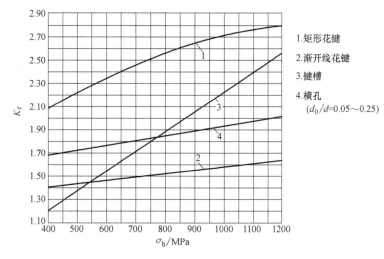

图　13-27

2. 构件尺寸大小的影响

试验证实，疲劳极限将随构件尺寸的增大而降低，在一般情况下，构件尺寸越大，材料包含的缺陷相应增加，产生疲劳裂纹的可能性就越大，导致疲劳极限降低。

尺寸大小的影响也由对比试验测得。设对称循环下，光滑大试件的疲劳极限为 $\sigma_{-1\varepsilon}$ 和 $\tau_{-1\varepsilon}$，$\sigma_{-1\varepsilon}$ 与 $\tau_{-1\varepsilon}$ 为用光滑小试件（$d = 7\sim10\text{mm}$）得的疲劳极限，则尺寸因数

$$\varepsilon_\sigma = \frac{\sigma_{-1\varepsilon}}{\sigma_{-1}}, \quad \varepsilon_\tau = \frac{\tau_{-1\varepsilon}}{\tau_{-1}} \tag{13-17}$$

由于 $\sigma_{-1\varepsilon} < \sigma_{-1}$，$\tau_{-1\varepsilon} < \tau_{-1}$，因此 ε_σ 和 ε_τ 也是小于 1 的因数。图 13-28 绘出了构件尺寸因数

ε_{σ} 与 ε_{τ}。由图可知，构件尺寸越大，ε_{σ}、ε_{τ} 越小，也即疲劳极限越低。曲线 1 适用于强度极限 $\sigma_{b} = 500\text{MPa}$ 的钢，曲线 2 适用于强度极限 $\sigma_{b} = 1200\text{MPa}$ 的合金钢，σ_{b} 介乎其间时，可从两曲线间按直线内插法求得 ε_{σ}。曲线 3 为各种钢的 ε 值，$d > 100\text{mm}$ 者查曲线 1。由图 13-28 可见，ε_{σ} 的最小值在 0.54 左右。

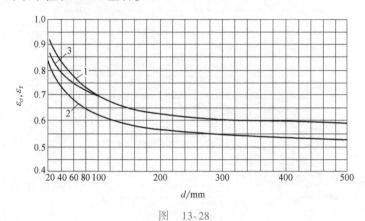

图 13-28

1—$\sigma_{b} = 500\text{MPa}$ 的低碳钢 ε_{σ}　2—$\sigma_{b} = 1200\text{MPa}$ 合金钢 ε_{σ}　3—各种钢的 ε_{τ}，$d > 100\text{mm}$ 者查曲线 1

关于弯曲和扭转的疲劳极限值随截面尺寸增大而降低的原因，可再借助图 13-29 加以说明。图中所示为承受弯矩作用的两根直径不同的试件，在最大弯曲正应力 $\sigma_{\max}$ 相同的条件下，大试件的高应力区比小试件的高应力区宽广，因而处于高应力状态的晶粒也较多。所以在大试件内多疲劳裂纹更易形成并扩展，疲劳极限因而降低。

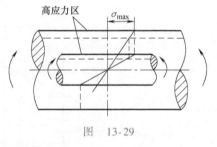

图 13-29

在轴向拉压时，由于横截面上的应力均匀分布，尺寸影响不大，可取尺寸因数 $\varepsilon_{\sigma} \approx 1$。

3. 表面状态的影响

（1）表面加工的影响　在构件表面上，如果存在工具刻痕，在刻痕根部将出现应力集中，使构件疲劳强度降低。表面加工的影响也是用对比试验测得的。设在对称循环时各种不同表面加工条件下的疲劳极限为 $\sigma_{-1\beta}$，同一材料经磨光加工的光滑小试件的疲劳极限为 σ_{-1}，则表面加工因数为

$$\beta_{1} = \frac{\sigma_{-1\beta}}{\sigma_{-1}} \tag{13-18}$$

图 13-30 表示在常用表面加工条件下的表面加工因数 β_{1} 与抗拉强度 σ_{b} 间关系的曲线（以磨削加工条件为基础）。

β_{1} 一般是小于 1 的因数。对于抛光试件则可提高疲劳极限，β_{1} 大于 1。由图 13-30 可知，表面加工因数 β_{1} 随材料强度的增大而降低，即材料的强度越高，加工光洁度对疲劳极限的影响越大。因此，钢材的强度越高，越要合理加工，保证足够低的表面粗糙度，以充分发挥高强度钢的作用。

（2）表面腐蚀的影响　金属构件在腐蚀介质（淡水或海水）中工作时，因腐蚀造成表

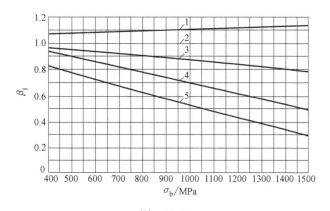

图 13-30

1—抛光 $Ra0.050\mu m$ 以上 2—磨削 $Ra0.1\sim0.2\mu m$ 3—精车 $Ra0.4\sim1.6\mu m$

4—粗车 $Ra3.2\sim12.5\mu m$ 5—轧制

面粗糙，将促使它产生疲劳裂纹而降低构件的疲劳强度。表面腐蚀因数 β_2 是对称循环时相同材料在腐蚀介质中的疲劳极限 σ_{-1c} 与在干燥空气中的疲劳极限 σ_{-1} 之比值，即

$$\beta_2 = \frac{\sigma_{-1c}}{\sigma_{-1}} \tag{13-19}$$

图 13-31 表示弯曲对称循环时，钢在流水与盐水中 β_2 之值。由图可知 β_2 亦是小于 1 的因数。钢的抗拉强度 σ_b 越大，则腐蚀对疲劳极限的影响也越大。

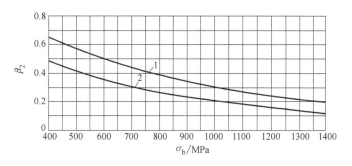

图 13-31
1—流水 2—盐水

（3）表面强化（surface hardening）的影响 由于疲劳裂纹多发生于构件的表面，所以强化构件表面能提高其疲劳强度，生产上常用的表面强化方法有表面热处理和表面冷加工两种。表面热处理有高频淬火、氮化、渗碳等，表面冷加工有喷丸硬化、滚压等。喷丸处理就是以高速铁粒冲击构件表面，多用于形状复杂的构件。这种方法可提高表面硬度、强度和构件的疲劳极限，尤其对具有应力集中的构件更为有效。滚压则多用于外形简单的构件。例如，目前对于汽车弹簧与齿轮等常采用表面喷丸处理，球墨铸铁曲轴常采用滚压，都能有效地提高疲劳强度。表面强化的影响以表面强化因数 β_3 表示，β_3 为构件采用表面强化后的疲劳极限与未采用表面强化的疲劳极限之比值，它是大于 1 的因数，具体数值见表 13-2。

表 13-2　表面强化因数 β_3 的数值

强化方法	心部强度 $\sigma_b/10MPa$	β_3		
		光滑试件	有应力集中的试件	
			$K_\sigma \leqslant 1.5$ 时	$K_\sigma \geqslant 1.8 \sim 2$ 时
高频淬火	$60 \sim 30$	$1.5 \sim 1.7$	$1.6 \sim 1.7$	$2.4 \sim 2.8$
	$80 \sim 100$	$1.3 \sim 1.5$	$1.4 \sim 1.5$	$2.1 \sim 2.4$
氮化	$90 \sim 120$	$1.1 \sim 1.25$	$1.5 \sim 1.7$	$1.7 \sim 2.1$
渗碳	$40 \sim 60$	$1.8 \sim 2.0$	3.0	3.5
	$70 \sim 80$	$1.4 \sim 1.5$	2.3	2.7
	$100 \sim 120$	$1.2 \sim 1.3$	2.0	2.3
喷丸硬化	$60 \sim 150$	$1.1 \sim 1.25$	$1.5 \sim 1.6$	$1.7 \sim 2.1$
滚子滚压	$60 \sim 150$	$1.1 \sim 1.3$	$1.3 \sim 1.5$	$1.6 \sim 2.0$

注：1. 高频淬火系根据直径 d 为 $10 \sim 20mm$、淬硬层厚度为 $(0.05 \sim 0.20)d$ 的试件，由试验求得的数据；对大尺寸试件，强化因数之值有所降低。

　　2. 氮化层厚度为 $0.01d$ 时用小值，为 $(0.03 \sim 0.04)d$ 时用大值。

　　3. 喷丸硬化系根据厚度为 $8 \sim 40mm$ 的试件求得的数据。喷丸速度低时用小值；速度高时用大值。

　　4. 滚子滚压系根据直径为 $17 \sim 130mm$ 的试件求得的数据。

　　上述的表面加工因数 β_1、表面腐蚀因数 β_2 和表面强化因数 β_3，总称为表面状态因数，以 β 表示。在计算中，应根据具体情况按主要因素选取相应的 β 值。例如，若构件仅经过切削加工，则 $\beta = \beta_1$；若构件切削加工后又经过强化，则 $\beta = \beta_3$；若构件还在腐蚀介质中工作，则 $\beta = \beta_2$，一般不必将各 β 值相乘。

13.9 对称循环下构件的疲劳强度计算

　　根据上一节对构件疲劳极限影响因素的分析，当计入应力集中、尺寸大小及表面状态的综合影响后，构件在对称循环（$r = -1$）下的疲劳极限应为

$$(\sigma_{-1})_{构} = \frac{\varepsilon_\sigma \beta}{K_\sigma} \sigma_{-1} \tag{13-20}$$

如果规定了构件的安全因数 n，则构件在对称循环下的许用应力为

$$[\sigma_{-1}] = \frac{(\sigma_{-1})_{构}}{n} = \frac{\varepsilon_\sigma \beta}{n K_\sigma} \sigma_{-1} \tag{13-21}$$

对称循环下疲劳的强度条件是构件内的最大工作应力 σ_{max} 应小于或等于 $[\sigma_{-1}]$，即

$$\sigma_{max} \leqslant [\sigma_{-1}] = \frac{\varepsilon_\sigma \beta}{n K_\sigma} \sigma_{-1} \tag{13-22}$$

σ_{max} 的计算仍按静荷下的公式计算。在对称循环下，$\sigma_m = 0$，$\sigma_{max} = -\sigma_{min} = \sigma_a$，故最大工作应力即为工作应力幅。按式（13-22）进行强度校核称为许用应力法。

　　由于疲劳强度中许用应力不是一个定值，工程计算中常采用安全因数法，就是要求构件在交变应力下实际工作安全因数要大于规定的安全因数。工作安全因数是构件的疲劳极限与最大工作应力之比，即

$$n_\sigma = \frac{(\sigma_{-1})_{\text{构}}}{\sigma_{\max}} = \frac{\dfrac{\varepsilon_\sigma \beta}{K_\sigma} \sigma_{-1}}{\sigma_a} = \frac{\sigma_{-1}}{\dfrac{K_\sigma}{\varepsilon_\sigma \beta} \cdot \sigma_a} \tag{13-23}$$

强度条件为工作安全因数应大于或等于规定的疲劳安全因数，即

$$n_\sigma \geqslant n \tag{13-24}$$

式中，n_σ 为工作安全因数（扭转时用 n_τ）；n 为规定的疲劳安全因数。一般规定：材质均匀，计算精确时，$n=1.3\sim1.5$；材质不均匀，计算精度低时，$n=1.5\sim1.8$；材质差，计算精度很低时，$n=1.8\sim2.5$。

由式（13-23）可以看出，在对称循环下各因素对材料疲劳极限的影响，也可以转换为对构件工作应力（应力幅 σ_a）的影响，由于这些因素的存在，使构件的实际工作应力由计算值 $\sigma_{\max}$（即 σ_a）增大变为 $\dfrac{K_\sigma}{\varepsilon_\sigma \beta}\sigma_a$，而 σ_{-1} 则不变。

构件承受扭转对称循环时，应将上列各式中的 σ 改为 τ 即可。

例 13-5　图 13-32 所示为某车轮轴的一段，该轴的材料为合金钢，它的抗拉强度 $\sigma_b = 900\text{MPa}$，疲劳极限 $\sigma_{-1} = 400\text{MPa}$，根据受力情况计算得轴截面变化处的弯矩 $M = 550\text{N·m}$，轴颈经磨削加工，规定安全因数 $n=2$，试校核其强度。

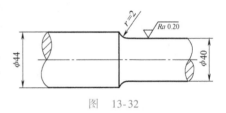

图　13-32

解　（1）根据受力情况，计算最大工作应力

$$\sigma_{\max} = \frac{M}{W} = \frac{550}{\pi \times 0.1 \times (4.0)^3 \times 10^{-6}}\text{Pa} = 86 \times 10^6 \text{Pa} = 86\text{MPa}$$

（2）根据轴的外形条件

$$\frac{D}{d} = \frac{44}{40} = 1.1, \quad \frac{r}{d} = \frac{2}{40} = 0.05$$

以及材料的抗拉强度数据 $\sigma_b = 900\text{MPa}$ 确定各种因数。

1）有效应力集中因数 K_σ。根据已知条件，查图 13-24a 可得 $K_\sigma = 1.68$。

2）尺寸因数 ε_σ。从图 13-28 所绘曲线中查出，当 $d = 40\text{mm}$ 时，对于

$$\sigma_b = 500\text{MPa} \text{ 钢材}, \quad \varepsilon_\sigma = 0.84$$
$$\sigma_b = 1200\text{MPa} \text{ 钢材}, \quad \varepsilon_\sigma = 0.73$$

因此，对 $\sigma_b = 900\text{MPa}$ 钢材的尺寸因数 ε_σ，可用内插法求得

$$\varepsilon_\sigma = 0.73 + \frac{1200-900}{1200-500}(0.84-0.73) = 0.77$$

3）因该轴颈处经磨削加工，在空气介质中工作，可不考虑腐蚀影响，故取 $\beta = \beta_1 = 1.0$。

（3）车轴为对称循环（$r = -1$），可根据式（13-23）与式（13-24）计算工作安全因数及进行强度校核

$$n_\sigma = \frac{\varepsilon_\sigma \beta}{K_\sigma} \cdot \frac{\sigma_{-1}}{\sigma_{max}} = \frac{0.77 \times 1.0}{1.68} \times \frac{400}{86} = 2.13 > n = 2$$

这表明该轴疲劳强度足够。

13.10 提高构件疲劳强度的措施

构件的疲劳破坏总是从构件中高应力区处产生疲劳裂纹开始的。在一般情况下，构件中应力最大处都在横截面的最外边缘，或在有应力集中的地方。而应力集中往往是造成构件疲劳破坏的主要根源。在 13.8 节中所讨论到的影响疲劳极限的因素，都和应力集中有关。因此，提高构件疲劳强度的主要措施是应尽可能降低各类情况下应力集中的影响。在设计构件的外形和尺寸时，应尽量避免在构件上开方形孔或带尖角的槽等；在构件截面尺寸急剧改变处，应采用尽可能大的过渡圆角半径，如图 13-33 所示。从图 13-24 和图 13-25

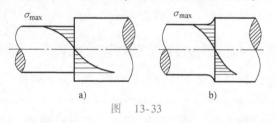

图　13-33

的曲线中可看出，随着圆角半径 r 的增大，阶梯轴截面突变处的有效应力集中因数 K_σ 迅速降低。例如柴油机连杆螺栓上的过渡圆角取 $r = 0.2d$，如图 13-34 所示；如将螺纹槽底圆角半径由 0.1mm 增大到 0.2mm，其疲劳强度可提高 65% 左右。

减少构件截面尺寸突变处或相邻两构件的刚度差别，也可以改善应力集中的影响，如图 13-35 所示阶梯轴。在直径较大的部分上开一个光滑的圆槽，称为减荷槽，可使其有效应力集中因数明显降低。又如压配合的轮毂与轴，如图 13-36a 所示，若在毂上开减荷槽（图 13-36b），也可改善配合面上的压力分布，降低有效应力集中因数 K_σ。实践表明，采用减荷槽是一个改善应力集中简单而有效的办法。

图　13-34　　　　　　　　　　　　　　图　13-35

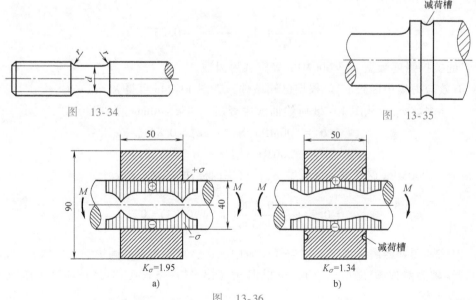

$K_\sigma = 1.95$

a)

$K_\sigma = 1.34$

b)

图　13-36

对于减小构件的表面粗糙度，减少在构件表面层上由加工时刀具切削产生刻痕所造成的应力集中的影响，也可提高构件的疲劳极限。此外，在运转过程中，应尽量防止在构件表面上造成伤痕而产生应力集中。因构件表面层的应力一般较大，在伤痕处引起应力集中更易形成疲劳裂纹。从构件疲劳破坏的断口图片（图 13-13）上可见裂纹源都在构件表面上。

工程上对疲劳强度要求较高的构件，常进行表面处理，以改善它的表面质量，提高疲劳强度。构件表面层的工艺措施可通过热处理和化学处理达到，如高频淬火、渗碳、氢化等，从而使构件的疲劳强度有明显提高。此外，还可采取表面滚压、喷丸等机械处理方法，使构件表面形成一层预压应力层，降低使表面引起裂纹的拉应力，由此提高构件的疲劳寿命。

高强度钢制成的构件对应力集中较为敏感，在外形尺寸设计、表面加工工艺等方面要求较高，更应注意，否则将会使其疲劳强度大幅度下降，失去了使用高强度材料的意义。

在工作运转过程中，超载常是造成构件疲劳破坏的主要原因，因此，应尽量避免机器的超载。如在疲劳极限以内的载荷下，循环一定的周次以后，再逐步提高应力，通常可提高疲劳强度。

习　题

13-1　铸铁杆 AB 长 $l = 1.8\text{m}$，以匀角速度绕铅垂轴 O-O 旋转，如题 13-1 图所示。已知铸铁的单位体积重量 $\gamma = 74\text{kN/m}^3$，许用拉应力 $[\sigma] = 40\text{MPa}$，材料的弹性模量 $E = 160\text{GPa}$。试求此杆的极限转速，并计算此杆在转速 $n = 100\text{r/min}$ 时的绝对伸长。

13-2　题 13-2 图所示桥式起重机的横梁由 14 号工字钢组成，中间悬挂一重物 $Q = 50\text{kN}$，吊索截面 $A = 50 \times 10^{-4}\text{m}^2$，起重机以匀速 $v = 1\text{m/s}$ 向前移动（方向垂直于纸面）。当起重机突然停止移动时，重物像单摆一样向前摆动，求此时吊索及梁在铅垂平面内的最大应力比原来增大多少？（设吊索自重以及由重物摆动引起的斜弯曲影响都忽略不计）

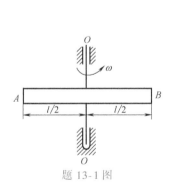

题 13-1 图

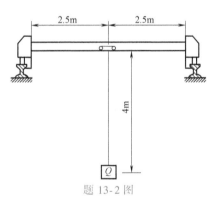

题 13-2 图

13-3　题 13-3 图所示轴上装一钢质圆盘，盘上有一圆孔。若轴与盘以 $\omega = 40\text{s}^{-1}$ 的匀角速度旋转，论求轴内由这一圆孔引起的最大正应力。

13-4　题 13-4 图所示飞轮轮缘的平均直径 $D = 1.2\text{m}$，材料单位体积重量 $\gamma = 72\text{kN/m}^3$，弹性模量 $E = 200\text{GPa}$，轮缘与轮辐装配时的过盈量 $\Delta D = 0.2\text{mm}$，若不计轮辐的影响，求飞轮允许的最大转速。

13-5　题 13-5 图所示长 8m 的 20a 槽钢被吊在绳子上以 1.8m/s 的速度匀速下降。如下降速度在 0.2s 内均匀地减小到 0.6m/s，试求槽钢内的最大弯曲正应力和最大挠度。已知材料的弹性模量 $E = 210\text{GPa}$。

13-6　题 13-6 图所示机车车轮以 $n = 300\text{r/min}$ 的转速旋转。平行杆 AB 的横截面为矩形，$h = 5.6\text{cm}$，

$b = 2.8$cm，长度 $l = 200$cm，$r = 25$cm，材料的单位体积重量 $\gamma = 7.8$g/cm^3。试确定平行杆最危险的位置和杆内最大正应力。

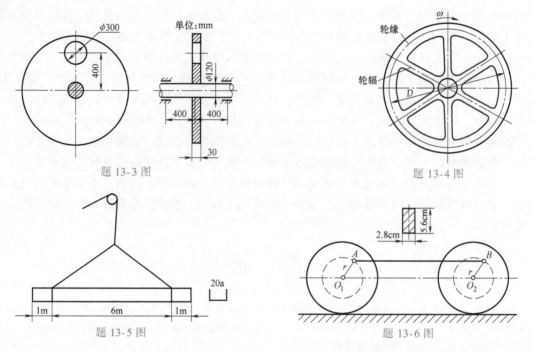

题 13-3 图

题 13-4 图

题 13-5 图

题 13-6 图

13-7 调速器绕 $O\text{-}O$ 轴旋转，转速 $n = 100$r/min，尺寸如题 13-7 图所示。若略去 BC 杆的惯性力，假定 AB 杆不变形，$E = 200$GPa，试求 BC 杆内的最大正应力。

13-8 题 13-8 图所示钢轴 AB 的直径为 8cm。轴上有一直径为 3cm 的钢质圆杆 CD，CD 垂直于 AB。若 AB 以匀角速度 $\omega = 40$s^{-1} 转动。材料的许用应力 $[\sigma] = 70$MPa，单位体积重量为 7.8g/cm^3。试校核 AB 轴及 CD 杆的强度。

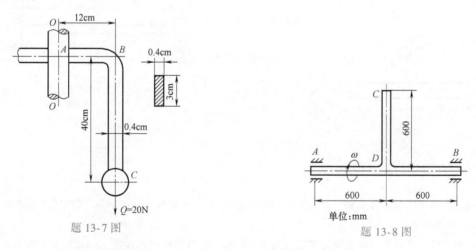

题 13-7 图

题 13-8 图

13-9 如题 13-9 图所示，在直径为 0.1m 的轴上，装着一个转动惯量为 500kg·m^2 的飞轮，轴的转速 $n = 300$r/min。制动器突然制动，将飞轮在 20 转内刹停（匀减速），试求轴内最大切应力之值。（轴承摩擦力不计）

13-10 直径 $d = 30$cm、长 $l = 600$cm 的木桩，下端固定，上端受重 $W = 5$kN 的重物作用，木材的 $E =$

10GPa，求题 13-10 图所示三种情况下木桩内的最大正应力。（1）重物以突加方式作用于木桩上；（2）重物自离桩顶 100cm 的高度自由落下；（3）在桩顶放置直径为 15cm、厚度为 2cm，弹性模量 $E=8$MPa 的橡皮垫，重物仍从离桩顶 100cm 高度自由落下。

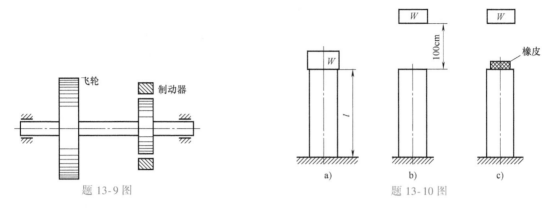

题 13-9 图　　　　题 13-10 图

13-11　一梁受冲击载荷作用，计算题 13-11 图所示的两种情况下梁内最大弯曲正应力之比。梁本身质量忽略不计。

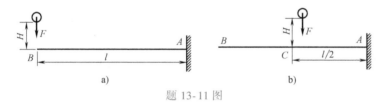

题 13-11 图

13-12　题 13-12 图所示重量 $P=2$kN 的冰块以匀速度 $v=1$m/s 运动，撞击在长度 $L=3$m、直径 $d=0.2$m 的木桩的顶端上，试求木桩内的冲击应力。已知木桩的 $E=11$GPa，木桩的质量可略去不计。

13-13　题 13-13 图所示铅直钢杆 AB，上端 A 固定，下端 B 有一圆盘，上面放一个螺旋弹簧以缓和冲击作用。此弹簧在 1kN 的静荷作用下缩短了 0.0625cm，AB 杆长 $L=400$cm，杆的直径为 4cm，重物 $P=15$kN，沿杆自由落下，$E=200$GPa。（1）试求使杆中的应力等于 120MPa，重物下坠所需的高度 H 应等于多少？（2）如没有弹簧时，求引起杆 AB 内相同冲击应力重物下坠容许的高度。

题 13-12 图　　　　　　题 13-13 图

13-14　如题 13-14 图所示，在两根 20a 号工字钢梁上装有一架绞车，其下有一载重盘。重物 $P=1$kN，从高度 $h=40$cm 处自由降落在盘上，已知绳长 $L=1200$cm，绳的横截面积 $A=1.75$cm^2，绳的弹性模量 $E=170$GPa，梁的弹性模量 $E=200$GPa，试求绳内及梁内的最大应力。

13-15　题 13-15 图所示圆轴直径 $d=6$cm，$l=2$cm。左端固定，右端有一直径 $D=40$cm 的鼓轮，轮上绕以钢绳，绳的端点悬挂吊盘。绳长 $l_1 = 1000\text{cm}$，横截面面积 $A = 1.2\text{cm}^2$，$E = 200\text{GPa}$。轴的切变模量 $G = 80\text{GPa}$。重量 $P = 800\text{N}$ 的物块自 $h = 20\text{cm}$ 处落于吊盘上，求轴内最大剪应力和绳内最大正应力。

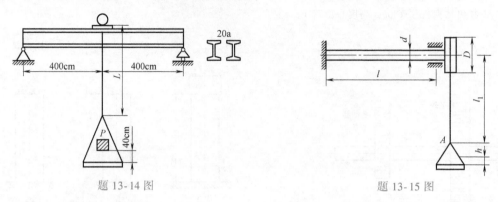

题 13-14 图   题 13-15 图

13-16　题 13-16 图所示重物 $P = 200\text{N}$，自 $h = 1.5\text{cm}$ 的高度降落，冲击在一个圆环上，圆环平均直径 $D = 50\text{cm}$，其截面为圆形，直径 $d = 3\text{cm}$。圆环材料为低碳钢，$E = 200\text{GPa}$。若不计圆环质量，试求环内最大应力。

13-17　两相同简支梁分别支承如题 13-17 图 a、b 所示，受到同一重为 Q 的重物以速度 v 冲击，试分别计算其动荷因数。

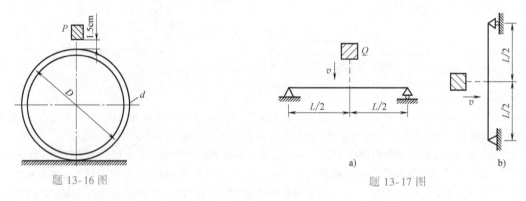

题 13-16 图   题 13-17 图

13-18　题 13-18 图所示 CD 杆长 100cm，截面为正方形 3cm×3cm，杆端锤重 60N，杆原轴（半径 $R = 20\text{cm}$）固定在一起，并以转速 $n = 100\text{r/min}$ 绕 AB 轴旋转。试求当轴 AB 突然停止时，杆内的最大应力和最大挠度。（杆的质量忽略不计）

13-19　195-2c 型柴油机连杆大头螺栓如题 13-19 图所示，工作时所受最大拉力 $F_{\max} = 9.58\text{kN}$，最小拉力 $F_{\min} = 8.71\text{kN}$，螺栓最小直径 $d = 8.5\text{mm}$。试求其应力幅 σ_a、平均应力 σ_m 和循环特征 r，并作出 $\sigma\text{-}t$ 曲线。

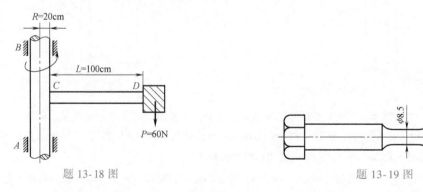

题 13-18 图   题 13-19 图

13-20　某阀门弹簧如题 13-20 图所示，当阀门关闭时，最小工作载荷 $F_{min} = 200N$，当阀门顶开时，最大工作载荷 $F_{max} = 500N$。设簧丝的直径 $d = 5mm$，弹簧外径 $D_1 = 36mm$，试求平均应力 τ_m、应力振幅 τ_a、循环特性 r，并作出 $\tau\text{-}t$ 曲线。

13-21　阶梯轴如题 13-21 图所示。材料为铬镍合金钢，$\sigma_b = 920MPa$，$\sigma_{-1} = 420MPa$，$\tau_{-1} = 250MPa$。轴的尺寸 $d = 40mm$，$D = 50mm$，$r = 5mm$。试计算弯曲和扭转时的有效应力集中因数和尺寸因数。

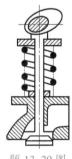

题 13-20 图

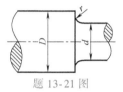

题 13-21 图

13-22　题 13-22 图所示为一货车车轴，轴上的载荷 $F = 110kN$，轴的材料为碳钢，$\sigma_b = 550MPa$，$\sigma_{-1} = 240MPa$，$a = 118mm$，$l = 1435mm$，$d = 133mm$，$D = 146mm$，$r = 20mm$，轴表面经磨削加工，规定安全因数 $n = 1.8$。试校核此轴 1-1 截面（d 同 D 段交界处）的疲劳强度。

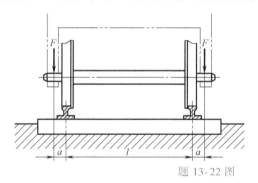
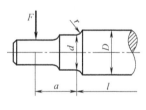

题 13-22 图

13-23　题 13-23 图所示阶梯状旋转轴作用有不变的弯矩 M，材料为碳钢，$\sigma_b = 500MPa$，$\sigma_s = 300MPa$，$\sigma_{-1} = 220MPa$，轴的尺寸如图所示。若将圆角半径从 $r = 1mm$ 增大为 $r = 8mm$，规定的安全因数不变，试问圆角增大后轴承受的弯矩比前者提高多少？

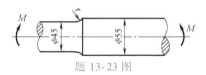

题 13-23 图

附录 A　截面图形的几何性质

计算杆件受力时的应力和变形，一般都要用到杆件横截面图形的几何性质，如拉压杆的强度和刚度计算要用到横截面面积 A，圆轴扭转中扭转切应力和扭转角的计算要用到截面极惯性矩 I_p，而弯曲问题中还将用到截面图形的另一些几何性质，如静矩、惯性矩、惯性积等。本章主要介绍截面图形一些几何性质的定义和计算方法。

A.1　静矩

如图 A-1 所示，从截面图形中坐标为 (z, y) 处取一微面积 dA，则 $y dA$ 与 $z dA$ 分别称为该微面积 dA 对 z 轴和 y 轴的**静矩**（static moment）。类似地，以下列两积分式分别定义整个截面图形对 z 轴或 y 轴的静矩：

$$S_z = \int_A y dA \tag{A-1a}$$

$$S_y = \int_A z dA \tag{A-1b}$$

上述积分中，A 是整个截面图形的面积。

由式（A-1）的定义可知，静矩的量纲是长度的三次方，工程上的常用单位为 cm^3 或 mm^3。因积分号内的 z 或 y 均为一次，所以静矩又称为**截面一次矩**（first moment of the area）。同一截面图形对不同坐标轴的静矩值是不同的，可能为正，可能为负，也可能等于零。

利用式（A-1）可以确定截面图形**形心**（centroid）C 的坐标 z_C 和 y_C（与静力学中确定均质等厚度薄板重心的方法相同）：

图　A-1

$$z_C = \frac{S_y}{A} = \frac{\int_A z dA}{\int_A dA} \tag{A-2a}$$

$$y_C = \frac{S_z}{A} = \frac{\int_A y\,\mathrm{d}A}{\int_A \mathrm{d}A} \qquad\qquad (\text{A-2b})$$

由式（A-2）可知：1）截面对于通过其形心的某一坐标轴（简称形心轴）的静矩恒为零；2）如果截面对于某坐标轴的静矩为零，则该坐标轴必然通过截面形心。

由静矩定义式（A-1）可知，截面对某坐标轴的静矩等于截面各组成部分对同一轴静矩的代数和。当截面是由若干个（如 n 个）简单图形（如矩形、圆形、三角形等）所组成的组合图形时，由于简单图形的面积与形心位置均为已知，可以先按式（A-1）计算出每一简单图形的静矩，然后求其代数和，即得到整个截面的静矩，由下式表达：

$$S_z = \sum_{i=1}^{n} A_i (y_C)_i \qquad\qquad (\text{A-3a})$$

$$S_y = \sum_{i=1}^{n} A_i (z_C)_i \qquad\qquad (\text{A-3b})$$

式中，A_i 是第 i 个简单图形的面积；$(z_C)_i$ 与 $(y_C)_i$ 是它的形心坐标。计算组合图形截面形心坐标的公式如下：

$$z_C = \frac{S_y}{A} = \frac{\sum\limits_{i=1}^{n} A_i (z_C)_i}{\sum\limits_{i=1}^{n} A_i} \qquad\qquad (\text{A-4a})$$

$$y_C = \frac{S_z}{A} = \frac{\sum\limits_{i=1}^{n} A_i (y_C)_i}{\sum\limits_{i=1}^{n} A_i} \qquad\qquad (\text{A-4b})$$

例 A-1　求图 A-2 所示圆面积对 z 轴与 y 轴的静矩。

解　圆的面积　　　　$A = \pi r^2$

形心坐标　　　　　$z_C = a$，$y_C = 0$

图形对 z 轴静矩　　$S_z = y_C A = 0$

图形对 y 轴静矩　　$S_y = z_C A = a\pi r^2$

例 A-2　求图 A-3 所示矩形截面分别对 z、y 轴及 z_1、y_1 轴的静矩。

解　矩形面积 $A = bh$，对 z、y 轴：

$$z_C = 0，\qquad y_C = 0$$
$$S_z = 0，\qquad S_y = 0$$

对 z_1、y_1 轴：

$$z_{1C} = \frac{b}{2}，\qquad y_{1C} = \frac{h}{2}$$

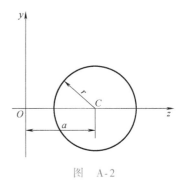

图　A-2

$$S_{z1} = Ay_{1C} = bh \cdot \frac{h}{2} = \frac{1}{2}bh^2, \quad S_{y1} = Az_{1C} = bh \cdot \frac{b}{2} = \frac{1}{2}b^2h$$

例 A-3 求图 A-4 所示半个箱形截面对过底边的 z 轴的静矩。

解 应用负面积法，即外部的矩形看作正的面积，而内部被挖去的矩形看作负的面积：

$$A_1 = \frac{1}{2}BH, \quad y_{C1} = \frac{H}{4}$$

$$A_2 = -\frac{1}{2}bh, \quad y_{C2} = \frac{h}{4}$$

对 z 轴的静矩

$$S_z = A_1 y_{C1} + A_2 y_{C2} = \frac{BH}{2} \cdot \frac{H}{4} + \left(-\frac{bh}{2}\right) \cdot \frac{h}{2} = \frac{1}{8}(BH^2 - bh^2)$$

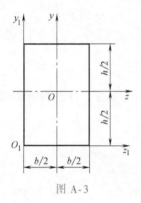

图 A-3

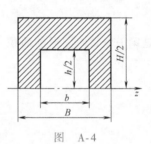

图 A-4

A.2 惯性矩、极惯性矩、惯性积

如图 A-5 所示，从任意截面图形中坐标为 (z, y) 处取一微面积 dA，则 $y^2 dA$ 和 $z^2 dA$ 分别称为微面积 dA 对于 z 轴和 y 轴的**惯性矩**（moment of inertia）（若将 dA 看作质量，则 $y^2 dA$ 与 $z^2 dA$ 相当于动力学中的转动惯量，因此从形式上的相似称它为惯性矩）。下列两积分式分别定义截面图形对 z 轴和 y 轴的惯性矩：

$$I_z = \int_A y^2 dA \qquad (\text{A-5a})$$

$$I_y = \int_A z^2 dA \qquad (\text{A-5b})$$

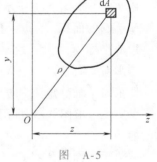

图 A-5

截面图形对坐标原点 O 的**极惯性矩**（polar moment of inertia）可由下式定义：

$$I_p = \int_A \rho^2 dA \qquad (\text{A-6a})$$

由图 A-5 可知，$\rho^2 = z^2 + y^2$，因此有

$$I_p = \int_A \rho^2 dA = \int_A (y^2 + z^2) dA = \int_A y^2 dA + \int_A z^2 dA = I_y + I_z \qquad (\text{A-6b})$$

式（A-6b）表明，截面图形对于面内任意点的极惯性矩恒等于通过该点的任意一对互相垂直轴的惯性矩之和。

微面积 $\mathrm{d}A$ 与两坐标 z、y 的乘积 $zy\mathrm{d}A$ 称为该微面积对于 z、y 两轴的惯性积（product of inertia），整个截面的惯性积用下列积分表示：

$$I_{zy} = \int_A zy\mathrm{d}A \tag{A-7}$$

由于式（A-5）~式（A-7）积分号内的 z 或 y 的总次数均为二次，惯性矩、极惯性矩、惯性积也称为截面二次矩（second moment of area）。二次矩的量纲是长度的四次方，工程上的常用单位为 cm^4。同一截面图形对不同坐标轴，惯性矩或惯性积都是不相同的。惯性矩或极惯性矩的值恒为正。惯性积的值可能为正，可能为负，也可能等于零。若 z 轴或 y 轴之一是截面对称轴，则其惯性积 $I_{zy} = 0$。

在材料力学的应用中，常常会用到惯性半径（radius of gyration），其定义是

$$i_z = \sqrt{\frac{I_z}{A}} \tag{A-8a}$$

$$i_y = \sqrt{\frac{I_y}{A}} \tag{A-8b}$$

式中，i_z 和 i_y 分别称为截面对于 z 轴或 y 轴的惯性半径，其常用单位为 cm。尽管截面的惯性半径没有明确的物理意义，但是我们可以理解为：将整个截面的面积集中到某坐标轴的惯性半径距离处产生的惯性矩与原截面对于同轴的惯性矩相等。

例 A-4　试计算图 A-6 所示矩形面积（高度 h，宽度 b）对于其对称轴 z、y（形心轴）的惯性矩。

解　在图中取宽为 b、高为 $\mathrm{d}y$ 的细长条作为微面积：$\mathrm{d}A = b\mathrm{d}y$（图中阴影部分面积），按式（A-5a）进行积分，可得对 z 轴的惯性矩

$$I_z = \int_A y^2 \mathrm{d}A = \int_{-\frac{h}{2}}^{+\frac{h}{2}} y^2 b\mathrm{d}y = \frac{bh^3}{12}$$

求 I_y 时，$\mathrm{d}A = h\mathrm{d}z$，同理可得 $I_y = \dfrac{hb^3}{12}$。

惯性半径

$$i_z = \sqrt{\frac{I_z}{A}} = \frac{h}{2\sqrt{3}}$$

$$i_y = \sqrt{\frac{I_y}{A}} = \frac{b}{2\sqrt{3}}$$

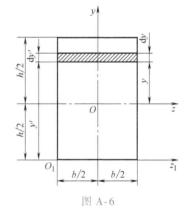

图 A-6

如欲求对于与矩形底边相重合的 z_1 轴的惯性矩，同样可应用积分，因纵坐标自 z_1 轴算起，故积分上下限应从 0 到 h，$\mathrm{d}A = b\mathrm{d}y'$，则

$$I_{z_1} = \int_A y'^2 \, \mathrm{d}A = \int_0^h y'^2 b \, \mathrm{d}y = \frac{bh^3}{3}$$

例 A-5　直径为 D 的圆截面，求截面对于形心对称轴 z 或 y 的惯性矩，如图 A-7 所示。

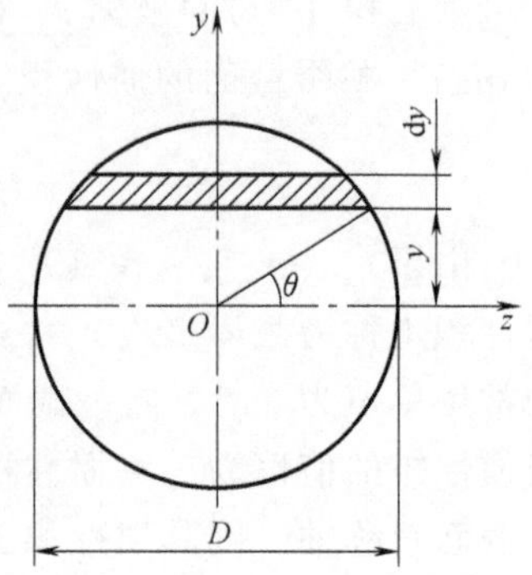

解　如图所示，取宽为 $2z$、高为 $\mathrm{d}y$ 的细长条为微面积：$\mathrm{d}A = 2z\mathrm{d}y$，有

$$I_z = \int_A y^2 \, \mathrm{d}A = 2\int_A y^2 z \, \mathrm{d}y$$

将上式变换为极坐标再进行积分：

$$z = \frac{D}{2}\cos\theta, \quad y = \frac{D}{2}\sin\theta$$

$$\mathrm{d}y = \frac{D}{2}\cos\theta \mathrm{d}\theta$$

图　A-7

$$I_z = \int_A y^2 \, \mathrm{d}A = 2\int_A y^2 z \, \mathrm{d}y = 2\int_{-\frac{\pi}{2}}^{\frac{\pi}{2}} \frac{D^2}{4}\sin^2\theta \cdot \frac{D^2}{4}\cos^2\theta \mathrm{d}\theta$$

$$= \frac{D^4}{8}\int_{-\frac{\pi}{2}}^{\frac{\pi}{2}} \frac{1}{8}(1 - \cos 4\theta)\,\mathrm{d}\theta = \frac{\pi D^4}{64}$$

由于对称性，$I_y = I_z$。

对于 z 轴或 y 轴的惯性半径

$$i_z = i_y = \sqrt{\frac{I_z}{A}} = \frac{D}{4}$$

对 O 点的极惯性矩

$$I_p = I_y + I_z = \frac{\pi}{32}D^4$$

例 A-6　计算图 A-8 所示三角形对 z、y 轴的惯性积。

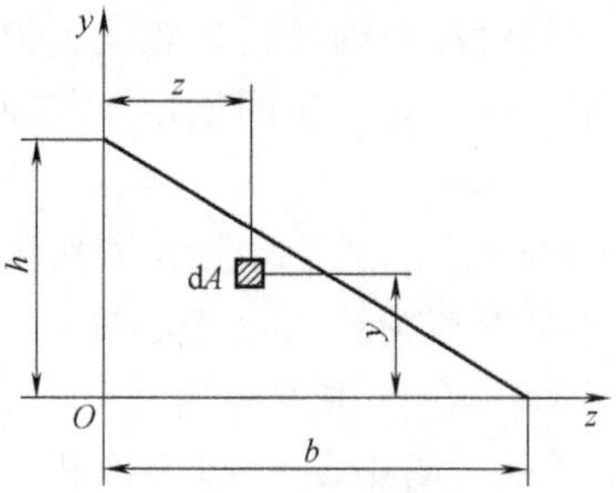

解　三角形斜边的方程式为

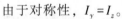

图　A-8

$$\frac{z}{b} + \frac{y}{h} = 1 \quad \text{或} \quad y = h\left(1 - \frac{z}{b}\right)$$

取微面积 $\mathrm{d}A = \mathrm{d}z\mathrm{d}y$，则

$$I_{zy} = \int_A zy\mathrm{d}A = \int_0^b z\left[\int_0^{h\left(1-\frac{z}{b}\right)} y\mathrm{d}y\right]\mathrm{d}z = \int_0^b z \cdot \frac{h^2}{2}\left(1 - \frac{z}{b}\right)^2 \mathrm{d}z = \frac{b^2 h^2}{24}$$

A.3　平行移轴公式

同一截面图形对于两对相互平行坐标轴的惯性矩或惯性积虽然不同，但它们之间存在着一定的关系。利用这些关系可使组合图形惯性矩的计算得到简化。下面推导截面图形对两对平行坐标轴的惯性矩和惯性积的关系式。

如图 A-9 所示，设 z_C、y_C 为截面图形的形心轴，z 轴平行于 z_C 轴，y 轴平行于 y_C 轴，

形心 C 点在 Oyz 坐标系下的坐标值为 (a, b)，任一微面积 $\mathrm{d}A$ 在两坐标系内的位置坐标(z_C, y_C) 和(z, y) 之间的关系为

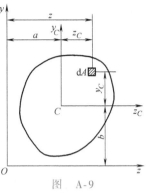

$$z = z_C + a, \quad y = y_C + b$$

将上述关系代入 I_z 的表达式（A-5a）得

$$I_z = \int_A y^2 \mathrm{d}A = \int_A (y_C + b)^2 \mathrm{d}A$$

$$= \int_A y_C^2 \mathrm{d}A + 2b \int_A y_C \mathrm{d}A + b^2 \int_A \mathrm{d}A$$

图 A-9

由于 z_C 轴通过截面形心 C，根据 A.1 节的知识可知，$\int_A y_C \mathrm{d}A = 0$；又因为 $\int_A y_C^2 \mathrm{d}A = I_{z_C}$，因此，上式可写成

$$I_z = I_{z_C} + b^2 A \tag{A-9a}$$

同理

$$I_y = I_{y_C} + a^2 A \tag{A-9b}$$

对于惯性积

$$I_{zy} = \int_A zy \mathrm{d}A = \int_A (z_C + a)(y_C + b)\mathrm{d}A$$

$$= \int_A z_C y_C \mathrm{d}A + b \int_A z_C \mathrm{d}A + a \int_A y_C \mathrm{d}A + ab \int_A \mathrm{d}A$$

因 $\int_A z_C y_C \mathrm{d}A = I_{z_C y_C}$，$\int_A z_C \mathrm{d}A = 0$，$\int_A y_C \mathrm{d}A = 0$，故

$$I_{zy} = I_{z_C y_C} + abA \tag{A-10}$$

式（A-9）和式（A-10）即表示截面对于两对相互平行坐标轴的惯性矩和惯性积的**平行移轴定理**（parallel-axis theorem）。使用时应当注意：1）计算对于某轴的惯性矩或惯性积，等式右侧的惯性矩或惯性积必须是关于平行形心轴获得的；2）式中的 a、b 是截面形心 C 在 Oyz 坐标系下的坐标值，而非距离。

图 A-10a 所示矩形对 z_1、y_1 轴的惯性积 $I_{z_1 y_1} = 0$。应用平行移轴定理，矩形对 z、y 轴的惯性积

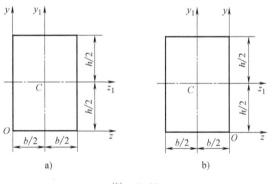

图 A-10

$$I_{zy} = I_{z_1 y_1} + \overline{a}\,\overline{b}A = 0 + \frac{b}{2}\frac{h}{2}bh = \frac{1}{4}b^2 h^2$$

图 A-10b 所示矩形对 z_1、y_1 轴的惯性积 $I_{z_1 y_1} = 0$。应用平行移轴定理，矩形对 z、y 轴的惯

性积

$$I_{zy} = I_{z_1y_1} + \overline{ab}A = 0 + \left(-\frac{b}{2}\right)\frac{h}{2}bh = -\frac{1}{4}b^2h^2$$

例 A-7 求例 A-6 中的三角形图形对通过形心轴 z_C、y_C 的惯性积。

解 $I_{zy} = I_{z_Cy_C} + \overline{ab}A$，已知

$$I_{zy} = \frac{b^2h^2}{24}, \quad \overline{a} = \frac{b}{3}, \quad \overline{b} = \frac{h}{3}$$

故通过形心轴 z_C、y_C 的惯性积

$$I_{z_Cy_C} = I_{zy} - \overline{a}\,\overline{b}A = \frac{1}{24}b^2h^2 - \frac{h}{3}\frac{b}{3}\frac{bh}{2} = -\frac{1}{72}b^2h^2$$

A.4 转轴公式 主惯性轴 主惯性矩

设图 A-11 所示的截面图形对 z、y 轴的惯性矩 I_z、I_y 与惯性积 I_{zy} 均为已知，当这一对坐标轴绕 O 点旋转 α 角（α 角以逆时针转向为正）到新坐标轴 z_1、y_1 时，截面图形对新坐标轴 z_1、y_1 的惯性矩 I_{z_1}、I_{y_1} 和惯性积 $I_{z_1y_1}$ 与已知的 I_z、I_y 和 I_{zy} 之间的关系可推导如下。

任一微面积 dA 在两坐标系内的坐标 (z_1, y_1) 和 (z, y) 之间的关系

$$z_1 = \overline{OC_1} = \overline{OE_1} + \overline{B_1D_1} = z\cos\alpha + y\sin\alpha$$

$$y_1 = \overline{A_1C_1} = \overline{A_1D_1} - \overline{E_1B_1} = y\cos\alpha - z\sin\alpha$$

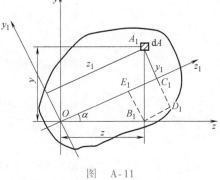

图 A-11

将上式代入式（A-5a），展开和逐项积分，可得

$$I_{z_1} = \int_A y_1^2 dA = \int_A (y\cos\alpha - z\sin\alpha)^2 dA$$

$$= \cos^2\alpha\int_A y^2 dA + \sin^2\alpha\int_A z^2 dA - 2\sin\alpha\cos\alpha\int_A zy dA$$

$$= I_z\cos^2\alpha + I_y\sin^2\alpha - I_{zy}\sin2\alpha$$

$$= \frac{I_z+I_y}{2} + \frac{I_z-I_y}{2}\cos2\alpha - I_{zy}\sin2\alpha \tag{A-11a}$$

其中，$I_z = \int_A y^2 dA$，$I_y = \int_A z^2 dA$，$I_{zy} = \int_A zy dA$。

同理可得

$$I_{y_1} = \frac{I_z+I_y}{2} - \frac{I_z-I_y}{2}\cos2\alpha + I_{zy}\sin2\alpha \tag{A-11b}$$

惯性积

$$I_{z_1 y_1} = \int_A z_1 y_1 \mathrm{d}A = \int_A (z\cos\alpha + y\sin\alpha)(y\cos\alpha - z\sin\alpha)\,\mathrm{d}A$$

$$= \cos^2\alpha \int_A zy\mathrm{d}A - \sin\alpha\cos\alpha \int_A z^2 \mathrm{d}A + \sin\alpha\cos\alpha \int_A y^2 \mathrm{d}A - \sin^2\alpha \int_A zy\mathrm{d}A$$

$$= \frac{I_z - I_y}{2}\sin 2\alpha + I_{zy}\cos 2\alpha \tag{A-11c}$$

以上三式是惯性矩和惯性积的转轴公式（transformation equations of moments and products of inertia）。

将式（A-11a）与式（A-11b）相加，得

$$I_{z_1} + I_{y_1} = I_z + I_y = 常数$$

上式说明，截面图形对于通过同一点的任意一对互相垂直轴的惯性矩之和恒为一常数，由式（A-6b）知该常数即截面图形对同一点的极惯性矩。

由式（A-11）的转轴公式可知，惯性矩和惯性积的数值随着 α 角的变化而变化。惯性矩的最大值和最小值定义为**主惯性矩**（principal moments of inertia），对应的坐标轴 z_0、y_0 称为**主惯性轴**（principal axes）。当主惯性轴的交点与截面图形的形心重合时，它们就称为**形心主惯性轴**，相应的惯性矩即称为**形心主惯性矩**，它们在弯曲问题的计算中常需用到。

为了确定惯性矩的最大或最小值，可以将式（A-11a）对 α 求导，并令导数为零，得到下式：

$$(I_z - I_y)\sin 2\alpha_0 + 2I_{zy}\cos 2\alpha_0 = 0$$

从上式可得

$$\tan 2\alpha_0 = -\frac{2I_{zy}}{I_z - I_y} \tag{A-12}$$

在 $0° \sim 360°$ 范围内，由式（A-12）可以得到 α_0 和 $\alpha_0 + 90°$ 两个互相垂直的方位角，它们确定了惯性矩取最大或最小值的坐标轴位置，即主惯性轴。

将 $\alpha = \alpha_0$ 或 $\alpha_0 + 90°$ 代入式（A-11a）可以得到主惯性矩的计算公式：

$$I_1 = I_{z_0} = \frac{I_z + I_y}{2} + \frac{1}{2}\sqrt{(I_z - I_y)^2 + 4I_{zy}^2} = I_{\max} \tag{A-13a}$$

$$I_2 = I_{y_0} = \frac{I_z + I_y}{2} - \frac{1}{2}\sqrt{(I_z - I_y)^2 + 4I_{zy}^2} = I_{\min} \tag{A-13b}$$

将 $\alpha = \alpha_0$ 代入式（A-11c）得

$$I_{z_0 y_0} = \frac{I_z - I_y}{2}\sin 2\alpha_0 + I_{zy}\cos 2\alpha_0 = 0$$

上式表明对于主惯性轴的惯性积等于零。

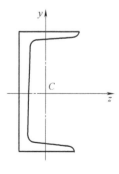

图 A-12

由 A.2 节可知，截面图形只要具有一个对称轴（例如图 A-12 所示槽形截面），对于包含该对称轴的一组坐标系的惯性积等于零，则该对称轴就是主惯性轴。因对称轴通过截面形心，则对于包含对称轴在内的两组坐标轴，截面的惯性积恒等于零。因此对称轴始终是截面图形的一个主惯性轴。

例 A-8　试计算图 A-13 所示 Z 字形截面的形心主惯性轴和形心主惯性矩。截面尺寸均以 cm 计。

解　该截面为反对称，形心在坐标轴原点 O 上。

首先要计算截面对 z 轴与 y 轴的惯性矩 I_z 与 I_y 和惯性积 I_{zy}，把截面分为如图 （Ⅰ）、（Ⅱ）、（Ⅲ） 三个部分。

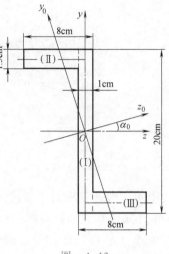

图　A-13

（Ⅰ）
$$I_z^{\mathrm{I}} = \left(\frac{1}{12} \times 1 \times 20^3 \right) \mathrm{cm}^4 = 667 \mathrm{cm}^4$$

$$I_y^{\mathrm{I}} = \left(\frac{1}{12} \times 20 \times 1^3 \right) \mathrm{cm}^4 = 1.66 \mathrm{cm}^4$$

（Ⅱ） 与 （Ⅲ） 应用平行移轴公式得

$$I_z^{\mathrm{II}} = I_z^{\mathrm{III}} = \left[\frac{1}{12} \times 7 \times 1.5^3 + 7 \times 1.5 \times \left(\frac{20}{2} - \frac{1.5}{2} \right)^2 \right] \mathrm{cm}^4 = 900 \mathrm{cm}^4$$

$$I_y^{\mathrm{II}} = I_y^{\mathrm{III}} = \left[\frac{1}{12} \times 1.5 \times 7^3 + 7 \times 1.5 \times \left(\frac{7}{2} + \frac{1}{2} \right)^2 \right] \mathrm{cm}^4 = 198 \mathrm{cm}^4$$

整个面积的惯性矩
$$I_z = I_z^{\mathrm{I}} + 2I_z^{\mathrm{II}} = (667 + 2 \times 900) \mathrm{cm}^4 = 2467 \mathrm{cm}^4$$
$$I_y = I_y^{\mathrm{I}} + 2I_y^{\mathrm{II}} = (1.66 + 2 \times 198) \mathrm{cm}^4 = 398 \mathrm{cm}^4$$

惯性积：由于对称
$$I_{zy}^{\mathrm{I}} = 0$$

$$I_{zy}^{\mathrm{II}} = 0 + 7 \times 1.5 \left[-\left(\frac{7}{2} + \frac{1}{2} \right) \right] \left(\frac{20}{2} - \frac{1.5}{2} \right) \mathrm{cm}^4 = -388 \mathrm{cm}^4$$

$$I_{zy}^{\mathrm{III}} = 0 + 7 \times 1.5 \left(\frac{7}{2} + \frac{1}{2} \right) \left[-\left(\frac{20}{2} - \frac{1.5}{2} \right) \right] \mathrm{cm}^4 = -388 \mathrm{cm}^4$$

总的惯性积　　　　$$I_{zy} = 2 \times (-388) \mathrm{cm}^4 = -776 \mathrm{cm}^4$$

主惯性轴方向

$$\tan 2\alpha_0 = -\frac{2I_{zy}}{I_z - I_y} = \frac{-2 \times (-776)}{2467 - 398} = 0.75$$

$$2\alpha_0 = 36°52' \text{ 或 } 216°52'$$

$$\alpha_0 = 18°26' \text{ 或 } 108°26'$$

形心主惯性矩

$$I_1 = I_{\max} = \frac{1}{2} \left[(I_z + I_y) + \sqrt{(I_z - I_y)^2 + 4I_{zy}^2} \right]$$

$$= \frac{1}{2} \left[(2467 + 398) + \sqrt{(2467 - 398)^2 + 4 \times (-776)^2} \right] \mathrm{cm}^4$$

$$= 2725 \mathrm{cm}^4$$

$$I_2 = I_{\min} = \frac{1}{2}\left[(I_z+I_y)-\sqrt{(I_z-I_y)^2+4I_{zy}^2}\right]$$

$$= \frac{1}{2}\left[(2467+398)-\sqrt{(2467-398)^2+4\times(-776)^2}\right]\text{cm}^4$$

$$= 140\text{cm}^4$$

例 A-9　试证明：如图 A-14 所示，若某一平面图形对某一点有一对以上不相重合的主惯性轴，则所有通过该点的轴都是主惯性轴。

证　设 z、y 轴为该图形对 O 点的主惯性轴。假设此外还存在另一对主惯性轴 u、v（与 z、y 轴不相重合，即 α 不是 $\dfrac{\pi}{2}$ 的倍数），由式（A-11c）知

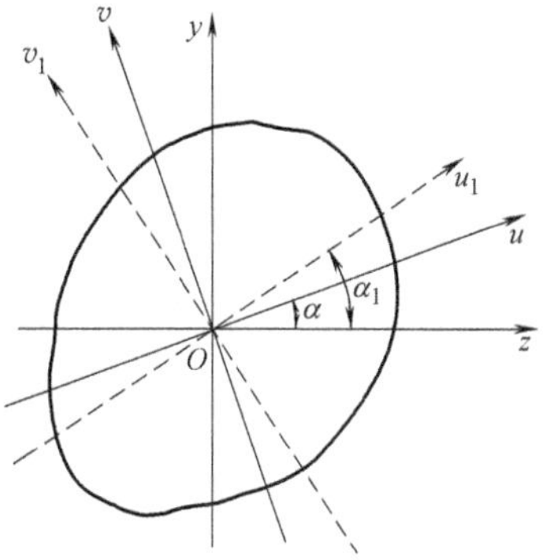

$$I_{uv} = \frac{I_z-I_y}{2}\sin2\alpha+I_{zy}\cos2\alpha = 0$$

因为　　　　　$I_{zy}=0,\quad \dfrac{I_z-I_y}{2}\sin2\alpha=0,\quad \sin2\alpha\neq0$

故　　　　　　　　　$I_z = I_y$

图　A-14

现在研究经过 O 点的任意一对轴 u_1、v_1 的惯性积

$$I_{u_1v_1} = \frac{I_z-I_y}{2}\sin2\alpha_1+I_{zy}\cos2\alpha_1 = 0$$

显然不论 α_1 是什么角度，$I_{u_1v_1}$ 均等于零，即 u_1、v_1 也是图形对 O 点的主惯性轴。由此可得出结论：

1）当平面图形上对某点的两个主惯性矩相等（$I_z = I_y$）时，由式（A-11）可知

$$I_{z_1} = I_{y_1} = \frac{I_z+I_y}{2} = I_z = I_y$$

即通过该点的轴都是主惯性轴，且主惯性矩均相等。

2）任何具有三个或三个以上对称轴的平面图形，它所有的形心轴都是主惯性轴，对各轴的主惯性矩均相等，例如正方形、正三角形、正多边形等，过形心的轴都是主惯性轴，对各轴的惯性矩均相等，如图 A-15 所示。

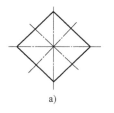
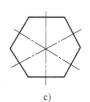

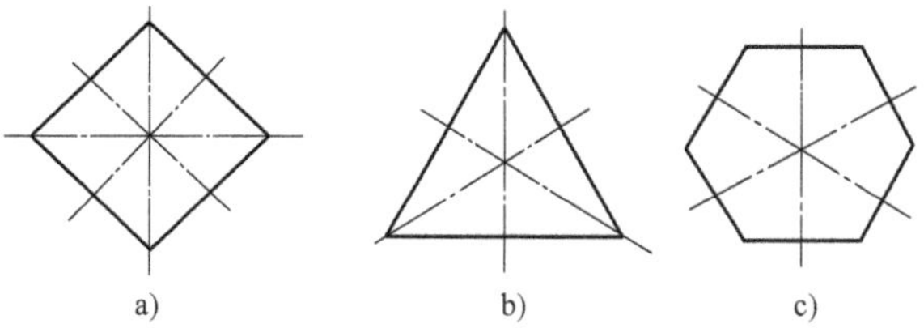

　　　　a)　　　　　　　　　b)　　　　　　　　　c)

图　A-15

A-1 求题 A-1 图所示各截面图形对 z 轴的静矩与形心的位置。

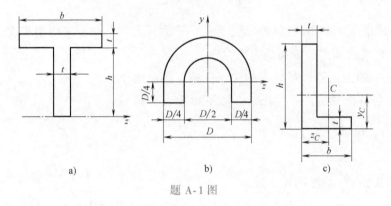

题 A-1 图

A-2 试求：（1）题 A-2 图 a 所示工字形截面对形心轴 y 及 z 的惯性矩 I_y 与 I_z；

（2）题 A-2 图 b 所示 T 字形截面对形心轴的惯性矩 I_z 与 I_y。

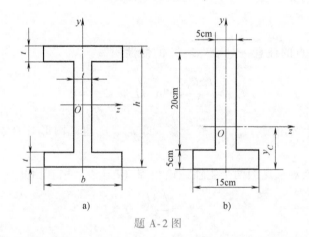

题 A-2 图

A-3 求题 A-3 图所示椭圆截面对长轴的惯性矩、惯性半径与对形心的极惯性矩。

A-4 试求题 A-4 图所示的 $\dfrac{1}{4}$ 的圆面积（半径 a）对于 z、y 轴的惯性积 I_{zy}。

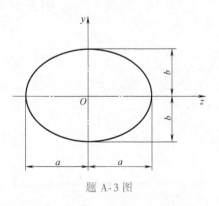

题 A-3 图

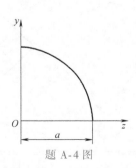

题 A-4 图

A-5 题 A-5 图所示矩形截面 $h : b = 3 : 2$。试求通过左下角 A 点的一对主轴 u 及 v 的方位，并求 I_u 和 I_v。

A-6 求题 A-6 图所示各图形的形心位置、形心主惯性轴方位与形心主惯性矩值。

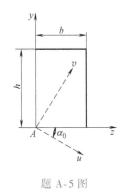

题 A-5 图

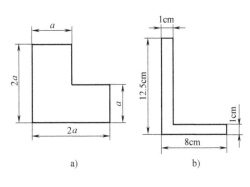

a)   b)

题 A-6 图

A-7 题 A-7 图所示截面由 14b 号槽钢截面与 $12 \times 2 cm$ 的矩形截面组成，试确定该截面的形心主惯性矩。

A-8 求题 A-8 图所示花键轴截面的形心主惯性矩，键可近似地看作矩形。

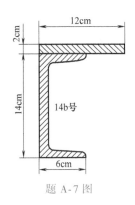

题 A-7 图

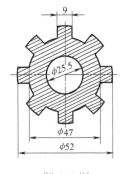

题 A-8 图

A-9 如题 A-9 图所示，试证由一矩形以其对角线所分成的两个三角形分别对 x 及 y 轴的惯性积是相等的，且等于矩形面积惯性积的一半。

A-10 试计算题 A-10 图所示正六边形截面的惯性矩 I_x 和 I_y。

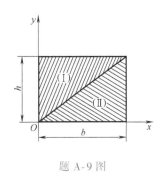

题 A-9 图

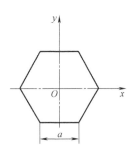

题 A-10 图

A-11 求题 A-11 图所示薄壁截面对水平形心轴 x 的惯性矩 I_x。

A-12 题 A-12 图所示截面由两个 22a 号槽钢组成，试问当间距 a 为何值时惯性矩 $I_x = I_y$。

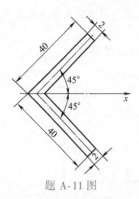

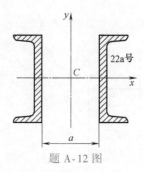

题 A-11 图　　　　　　　　　　　题 A-12 图

A-13　欲使通过题 A-13 图所示矩形截面长边之中点 A（或 B）的任意轴 u 都是截面的主轴，则矩形截面的高 h 与宽 b 之比应为多少？

A-14　题 A-14 图所示狭长矩形截面，A、B 点的纵坐标分别为 y_A 和 y_B，面积为 $A=tL$。试证明该截面对 x 轴的惯性矩为

$$I_x = \frac{A}{3}(y_A^2 + y_A y_B + y_B^2)$$

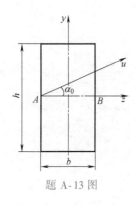

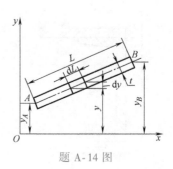

题 A-13 图　　　　　　　　　　　题 A-14 图

附录 B　历史注释

伽利略（Galileo　Galilei，1564—1642）

伽利略（图 B-1）出生于意大利比萨（Pisa），他在材料力学上的贡献都包括在他所著的《两门新科学的对话》里，他这里所说的"两门新科学"是指材料力学和动力学。

《两门新科学的对话》书中一部分谈到建筑材料的力学性能和梁的强度，成为材料力学领域中的第一本著作，也是弹性体力学史的开端。

胡克（Robert Hooke，1635—1703）

图 B-1　伽利略

英国科学家。胡克不仅在力学方面有贡献，在化学、物理学、天文学、生物学等方面都有重要的贡献。胡克在力学上最为著名的工作是创立了力的大小与力所产生的变形之间的关系，并且设计出了几种能利用这一关系来解决许多重要问题的实

验。这种力与变形间的线性关系，被称之为胡克定律，并在以后被用作弹性力学进一步发展的基础。自 1662 年英国皇家学会成立，胡克一直担任皇家学会的实验总监。

伯努利（Jacob Bernoulli，1654—1705）

瑞士数学家。他因概率论、解析几何等方面的工作而著名。他还发展了极坐标。伯努利在梁的弹性曲线方面有重要贡献，他最早引进了应力的概念，并把应力作为应变的函数。他第一个从变形角度比较精确地研究了梁的问题，后人把基于平面假设的梁的理论称为伯努利梁。

欧拉（Leonard Euler，1707—1783）

瑞士科学家。对数学和力学做出许多出色的贡献。他是到目前为止著作最多的数学家。在教科书中，欧拉的名字反复出现。在材料力学方面，欧拉研究了梁的弹性挠曲线几何形状；推导了柱在轴向压力下弹性稳定的欧拉公式；还研究了杆的横向振动问题等。1738 年欧拉右眼失明，1776 年双目失明，但这都没能影响欧拉从事数学研究和继续著作。

库仑（Charles Augustin Coulomb，1736—1806）

法国科学家。在电学、磁学、摩擦力、梁的弯曲、挡土墙、拱以及扭转、扭转振动等问题做出了贡献。在材料力学方面圆轴扭矩与转角之间的关系就是由库仑建立的。他在强度理论方面也做出了贡献。

泊松（Simeon Denis Poisson，1781—1840）

法国数学家。泊松（图 B-2）在数学和力学上做出了许多贡献。他研究工作的主要特点是利用数学方法去处理复杂的力学和物理问题。他在力学中的主要贡献有：在分析力学中引进了泊松括号，在弹性力学中提出了泊松比。他第一次得到了板的挠曲方程。

图 B-2　泊松

纳维（Claude Louis Marie Henri Navier，1785—1836）

法国数学家和工程师。他是数学弹性理论创始人之一。他对梁、板和壳的理论、振动理论、黏性流体理论做出了贡献。他对梁的中性层给出了准确定位。纳维是第一个发明用位移法求解超静定问题的人。

圣维南（Barré de Saint-Venant，1791—1886）

法国力学家。圣维南（图 B-3）的研究领域主要集中于固体力学和流体力学，特别是在材料力学和弹性力学方面做出了很大贡献。他第一个验证了弯曲平面假设的精确性；基于对梁纯弯曲的研究，他于1855 年给出了圣维南原理的最早提法。圣维南建立了弹性力学的基本方程，提出和发展了求解弹性力学的半逆解法，给出了弯曲和扭转的精确解。

图 B-3　圣维南

莫尔（Otto Mohr，1835—1918）

德国著名工程师。对结构理论做出了许多贡献。他由于许多图解法而出名，其中包括莫尔应力圆、力矩面积法等。他还发展了一种分析超静定结构的方法，即莫尔积分法。莫尔在强度理论方面也做出了贡献。

卡斯底里亚诺（Carlo Alberto Castigliano，1847—1884）

意大利工程师。1873 年提出他的工程师学位论文，1875 年正式出版。这篇论文以非常完整的形式提出了结构分析的许多概念和原理，其中包含了著名的卡氏第一定理和第二定理。

附录 C 型钢表

附表 1 热轧等边角钢 （GB/T 706—2008）

符号意义：
b —— 边宽
d —— 边厚
r —— 内圆弧半径
r₁ —— 边端内弧半径

I —— 惯性矩
i —— 惯性半径
W —— 抗弯截面系数
Z_0 —— 重心距离

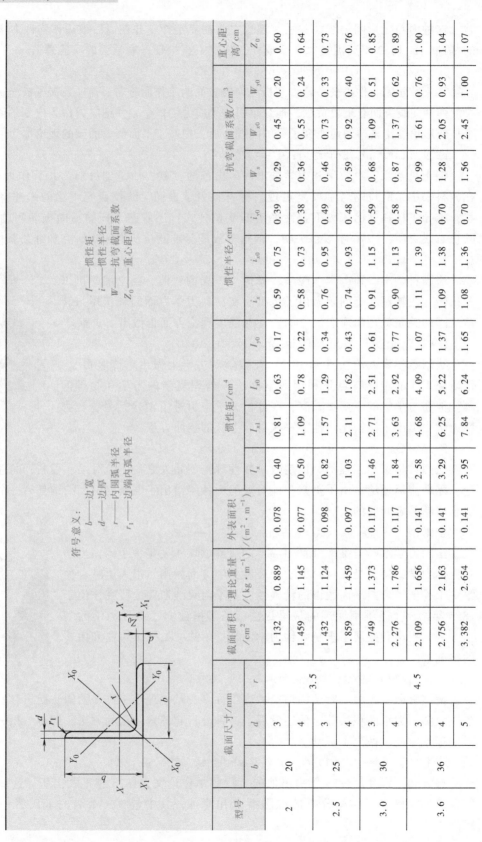

型号	截面尺寸/mm			截面面积 /cm²	理论重量 /(kg·m⁻¹)	外表面积 /(m²·m⁻¹)	惯性矩/cm⁴				惯性半径/cm			抗弯截面系数/cm³			重心距离/cm
	b	d	r				I_x	I_{x1}	I_{x0}	I_{y0}	i_x	i_{x0}	i_{y0}	W_x	W_{x0}	W_{y0}	Z_0
2	20	3	3.5	1.132	0.889	0.078	0.40	0.81	0.63	0.17	0.59	0.75	0.39	0.29	0.45	0.20	0.60
		4		1.459	1.145	0.077	0.50	1.09	0.78	0.22	0.58	0.73	0.38	0.36	0.55	0.24	0.64
2.5	25	3		1.432	1.124	0.098	0.82	1.57	1.29	0.34	0.76	0.95	0.49	0.46	0.73	0.33	0.73
		4		1.859	1.459	0.097	1.03	2.11	1.62	0.43	0.74	0.93	0.48	0.59	0.92	0.40	0.76
3.0	30	3	4.5	1.749	1.373	0.117	1.46	2.71	2.31	0.61	0.91	1.15	0.59	0.68	1.09	0.51	0.85
		4		2.276	1.786	0.117	1.84	3.63	2.92	0.77	0.90	1.13	0.58	0.87	1.37	0.62	0.89
3.6	36	3		2.109	1.656	0.141	2.58	4.68	4.09	1.07	1.11	1.39	0.71	0.99	1.61	0.76	1.00
		4		2.756	2.163	0.141	3.29	6.25	5.22	1.37	1.09	1.38	0.70	1.28	2.05	0.93	1.04
		5		3.382	2.654	0.141	3.95	7.84	6.24	1.65	1.08	1.36	0.70	1.56	2.45	1.00	1.07

C1	C2	C3	C4	C5	C6	C7	C8	C9	C10	C11	C12	C13	C14	C15	C16	C17	C18
1.09	0.96	2.01	1.23	0.79	1.55	1.23	1.49	5.69	6.41	3.59	0.157	1.852	2.359		3	40	4
1.13	1.19	2.58	1.60	0.79	1.54	1.22	1.91	7.29	8.56	4.60	0.157	2.422	3.086		4		
1.17	1.39	3.10	1.96	0.78	1.52	1.21	2.30	8.76	10.74	5.53	0.156	2.976	3.791	5	5		
1.22	1.24	2.58	1.58	0.89	1.76	1.40	2.14	8.20	9.12	5.17	0.177	2.088	2.659		3	45	4.5
1.26	1.54	3.32	2.05	0.89	1.74	1.38	2.75	10.56	12.18	6.65	0.177	2.736	3.486		4		
1.30	1.81	4.00	2.51	0.88	1.72	1.37	3.33	12.74	15.2	8.04	0.176	3.369	4.292		5		
1.33	2.06	4.64	2.95	0.8	1.70	1.36	3.89	14.76	18.36	9.33	0.176	3.985	5.076	5.5	6		
1.34	1.57	3.22	1.96	1.00	1.96	1.55	2.98	11.37	12.5	7.18	0.197	2.332	2.971		3	50	5
1.38	1.96	4.16	2.56	0.99	1.94	1.54	3.82	14.70	16.69	9.26	0.197	3.059	3.897		4		
1.42	2.31	5.03	3.13	0.98	1.92	1.53	4.64	17.79	20.90	11.21	0.196	3.770	4.803	6	5		
1.46	2.63	5.85	3.68	0.98	1.91	1.52	5.42	20.68	25.14	13.05	0.196	4.465	5.688		6		
1.48	2.02	4.08	2.48	1.13	2.20	1.75	4.24	16.14	17.56	10.19	0.221	2.624	3.343		3	56	5.6
1.53	2.52	5.28	3.24	1.11	2.18	1.73	5.46	20.92	23.43	13.18	0.220	3.446	4.390		4		
1.57	2.98	6.42	3.97	1.10	2.17	1.72	6.61	25.42	29.33	16.02	0.220	4.251	5.415		5		
1.61	3.40	7.49	4.68	1.10	2.15	1.71	7.73	29.66	35.26	18.69	0.220	5.040	6.420		6		
1.64	3.80	8.49	5.36	1.09	2.13	1.69	8.82	33.63	41.23	21.23	0.219	5.812	7.404		7		
1.68	4.16	9.44	6.03	1.09	2.11	1.68	9.89	37.37	47.24	23.63	0.219	6.568	8.367		8		
1.67	3.48	7.44	4.59	1.19	2.33	1.85	8.21	31.57	36.05	19.89	0.236	4.576	5.829		5	60	6
1.70	3.98	8.70	5.41	1.18	2.31	1.83	9.60	36.89	43.33	23.25	0.235	5.427	6.914	6.5	6		
1.74	4.45	9.88	6.21	1.17	2.29	1.82	10.96	41.92	50.65	26.44	0.235	6.262	7.977		7		
1.78	4.88	11.00	6.98	1.17	2.27	1.81	12.28	46.66	58.02	29.47	0.235	7.081	9.020		8		

（续）

型号	b	d	r	截面面积/cm²	理论重量/(kg·m⁻¹)	外表面积/(m²·m⁻¹)	惯性矩/cm⁴ I_x	I_{x1}	I_{x0}	I_{y0}	惯性半径/cm i_x	i_{x0}	i_{y0}	抗弯截面系数/cm³ W_x	W_{x0}	W_{y0}	重心距离/cm Z_0
6.3	63	4	7	4.978	3.907	0.248	19.03	33.35	30.17	7.89	1.96	2.46	1.26	4.13	6.78	3.29	1.70
		5		6.143	4.822	0.248	23.17	41.73	36.77	9.57	1.94	2.45	1.25	5.08	8.25	3.90	1.74
		6		7.288	5.721	0.247	27.12	50.14	43.03	11.20	1.93	2.43	1.24	6.00	9.66	4.46	1.78
		7		8.412	6.603	0.247	30.87	58.60	48.96	12.79	1.92	2.41	1.23	6.88	10.99	4.98	1.82
		8		9.515	7.469	0.247	34.46	67.11	54.56	14.33	1.90	2.40	1.23	7.75	12.25	5.47	1.85
		10		11.657	9.151	0.246	41.09	84.31	64.85	17.33	1.88	2.36	1.22	9.39	14.56	6.36	1.93
7	70	4	8	5.570	4.372	0.275	26.39	45.74	41.80	10.99	2.18	2.74	1.40	5.14	8.44	4.17	1.86
		5		6.875	5.397	0.275	32.21	57.21	51.08	13.31	2.16	2.73	1.39	6.32	10.32	4.95	1.91
		6		8.160	6.406	0.275	37.77	68.73	59.93	15.61	2.15	2.71	1.38	7.48	12.11	5.67	1.95
		7		9.424	7.398	0.275	43.09	80.29	68.35	17.82	2.14	2.69	1.38	8.59	13.81	6.34	1.99
		8		10.667	8.373	0.274	48.17	91.92	76.37	19.98	2.12	2.68	1.37	9.68	15.43	6.98	2.03
7.5	75	5	9	7.412	5.818	0.295	39.97	70.56	63.30	16.63	2.33	2.92	1.50	7.32	11.94	5.77	2.04
		6		8.797	6.905	0.294	46.95	84.55	74.38	19.51	2.31	2.90	1.49	8.64	14.02	6.67	2.07
		7		10.160	7.976	0.294	53.57	98.71	84.96	22.18	2.30	2.89	1.48	9.93	16.02	7.44	2.11
		8		11.503	9.030	0.294	59.96	112.97	95.07	24.86	2.28	2.88	1.47	11.20	17.93	8.19	2.15
		9		12.825	10.068	0.294	66.10	127.30	104.71	27.48	2.27	2.86	1.46	12.43	19.75	8.89	2.18
		10		14.126	11.089	0.293	71.98	141.71	113.92	30.05	2.26	2.84	1.46	13.64	21.48	9.56	2.22
8	80	5	9	7.912	6.211	0.315	48.79	85.36	77.33	20.25	2.48	3.13	1.60	8.34	13.67	6.66	2.15
		6		9.397	7.376	0.314	57.35	102.50	90.98	23.72	2.47	3.11	1.59	9.87	16.08	7.65	2.19
		7		10.860	8.525	0.314	65.58	119.70	104.07	27.09	2.46	3.10	1.58	11.37	18.40	8.58	2.23
		8		12.303	9.658	0.314	73.49	136.97	116.60	30.39	2.44	3.08	1.57	12.83	20.61	9.46	2.27
		9		13.725	10.774	0.314	81.11	154.31	128.60	33.61	2.43	3.06	1.56	14.25	22.73	10.29	2.31
		10		15.126	11.874	0.313	88.43	171.74	140.09	36.77	2.42	3.04	1.56	15.64	24.76	11.08	2.35

9	90	6	10	10.637	8.350	0.354	82.77	145.87	131.26	34.28	2.79	3.51	1.80	12.61	20.63	9.95	2.44
		7		12.301	9.656	0.354	94.83	170.30	150.47	39.18	2.78	3.50	1.78	14.54	23.64	11.19	2.48
		8		13.944	10.946	0.353	106.47	194.80	168.97	43.97	2.76	3.48	1.78	16.42	26.55	12.35	2.52
		9		15.566	12.219	0.353	117.72	219.39	186.77	48.66	2.75	3.46	1.77	18.27	29.35	13.46	2.56
		10		17.167	13.476	0.353	128.58	244.07	203.90	53.26	2.74	3.45	1.76	20.07	32.04	14.52	2.59
		12		20.306	15.940	0.352	149.22	293.76	236.21	62.22	2.71	3.41	1.75	23.57	37.12	16.49	2.67
10	100	6	12	11.932	9.366	0.393	114.95	200.07	181.98	47.92	3.10	3.90	2.00	15.68	25.74	12.69	2.67
		7		13.796	10.830	0.393	131.86	233.54	208.97	54.74	3.09	3.89	1.99	18.10	29.55	14.26	2.71
		8		15.638	12.276	0.393	148.24	267.09	235.07	61.41	3.08	3.88	1.98	20.47	33.24	15.75	2.76
		9		17.462	13.708	0.392	164.12	300.73	260.30	67.95	3.07	3.86	1.97	22.79	36.81	17.18	2.80
		10		19.261	15.120	0.392	179.51	334.48	284.68	74.35	3.05	3.84	1.96	25.06	40.26	18.54	2.84
		12		22.800	17.898	0.391	208.90	402.34	330.95	86.84	3.03	3.81	1.95	29.48	46.80	21.08	2.91
		14		26.256	20.611	0.391	236.53	470.75	374.06	99.00	3.00	3.77	1.94	33.73	52.90	23.44	2.99
		16		29.627	23.257	0.390	262.53	539.80	414.16	110.89	2.98	3.74	1.94	37.82	58.57	25.63	3.06
11	110	7	14	15.196	11.928	0.433	177.16	310.64	280.94	73.38	3.41	4.30	2.20	22.05	36.12	17.51	2.96
		8		17.238	13.535	0.433	199.46	355.20	316.49	82.42	3.40	4.28	2.19	24.95	40.69	19.39	3.01
		10		21.261	16.690	0.432	242.19	444.65	384.39	99.98	3.38	4.25	2.17	30.68	49.42	22.91	3.09
		12		25.200	19.782	0.431	282.55	534.60	448.17	116.93	3.35	4.22	2.15	36.05	57.62	26.15	3.16
		14		29.056	22.809	0.431	320.71	625.16	508.01	133.40	3.32	4.18	2.14	41.31	65.31	29.14	3.24
12.5	125	8		19.750	15.504	0.492	297.03	521.01	470.89	123.16	3.88	4.88	2.50	32.52	53.28	25.86	3.37
		10		24.373	19.133	0.491	361.67	651.93	573.89	149.46	3.85	4.85	2.48	39.97	64.93	30.62	3.45
		12		28.912	22.696	0.491	423.16	783.42	671.44	174.88	3.83	4.82	2.46	41.17	75.96	35.03	3.53
		14		33.367	26.193	0.490	481.65	915.61	763.73	199.57	3.80	4.78	2.45	54.16	86.41	39.13	3.61
		16		37.739	29.625	0.489	537.31	1048.62	850.98	223.65	3.77	4.75	2.43	60.93	96.28	42.96	3.68

（续）

型号	截面尺寸/mm			截面面积/cm²	理论重量/(kg·m⁻¹)	外表面积/(m²·m⁻¹)	惯性矩/cm⁴				惯性半径/cm			抗弯截面系数/cm³			重心距离/cm
	b	d	r				I_x	I_{x1}	I_{x0}	I_{y0}	i_x	i_{x0}	i_{y0}	W_x	W_{x0}	W_{y0}	Z_0
14	140	10	14	27.373	21.488	0.551	514.65	915.11	817.27	212.04	4.34	5.46	2.78	50.58	82.56	39.20	3.82
		12		32.512	25.522	0.551	603.68	1099.28	958.79	248.57	4.31	5.43	2.76	59.80	96.85	45.02	3.90
		14		37.567	29.490	0.550	688.81	1284.22	1093.56	284.06	4.28	5.40	2.75	68.75	110.47	50.45	3.98
		16		42.539	33.393	0.549	770.24	1470.07	1221.81	318.67	4.26	5.36	2.74	77.46	123.42	55.55	4.06
15	150	8		23.750	18.644	0.592	521.37	899.55	827.49	215.25	4.69	5.90	3.01	47.36	78.02	38.14	3.99
		10		29.373	23.058	0.591	637.50	1125.09	1012.79	262.21	4.66	5.87	2.99	58.35	95.49	45.51	4.08
		12		34.912	27.406	0.591	748.85	1351.26	1189.97	307.73	4.63	5.84	2.97	69.04	112.19	52.38	4.15
		14		40.367	31.688	0.590	855.64	1578.25	1359.30	351.98	4.60	5.80	2.95	79.45	128.16	58.83	4.23
		15		43.063	33.804	0.590	907.39	1692.10	1441.09	373.69	4.59	5.78	2.95	84.56	135.87	61.90	4.27
		16		45.739	35.905	0.589	958.08	1806.21	1521.02	395.14	4.58	5.77	2.94	89.59	143.40	64.89	4.31
16	160	10	16	31.502	24.729	0.630	779.53	1365.33	1237.30	321.76	4.98	6.27	3.20	66.70	109.36	52.76	4.31
		12		37.441	29.391	0.630	916.58	1639.57	1455.68	377.49	4.95	6.24	3.18	78.98	128.67	60.74	4.39
		14		43.296	33.987	0.629	1048.36	1914.68	1665.02	431.70	4.92	6.20	3.16	90.95	147.17	68.24	4.47
		16		49.067	38.518	0.629	1175.08	2190.82	1865.57	484.59	4.89	6.17	3.14	102.63	164.89	75.31	4.55
18	180	12		42.241	33.159	0.710	1321.35	2332.80	2100.10	542.61	5.59	7.05	3.58	100.82	165.00	78.41	4.89
		14		48.896	38.383	0.709	1514.48	2723.48	2407.42	621.53	5.56	7.02	3.56	116.25	189.14	88.38	4.97
		16		55.467	43.542	0.709	1700.99	3115.29	2703.37	698.60	5.54	6.98	3.55	131.13	212.40	97.83	5.05
		18		61.055	48.634	0.708	1875.12	3502.43	2988.24	762.01	5.50	6.94	3.51	145.64	234.78	105.14	5.13

20	200	18	14	54.642	42.894	0.788	2103.55	3734.10	3343.26	863.83	6.20	7.82	3.98	144.70	236.40	111.82	5.46
			16	62.013	48.680	0.788	2366.15	4270.39	3760.89	971.41	6.18	7.79	3.96	163.65	265.93	123.96	5.54
			18	69.301	54.401	0.787	2620.64	4808.13	4164.54	1076.74	6.15	7.75	3.94	182.22	294.48	135.52	5.62
			20	76.505	60.056	0.787	2867.30	5347.51	4554.55	1180.04	6.12	7.72	3.93	200.42	322.06	146.55	5.69
			24	90.661	71.168	0.785	3338.25	6457.16	5294.97	1381.53	6.07	7.64	3.90	236.17	374.41	166.65	5.87
22	220	21	16	68.664	53.901	0.866	3187.36	5681.62	5063.73	1310.99	6.81	8.59	4.37	199.55	325.51	153.81	6.03
			18	76.752	60.250	0.866	3534.30	6395.93	5615.32	1453.27	6.79	8.55	4.35	222.37	360.97	168.29	6.11
			20	84.756	66.533	0.865	3871.49	7112.04	6150.08	1592.90	6.76	8.52	4.34	244.77	395.34	182.16	6.18
			22	92.676	72.751	0.865	4199.23	7830.19	6668.37	1730.10	6.78	8.48	4.32	266.78	428.66	195.45	6.26
			24	100.512	78.902	0.864	4517.83	8550.57	7170.55	1865.11	6.70	8.45	4.31	288.39	460.94	208.21	6.33
			26	108.264	84.987	0.864	4827.58	9273.39	7656.98	1998.17	6.68	8.41	4.30	309.62	492.21	220.49	6.41
25	250	24	18	87.842	68.956	0.985	5268.22	9379.11	8369.04	2167.41	7.74	9.76	4.97	290.12	473.42	224.03	6.84
			20	97.045	76.180	0.984	5779.34	10426.97	9181.94	2376.74	7.72	9.73	4.95	319.66	519.41	242.85	6.92
			24	115.201	90.433	0.983	6763.93	12529.74	10742.67	2785.19	7.66	9.66	4.92	377.34	607.70	278.38	7.07
			26	124.154	97.461	0.982	7238.08	13585.18	11491.33	2984.84	7.63	9.62	4.90	405.50	650.05	295.19	7.15
	250		28	133.022	104.422	0.982	7709.60	14643.62	12219.39	3181.81	7.61	9.58	4.89	433.22	691.23	311.42	7.22
			30	141.807	111.318	0.981	8151.80	15705.30	12927.26	3376.34	7.58	9.55	4.88	460.51	731.28	327.12	7.30
			32	150.508	118.149	0.981	8592.01	16770.41	13615.32	3568.71	7.56	9.51	4.87	487.39	770.20	342.33	7.37
			35	163.402	128.271	0.980	9232.44	18374.95	14611.16	3853.72	7.52	9.46	4.86	526.97	826.53	364.30	7.48

注：截面图中的 $r_1 = 1/3d$ 及表中 r 的数据用于孔型设计，不做交货条件。

附表 2 热轧不等边边钢（GB/T 706—2008）

符号意义：
B —— 长边宽度
b —— 短边宽度
d —— 边厚
r —— 内圆弧半径
r₁ —— 边端内弧半径

I —— 惯性矩
i —— 惯性半径
W —— 抗弯截面系数
X₀ —— 重心距离
Y₀ —— 重心距离

型号	截面尺寸/mm				截面面积/cm²	理论重量/(kg·m⁻¹)	外表面积/(m²·m⁻¹)	惯性矩/cm⁴					惯性半径/cm			抗弯截面系数/cm³			tanα	重心距离/cm	
	B	b	d	r				I_x	I_{x1}	I_y	I_{y1}	I_u	i_x	i_y	i_u	W_x	W_y	W_u		X_0	Y_0
2.5/1.6	25	16	3	3.5	1.162	0.912	0.080	0.70	1.56	0.22	0.43	0.14	0.78	0.44	0.34	0.43	0.19	0.16	0.392	0.42	0.86
			4		1.499	1.176	0.079	0.88	2.09	0.27	0.59	0.17	0.77	0.43	0.34	0.55	0.24	0.20	0.381	0.46	1.86
3.2/2	32	20	3	3.5	1.492	1.171	0.102	1.53	3.27	0.46	0.82	0.28	1.01	0.55	0.43	0.72	0.30	0.25	0.382	0.49	0.90
			4		1.939	1.522	0.101	1.93	4.37	0.57	1.12	0.35	1.00	0.54	0.42	0.93	0.39	0.32	0.374	0.53	1.08
4/2.5	40	25	3	4	1.890	1.484	0.127	3.08	5.39	0.93	1.59	0.56	1.28	0.70	0.54	1.15	0.49	0.40	0.385	0.59	1.12
			4		2.467	1.936	0.127	3.93	8.53	1.18	2.14	0.71	1.36	0.69	0.54	1.49	0.63	0.52	0.381	0.63	1.32
4.5/2.8	45	28	3	5	2.149	1.687	0.143	4.45	9.10	1.34	2.23	0.80	1.44	0.79	0.61	1.47	0.62	0.51	0.383	0.64	1.37
			4		2.806	2.203	0.143	5.69	12.13	1.70	3.00	1.02	1.42	0.78	0.60	1.91	0.80	0.66	0.380	0.68	1.47
5/3.2	50	32	3	5.5	2.431	1.908	0.161	6.24	12.49	2.02	3.31	1.20	1.60	0.91	0.70	1.84	0.82	0.68	0.404	0.73	1.51
			4		3.177	2.494	0.160	8.02	16.65	2.58	4.45	1.53	1.59	0.90	0.69	2.39	1.06	0.87	0.402	0.77	1.60
5.6/3.6	56	36	3	6	2.743	2.153	0.181	8.88	17.54	2.92	4.70	1.73	1.80	1.03	0.79	2.32	1.05	0.87	0.408	0.80	1.65
			4		3.590	2.818	0.180	11.45	23.39	3.76	6.33	2.23	1.79	1.02	0.79	3.03	1.37	1.13	0.408	0.85	1.78
			5		4.415	3.466	0.180	13.86	29.25	4.49	7.94	2.67	1.77	1.01	0.78	3.71	1.65	1.36	0.404	0.88	1.82

型号	b	a	d	r	A	理论重量	外表面积														
6.3/4	63	40	4	7	4.058	3.185	0.202	16.49	33.30	5.23	8.63	3.12	2.20	1.14	0.88	3.87	1.70	1.40	0.398	0.92	1.87
			5		4.993	3.920	0.202	20.02	41.63	6.31	10.86	3.76	2.00	1.12	0.87	4.74	2.07	1.71	0.396	0.95	2.04
			6		5.908	4.638	0.201	23.36	49.98	7.29	13.12	4.34	1.96	1.11	0.86	5.59	2.43	1.99	0.393	0.99	2.08
			7		6.802	5.339	0.201	26.53	58.07	8.24	15.47	4.97	1.98	1.10	0.86	6.40	2.78	2.29	0.389	1.03	2.12
7/4.5	70	45	4	7.5	4.547	3.570	0.226	23.17	45.92	7.55	12.26	4.40	2.26	1.29	0.98	4.86	2.17	1.77	0.410	1.02	2.15
			5		5.609	4.403	0.225	27.95	57.10	9.13	15.39	5.40	2.23	1.28	0.98	5.92	2.65	2.19	0.407	1.06	2.24
			6		6.647	5.218	0.225	32.54	68.35	10.62	18.58	6.35	2.21	1.26	0.98	6.95	3.12	2.59	0.404	1.09	2.28
			7		7.657	6.011	0.225	37.22	79.99	12.01	21.84	7.16	2.20	1.25	0.97	8.03	3.57	2.94	0.402	1.13	2.32
7.5/5	75	50	5	8	6.125	4.808	0.245	34.86	70.00	12.61	21.04	7.41	2.39	1.44	1.10	6.83	3.30	2.74	0.435	1.17	2.36
			6		7.260	5.699	0.245	41.12	84.30	14.70	25.87	8.54	2.38	1.42	1.08	8.12	3.88	3.19	0.435	1.21	2.40
			8		9.467	7.431	0.244	52.39	112.50	18.53	34.23	10.87	2.35	1.40	1.07	10.52	4.99	4.10	0.429	1.29	2.44
			10		11.590	9.098	0.244	62.71	140.80	21.96	43.43	13.10	2.33	1.38	1.06	12.79	6.04	4.99	0.423	1.36	2.52
8/5	80	50	5	8	6.375	5.005	0.255	41.96	85.21	12.82	21.06	7.66	2.56	1.42	1.10	7.78	3.32	2.74	0.388	1.14	2.60
			6		7.560	5.935	0.255	49.49	102.53	14.95	25.41	8.85	2.56	1.41	1.08	9.25	3.91	3.20	0.387	1.18	2.65
			7		8.724	6.848	0.255	56.46	119.33	46.96	29.82	10.18	2.54	1.39	1.08	10.58	4.48	3.70	0.384	1.21	2.69
			8		9.867	7.745	0.254	62.83	136.41	18.85	34.32	11.38	2.52	1.38	1.07	11.92	5.03	4.16	0.381	1.25	2.73
9/5.6	90	56	5	9	7.212	5.661	0.287	60.45	121.32	18.32	29.53	10.98	2.90	1.59	1.23	9.92	4.21	3.49	0.385	1.25	2.91
			6		8.557	6.717	0.286	71.03	145.59	21.42	35.58	12.90	2.88	1.58	1.23	11.74	4.96	4.13	0.384	1.29	2.95
			7		9.880	7.756	0.286	81.01	169.60	24.36	41.71	14.67	2.86	1.57	1.22	13.49	5.70	4.72	0.382	1.33	3.00
			8		11.183	8.779	0.286	91.03	194.14	27.15	47.98	16.34	2.85	1.56	1.21	15.27	6.41	5.29	0.380	1.36	3.04

（续）

型号	截面尺寸/mm B	b	d	r	截面面积/cm²	理论重量/(kg·m⁻¹)	外表面积/(m²·m⁻¹)	惯性矩/cm⁴ I_x	I_{x1}	I_y	I_{y1}	I_u	惯性半径/cm i_x	i_y	i_u	抗弯截面系数/cm³ W_x	W_y	W_u	tanα	重心距离/cm X_0	Y_0
10/6.3	100	63	6	10	9.617	7.550	0.320	99.06	199.71	30.94	50.50	18.42	3.21	1.79	1.38	14.64	6.35	5.25	0.394	1.43	3.24
			7		11.111	8.722	0.320	113.45	233.00	35.26	59.14	21.00	3.20	1.78	1.38	16.88	7.29	6.02	0.394	1.47	3.28
			8		12.534	9.878	0.319	127.37	266.32	39.39	67.88	23.50	3.18	1.77	1.37	19.08	8.21	6.78	0.391	1.50	3.32
			10		15.467	12.142	0.319	153.81	333.06	47.12	85.73	28.33	3.15	1.74	1.35	23.32	9.98	8.24	0.387	1.58	3.40
10/8	100	80	6	10	10.637	8.350	0.354	107.04	199.83	61.24	102.68	31.65	3.17	2.40	1.72	15.19	10.16	8.37	0.627	1.97	2.95
			7		12.301	9.656	0.354	122.73	233.20	70.08	119.98	36.17	3.16	2.39	1.72	17.52	11.71	9.60	0.626	2.01	3.0
			8		13.944	10.946	0.353	137.92	266.61	78.58	137.37	40.58	3.14	2.37	1.71	19.81	13.21	10.80	0.625	2.05	3.04
			10		17.167	13.476	0.353	166.87	333.63	94.65	172.48	49.10	3.12	2.35	1.69	24.24	16.12	13.12	0.622	2.13	3.12
11/7	110	70	6	10	10.637	8.350	0.354	133.37	265.78	42.92	69.08	25.36	3.54	2.01	1.54	17.85	7.90	6.53	0.403	1.57	3.53
			7		12.301	9.656	0.354	153.00	310.07	49.01	80.82	28.95	3.53	2.00	1.53	20.60	9.09	7.50	0.402	1.61	3.57
			8		13.944	10.946	0.353	172.04	354.39	54.87	92.70	32.45	3.51	1.98	1.53	23.30	10.25	8.45	0.401	1.65	3.62
			10		17.167	13.476	0.353	208.39	443.13	65.88	116.83	39.20	3.48	1.96	1.51	28.54	12.48	10.29	0.397	1.72	3.70
12.5/8	125	80	7	11	14.096	11.066	0.403	227.98	454.99	74.42	120.32	43.81	4.02	2.30	1.76	26.86	12.01	9.92	0.408	1.80	4.01
			8		15.989	12.551	0.403	256.77	519.99	83.49	137.85	49.15	4.01	2.28	1.75	30.41	13.56	11.18	0.407	1.84	4.06
			10		19.712	15.474	0.402	312.04	650.09	100.67	173.40	59.45	3.98	2.26	1.47	37.33	16.56	13.64	0.404	1.92	4.14
			12		23.351	18.330	0.402	364.41	780.39	116.67	209.67	69.35	3.95	2.24	1.72	44.01	19.43	16.01	0.400	2.00	4.22
14/9	140	90	8	12	18.038	14.160	0.453	365.64	730.53	120.69	195.79	70.83	4.50	2.59	1.98	38.48	17.34	14.31	0.411	2.04	4.50
			10		22.261	17.475	0.452	445.50	913.20	140.03	245.92	85.82	4.47	2.56	1.96	47.31	21.22	17.48	0.409	2.12	4.58
			12		26.400	20.724	0.451	521.59	1096.09	169.79	296.89	100.21	4.44	2.54	1.95	55.87	24.95	20.54	0.406	2.19	4.66
			14		30.456	23.908	0.451	594.10	1279.26	192.10	348.82	114.13	4.42	2.51	1.94	64.18	28.54	23.52	0.403	2.27	4.74

型号				r																	
15/9	150	90	8	12	18.839	14.788	0.473	442.05	898.35	122.80	195.96	74.14	4.84	2.55	1.98	43.86	17.47	14.48	0.364	1.97	4.92
			10		23.261	18.260	0.472	539.24	1122.85	148.62	246.26	89.86	4.81	2.53	1.97	53.97	21.38	17.69	0.362	2.05	5.01
			12		27.600	21.666	0.471	632.08	1347.50	172.85	297.46	104.95	4.79	2.50	1.95	63.79	25.14	20.80	0.359	2.12	5.09
			14		31.856	25.007	0.471	720.77	1572.38	195.62	349.74	119.53	4.76	2.48	1.94	73.33	28.77	23.84	0.356	2.20	5.17
			15		33.952	26.652	0.471	763.62	1684.93	206.50	376.33	126.67	4.74	2.47	1.93	77.99	30.53	25.33	0.354	2.24	5.21
			16		36.027	28.281	0.470	805.51	1797.55	217.07	403.24	133.72	4.73	2.45	1.93	82.60	32.27	26.82	0.352	2.27	5.25
16/10	160	100	10	13	23.315	19.872	0.512	668.69	1362.89	205.03	336.59	121.74	5.14	2.85	2.19	62.13	26.56	21.92	0.390	2.28	5.24
			12		30.054	23.592	0.511	784.91	1635.56	239.06	405.94	142.33	5.11	2.82	2.17	73.49	31.28	25.79	0.388	2.36	5.32
			14		34.709	27.247	0.510	896.30	1908.50	271.20	476.42	162.23	5.08	2.80	2.16	84.56	35.83	29.56	0.385	0.43	5.40
			16		29.281	30.835	0.510	1003.04	2181.79	301.60	548.22	182.57	5.05	2.77	2.16	95.33	40.24	33.44	0.382	2.51	5.48
18/11	180	110	10	14	28.373	22.273	0.571	956.25	1940.40	278.11	447.22	166.50	5.80	3.13	2.42	78.96	32.49	26.88	0.376	2.44	5.89
			12		33.712	26.440	0.571	1124.72	2328.38	325.03	538.94	194.87	5.78	3.10	2.40	93.53	38.32	31.66	0.374	2.52	5.98
			14		38.967	30.589	0.570	1286.91	2716.60	369.55	631.95	222.30	5.75	3.08	2.39	107.76	43.97	36.32	0.372	2.59	6.06
			16		44.139	34.649	0.569	1443.06	3105.15	411.85	726.46	248.94	5.72	3.06	2.38	121.64	49.44	40.87	0.369	2.67	6.14
20/12.5	200	125	12	14	37.912	29.761	0.641	1570.90	3193.85	483.16	787.74	285.79	6.44	3.57	2.74	116.73	49.99	41.23	0.392	2.83	6.54
			14		43.687	34.436	0.640	1800.97	3726.17	550.83	922.47	326.58	6.41	3.54	2.73	134.65	57.44	47.34	0.390	2.91	6.62
			16		49.739	39.045	0.639	2023.35	4258.88	615.44	1058.86	366.21	6.38	3.52	2.71	152.18	64.89	53.32	0.388	2.99	6.70
			18		55.526	43.588	0.639	2238.30	4792.00	677.19	1197.13	404.83	6.35	3.49	2.70	169.33	71.74	59.18	0.385	3.06	6.78

注：截面图中的 $r_1 = 1/3d$ 及表中 r 的数据用于孔型设计，不做交货条件。

附表 3　热轧普通槽钢（GB/T 706—2008）

符号意义：
h——高度
b——腿宽
d——腰厚
t——平均腿厚
r——内圆弧半径
r₁——腿端圆弧半径
I——惯性矩
W——抗弯截面系数
i——惯性半径
Z₀——Y-Y 与 Y₁-Y₁ 轴线间距离

型号	截面尺寸/mm						截面面积/cm²	理论重量/(kg·m⁻¹)	惯性矩/cm⁴			惯性半径/cm		抗弯截面系数/cm³		重心距离/cm
	h	b	d	t	r	r_1			I_x	I_y	I_{y1}	i_x	i_y	W_x	W_y	Z_0
5	50	37	4.5	7.0	7.0	3.5	6.928	5.438	26.0	8.30	20.9	1.94	1.10	10.4	3.55	1.35
6.3	63	40	4.8	7.5	7.5	3.8	8.451	6.634	50.8	11.9	28.4	2.45	1.19	16.1	4.50	1.36
6.5	65	40	4.3	7.5	7.5	3.8	8.547	6.709	55.2	12.0	28.3	2.54	1.19	17.0	4.59	1.38
8	80	43	5.0	8.0	8.0	4.0	10.248	8.045	101	16.6	37.4	3.15	1.27	25.3	5.79	1.43
10	100	48	5.3	8.5	8.5	4.2	12.748	10.007	198	25.6	54.9	3.95	1.41	39.7	7.80	1.52
12	120	53	5.5	9.0	9.0	4.5	15.362	12.059	346	37.4	77.7	4.75	1.56	57.7	10.2	1.62
12.6	126	53	5.5	9.0	9.0	4.5	15.692	12.318	391	38.0	77.1	4.95	1.57	62.1	10.2	1.59
14a	140	58	6.0	9.5	9.5	4.8	18.516	14.535	564	53.2	107	5.52	1.70	80.5	13.0	1.71
14b	140	60	8.0	9.5	9.5	4.8	21.316	16.733	609	61.1	121	5.35	1.69	87.1	14.1	1.67
16a	160	63	6.5	10.0	10.0	5.0	21.962	17.24	866	73.3	144	6.28	1.83	108	16.3	1.80
16b	160	65	8.5	10.0	10.0	5.0	25.162	19.752	935	83.4	161	6.10	1.82	117	17.6	1.75
18a	180	68	7.0	10.5	10.5	5.2	25.699	20.174	1270	98.6	190	7.04	1.96	141	20.0	1.88
18b	180	70	9.0	10.5	10.5	5.2	29.299	23.000	1370	111	210	6.84	1.95	152	21.5	1.84

斜度 1:10

20a	200	73	7.0	11.0	11.0	5.5	28.837	22.637	1780	128	244	7.86	2.11	178	24.2	2.01
20b	200	75	9.0	11.0	11.0	5.5	32.837	25.777	1910	144	268	7.64	2.09	191	25.9	1.95
22a	220	77	7.0	11.5	11.5	5.8	31.846	24.999	2390	158	298	8.67	2.23	218	28.2	2.10
22b	220	79	9.0	11.5	11.5	5.8	36.246	28.453	2570	176	326	8.42	2.21	234	30.1	2.03
24a	240	78	7.0	12.0	12.0	6.0	34.217	26.860	3050	174	325	9.45	2.25	254	30.5	2.10
24b	240	80	9.0	12.0	12.0	6.0	39.017	30.628	3280	194	355	9.17	2.23	274	32.5	2.03
24c	240	82	11.0	12.0	12.0	6.0	43.817	34.396	3510	213	388	8.96	2.21	293	34.4	2.00
25a	250	78	7.0	12.0	12.0	6.0	34.917	27.410	3370	176	322	9.82	2.24	270	30.6	2.07
25b	250	80	9.0	12.0	12.0	6.0	39.917	31.335	3530	196	353	9.41	2.22	282	32.7	1.98
25c	250	82	11.0	12.0	12.0	6.0	44.917	35.260	3690	218	384	9.07	2.21	295	35.9	1.92
27a	270	82	7.5	12.5	12.5	6.2	39.284	30.838	4360	216	393	10.5	2.34	323	35.5	2.13
27b	270	84	9.5	12.5	12.5	6.2	44.684	35.077	4690	239	428	10.3	2.31	347	37.7	2.06
27c	270	86	11.5	12.5	12.5	6.2	50.084	39.316	5020	261	467	10.1	2.28	372	39.8	2.03
28a	280	82	7.5	12.5	12.5	6.2	40.034	31.427	4760	218	388	10.9	2.33	340	35.7	2.10
28b	280	84	9.5	12.5	12.5	6.2	45.634	35.823	5130	242	428	10.6	2.30	366	37.9	2.02
28c	280	86	11.5	12.5	12.5	6.2	51.234	40.219	5500	268	463	10.4	2.29	393	40.3	1.95
30a	300	85	7.5	13.5	13.5	6.8	43.902	34.463	6050	260	467	11.7	2.43	403	41.1	2.17
30b	300	87	9.5	13.5	13.5	6.8	49.902	39.173	6500	289	515	11.4	2.41	433	44.0	2.13
30c	300	89	11.5	13.5	13.5	6.8	55.902	43.883	6950	316	560	11.2	2.38	463	46.4	2.09
32a	320	88	8.0	14.0	14.0	7.0	48.513	38.083	7600	305	552	12.5	2.50	475	46.5	2.24
32b	320	90	10.0	14.0	14.0	7.0	54.913	43.107	8140	336	593	12.2	2.47	509	49.2	2.16
32c	320	92	12.0	14.0	14.0	7.0	61.313	48.131	8690	374	643	11.9	2.47	543	52.6	2.09

(续)

型号	h	b	d	t	r	r_1	截面面积/cm²	理论重量/(kg·m⁻¹)	I_x/cm⁴	I_y/cm⁴	I_{y1}/cm⁴	i_x/cm	i_y/cm	W_x/cm³	W_y/cm³	Z_0/cm
36a	360	96	9.0	16.0	16.0	8.0	60.910	47.814	11900	455	818	14.0	2.73	660	63.5	2.44
36b		98	11.0				68.110	53.466	12700	497	880	13.6	2.70	703	66.9	2.37
36c		100	13.0				75.310	59.118	13400	536	948	13.4	2.67	746	70.0	2.34
40a	400	100	10.5	18.0	18.0	9.0	75.068	58.928	17600	592	1070	15.3	2.81	879	78.8	2.49
40b		102	12.5				83.068	65.208	18600	640	114	15.0	2.78	932	82.5	2.44
40c		104	14.5				91.068	71.488	19700	688	1220	14.7	2.75	986	86.2	2.42

注：表中 r、r_1 的数据用于孔型设计，不做交货条件。

附表4 热轧工字钢（GB 707—1988）

符号意义：h——高度；
b——腿宽度；
d——腰厚度；
t——平均腿厚度；
r——内圆弧半径；
r_1——腿端圆弧半径；
I——惯性矩；
W——抗弯截面系数；
i——惯性半径；
S——半截面的静力矩。

型号	h	b	d	t	r	r_1	截面面积/cm²	理论重量/(kg·m⁻¹)	I_x/cm⁴	W_x/cm³	i_x/cm	$I_x:S_x$/cm	I_y/cm⁴	W_y/cm³	i_y/cm
	尺寸/mm								参考数值						
									x—x				y—y		
10	100	68	4.5	7.6	6.5	3.3	14.345	11.261	245	49.0	4.14	8.59	33.0	9.72	1.52
12.6	126	74	5.0	8.4	7.0	3.5	18.118	14.223	488	77.5	5.20	10.8	46.9	12.7	1.61

380

型号	140	80	5.5	9.1	7.5	3.8	21.516	16.890	712	102	5.76	12.0	64.4	16.1	1.73
14	140	80	5.5	9.1	7.5	3.8	21.516	16.890	712	102	5.76	12.0	64.4	16.1	1.73
16	160	88	6.0	9.9	8.0	4.0	26.131	20.513	1130	141	6.58	13.8	93.1	21.2	1.89
18	180	94	6.5	10.7	8.5	4.3	30.756	24.143	1660	185	7.36	15.4	122	26.0	2.00
20a	200	100	7.0	11.4	9.0	4.5	35.578	27.929	2370	237	8.15	17.2	158	31.5	2.12
20b	200	102	9.0	11.4	9.0	4.5	39.578	31.069	2500	250	7.96	16.9	169	33.1	2.06
22a	220	110	7.5	12.3	9.5	4.8	42.128	33.070	3400	309	8.99	18.9	225	40.9	2.31
22b	220	112	9.5	12.3	9.5	4.8	46.528	36.524	3570	325	8.78	18.7	239	42.7	2.27
25a	250	116	8.0	13.0	10.0	5.0	48.541	38.105	5020	402	10.2	21.6	280	48.3	2.40
25b	250	118	10.0	13.0	10.0	5.0	53.541	42.030	5280	423	9.94	21.3	309	52.4	2.40
28a	280	122	8.5	13.7	10.5	5.3	55.404	43.492	7110	508	11.3	24.6	345	56.6	2.50
28b	280	124	10.5	13.7	10.5	5.3	61.004	47.888	7480	534	11.1	24.2	379	61.2	2.49
32a	320	130	9.5	15.0	11.5	5.8	67.156	52.717	11100	692	12.8	27.5	460	70.8	2.62
32b	320	132	11.5	15.0	11.5	5.8	73.556	57.741	11600	726	12.6	27.1	502	76.0	2.61
32c	320	134	13.5	15.0	11.5	5.8	79.956	62.765	12200	760	12.3	26.3	544	81.2	2.61
36a	360	136	10.0	15.8	12.0	6.0	76.480	60.037	15800	875	14.4	30.7	552	81.2	2.69
36b	360	138	12.0	15.8	12.0	6.0	83.680	65.689	16500	919	14.1	30.3	582	84.3	2.64
36c	360	140	14.0	15.8	12.0	6.0	90.880	71.341	17300	962	13.8	29.9	612	87.4	2.60
40a	400	142	10.5	16.5	12.5	6.3	86.112	67.598	21700	1090	15.9	34.1	660	93.2	2.77
40b	400	144	12.5	16.5	12.5	6.3	94.112	73.878	22800	1140	16.5	33.6	692	96.2	2.71
40c	400	146	14.5	16.5	12.5	6.3	102.112	80.158	23900	1190	15.2	33.2	727	99.6	2.65
45a	450	150	11.5	18.0	13.5	6.8	102.446	80.420	32200	1430	17.7	38.6	855	114	2.89
45b	450	152	13.5	18.0	13.5	6.8	111.446	87.485	33800	1500	17.4	38.0	894	118	2.84
45c	450	154	15.5	18.0	13.5	6.8	120.446	94.550	35300	1570	17.1	37.6	938	122	2.79
50a	500	158	12.0	20.0	14.0	7.0	119.304	93.654	46500	1860	19.7	42.8	1120	142	3.07
50b	500	160	14.0	20.0	14.0	7.0	129.304	101.504	48600	1940	19.4	42.4	1170	146	3.01
50c	500	162	16.0	20.0	14.0	7.0	139.304	109.354	50600	2080	19.0	41.8	1220	151	2.96
56a	560	166	12.5	21.0	14.5	7.3	135.435	106.316	65600	2340	22.0	47.7	1370	165	3.18
56b	560	168	14.5	21.0	14.5	7.3	146.635	115.108	68500	2450	21.6	47.2	1490	174	3.16
56c	560	170	16.5	21.0	14.5	7.3	157.835	123.900	71400	2550	21.3	46.7	1560	183	3.16
63a	630	176	13.0	22.0	15.0	7.5	154.658	121.407	93900	2980	24.5	54.2	1700	193	3.31
63b	630	178	15.0	22.0	15.0	7.5	167.258	131.298	98100	3160	24.2	53.5	1810	204	3.29
63c	630	180	17.0	22.0	15.0	7.5	179.858	141.189	102000	3300	23.8	52.9	1920	214	3.27

注：截面图和表中标注的圆弧半径 r 和 r_1 值，用于孔型设计，不作为交货条件。

附录 D　部分习题答案

第1章　绪论及基本概念

1-1　a）Ⅰ-Ⅰ截面 $F_N = 20kN$；Ⅱ-Ⅱ截面 $F_N = -10kN$；Ⅲ-Ⅲ截面 $F_N = -50kN$

　　　b）Ⅰ-Ⅰ截面 $F_N = 40kN$；Ⅱ-Ⅱ截面 $F_N = 10kN$；Ⅲ-Ⅲ截面 $F_N = 20kN$

1-2　a）（Ⅰ）截面 $M = 0$，$F_S = 0$；（Ⅱ）截面 $M = Fa$，$F_S = -F$

　　　b）（Ⅰ）截面 $M = \dfrac{1}{6}Fl\sin\theta$，$F_S = \dfrac{1}{3}F\sin\theta$；（Ⅱ）截面 $M = \dfrac{2}{9}Fl\sin\theta$，$F_S = \dfrac{2}{3}F\sin\theta$，$F_N = F\cos\theta$

　　　c）（Ⅰ）截面 $M = \dfrac{1}{2}M_0$，$F_S = -\dfrac{M_0}{l}$；（Ⅱ）截面 $M = \dfrac{1}{3}M_0$，$F_S = -\dfrac{M_0}{l}$

1-3　（1）$R_A = 10kN$，$M_A = -10kN \cdot m$；（2）1-1截面 $M = -5kN \cdot m$，$F_S = 10kN$；2-2截面 $M = 0$，$F_S = 10kN$；3-3截面 $M = -5kN \cdot m$，$F_S = 10kN$

1-4　1-1截面 $F_N = \dfrac{2}{3}F$，$M = \dfrac{4}{3}Fa$；2-2截面 $F_S = \dfrac{2}{3}F$，$M = \dfrac{2}{3}Fa$

1-5　$F_{NBC} = 100kN$；1-1截面 $F_N = -86.6kN$，$M = 25kN \cdot m$，$F_S = -50kN$

1-6　$F_{NCD} = 13.33kN$；1-1截面 $F_N = 20.2kN$，$M = -2.5kN \cdot m$，$F_S = -1.667kN$

1-7　Ⅰ-Ⅰ截面 $F_N = -\dfrac{\sqrt{3}}{2}F$，$F_S = \dfrac{F}{2}$，$M = \dfrac{Fa}{4}$；Ⅱ-Ⅱ截面 $F_N = -0.2887F$，$F_S = -0.5F$，$M = -0.25F$

1-8　1-1截面 $F_N = \dfrac{\sqrt{3}F}{2}$，$F_S = \dfrac{F}{2}$，$M = \dfrac{\sqrt{3}}{2}FR$；2-2截面 $F_N = F$，$F_S = 0$，$M = FR$；3-3截面 $F_N = 0$，$F_S = F$，$M = FR$

1-9　（1）$R_A = \dfrac{F}{4}$，$R_B = \dfrac{13F}{8}$，$R_C = \dfrac{F}{8}$；（2）$F_{SD左} = \dfrac{3}{4}F$，$F_{SD右} = -\dfrac{3}{4}F$，$M_{D左} = M_{D右} = 0$

第2章　轴向拉伸与压缩

2-1　（1）略；（2）$\sigma_{AC} = -2.5MPa$，$\sigma_{CB} = -6.5MPa$；（3）$\varepsilon_{AC} = -2.5\times10^{-4}$，$\varepsilon_{CB} = -6.5\times10^{-4}$；（4）$\Delta_{AB} = -1.35\times10^{-3}m$

2-2　$\sigma_{max} = 388.9MPa$

2-3　$\tau_{max} = 63.66MPa$；$\sigma_{30°} = 95.49MPa$，$\tau_{30°} = 55.13MPa$

2-4　（1）$\sigma_1 = 254.6MPa$，$\sigma_2 = 127.3MPa$；（2）$\Delta_C = 5.092\times10^{-3}m$

2-5　$\sigma = 32.7MPa$

2-6　$a = 1.414cm$，$b = 2.828cm$

2-7　$\Delta l = 0.0376cm$

2-8　$D \geqslant 0.58cm$

2-9　$F \leqslant 369kN$

2-10　（1）$x = 0.6m$；（2）$F = 200kN$

2-11　$F \leqslant 141.40kN$

2-12　$\alpha = 26.6°$，$F \leqslant 50.1kN$

2-13　$d \geqslant 22.6mm$

2-14　$d = 80mm$

2-15　(1) $\sigma_{BC}=102\mathrm{MPa}$，$\sigma_{CE}=\sigma_{CD}=64.8\mathrm{MPa}$；（2）$\Delta l=0.1018\mathrm{mm}$

2-16　$\Delta_B=1.83\mathrm{mm}$ （↓）

2-17　$\Delta=0.175\mathrm{mm}$

2-18　a) $\Delta_A=\dfrac{2FL}{EA\sin2\alpha}$（←）；b) $\Delta_A=2\left(1+\sqrt{2}\right)\dfrac{FL}{EA}$（↓）

2-19　$\Delta_C=2.61\mathrm{mm}$

2-20　$\Delta l=0.694Fl/Ebt$

2-21　(1) $F_N=f_1\left(y\right)=\dfrac{\pi\gamma d^2}{24h^2}\left(8y^3-h^3\right)$；（2）$\sigma=f_2\left(y\right)=\dfrac{\pi\gamma}{24}\left(\dfrac{8yh^3}{y^2}\right)$；

　　（3）$F_{\mathrm{Nmax}}=\dfrac{13}{12}\pi\gamma d^2h$，$\sigma_{\max}=\dfrac{12}{27}\gamma h$

2-22　$\theta=54°44'$

2-23　$\delta=\dfrac{Fa}{EA}\left(2+\sqrt{2}\right)$

2-24　$W=200.7\mathrm{kN}$，$W_0=10.03\mathrm{kN}$

2-25　$\varepsilon_\theta=142.8\times10^{-6}$，$\varepsilon_\gamma=142.8\times10^{-6}$

2-26　(1) $F_{\mathrm{N1}}=F_{\mathrm{N4}}=0$，$F_{\mathrm{N3}}=-F_{\mathrm{N2}}=\dfrac{m}{a}$；（2）水平位移 $\Delta_{\mathrm{H}}=\dfrac{ml}{aEA\tan\theta}$，旋转角度　$\alpha=\dfrac{2ml}{a^2EA}$

2-27　$\delta=\dfrac{Pl}{EA}\dfrac{1}{2a^2}\left(3x^2-4ax+2a^2\right)$

2-28　a) $R_A=\dfrac{5}{3}F$（←），$R_B=\dfrac{4}{3}F$（←）；b) $R_A=\dfrac{1}{4}ql$（←），$R_B=\dfrac{3}{4}ql$（←）

2-29　$R_C=152.5\mathrm{kN}$（←）；$R_D=47.5\mathrm{kN}$（←）

2-30　$e=\dfrac{b}{2}\dfrac{E_1-E_2}{E_1+E_2}$

2-31　$A_1=A_2=4\mathrm{cm}^2$

2-32　$F_{\mathrm{N1}}=0.606F$，$F_{\mathrm{N2}}=0.455F$

2-33　$F_{\mathrm{N1}}=F_{\mathrm{N2}}=0.828F$

2-34　(1) $F=31.4\mathrm{kN}$；（2）$\sigma_1=\sigma_2=131.14\mathrm{MPa}$，$\sigma_3=34.33\mathrm{MPa}$，$l_1=l_2=l_3=20.0131\mathrm{cm}$

2-35　$A_1=A_2=2A_3=247\mathrm{cm}^2$

2-36　$A=4.68\mathrm{cm}^2$

2-37　$F_{\mathrm{N1}}=F_{\mathrm{N3}}=5.33\mathrm{kN}$，$F_{\mathrm{N2}}=-10.66\mathrm{kN}$

2-38　$F_{\mathrm{N1}}=-36.8\mathrm{kN}$，$F_{\mathrm{N2}}=-118.4\mathrm{kN}$

2-39　(1) $\sigma_1=14.8\mathrm{MPa}$，$\sigma_2=-18.78\mathrm{MPa}$；（2）$\Delta t=59.628℃$

2-40　(1) $F_{\mathrm{N1}}=-F_{\mathrm{N2}}=60\mathrm{kN}$；（2）$F'_{\mathrm{N1}}=80\mathrm{kN}$，$F'_{\mathrm{N2}}=0$；（3）$F''_{\mathrm{N1}}=-F''_{\mathrm{N2}}=12.0\mathrm{kN}$

2-41　$R_B=2.71\mathrm{kN}$，$F_{NCD}=19.25\mathrm{kN}$

2-42　$F_{\mathrm{N2}}=F_{\mathrm{N4}}=F_{\mathrm{N5}}=\dfrac{\delta EA}{4.155l}$，$F_{\mathrm{N1}}=F_{\mathrm{N3}}=\dfrac{\delta EA}{7.197l}$，$\Delta_C=\dfrac{\delta}{3.598}$

第3章　剪切实用计算

3-1　$\tau=86.58\mathrm{MPa}$

3-2　$d=15.4\mathrm{mm}$

3-3　$d:D:h=1:1.22:1.67$

3-4 $\delta = 9$m，$l = 90$mm，$h = 48$mm

3-5 $\tau = 34.8$MPa，$\sigma_{bs} = 22.8$MPa

3-6 $l = 127$mm

3-7 $d = 5.95$mm

3-8 $d = 3.4$cm，$t = 1.04$cm

3-9 $\delta = 10.5$mm，$h = 63.8$mm，$x = 16.75$mm

3-10 $P = 249.6$kN

第 4 章　扭转

4-1 略

4-2 略

4-3 （1）$\tau_A = 32.59$MPa；（2）$\tau_{max} = 40.75$MPa；（3）略

4-4 $\tau_{max} = 28.28$MPa

4-5 略

4-6 $D_1 \geqslant 4.50$cm，$D_2 = 4.699$cm

4-7 $\varphi = 4.29 \times 10^{-2}$

4-8 $\tau_{max} = 26.4$MPa，$\varphi_{AB} = 5.23 \times 10^{-4}$

4-9 略

4-10 略

4-11 （1）$[M_x] = 4.781$kN·m；（2）$\tau_{max} = 47.56$MPa

4-12 （1）3 个键；（2）略；（3）略

4-13 （1）$d_2 = 8.65$cm；（2）$\varphi_{AD} = 0.423 \times 10^{-2}$

4-14 （1）实心轴扭转角大，1.022 倍；（2）实心轴扭转角大，2.57 倍

4-15 略

4-16 $M_1 / M_2 = 1/7$

4-17 $d = 53$mm

4-18 $M_x = 477.84$N·m

4-19 略

4-20 9345kW

4-21 $F_S = \dfrac{M_x l}{2 \pi r_0^2 n}$

4-22 略

4-23 $M_A = \dfrac{3}{4} ml$，$M_C = \dfrac{1}{4} ml$

4-24 （1）略；（2）内管 $\tau = 147.2$MPa，外管 $\tau = 164.4$MPa；（3）$\theta = 2.48(°)/$m

4-25 （1）$\tau_{外} = 117.8$MPa，$\tau_{内} = 147.2$MPa；（2）略

4-26 $\tau_1 = 16.98$MPa，$\tau_2 = 26.85$MPa

4-27 $M \leqslant 1454$N·m

4-28 $\tau_{max} = 18.6$MPa

4-29 $GI_{p_1} : GI_{p_2} : GI_{p_3} = 1 : 0.886 : 0.716$

4-30 $\delta = 0.586$cm

第 5 章　弯曲内力

5-1　a）$F_{S1}=0$，$F_{S2}=\dfrac{M_0}{2a}$，$F_{S3}=\dfrac{M_0}{2a}$

　　　$M_1=-M_0$，$M_2=-M_0$，$M_3=-M_0/2$

　　b）$F_{S1}=ql$，$F_{S2}=ql$，$F_{S3}=ql$

　　　$M_1=-\dfrac{3}{2}ql^2$，$M_2=-\dfrac{1}{2}ql^2$，$M_3=-\dfrac{1}{2}ql^2$

　　c）$F_{S1}=-qa$，$F_{S2}=-qa$，$F_{S3}=\dfrac{3}{4}qa$

　　　$M_1=0$，$M_2=-qa^2$，$M_3=-qa^2$

　　d）$F_{S1}=\dfrac{1}{6}q_0l$，$F_{S2}=\dfrac{1}{24}q_0l$，$F_{S3}=-\dfrac{1}{3}q_0l$

　　　$M_1=0$，$M_2=\dfrac{1}{16}q_0l^2$，$M_3=0$

　　e）$F_{S1}=10\text{kN}$，$F_{S2}=10\text{kN}$，$F_{S3}=10\text{kN}$

　　　$M_1=5\text{kN}\cdot\text{m}$，$M_2=5\text{kN}\cdot\text{m}$，$M_3=-10\text{kN}\cdot\text{m}$

5-2　a）$F_S(x)=3M_0/l,M(x)=3M_0x/l-M_0$

　　　$\left|F_{S\max}\right|=3M_0/l$，$\left|M\right|_{\max}=2M_0$

　　b）$F_S(x)=-F,M(x)=-Fx\quad(0\leqslant x\leqslant a)$

　　　$F_S(x)=F/2,M(x)=-Fx-\dfrac{3}{2}F(x-a)\quad(a\leqslant x\leqslant 3a)$

　　　$\left|F_{S\max}\right|=F$，$\left|M\right|_{\max}=Fa$

　　c）$\sim$ e）　略

5-3$\sim$5-6　略

5-7　$x=0.207l$

5-8　$x=\dfrac{2l-a}{4}$ 或 $x=\dfrac{2l-3a}{4}$

5-9$\sim$5-17　略

第 6 章　弯曲应力

6-1　a）$\sigma_A=30.37\text{MPa}$，$\sigma_{\max}=38.2\text{MPa}$

　　b）$\sigma_A=61.73\text{MPa}$，$\sigma_{\max}=104.2\text{MPa}$

　　c）$\sigma_A=38.67\text{MPa}$，$\sigma_{\max}=128.2\text{MPa}$

6-2　$\sigma_{\max}=55.26\text{MPa}$

6-3　略

6-4　（1）略；（2）$D\geqslant 30\text{cm}$

6-5　$h=0.416\text{m}$，$b=27.7\text{cm}$

6-6　$[F]=56.88\text{kN}$

6-7　略

6-8　略

6-9　（1）$b=0.5774D$，$h=0.8165D$；（2）$b=0.50D$，$h=0.866D$

6-10　$b=27\text{cm}$

6-11　$\sigma_{\max}=120\text{MPa}$

6-12　$\sigma_a = 6.03\text{MPa}$，$\sigma_b = 12.93\text{MPa}$，$\tau_a = 0.379\text{MPa}$，$\tau_b = 0$

6-13　$\sigma_{max} = 101.86\text{MPa}$（在跨中点上、下边缘），$\tau_{max} = 3.397\text{MPa}$（在梁端，中性轴上）

6-14　$\tau_{max} = 22.12\text{MPa}$

6-15　$h = 25.6\text{cm}$，$b = 12.8\text{cm}$

6-16　略

6-17　略

6-18　$y_C = \dfrac{3}{4}h$

6-19　$\Delta l = \dfrac{ql^3}{2Ebh^2}$

6-20~6-26 略

6-27　$\sigma_{max} = \dfrac{3Pl}{4bh^2}$

6-28　$a = 1.38\text{m}$

6-29　$a = 2.121\text{m}$，$q = 25.04\text{kN/m}$

6-30　$\sigma_{max} = 71.46\text{MPa}$，$\tau_{max} = 3.57\text{MPa}$

6-31　$\sigma_{max}/\sigma_b = 2$

6-32　（1）略；（2）$\sigma_{max} = 9.84\text{MPa}$

6-33　$b = 9\text{cm}$，$h = 18\text{cm}$

6-34　$\sigma_{max} = 320.08\text{MPa}$

6-35　$\sigma_A = -146.2\text{MPa}$，$\sigma_B = 120.56\text{MPa}$，$\sigma_C = -36.42\text{MPa}$

6-36　$\sigma_{max} = 91.1\text{MPa}$（压）

6-37　$[F] = 8.108\text{kN}$

6-38　$S = \dfrac{l}{2} + \dfrac{d}{8}\tan\alpha$

6-39　0.41MPa，-1.876MPa

6-40　$\sigma_{max} = 130\text{MPa}$

6-41　$\sigma_{max} = 160.75\text{MPa}$

6-42　$\sigma_{max} = 25.72\text{MPa}$

6-43　略

6-44　$\sigma_{max} = 135.6\text{MPa}$

6-45　$\sigma_{内} = 26.85\text{MPa} < [\sigma_+]$，$\sigma_{外} = -32.38\text{MPa} < [\sigma_-]$

第 7 章　弯曲变形

7-1　a）$y = \dfrac{M_0 x^2}{2EI}$，$y_B = \dfrac{M_0 l^2}{2EI}$，$\theta_B = \dfrac{M_0 l^2}{2EI}$

b）$y = \dfrac{1}{EI}\left(-\dfrac{ql^2}{4}x^2 + \dfrac{ql}{6}x^3 - \dfrac{q}{24}x^4\right)$，$y_B = -\dfrac{ql^4}{8EI}$，$\theta_B = -\dfrac{ql^3}{6EI}$

c）$y = \dfrac{-q_0 x^2}{120lEI}(10l^3 - 10l^2 x + 5lx^2 - x^3)$，$y_B = -\dfrac{q_0 l^4}{30EI}$，$\theta_B = \dfrac{-q_0 l^3}{24EI}$

d）$y = \dfrac{F}{6EI}(3ax^2 - x^3)$，$y_B = \dfrac{5Fa^3}{6EI}$，$\theta_B = \dfrac{Fa^2}{2EI}$

e）$y_1 = -\dfrac{qax^2}{12EI}(9a - 2x)$　$(0 \leqslant x \leqslant a)$，

$$y_2 = -\frac{q}{384EI} \left(16x^4 - 128ax^3 + 384a^2x^2 - 64a^3 + 16a^4 \right) \quad (a \leqslant x \leqslant 2a)$$

$$y_B = -\frac{41qa^4}{24EI}, \quad \theta_B = -\frac{7qa^3}{6EI}$$

f) $y_1 = -\dfrac{q}{24EI} \left(30a^2x^2 - 8ax^3 + x^4 \right) \quad (0 \leqslant x \leqslant a)$,

$$y_2 = -\frac{q}{EI} \left(a^2x^2 - \frac{1}{6}ax^3 - \frac{a^3}{6}x \right) + \frac{1}{24}a^4 \quad (a \leqslant x \leqslant 2a)$$

$$y_B = -\frac{71qa^4}{24EI}, \quad \theta_B = -\frac{13qa^3}{6EI}$$

7-2 a) $y(x) = -\dfrac{M_0}{6EI} \left(\dfrac{x^3}{l} - lx \right)$, $y\left(\dfrac{l}{2} \right) = -\dfrac{M_0 l^2}{16EI}$, $f_{\max} = -\dfrac{M_0 l^2}{9\sqrt{3}\,EI} \left(x = \dfrac{l}{\sqrt{3}} \right)$

$$\theta_A = -\frac{M_0 l}{6EI}, \quad \theta_B = \frac{M_0 l}{3EI}$$

b) $y(x) = \dfrac{M_0}{6EI} \left(\dfrac{x^3}{l} - \dfrac{lx}{4} \right)$, $y\left(\dfrac{l}{2} \right) = 0$, $f_{\max} = -\dfrac{M_0 l^2}{72\sqrt{3}\,EI} \left(x = \dfrac{l}{2\sqrt{3}} \right)$

$$\theta_A = \theta_B = -\frac{M_0 l}{24EI}$$

c) $y(x) = -\dfrac{q_0 x}{360lEI} \left(3x^4 - 7l^4 - 10l^2 x^2 \right)$, $f_{\max} = -\dfrac{q_0 l^4}{153EI} \quad (x = 0.5193l)$

$$\theta_A = -\frac{7q_0 l^3}{360EI}, \quad \theta_B = \frac{q_0 l^3}{45EI}$$

d) $y_1(x) = -\dfrac{qx}{384EI} \left(9l^3 - 24lx^2 + 16x^3 \right) \quad (0 \leqslant x \leqslant l/2)$

$$y_2(x) = -\frac{ql}{384EI} \left(-l^3 + 17l^2 x - 24lx^2 + 8x^3 \right) \quad (l/2 \leqslant x \leqslant l)$$

$$y\left(\frac{l}{2} \right) = -\frac{5ql^4}{768EI}, \quad \theta_A = -\frac{3ql^3}{128EI}, \quad \theta_B = \frac{7ql^3}{384EI}$$

7-3 a) $y(x) = \dfrac{1}{EI} \left[\dfrac{Fa^2}{12}x - \dfrac{F}{3!}(x-a)^3 + \dfrac{2F}{3!}(x-2a)^3 \right]$

$$y_C = -\frac{3Fa^3}{4EI}, \quad \theta_C = -\frac{11Fa^2}{12EI}, \quad y_D = \frac{Fa^3}{12EI}, \quad \theta_D = \frac{Fa^2}{12EI}$$

b) $y(x) = \dfrac{1}{EI} \left[-\dfrac{qa^3}{16}x - \dfrac{qa}{2 \times 3!}x^3 - \dfrac{qa^2}{2}(x-a)^2 - \dfrac{q}{4!}(x-a)^4 + \dfrac{qa}{4}(x-2a)^4 \right]$

$$y_C = \frac{qa^4}{48EI}, \quad \theta_C = \frac{3qa^3}{16EI}, \quad y_D = -\frac{17qa^4}{48EI}, \quad \theta_D = -\frac{19qa^3}{48EI}$$

c) $y(x) = \dfrac{1}{EI} \left[-\dfrac{39qa^4}{48} + \dfrac{47qa^3}{48}x - \dfrac{qa}{3!}x^3 + \dfrac{9qa}{4 \times 3!}(x-a)^3 - \dfrac{q}{4!}(x-a)^4 + \dfrac{3qa}{2 \times 3!}(x-2a)^3 \right]$

$$y_C = -\frac{39qa^4}{48EI}, \quad \theta_C = \frac{47qa^3}{48EI}, \quad y_D = \frac{7qa^4}{48EI}, \quad \theta_D = -\frac{3qa^3}{48EI}$$

d) $y(x) = \dfrac{1}{EI} \left[-\dfrac{39qa^3}{6}x - \dfrac{7qa}{3 \times 3!}x^3 - \dfrac{q}{4!}x^4 - \dfrac{qa}{3!}(x-a)^3 + \dfrac{q}{4!}(x-2a)^4 \right]$

$$y_C = -\frac{115qa^4}{72EI}, \quad \theta_C = -\frac{17qa^3}{18EI}, \quad y_D = -\frac{29qa^4}{18EI}, \quad \theta_D = \frac{8qa^3}{9EI}$$

7-4　a) $y_C = -\dfrac{M_0 a^2}{3EI}$; b) $y_C = -\dfrac{4qa^4}{3EI}$; c) $y_C = -\dfrac{Fa^3}{EI}$; d) $y_C = -\dfrac{10Fa^3}{3EI}$

7-5　$y_C = 3.77\,\text{cm}$

7-6　$d = 0.28\,\text{m}$

7-7　a) $y_B = -\dfrac{2Fl^3}{9EI}$, $\theta_B = -\dfrac{5Fl^2}{18EI}$; b) $y_B = -\dfrac{1}{EI}\left(\dfrac{qa^4}{8} + \dfrac{qa^3 b}{6}\right)$, $\theta_B = -\dfrac{qa^3}{6EI}$

7-8　$y_C = -\dfrac{11F}{6EI}a^3$

7-9　$f_C = \dfrac{qb\,(b+a)^3}{3EI} - \dfrac{qab^3}{6EI} - \dfrac{qb^4}{8EI}$

7-10　a) $y_C = -\dfrac{5qa^4}{24EI}$, $\theta_C = -\dfrac{qa^3}{4EI}$

　　　b) $y = -\dfrac{qa}{24EI}\,(3a^3 - 4a^2 l - l^3)$, $\theta = -\dfrac{q}{24EI}\,(4a^2 l + 4a^3 - l^3)$

7-11　$y_B = -\dfrac{2399ql^4}{6144EI}$, $y_C = -\dfrac{97ql^4}{768EI}$

7-12　$F = \dfrac{3}{4}ql$

7-13　$a/b = 1/2$

7-14　$y = -\dfrac{ql^4}{8EI} - \dfrac{kql^3}{2}$, $\theta = \dfrac{ql^3}{6EI} + \dfrac{ql^2 k}{2}$

7-15　$y_C = -\dfrac{F}{9k} - \dfrac{4Fl^3}{243EI}$

7-16　$y_A = -\dfrac{Fl^3}{3EI}$

7-17　(1) $M = \dfrac{1}{16}q_0 l^2$; (2) $M_{\max} = 0.064 q_0 l^2$; (3) $q = \dfrac{q_0 x}{l}$; (4) 铰支座

7-18　$y = \dfrac{Fx^3}{3EI}$

7-19　略

7-20　$a = \dfrac{2}{3}l$

7-21　$x_A = \dfrac{5Fl^2}{27Ebh^2}$

7-22　略

7-23　$y_A = -\dfrac{thl^3}{6EI}$, $x_A = \dfrac{tl^2}{Ebh}$

7-24　$\dfrac{\sigma_1}{\sigma_2} = \dfrac{h_1}{h_2}$

7-25　$y_F = -\dfrac{17Fa^3}{48EI}$

7-26　$x = 2l/3$

7-27　a) $x_C = \dfrac{5qa^4}{8EI}\,(\leftarrow)$, $y_C = \dfrac{qa^4}{4EI}\,(\downarrow)$; b) $y_C = \dfrac{Fl^3}{3EI} + \dfrac{Fal}{GI_\text{p}} + \dfrac{Fa^3}{3EI}$

7-28　$M_x = 51.85\,\text{N}\cdot\text{m}$

7-29 $y_C = -\dfrac{34Fl^3}{Eah^3}$

7-30 a) $f = -\dfrac{Fa^3}{3EI}$；b) $f = -\dfrac{Fa^3}{2EI}$

7-31 a) $R_B = \dfrac{5}{16}F$（↑），$R_A = \dfrac{11}{16}F$（↑），$M_A = \dfrac{3FL}{16}$（逆时针）

  b) $R_B = \dfrac{7}{4}F$（↑），$R_C = \dfrac{3}{4}F$（↓），$M_C = \dfrac{FL}{4}$（逆时针）

  c) $R_A = \dfrac{Fb(b^2 - L^2)}{4L^3}$（↑），$R_B = \dfrac{Fb(3L^2 - b^2)}{2L^3}$（↑），$R_C = \dfrac{F(4L^3 - 5L^2 b + b^3)}{4L^3}$（↑）

  d) $R_A = \dfrac{3M_0}{2L}$（↓），$M_A = -M_0$（逆时针），$R_B = \dfrac{3M_0}{2L} + P$（↑）

7-32 a) $F_{Ay} = \dfrac{qa}{16}$，$F_{By} = \dfrac{5qa}{8}$，$F_{Cy} = \dfrac{7qa}{16}$

  b) $F_{Ay} = \dfrac{57qa}{64}$，$M_A = \dfrac{9qa^2}{32}$，$F_{By} = \dfrac{7qa}{64}$

7-33 $\Delta = \dfrac{7ql^4}{72EI}$

第 8 章　压杆稳定

8-1 a)、b)、e) 绕任意方向转动，c)、d) 绕 z 轴转动

8-2 略

8-3 $\lambda_p = 92.6$，$\lambda_0 = 52.5$

8-4 （1）$F_{cr} = 7.46\text{kN}$；（2）$n_{工作} = 3.2$

8-5 $n_{工作} = 3.08$

8-6 $d = 330\text{mm}$

8-7 （1）$F_{max} = 118.8\text{kN}$；（2）$n_{工作} = 1.70$

8-8 $T = 66.4℃$

8-9 $F_{cr} = \dfrac{36.1EI}{l^2}$

8-10 $\theta = \text{arccot}(\cot^2 \beta)$

8-11 $n_{工作} = 5.07$

8-12 xy 平面：$n_{工作} = 3.27$；xz 平面：$n_{工作} = 3.266$

8-13 略

8-14 （1）$q = 20\text{N/mm}$：$y_C = -0.398\text{mm}$；（2）$q = 40\text{N/mm}$：$y_C = -10.72\text{mm}$

8-15 22 号槽钢，$b = 10.16\text{cm}$，$a = 1.05\text{m}$

8-16 $[F] = 6.61 \times 10^6 \text{N}$

8-17 略

8-18 $F_{cr} = \dfrac{\pi^2 EI}{(2.51l)^2}$

8-19 $F_{cr} = \dfrac{16l}{\pi^2}\left(\dfrac{c}{2} + \dfrac{\pi^4 EI}{64l^3} \right)$

8-20 ~ 8-21 略

第 9 章　应力和应变分析基础

9-1　略

9-2　略

9-3　a）$\sigma_\alpha = 13.75\text{MPa}$，$\tau_\alpha = 10.825\text{MPa}$，$\tau_{\max} = 12.5\text{MPa}$，$\alpha = 45°$

　　b）$\sigma_\alpha = -5.606\text{MPa}$，$\tau_\alpha = -10.606\text{MPa}$，$\tau_{\max} = 15\text{MPa}$，$\alpha = 45°$

　　c）$\sigma_\alpha = 17.5\text{MPa}$，$\tau_\alpha = -13.0\text{MPa}$，$\tau_{\max} = 20.0\text{MPa}$，$\alpha = 45°$

　　d）$\sigma_\alpha = 20\text{MPa}$，$\tau_\alpha = 0$，$\tau_{\max} = 0$

9-4　a）$\sigma_1 = 52.426\text{MPa}$，$\sigma_3 = -32.426\text{MPa}$，$\alpha = 22.5°$

　　b）$\sigma_1 = 37\text{MPa}$，$\sigma_3 = -27\text{MPa}$，$\alpha = -70°40'$

　　c）$\sigma_1 = 62.4\text{MPa}$，$\sigma_2 = 17.6\text{MPa}$，$\alpha = 58°17'$

　　d）$\sigma_1 = 120.7\text{MPa}$，$\sigma_3 = -20.7\text{MPa}$，$\alpha = -22.5°$

9-5　a）$\sigma_1 = 88.3$，$\sigma_2 = 0$，$\sigma_3 = -28.3$，$\tau_{\max} = 58.3$

　　b）$\sigma_1 = 51$，$\sigma_2 = 0$，$\sigma_3 = -41$，$\tau_{\max} = 4.6$

　　c）$\sigma_1 = 120$，$\sigma_2 = 72.5$，$\sigma_3 = -22.5$，$\tau_{\max} = 71.2$

　　d）$\sigma_1 = -30$，$\sigma_2 = -30$，$\sigma_3 = -30$，$\tau_{\max} = 0$

　　e）$\sigma_1 = 52$，$\sigma_2 = 50$，$\sigma_3 = -42$，$\tau_{\max} = 47$

9-6　略

9-7　$\tau = 15\text{MPa}$，$\sigma_1 = \sigma_2 = 0$，$\sigma_3 = -30\text{MPa}$

9-8　略

9-9　$\sigma_1 = \sigma_2 = -35.7\text{MPa}$，$\sigma_3 = -150\text{MPa}$

9-10　$\sigma_1 = -60\text{MPa}$，$\sigma_2 = 0$，$\sigma_3 = -19.8\text{MPa}$

9-11　略

9-12　$M_x = 125.6\text{N} \cdot \text{m}$

9-13　$F = 125.56\text{kN}$

9-14　$\Delta l_{bc} = 94.07 \times 10^{-3}\text{cm}$

9-15　$\sigma_1 = \tau_{12} - \dfrac{E}{2\mu} \dfrac{\Delta \delta}{\delta}$，$\sigma_2 = -\tau_{12} - \dfrac{E}{2\mu} \dfrac{\Delta \delta}{\delta}$

9-16　$\sigma = -213.33\text{MPa}$，$\tau = -301.69\text{MPa}$，$p = 369.49\text{MPa}$

9-17　略

9-18　$\Delta V = -9.8989 \times 10^{-1}\text{cm}^3$

9-19　$p = 3.29\text{MPa}$

9-20　$\Delta t = -\dfrac{2\mu q t}{E}$，$\theta = \dfrac{1-2\mu}{E}(2q)$

第 10 章　强度理论及其应用

10-1　（1）按第一强度理论，a）危险；（2）按第二强度理论，b）危险

10-2　（1）按第三强度理论，a）危险；（2）按第四强度理论，全部不危险

10-3　$\sigma_{r4} = 138\text{MPa}$

10-4　$\sigma_{r3} = 179.72\text{MPa}$

10-5　略

10-6　$p = 1.5\text{MPa}$

10-7　$t \geqslant 1.0\text{cm}$

10-8　（1）$\sigma_{r2}=18.4\mathrm{MPa}$；（2）安全

10-9　$\sigma_{r3}=300\mathrm{MPa}=[\sigma]$，$\sigma_{r4}$ 更小

10-10　$q=415.24\mathrm{kN/m}$

10-11　$\sigma_{r3}=\dfrac{\gamma Hd}{4t}$

10-12　$d=3.38\mathrm{cm}$

10-13　$d=5.95\mathrm{cm}$

10-14　$d=5.11\mathrm{cm}$

10-15　$\sigma_{r4}=54.4\mathrm{MPa}$

10-16　（1）略；（2）$\sigma_{\max}=2913\mathrm{MPa}$

10-17　$\sigma_{r4}=249\mathrm{MPa}$

10-18　$\sigma_{r3}=142.4\mathrm{MPa}$

第 11 章　能量法

11-1　a）$U=\dfrac{F^2l}{6EA}$；　b）$U=\dfrac{7F^2l}{6EA}$

11-2　$\dfrac{U_a}{U_b}=\dfrac{16}{7}$

11-3　$U=0.957\dfrac{F^2l}{EA}$

11-4　a）$U=\dfrac{9.6M^2l}{G\pi d_1^4}$；　b）$U=\dfrac{M^2l}{18EI}$

11-5　$\delta_B=\dfrac{Fl^3}{3EI}+\dfrac{ql^4}{8EI}$

11-6　a）$\delta_A=-\dfrac{Ma^2}{4EI}$（向上），$\theta_B=-\dfrac{5Ma}{12EI}$（顺时针）

　　　b）$\delta_A=-\dfrac{qa^4}{2EI}$，$\theta_B=\dfrac{5qa^3}{8EI}$

　　　c）$\delta_A=\dfrac{71qa^4}{24EI}$，$\theta_B=\dfrac{5qa^3}{3EI}$

　　　d）$\delta_A=\dfrac{2qa^4}{3EI}$，$\theta_B=\dfrac{qa^3}{3EI}D$

11-7　a）$\delta_B=\dfrac{13Fa^3}{12EI}$，$\theta_A=\dfrac{Fa^2}{EI}$

　　　b）$\delta_B=\dfrac{5FL^3}{96EI}$，$\theta_A=\dfrac{5FL^2}{16EI}$

11-8　$\delta_A=\dfrac{Fb^2}{3EI}(a+b)+\dfrac{Fb^2}{k_1a^2}+\dfrac{F}{k_2}\left(1+\dfrac{b}{a}\right)^2$

11-9　$\theta=\dfrac{7qL^3}{24EI}$

11-10　a）$\theta_A=\dfrac{2qa^3}{3EI}$，$y_A=\dfrac{5qa^4}{8EI}$

　　　b）$\theta_B=-\dfrac{qa^3}{12EI}$，$y_A=\dfrac{7qa^4}{24EI}$

c) $\theta_A = \dfrac{qa^3}{24EI}$, $x_B = \dfrac{qa^4}{12EI}$, $x_C = \dfrac{5qa^4}{384EI}$

d) $y_C = \dfrac{17qa^4}{16EI}$

e) $\theta_A = \dfrac{4Ma}{3EI}$, $y_C = \dfrac{5Ma^2}{6EI}$

11-11 a) $X_{AB} = \dfrac{Fh^2\ (2h+3a)}{3EI}$ b) $X_{AB} = \dfrac{Fl^3}{3EI}$

11-12 $f_A = 18.3\mathrm{mm}$

11-13 $f_C = \dfrac{2Fa^3}{3EI} + \dfrac{8\sqrt{2}\,Fa}{EA}$

11-14 $x_A = \dfrac{Fl}{EA}\ (1+2\sqrt{2})\ (\leftarrow)$, $y_A = -\dfrac{Fl}{EA}\ (\uparrow)$, $\theta_{AB} = \dfrac{F}{EA}(1+2\sqrt{2})$（逆时针）

11-15 （1）$y_A = 6.216\dfrac{Fb}{EA}\ (\downarrow)$；（2）$\Delta_{AE} = 1.845\dfrac{Fb}{EA}$

11-16 $\Delta_A = \dfrac{Fh^2}{2EI}\left(\dfrac{h}{3}+a\right)$

11-17 $\Delta_{CD} = \dfrac{17\sqrt{3}\,Fl^3}{24EI}$

11-18 略

11-19 $X_A = \dfrac{7Fa^3}{2EI}$, $X_C = Fa^3\left(\dfrac{3}{2EI}+\dfrac{1}{GI_{\mathrm{p}}}\right)$

11-20 $\delta = \dfrac{F}{6EI}\ (a^3+4b^3)\ +\dfrac{Fab}{GI_{\mathrm{p}}}\left(\dfrac{a}{2}+b\right)$

11-21 a) $x_A = -\dfrac{2FR^3}{EI}\ (\leftarrow)$, $y_A = \dfrac{3\pi FR^3}{2EI}$

b) $x_A = \dfrac{FR^3}{2EI}$, $x_A = \dfrac{FR^3}{8EI}\ (3\pi-8)$

11-22 $M_{\max} = \dfrac{2EIe}{3\pi R^2}$

11-23 $\delta_{Bx} = \dfrac{FR^3}{2EI}\ (\leftarrow)$, $\delta_{By} = 3.36\dfrac{FR^3}{EI}\ (\downarrow)$

11-24 $\delta_{AB} = \dfrac{3R^4 p\pi}{EI}$

11-25 $\delta_B = \dfrac{\pi FR^3}{4EI} + \dfrac{FR^3}{GI_{\mathrm{p}}}\left(\dfrac{3\pi}{4}-2\right)\ (\downarrow)$

11-26 $\varphi_B = \dfrac{16M_{\mathrm{e}}R}{a^4}\left(\dfrac{2}{E}+\dfrac{1}{G}\right)$

11-27 $\delta_C = 0.599\mathrm{mm}$

11-28 $\alpha = 22.5°$

11-29 $x_A = \alpha LT$, $y_A = \dfrac{\alpha l^2}{2h}(T_1-T_2)$

11-30 $\delta_{AH} = \Delta_1$, $\delta_{AV} = \dfrac{\Delta_1\cos\alpha+\Delta_2}{\sin\alpha}$

第 12 章　超静定系统

12-1　a）静定；b）、f）一次超静定；d）、e）二次超静定；g）、h）三次超静定；c）几何可变

12-2　a）$R_B = \dfrac{5}{16}F$（↑），$R_A = \dfrac{11}{16}F$（↑），$M_A = \dfrac{3FL}{16}$（逆时针）

b）$R_B = \dfrac{7}{4}F$（↑），$R_C = \dfrac{3}{4}F$（↓），$M_A = \dfrac{FL}{4}$（逆时针）

c）$R_B = \dfrac{Fb\,(3l^2 - b^2)}{2l^3}$（↑）

d）$R_B = \dfrac{3M_0}{2l} + F$（↑），$R_A = \dfrac{3M_0}{2l}$（↓），$M_A = -M_0$（逆时针）

e）$R_B = \dfrac{95ql}{128}$（↑），$R_A = \dfrac{161ql}{256}$（↑），$M_A = -\dfrac{33ql^2}{64}$（逆时针）

f）$R_A = \dfrac{7q_0 l}{20}$（↑），$R_B = \dfrac{3q_0 l}{20}$（↑），$M_A = \dfrac{ql^2}{20}$（逆时针），$M_B = \dfrac{3ql^2}{20}$（顺时针）

12-3　$F_{NBC} = \dfrac{3qAl^3}{8\,(l^2 A + 3I)}$

12-4　AB 梁受力 $F_{AB} = 8.1\text{kN}$（↓），CD 梁受力 $F_{CD} = 1.9\text{kN}$（↓）

12-5　$R_A = \dfrac{13}{18}F$，$M_A = -\dfrac{2}{9}Fl$

12-6　$F_N = \dfrac{17qa}{\dfrac{8\sqrt{5}}{5} + \dfrac{15I}{Aa^2}}$

12-7　a）$R_{Ax} = \dfrac{17ql - 3F}{32}$（↑），$R_{Ay} = F$（←），$M_A = \dfrac{ql^2 + 13Fl}{32}$（逆时针）

b）$R_{Ax} = -R_{Dx} = \dfrac{3}{4}\left(\dfrac{F}{4} + \dfrac{M_0}{l}\right)$（↓），$R_{Ay} = F$（→），$M_A = \dfrac{4M_0 - 11Fl}{16}$（逆时针）

c）$R_{Ax} = -R_{Dx} = \dfrac{2}{11}F$（→），$R_{Ay} = \dfrac{1}{3}F$（↑），$R_{Dy} = \dfrac{2}{3}F$（↑）

d）$R_{Ax} = \dfrac{3}{7}qa$（→），$R_{Ay} = \dfrac{1}{28}qa$（↓），$R_{Bx} = \dfrac{4}{7}qa$（→），$R_{By} = \dfrac{11}{28}qa$（↑），$M_B = \dfrac{3}{28}qa$（逆时针）

12-8　a）$R_{Ax} = \dfrac{5}{24}F$（←）；b）$R_{Cx} = \dfrac{3qa}{16}$（←），$R_{Cy} = 0$

c）$R_{Ax} = \dfrac{F}{4}$（←）；d）$R_{By} = \dfrac{1}{3}qa$（↑）

12-9　$y_D = 5.05\text{mm}$

12-10　$M_{\max} = \dfrac{\sqrt{2}}{2} \cdot \dfrac{\alpha \Delta Tl}{\dfrac{1}{EA} + \dfrac{l^2}{3EI}}$

12-11　a）$M = \dfrac{FL}{8} - \dfrac{FLa}{8\,(a + L)}$；b）$M = -q\,\dfrac{a^2 - ab + b^2}{12}$

12-12　$M_{\max} = 0.389Fa$

12-13　$M_A = 0.099FR$

12-14　a）$F_{N1} = F_{N2} = F_{N4} = 0.398F$，$F_{N3} = -0.604F$，$F_{N5} = -0.561F$，$F_{N6} = 0.858F$

b）$F_{N7} = F_{N10} = F$，其余为零

12-15　$[F] = 19.3\text{kN}$

12-16　$F_{N1} = \dfrac{3l^2 - 4a^2}{8h\,(3l - 4a)}F$

12-17　$\delta_{Ax} = \dfrac{17\,Fl^3}{672\,EI}\ (\rightarrow)$

12-18　$R_{Ax} = -R_{Bx} = 1.4\text{kN}$，$R_{Ay} = R_{By} = 10\text{kN}$，$F_{NCD} = 12.7\text{kN}$

12-19　略

第 13 章　动载荷和交变应力

13-1　$n_{jx} = 1092\text{r/min}$，$\Delta l = 0.0252\text{m}$

13-2　梁：$\sigma_{d,max} = 15.64\text{MPa}$，吊索：$\sigma_{d,max} = 2.55\text{MPa}$

13-3　$\sigma_{d,max} = 12.5\text{MPa}$

13-4　$n = 1072\text{r/min}$

13-5　$\sigma_{d,max} = 59\text{MPa}$，$f_{d,max} = 1.94\text{cm}$

13-6　$\sigma_{d,max} = 107.2\text{MPa}$

13-7　$\sigma_{d,max} = 152.4\text{MPa}$

13-8　CD 杆：$\sigma_{d,max} = 2.28\text{MPa}$；$AB$ 轴：$\sigma_{d,max} = 68.3\text{MPa}$

13-9　$\tau_{d,max} = 10\text{MPa}$

13-10　（1）$\sigma_{d,max} = 0.14\text{MPa}$；（2）$\sigma_{d,max} = 15.4\text{MPa}$；（3）$\sigma_{d,max} = 3.62\text{MPa}$

13-11　$\dfrac{\sigma_{d,max}^{(a)}}{\sigma_{d,max}^{(b)}} = 2\left(1 + \sqrt{\dfrac{6HEI}{Fl^3}}\right) \Big/ \left(1 + \sqrt{1 + \dfrac{48HEI}{Fl^3}}\right)$

13-12　$\sigma_{d,max} = 16.9\text{MPa}$

13-13　（1）$H = 0.334\text{m}$；（2）$H = 0.00956\text{m}$

13-14　绳：$\sigma_{d,max} = 68.3\text{MPa}$；梁：$\sigma_{d,max} = 100.8\text{MPa}$

13-15　绳：$\sigma_{d,max} = 142.5\text{MPa}$；轴：$\tau_{d,max} = 80.7\text{MPa}$

13-16　$\sigma_{d,max} = 141.9\text{MPa}$

13-17　$K_d^{(a)} = 1 + \sqrt{1 + \dfrac{48EIv^2}{gQL^3}}$，$K_d^{(b)} = \sqrt{\dfrac{48EIv^2}{gQL^3}}$

13-18　$\sigma_{d,max} = 139.2\text{MPa}$，$f_d = 1.546\text{m}$

13-19　$\sigma_a = 7.67\text{MPa}$，$\sigma_m = 161\text{MPa}$，$r = 0.91$

13-20　$\tau_a = 120\text{MPa}$，$\tau_m = 280\text{MPa}$，$r = 0.4$

13-21　$\varepsilon_\sigma = 0.744$

13-22　$n_\sigma = 2.36$

13-23　$M_2/M_1 = 1.69$

附录 A　截面图形的几何性质

A-1　a）$S_z = t\left(b\left(h + \dfrac{t}{2}\right) + \dfrac{h^2}{2}\right)$，$y_C = \dfrac{b\left(h + \dfrac{t}{2}\right) + \dfrac{h^2}{2}}{b + h}$

　　b）$S_z = \dfrac{11}{192}D^3$，$y_C = 0.1367D$

c）$S_z = t\left[(b-t) \cdot \dfrac{t}{2} + \dfrac{h^2}{2}\right]$，$y_C = \dfrac{(b-t)t + h^2}{2(h+b-t)}$

A-2　（1）$I_z = \dfrac{bh^3 - (b-t)(h-2t)^3}{12}$，$I_y = \dfrac{t(2b^3 + (h-2t)t^2)}{12}$

　　　（2）$I_z = 10186\text{cm}^4$，$I_y = 1615\text{cm}^4$

A-3　$I_z = \dfrac{\pi}{4}ab^3$，$i_z = \dfrac{b}{2}$，$I_p = \dfrac{\pi}{4}ab(a^2 + b^2)$

A-4　$I_{zy} = \dfrac{a^4}{8}$

A-5　$\alpha_0 = 30.5°$，$I_u = 1.46b^4$，$I_v = 0.169b^4$

A-6　a）$y_C = \dfrac{5}{6}a$，$z_C = \dfrac{5}{6}a$，$\alpha_0 = 45°$，$I_1 = \dfrac{5}{4}a^4$，$I_2 = \dfrac{7}{12}a^4$

　　　b）$y_C = 4.186\text{cm}$，$z_C = 1.936\text{cm}$，$\alpha_0 = 22.23°$，$I_1 = 353.89\text{cm}^4$，$I_2 = 59.23\text{cm}^4$

A-7　$I_1 = 1500\text{cm}^4$，$I_2 = 400\text{cm}^4$

A-8　$I_z = 27.42\text{cm}^4$

A-9　略

A-10　$I_x = I_y = 5.413R^4$

A-11　$I_x = 39571.99\text{mm}^4$

A-12　$a = 12.56\text{cm}$

A-13　$\dfrac{h}{b} = 2$

A-14　略

参 考 文 献

[1]　金忠谋. 材料力学 [M]. 2版. 北京：机械工业出版社，2009.

[2]　GERE J M，GOODNO B J. 材料力学（英文版·原书第7版）[M]. 北京：机械工业出版社，2011.

[3]　刘鸿文. 材料力学 [M]. 6版. 北京：高等教育出版社，2017.

[4]　孙训方，方孝淑，关来泰. 材料力学 [M]. 5版. 北京：高等教育出版社，2009.

[5]　徐芝纶. 弹性力学 [M]. 5版. 北京：高等教育出版社，2016.

[6]　别辽耶夫. 材料力学 [M]. 王光远，干光瑜，等译. 北京：高等教育出版社，1956.

[7]　费奥多谢夫. 材料力学 [M]. 赵九江，等译. 北京：高等教育出版社，1985.

[8]　BEER F P，JOHNSTON E R. Mechanics of Materials [M]. 7th ed. New York：MeGraw Hill，2014.

[9]　NASH W A. Theory and Problems of Strength of Materials [M]. 4th ed. New York：McGraw Hill，1998.

[10]　BUDYNAS R G. Advanced Strength and Applied Stress Analysis [M]. 2nd ed. New York：McGraw Hill，1998.

[11]　SORS L. Fatigue Design of Machine Components [M]. New York：Pergamon Press，1971.

[12]　黄孟生. 材料力学 [M]. 北京：中国电力出版社，2019.